“十四五”国家重点图书出版规划项目
核能与核技术出版工程

先进核反应堆技术丛书（第二期）
主编 于俊崇

大型先进压水堆“华龙一号优化改进型”技术

Technologies of Advanced Pressurized Water Reactor “Optimized and Improved HPR1000”

霍小东 邢 继 等 著

内容提要

本书为先进核反应堆技术丛书之一。主要内容以中国自主研发的“华龙一号”反应堆型的研发设计为基础，重点介绍了“华龙一号优化改进型”的系统和布置的优化，事故预防和缓解措施，辐射防护，电气、仪控和消防等辅助系统，安全分析及评价，核电先进建造技术，核能数字化和智能化技术，核能综合利用等，涉及核电厂的各个专业。本书是“华龙一号”持续优化成果的高度概括和结晶，体现了我国先进压水堆技术的迭代更新。读者对象为核能专业研究者、研究生、本科生及核电行业从业人员。

图书在版编目(CIP)数据

大型先进压水堆“华龙一号优化改进型”技术 / 霍小东，邢继等著. -- 上海 ：上海交通大学出版社，2025. 6. --(先进核反应堆技术丛书). -- ISBN 978-7-313-32285-2

Ⅰ. TL421

中国国家版本馆 CIP 数据核字第 2025ZN4565 号

大型先进压水堆“华龙一号优化改进型”技术

DAXING XIANJIN YASHUIDUI “HUALONGYIHAO YOUHUA GAIJINXING” JISHU

著　　者：霍小东　邢　继 等

出版发行：上海交通大学出版社　　地　　址：上海市番禺路 951 号

邮政编码：200030　　电　　话：021-64071208

印　　制：苏州市越洋印刷有限公司　　经　　销：全国新华书店

开　　本：710 mm×1000 mm　1/16　　印　　张：25.75

字　　数：432 千字

版　　次：2025 年 6 月第 1 版　　印　　次：2025 年 6 月第 1 次印刷

书　　号：ISBN 978-7-313-32285-2

定　　价：209.00 元

先进核反应堆技术丛书

编　委　会

总　　序

人类利用核能的历史可以追溯到20世纪40年代，而核反应堆这一实现核能利用的主要装置，即于1942年诞生。意大利著名物理学家恩里科·费米领导的研究小组在美国芝加哥大学体育场取得了重大突破，他们使用石墨和金属铀构建起了世界上第一座用于试验可控链式反应的“堆砌体”，即“芝加哥一号堆”。1942年12月2日，该装置成功地实现了人类历史上首个可控的铀核裂变链式反应，这一里程碑式的成就为核反应堆的发展奠定了坚实基础。后来，人们将能够实现核裂变链式反应的装置统称为核反应堆。

核反应堆的应用范围甚广，主要可分为两大类：一类是核能的利用，另一类是裂变中子的应用。核能的利用进一步分为军用和民用两种。在军事领域，核能主要用于制造原子武器和提供推进动力；而在民用领域，核能主要用于发电，同时在居民供暖、海水淡化、石油开采、钢铁冶炼等方面也展现出广阔的应用前景。此外，通过核裂变产生的中子参与核反应，还可以生产钚-239、聚变材料氚以及多种放射性同位素，这些同位素在工业、农业、医疗、卫生、国防等许多领域有着广泛的应用。另外，核反应堆产生的中子在多个领域也得到广泛应用，如中子照相、活化分析、材料改性、性能测试和中子治癌等。

人类发现核裂变反应能够释放巨大能量的现象以后，首先研究将其应用于军事领域。1945年，美国成功研制出原子弹；1952年，又成功研制出核动力潜艇。鉴于原子弹和核动力潜艇所展现出的巨大威力，世界各国竞相开展相关研发工作，导致核军备竞赛一直持续至今。

另外，由于核裂变能具备极高的能量密度且几乎零碳排放，这一显著优势使其成为人类解决能源问题以及应对环境污染的重要手段，因此核能的和平利用也同步展开。1954年，苏联建成了世界上第一座向工业电网送电的核电站。随后，各国纷纷建立自己的核电站，装机容量不断提升，从最初的 5 000 千瓦发展到如今最大的 175 万千瓦。截至 2023 年底，全球在运行的核电机组总数达到了 437 台，总装机容量约为 3.93 亿千瓦。

核能在我国的研究与应用已有 60 多年的历史，取得了举世瞩目的成就。

1958 年，我国建成了第一座重水型实验反应堆，功率为 1 万千瓦，这标志着我国核能利用时代的开启。随后，在 1964 年、1967 年与 1971 年，我国分别成功研制出原子弹、氢弹和核动力潜艇。1991 年，我国第一座自主研制的核电站——功率为 30 万千瓦的秦山核电站首次并网发电。进入 21 世纪，我国在研发先进核能系统方面不断取得突破性成果。例如，我国成功研发出具有完整自主知识产权的压水堆核电机组，包括 ACP1000、ACPR1000 和 ACP1400。其中，由 ACP1000 和 ACPR1000 技术融合而成的“华龙一号”全球首堆，已于 2020 年 11 月 27 日成功实现首次并网，其先进性、经济性、成熟性和可靠性均已达到世界第三代核电技术的先进水平。这一成就标志着我国已跻身掌握先进核能技术的国家行列。

截至 2024 年 6 月，我国投入运行的核电机组已达 58 台，总装机容量达到 6 080万千瓦。同时，还有 26 台机组在建，装机容量达 30 300 兆瓦，这使得我国在核电装机容量上位居世界第一。

2002 年，第四代核能系统国际论坛（Generation Ⅳ International Forum，GIF）确立了 6 种待开发的经济性和安全性更高、更环保、更安保的第四代先进核反应堆系统，它们分别是气冷快堆、铅合金液态金属冷却快堆、液态钠冷却快堆、熔盐反应堆、超高温气冷堆和超临界水冷堆。目前，我国在第四代核能系统关键技术方面也取得了引领世界的进展。2021 年 12 月，全球首座具有第四代核反应堆某些特征的球床模块式高温气冷堆核电站——华能石岛湾核电高温气冷堆示范工程成功送电。

此外，在聚变能这一被誉为人类终极能源的领域，我国也取得了显著成果。2021 年 12 月，中国“人造太阳”——全超导托卡马克核聚变实验装置（Experimental and Advanced Superconducting Tokamak，EAST）实现了 1 056秒的长脉冲高参数等离子体运行，再次刷新了世界纪录。

经过 60 多年的发展，我国已经建立起涵盖科研、设计、实（试）验、制造等领域的完整核工业体系，涉及核工业的各个专业领域。科研设施完备且门类齐全，为满足试验研究需要，我国先后建成了各类反应堆，包括重水研究堆、小型压水堆、微型中子源堆、快中子反应堆、低温供热实验堆、高温气冷实验堆、高通量工程试验堆、铀-氢化锆脉冲堆，以及先进游泳池式轻水研究堆等。近年来，为了适应国民经济发展的需求，我国在多种新型核反应堆技术的科研攻关方面也取得了显著的成果，这些技术包括小型反应堆技术、先进快中子堆技术、新型嬗变反应堆技术、热管反应堆技术、钍基熔盐反应堆技术、铅铋反应堆技术、数字反应堆技术以及聚变堆技术等。

在我国，核能技术不仅得到全面发展，而且为国民经济的发展做出了重要贡献，并将继续发挥更加重要的作用。以核电为例，根据中国核能行业协会提供的数据，2023 年 1—12 月，全国运行核电机组累计发电量达 4 333.71 亿千瓦·时，这相当于减少燃烧标准煤 12 339.56 万吨，同时减少排放二氧化碳 32 329.64 万吨、二氧化硫 104.89 万吨、氮氧化物 91.31 万吨。在未来实现“碳达峰、碳中和”国家重大战略目标和推动国民经济高质量发展的进程中，核能发电作为以清洁能源为基础的新型电力系统的稳定电源和节能减排的重要保障，将发挥不可替代的作用。可以说，研发先进核反应堆是我国实现能源自给、保障能源安全以及贯彻“碳达峰、碳中和”国家重大战略部署的重要保障。

随着核动力与核技术应用的日益广泛，我国已在核领域积累了丰富的科研成果与宝贵的实践经验。为了更好地指导实践、推动技术进步并促进可持续发展，系统总结并出版这些成果显得尤为必要。为此，上海交通大学出版社与国内核动力领域的多位专家经过多次深入沟通和研讨，共同拟定了简明扼要的目录大纲，并成功组织包括中国原子能科学研究院、中国核动力研究设计院、中国科学院上海应用物理研究所、中国科学院近代物理研究所、中国科学院等离子体物理研究所、清华大学、中国工程物理研究院以及核工业西南物理研究院等在内的国内相关单位的知名核动力和核技术应用专家共同编写了这套“先进核反应堆技术丛书”。丛书内容包括铅合金液态金属冷却快堆、液态钠冷却快堆、重水反应堆、熔盐反应堆、新型嬗变反应堆、多用途研究堆、低温供热堆、海上浮动核能动力装置和数字反应堆、高通量工程试验堆、同位素生产试验堆、核动力设备相关技术、核动力安全相关技术、“华龙一号”优化改进技术，以及核聚变反应堆的设计原理与实践等。

本丛书涵盖的重大研究成果充分展现了我国在核反应堆研制领域的先进水平。整体来看，本丛书内容全面而深入，为读者提供了先进核反应堆技术的系统知识和最新研究成果。本丛书不仅可作为核能工作者进行科研与设计的宝贵参考文献，也可作为高校核专业教学的辅助材料，对于促进核能和核技术应用的进一步发展以及人才培养具有重要支撑作用。我深信，本丛书的出版，将有力推动我国从核能大国向核能强国的迈进，为我国核科技事业的蓬勃发展做出积极贡献。

于俊崇

2024 年 6 月

前　　言

作为一种安全、高效的能源，核能利用不仅是生产清洁电力的重要来源，还是助力全球实现可持续发展目标的重要途径之一。自 20 世纪 50 年代全球第一座核电站投运以来，核能和平利用一直在推动全球经济社会发展方面扮演着重要角色。近 10 年来，第三代核电技术已经逐渐成熟，并且成为全球新建核电机组采用的主流技术。2021 年 1 月 30 日，采用我国自主研发、具有完整自主知识产权的百万千瓦级压水堆核电技术“华龙一号”首堆——中核集团福建福清核电厂 5 号机组成功投入商业运行，是中国核电发展史上具有里程碑意义的成果。

“华龙一号”的成功示范，标志着我国自主第三代核电技术取得零的突破。在先进性、安全性等方面，中国凭借自主核电技术已与世界其他主要核电强国一起步入第一梯队。“华龙一号”解决了从“跟跑”到“并跑”的问题，同时也应清晰地认识到，若想实现先进性和竞争力的不断提升乃至实现引领世界核电技术发展，还有很多技术需要继续深入研究。

为此，在“华龙一号”首堆工程竣工前，“华龙一号”总包院——中国核电工程有限公司成立了“华龙一号”优化专项工作组，开展了设计优化科研工作。设计优化以保持“华龙一号”总体关键设计准则、安全目标基本不变，进一步提升其先进性、安全性、经济性、可建造性、便宜运维性等为原则，实现总体的协调平衡。通过设计、建造、运行经验反馈，同时吸收和应用最新技术成果，特别是数字化、智能化领域的技术成果，从顶层对核岛厂房总体布局和总体布置进行重新规划，开展系统设计改进和优化，采用数字化设计技术和新型建造技术，推进标准化设计、增加智能化特征等一系列优化措施，形成了大型先进压水堆“华龙一号优化改进型”技术，在此基础上“华龙一号”的先进性、安全性、可建造性、经济性和市场竞争力得到了全面整体的协调和提升。

本书围绕大型先进压水堆“华龙一号优化改进型”技术，系统介绍“华龙一号”创新发展历程及优化改进情况。

本书整体构思、写作框架和大纲由霍小东、邢继等研究提出。各章撰写人员如下：第 1 章，霍小东、邢继、罗一博；第 2 章，邢继、霍小东、喻新利、李崇；第 3 章，霍小东、刘国明；第 4 章，邢继、徐国飞、李杰；第 5 章，邢继、徐国飞、李杰、赵斌；第 6 章，邢继、徐国飞、李杰、胡宗文；第 7 章，徐国飞、杜文学、李杰；第 8 章，米爱军、霍小东；第 9 章，李文睢、汪勇、杜德君、白江斌；第 10 章，费云艳、覃红玉；第 11 章，喻新利、刘文华、林武清；第 12 章，徐国飞、杜广、赵晓山；第 13 章，蔡利建；第 14 章，喻新利、刘国明、霍小东、余蕴、郭依文；第 15 章，邢继、霍小东、李力、高超、宋思京、徐思敏；第 16 章，徐国飞、蔡利建、陈昊阳、王宇欣；第 17 章，霍小东、王平、赵斌、汪晨辉；结论与展望，霍小东、罗一博。全书由胡宗文和李汉辰统稿，霍小东、邢继统筹定稿。另外，编写过程中相关单位的领导和专家学者等提供了素材并在撰写研讨中给予了指导和建议，在此一并表示感谢。

核电工程技术具有高度复杂性，限于作者水平，书中难免存在疏漏之处，敬请读者批评指正。

作　者

2024 年 8 月

目　　录

第 1 章 概述

自 20 世纪 50 年代全球第一座核电站投运以来，核能和平利用一直在推动全球经济社会发展方面扮演着重要角色，从发电量来看，核电为全球提供了 10%的清洁低碳电力，是仅次于水电的第二大低碳电力来源。作为构建新型电力系统不可或缺的一部分，批量化建设成熟可靠的反应堆是满足我国核电规模化发展的必由之路。本章介绍近年来世界核电发展的总体情况，简要梳理我国核电发展历程，重点介绍"华龙一号"创新发展历程及优化改进情况。

1.1 世界核电发展总体情况

截至 2024 年 7 月，全球在 32 个国家和地区共运行了 416 台核电机组，总装机容量为 37 467 万千瓦。自 1954 年全球首台核电机组奥布宁斯克并网以来，全球核电机组共积累了近 19 900 堆 · 年的运行经验。2023 年，国际原子能机构将暂时停堆运行的核电机组进行了单独统计，全球有 25 台核电机组暂时停止运行，总装机容量为 2 122.8 万千瓦，全部分布在日本和印度。其中，日本有 21 台核电机组暂停运行，总装机容量为 2 058.8 万千瓦，印度有 4 台核电机组，总装机容量为 64 万千瓦。截至 2024 年 7 月，全球 18 个国家有 59 台在建核电机组，总装机容量约为 6 163.7 万千瓦[1]。

目前，全球在运核电机组运行年龄超过 30 年的机组数超过 270 台，约占在运机组总数的三分之二。许多国家在通过严格的安全审评的前提下或将延长现有核反应堆的寿命，并寻求建设新项目来填补退役的缺口。美国考虑将部分核电站运行许可证的有效期从 60 年延长至 80 年[2]；法国、俄罗斯、日本计划延续部分机组运行许可证有效期。

近年来，俄乌冲突、中东局势演变对世界能源格局产生了巨大的影响。为了减少对化石能源的依赖，保证自身能源产出，美国、法国、英国等国家均调整了核能发展战略，将核电发展上升到国家能源安全战略的核心地位。美国国会高票通过《加速部署多功能先进核能以实现清洁能源法案》，旨在促进美国在核能领域的领导地位，在加快先进核能技术发展的同时保护现有核能发电。该法案是对核能未来作用的最全面认可。法国立法消除核电发展限制，法国国民议会通过了《加速核能发展法案》，完成重振核电的立法工作。英国将核能视为重要基荷能源，发布政策文件《为英国提供动力》，未来英国核电在电力结构中所占的份额将从15%提高到25%。欧盟将核能视为解决能源危机的方法之一，将核能纳入《净零工业法案》战略技术清单，旨在到2030年欧洲每年至少有40%的清洁能源设备由本土制造。为了应对能源危机、气候变化和经济发展带来的挑战，波兰、哈萨克斯坦、沙特阿拉伯等越来越多的无核国家选择建设核电[3]。与中国签署共建"一带一路"合作文件的国家中，有75个新兴国家计划发展核电或扩大国内核电规模，全球核电发展重心将进一步向新兴国家转移。

2023年12月，在阿联酋迪拜举办的《联合国气候变化框架公约》第二十八次缔约方大会(COP 28)上，以美国、西欧为主导的22个国家联合签署《三倍核能宣言》，宣布到2050年将全球核电装机容量由目前的约4亿千瓦提高至约12亿千瓦，届时核能发电量占比将由目前的10%提高到30%以上。国际重要能源机构预测核电装机容量将会大幅增加，国际能源署(IEA)于2023年10月发布《2023年世界能源展望》，指出核电是当今仅次于水电的全球第二大低碳电力来源。根据现有能源政策，全球核电装机容量预计将从2022年的4.17亿千瓦增加到2050年的6.2亿千瓦。全球核能发电量将从2022年的2.682万亿千瓦·时增加到2050年的4.353万亿千瓦·时[4]。国际原子能机构(IAEA)在2023年版的《至2050年能源、电力和核电预测》中认为，无论是在高值还是低值的情景下，到2050年，核电装机容量将比2020年多出四分之一。最新预测指出：在高值情景中，核电装机容量将在目前每年3.69亿千瓦的基础上于2050年达到8.9亿千瓦；在低值情景中，装机容量将增加到4.58亿千瓦。与2022年的展望相比，当前的高值和低值情景预测结果分别上升了2%和14%[5]。

从堆型技术来看，目前第三代轻水堆技术是成熟度最高的先进核电技术，已经在全球开展大规模商业部署，主要机型包括"华龙一号""国和一号"、AP1000、CAP1000、EPR、VVER－1200、VVER－TOI、APR1400和ABWR

等。第四代核电技术如高温气冷堆、钠冷快堆、熔盐堆等正在积极推进，多国考虑开始进行先进反应堆的设计和建造，并研究小型模块化反应堆，包括探索用于发电以外的应用，即供热、海水淡化、制氢等多用途发展，目的是使核电机组更容易建造、更能灵活部署、造价更便宜。近期乃至较长时间内，第三代大型先进压水堆将是未来核电发展的主力核电类型。

1.2 中国核电技术发展简述

中国核电技术发展从20世纪70年代起步，以压水堆技术为基础，通过技术引进与自主研发，现已步入积极安全有序发展阶段。

起步阶段(1970—1994年)：20世纪70年代初，中国决定发展核电。1983年，核能发展技术政策论证会(又称回龙观会议)确定了发展以压水堆为主的技术路线，明确了中国核电发展的基本方向。在起步阶段，中国核电建设采用"国产化"与"引进再消化"两条道路并行的模式。"国产化"即自力更生模式，以我国自主设计、制造为主，适当采用部分国外先进的设备和技术，极大地提高了我国核电的自主科研、设计、制造、建设和生产运行水平。"引进再消化"即由国外提供成套核电设备，并提供相应的买方信贷，用建成发电后所获得的资金来偿还贷款。在引进国外先进设备的同时引进先进技术和先进管理经验，不断增加国内制造厂家的设备分交比例，壮大了我国核电设备制造的能力，为我国自主建设大型先进核电机组创造了条件。1985年，中国第一座自主设计和建造的秦山核电站开工建设，1991年12月15日首次并网发电，电站采用中核集团自主设计的30万千瓦级核电技术CP300，结束了中国无核电的历史并成功向巴基斯坦出口4台机组。1986年，国务院经研究决定以"以我为主、中外合作"的方式建设秦山二期核电站。综合考虑我国电力装备制造能力，将我国自主建设核电的单机组容量由百万千瓦级改为从60万千瓦起步，并把60万千瓦定为一段时间内核电建设的主力机型。秦山二期核电站是中国自主设计、自主建造、自主运行、自主管理的首座商用核电厂，实现了自主建设商用核电厂的重大跨越。秦山二期核电站采用国际先进标准，采用了二环路设计，每个环路功率为30万千瓦，与国际接轨；吸取国内外核电建设的先进经验，在安全系统上增加了冗余度，提高了安全性；考虑到用户需求，在核电厂的设计中做了重大改进。例如，满足15%的热工安全余量要求，适当地考虑严重事故的缓解措施，如设置防止安全壳超压的湿式文丘里过滤排放系统，厂区增设附加应急柴油发电机等。秦山二期核电站采用与百万千瓦级核电厂同样的先进核燃料组件，加上每个环路的设备都与百万千瓦级核电厂一致，实现了中国核电建设的标准化、国产化，为我国自主百万千瓦级核电厂的发展奠定了坚实的基础。

适度发展阶段(1994—2005 年)：在这个阶段，核电发展方针为“适度发展”，先后启动了 8 台核电机组的建设，总装机容量达到 660 万千瓦。此阶段主要采用国产化理念的核电技术路线，国产化方针指的是“以我为主、中外合作、引进技术、推进国产”，主要目的是掌握技术、跟踪世界发展；降低造价，提高经济效益；实现自主，摆脱受控和依赖于外国的局面。1996 年，引进法国 M310 技术并消化改进的秦山二期核电站 2 台 650 兆瓦机组工程开工建设；2004 年 2 台机组全部投入商运。1998 年，采用加拿大 CANDU6 核电技术，包括 2 台 728 兆瓦机组的我国首座重水堆核电站——秦山三期核电站开工。2002 年 12 月，秦山三期核电站 1 号机组投入商业运行，2003 年 7 月，2 号机组投入商业运行。

积极发展阶段(2006—2011 年)：随着中国经济的快速发展，能源电力需求不断攀升。2007 年《核电中长期发展规划(2005—2020 年)》明确指出“积极推进核电建设”，明确坚持发展百万千瓦压水堆核电技术的路线方针，确立了核电在中国经济与能源可持续发展中的战略地位。伴随着国际上核电的长期发展，核电技术逐渐形成“代”的概念。在经历了第一代的原型堆、第二代的商业堆之后，第三代轻水堆核电厂在燃料技术、热效率及安全系统等方面采用了现代化的技术。公认的第三代轻水堆标准主要源自 2 个文件：美国电力研究院发布的《先进轻水堆用户要求》(URD)和欧洲电力用户组织发布的《轻水堆核电厂欧洲用户要求》(EUR)。URD 和 EUR 对第三代核电厂(或先进核电厂)提出了全面的要求，包括安全设计、性能设计及经济性等方面。中国基于“招标引进、发展三代、一步到位、跨越发展”的核电建设思路，引进了世界先进的第三代技术 AP1000 和 EPR 并实现开工建设。

安全高效发展阶段(2011—2020 年)：2011 年日本福岛核电厂发生核泄漏严重事故后，我国对所有在运、在建核电项目开展全面安全隐患大排查，针对排查出来的潜在隐患，研究应对方案并采取改进措施，同时加强顶层设计，制定了严格的安全标准。在技术研发方面，我国将“大型先进压水堆核电站”列入国家科技重大专项，广泛吸纳国内各方面优势力量开展核电设计、装备制造、材料研制、工程技术等关键问题攻关。研发出满足国际最高安全标准的

“华龙一号”技术，实现第二代向第三代的技术跨越。

积极安全有序发展阶段(2021年至今)：2021年《政府工作报告》正式提出，要“在确保安全的前提下积极有序发展核电”。国家层面发布了《关于完整准确全面贯彻新发展理念做好碳达峰碳中和工作的意见》《2030年前碳达蜂行动方案》，多次强调积极安全有序地发展核电，在确保安全的前提下合理确定核电站布局和开发时序，保持平稳建设节奏。核电成了支撑“双碳”目标实现的新时代基荷能源，迎来了崭新的发展机遇，在新要求新形势下，我国核电自主创新能力经过多年积累显著增强，“华龙一号”自主第三代核电机型的成功并网，标志着我国在第三代核电技术领域已跻身世界前列。

2023年12月6日，我国具有完全自主知识产权的高温气冷堆核电站示范工程正式投入商运，标志着我国建成世界首个实现模块化第四代高温气冷堆核电技术商业化运行的核电站。

截至2023年12月31日，我国在运核电机组共有55台(不含台湾地区)，装机容量为5 703.33万千瓦；核准在建机组有24台，装机容量为2 905.14万千瓦。2023年我国核电累积发电量达4 333.71亿千瓦·时，比2022年同期上升3.98%，占全国累计发电量的4.86%，平均利用时间为7 661.08小时，同比增加113.38小时。等效减少标准煤耗约1.23亿吨，减排二氧化碳约3.23亿吨[6]。

从堆型技术来看，我国核准在运在建的91台机组中，有88台压水堆、2台重水堆、1台高温气冷堆。采用第三代及以上先进技术的机组共有46台，“华龙一号”共有24台，占一半以上。“华龙一号”已经成为我国核电批量化建设的主力机型。

1.3 “华龙一号”创新发展历程与优化改进情况

2011年3月11日发生的福岛第一核电厂事故，引起了全世界对核电厂安全的关注。国际原子能机构(IAEA)、各国政府核安全监管机构及相关企业与研究机构纷纷发布了关于福岛核事故教训的专题研究报告，关注的重点包括外部事件防护、应急电源与最终热阱的可靠性、乏燃料水池的安全性、多机组事故的应急响应，以及应急设施的可居留性和可用性等。基于福岛核事故的经验反馈，现有核电厂开展了安全检查或压力测试，并针对薄弱环节制订和实施了必要的改进措施。对新建核电厂的安全需求也在研究和讨论之中，如西欧核安全监管协会（WENRA）起草的《新建核电厂设计安全》、IAEA 起草的《核电厂安全：设计》（SSR－2/1，Rev. 1）、中国国家核安全局起草的《"十二五"期间新建核电厂安全要求》等。上述文件提出的新建核电厂安全要求主要涉及强化纵深防御体系、提高多重失效导致超设计基准事故（BDBA）的应对能力、实际消除大量放射性物质释放以缓解场外应急、增强内外部危险的防护能力等。另外，剩余风险、电厂自治时间等一些新的概念也被明确提出。

在第三代核电已经成为主流技术并且后福岛时代新建核电厂的安全标准更加严格的背景之下，中核集团开发了具有自主知识产权的先进压水堆"华龙一号"（HPR1000）。其设计充分利用基于我国压水堆批量化设计、建造和运行经验的成熟技术，并且创新研发了大量先进技术以满足最新核安全要求和体现福岛核事故经验反馈。然而，我国在实现创建百万千瓦级核电自主品牌这一目标上，却经历了漫长而曲折的探索之路。

1999 年 7 月，经过中国核工业第二研究设计院、中国核动力研究设计院与上海核工程研究设计院多年的研究开发准备，中核集团全面启动百万千瓦级压水堆核电厂（CNP1000 与 CNP1400）概念设计，并于 2001 年 3 月完成标准设计方案，2005 年 6 月完成初步设计和初步安全分析报告。

2007 年 4 月开始，结合国际上压水堆核电技术发展趋势与第三代核电技术要求，中核集团在前期自主型号研发工作的基础上，重新确定了研发目标，进一步确定了 177 堆芯、单堆布置、双层安全壳等 22 项重大技术改进，启动了新的型号方案研究、初步设计和初步安全分析报告（PSAR）编制工作，并将型号更名为 CP1000。2009 年底，完成了以福清 5、6 号机组为 CP1000 示范工程的初步设计。2009 年 11 月至 2010 年 4 月，为进一步论证总体设计方案和重大技术改进方案的适宜性，中核集团与国家核安全局核与辐射安全中心开展了 CP1000 重大技术改进、安全设计及验收准则联合研究。2010 年 4 月底，CP1000 技术方案完成实验验证、论证分析和联合研究工作，方案通过中国核能行业协会组织的国内同行专家审查。2011 年 3 月福岛核事故发生前，已完成福清 5、6 号机组（CP1000）的 FCD 前施工图设计，初步安全分析报告已提交国家核安全局并召开了第一轮审评对话会。福清 5、6 号机组原计划 2011 年 12 月开工建设，后因发生福岛核事故，该项目暂停，CP1000 技术方案已具备了第三代核电技术的主要特征。

2010 年 1 月，以实现完全满足第三代核电技术的安全要求为目标，中核集团在 CP1000 的基础上启动 ACP1000 重点科技专项研发，并于 2010 年 12 月完成了《ACP1000/ACP600 方案设计》。2011 年 3 月福岛核事故后，鉴于核电行业形势和安全监管要求的变化，中核集团决定加快 ACP1000 技术的研发进度，以便代替 CP1000 作为未来国内和国际市场的主推机型。根据福岛核事故经验反馈和最新法规标准要求，中核集团完成《ACP1000 概念方案及科研补充报告》。2011 年 8 月，中核集团完成 ACP1000 顶层方案设计，通过集团专家审查会审查并正式批复，福清 5、6 号机组转而作为 ACP1000 的国内首堆示范工程。2012 年 12 月，中核集团完成并提交福清 5、6 号机组 PSAR 报告，2013 年 2 月，完成福清 5、6 号机组初步设计，并开展施工图设计，启动主设备采购。

2013 年 4 月 25 日，国家能源局主持召开了自主创新三代核电技术合作协调会，提出关于自主创新核电技术合作的目标、原则和遵循的标准，确定中核、中广核两集团在 ACP1000 和 ACPR1000＋的基础上，联合开发"华龙一号"(HPR1000)技术。"华龙一号"是 177 组燃料组件堆芯和三个安全系列相融合并优化、体现更先进安全理念、具有自主知识产权、适合我国电力发展需要的第三代百万千瓦级压水堆核电技术。会后，两集团签署了会议纪要，达成 10 项共识，并安排双方技术人员组成专家队伍开展技术融合的交流工作。2013 年 12 月，中核集团按照统一后的"华龙一号"总体技术方案完成初步设计，并正式以福清 5、6 号机组作为"华龙一号"首堆示范工程完成初步安全分析报告编制，正式提交国家核安全局。2014 年 8 月 22 日，"华龙一号"总体技术方案通过国家能源局和国家核安全局联合组织的专家评审。专家组一致认为，"华龙一号"成熟性、安全性和经济性满足第三代核电技术要求，融合取得了很好的成果，总体方案体现了自主技术特征，并为后续发展保留了空间。

2014 年 11 月 3 日，国家能源局正式批复同意福清 5、6 号机组采用"华龙一号"技术方案。2015 年 5 月 7 日和 12 月 22 日，中核集团"华龙一号"示范工程福清 5、6 号机组分别浇筑第一罐混凝土。开工后工程建设进展顺利，2021 年 1 月 30 日，"华龙一号"示范工程首堆福清 5 号机组正式宣布投入商运，创造了第三代机组 68.7 个月最短建设工期的记录，6 号机组于 2022 年 3 月 25 日正式商运，2 台机组运行业绩良好。

在推进国内示范工程建设的同时，2015 年 8 月 20 日、2016 年 6 月 24 日，中核集团"华龙一号"海外工程巴基斯坦卡拉奇核电站 2、3 号机组相继浇筑第一罐混凝土，并于 2021 年 5 月 20 日、2022 年 4 月 18 日先后投入商业运行。

2019 年 10 月 18 日，中核集团"华龙一号"后续项目漳州核电厂 1 号机组浇筑第一罐混凝土，开启了"华龙一号"批量化建设的新格局。

"华龙一号"作为中核集团自主研发的第三代先进核电技术，充分遵循安全设计原则，同时借鉴了国际上第三代核电技术先进设计理念，并与我国主导核电技术和经验反馈衔接配合，总体实现了关键设计目标，首堆 4 台机组的顺利实施也充分证明总体方案合理、可行。

"华龙一号"在设计上提升了抗震水平、反应堆厂房采用双层安全壳、单堆布置、抗商用飞机撞击等安全措施，显著提升了核电厂的安全性。同时，"华龙一号"核岛总体规模、总工程量较大，核岛建造安装压力较重，根据经验反馈采取的部分设计较为保守，这些因素在一定程度上削弱了"华龙一号"批量化建设的经济性竞争优势。随着国际、国内电力市场的竞争越来越激烈，有必要在充分保证安全性的前提下，优化设计，提升机型的先进性、安全性、经济性、可建造性、便宜运维性等。

因此，在充分汲取"华龙一号"首堆设计建造经验反馈的技术后，结合"华龙一号"批量化建设已有的优化成果，保持"华龙一号"总体设计准则、安全目标基本不变，中核集团于 2020 年组建设计团队开展了"华龙一号"设计优化专项工作，形成了"华龙一号优化改进型"设计方案。

"华龙一号优化改进型"机组是基于在运、在建核电厂经验反馈而实施的优化机型，该优化改进是一次涉及多专业的、全面的机型研发工作，主要可分为总体布置优化、系统设计优化、设计施工融合、数字化新技术应用及设计标准化五大领域。优化改进依托"华龙一号"现有安全系统、主辅工艺系统配置及设备参数，充分结合已有主要成熟工艺系统和设备设计成果，重新考虑核岛顶层设计规划、总体构造布局，对部分主辅系统进行设计改进和优化，采用数字化设计技术和新的建造技术，以期在保持"华龙一号"总体设计准则、安全目标的基础上，提升"华龙一号"核岛工程的可建造性和经济性，提高"华龙"系列机型的市场竞争力，同时不断提升中国核电设计技术自主创新开发能力，为后续机型研发项目的实施提供坚实技术基础。该优化改进总体包含以下 5 个原则。

(1) 先进性：不断提升机型的先进性，吸收和应用最新技术进步成果，特别是数字化、智能化领域的技术成果。

(2) 安全性：充分保证安全，实现安全的整体协调平衡。

(3) 经济性：优化核岛厂房布局，降低核岛整体工程量。

(4) 经验反馈：充分吸取福清、漳州等项目的经验反馈，在设计过程中加强人因工程设计，严格遵循核岛布置设计原则，从设计源头优化不合理项。

(5) 可建造性：采用先进建造技术，贯彻绿色建造理念，提升建造效率。

伴随着"十四五"期间"华龙一号"项目批量化建设高峰的到来，"华龙一号优化改进型"机组的研发越发体现出更加现实的重要意义。

参考文献

[1] International Atomic Energy Agency. Nuclear power reactors in the world 2024 edition[R]. Vienna：IAEA，2024.

[2] 伍浩松. 萨里核电厂或将成为美国首座获准运行 80 年的核电厂[J]. 国外核新闻，2015(12)：16.

[3] 中国核能行业协会. 中国核能行业智库丛书(第六卷)[M]. 北京：中国原子能出版社，2023.

[4] International Energy Agency. World energy outlook 2023[R]. Paris：IEA，2023.

[5] International Atomic Energy Agency. Energy，electricity and nuclear power estimates for the period up to 2050[R]. Vienna：IAEA，2023.

[6] 中国核能行业协会. 我国核电运行年度综合分析核心报告(2023 年度)[R]. 北京：中国核能行业协会，2024.

第 2 章
总体技术特征

“华龙一号”作为我国首个具有自主知识产权的第三代百万千瓦级压水堆核电技术，已在海内外多个核电基地成功商运。先进的第三代核电设计理念、成熟可靠的建造运行经验及高水平的自主化能力，使其具备强大的核电市场竞争力。

在国家高质量发展和数字化、智能化转型的战略背景下，在继承“华龙一号”的先进设计特征、全面吸收其建造运行经验的基础上，“华龙一号优化改进型”对核岛厂房总体布局进行重新规划，实现核岛厂房的集约化设计，开展系统改进和优化升级，同时推进数字化转型、设计施工融合、智能化等先进技术，全面提高经济性和先进性，进一步推动“华龙一号”的批量化建设进程和提升国际竞争力。

2.1 “华龙一号优化改进型”总体技术特征

“华龙一号优化改进型”机组的总体主要技术特征与“华龙一号”一致，具备以下主要设计特征。

(1) 177 堆芯装载方案：堆芯采用具有自主知识产权的 12 ft(英尺，1 ft＝3.048×10^{-1} m)177 组先进燃料组件，实现了堆芯物理上几何布局优化。

(2) 单堆布置策略：采用单堆布置方案，优化核岛厂房布置方案，便于电厂建造、运行和维护，提高核电厂址方案选择的灵活性。

(3) 大自由容积双层安全壳：内壳采用大自由容积的预应力混凝土壳，设置了能动加非能动的热量导出系统，能够承受各种事故工况下的温度和压力；外壳加强了应对外部事件的能力，并能抵御商用大飞机撞击，以保护内壳及其内部结构，提高事故下安全壳作为最后一道屏障的安全性。

(4) 60 年电厂设计寿期：双层安全壳、反应堆压力容器，以及蒸汽发生器、稳压器和主管道等一回路主要承压设备与重要部件的设计寿命均为 60 年，同时考虑完善了电厂老化管理措施，通过必要的维修和更换，使电厂设计寿期达到 60 年。

(5) 18 个月换料周期：采用先进灵活的堆芯燃料管理策略，实现 18 个月换料装载方案设计，提高电厂的可利用率和经济性。

(6) 能动与非能动相结合的安全设计理念：在现有核电站成熟的能动安全技术基础上，借鉴先进的非能动技术，采用能动与非能动相结合的安全措施，以能动和非能动的方式实现应急堆芯冷却、堆芯余热导出、熔融物堆内滞留和安全壳热量导出等功能。非能动系统作为能动系统的备用措施，为纵深防御各层次提供多样化的安全手段。

(7) 基于概率安全分析和经验反馈优化的安全系统：采用冗余性、独立性与多样化相结合的设计，在布置上实现冗余安全系统完全的实体隔离。充分吸取在役电厂的运行经验反馈，采用概率安全分析技术识别安全上的薄弱环节，指引设计改进，避免出现“木桶效应”。

(8) 操纵员不干预时间大于 30 分钟：事故后操纵员不干预时间大于 30 分钟，给操纵员提供足够的响应时间，减少因人员干预而可能产生的误操作。同时，采用智能化技术，实现异常的及早发现和处理，为操纵员提供决策支持，进一步提升机组的安全水平。

(9) 设计扩展工况的分析及应对：结合确定论、概率论和工程判断，得出了一套包括多重失效在内的核电厂设计扩展工况(DEC)，包括没有造成堆芯明显损伤的设计扩展工况(DEC - A)和堆芯熔化的设计扩展工况(DEC - B)。采用最佳估算方法加以分析，增设了附加的用于设计扩展工况的安全设施，扩展了安全系统的能力，使得设计扩展工况的放射性物质释放控制在可接受的限值内。

(10) 完善的严重事故预防和缓解措施：对于可能威胁安全壳完整性的严重事故现象(如高压熔堆、氢气爆燃和爆炸、安全壳底板熔穿和安全壳长期超压等)设置完善的预防和缓解措施，包括一回路快速卸压系统、非能动消氢系统、堆腔注水冷却系统、非能动安全壳热量导出系统和安全壳过滤排放系统。保证在严重事故环境条件下主控室的可居留性及相关设备的可用性。此外，吸取福岛核事故经验反馈，设置移动设备提供应急电源和水源，改进乏燃料贮存水池的冷却和监测手段，实现从设计上实际消除大规模放射性物质的释放，以及仅需在更加有限的时间和范围内采取场外应急措施等。

(11) 充分的外部事件防护能力：针对所有可能导致放射性物质释放风险的外部事件，包括外部人为事件和外部自然事件，采用适当措施和充足裕量以保证电厂能抵御来自特定超设计基准的外部事件(如洪水和地震)的袭击。

(12) 抗震设计标准化："华龙一号优化改进型"标准设计的水平和竖直方向的地震输入参数采用 0.3g(g 为重力加速度)地面峰值加速度，可以包容不同厂址的地质条件，提高厂址选择的适应性。

(13) 抗商用飞机恶意撞击设计：基于全面的安全防护分析，实现核电站对大型商用飞机撞击的防护，确保在该类事件下达到安全状态，避免放射性物质的大量释放。

(14) 72 小时电厂自持时间：通过对非能动系统水箱贮存水量和专用电池容量的设计，保证非能动系统能够持续运行 72 小时，结合移动泵和移动柴油发电机等非永久设施，使得严重事故后核电厂在 72 小时内无须厂外支援。

(15) 应急能力的增强：吸取了福岛核事故的经验反馈，进一步增强核电厂的应急响应能力，包括提高严重事故条件下应急指挥中心和运行支持中心的可居留性和可用性，提高环境辐射监测能力，并具有针对多机组发生严重事故的应急措施。

(16) 废物最少化：采用先进的放射性废物处理工艺，比如等离子体熔融技术，实现单台机组的废物包产量预期值不超过 50 m^3/a，实现废物最少化的目标。

(17) 进一步提高安全性与先进性的措施：为满足对于第三代核电机组的技术指标要求，"华龙一号"采用了提高安全性和先进性的设计措施，如应用破前漏(LBB)技术，设置疲劳监测系统，采用先进堆芯测量系统、先进的数字化仪控系统和主控室设计，优化辐射防护设计，使职业照射集体剂量小于 0.6 人·希/(堆·年)。

"华龙一号优化改进型"机组优化了核岛工艺系统和布置设计，核岛建造工程量大幅降低，提升了经济性；通过数字化设计、安装，土建模块化技术应用，提升了可建造性；全面提升了自动化、智能化水平，进一步提升了"华龙一号优化改进型"的竞争力。

2.2　安全系统整体配置

核电厂必须确保的基本安全功能是控制反应性；排出堆芯和乏燃料热

量；包容放射性物质、屏蔽辐射、控制放射性物质的计划排放，以及限制事故的放射性物质释放。为实现基本安全功能，必须将纵深防御概念贯彻于“华龙一号”安全有关的全部活动，以确保这些活动均置于重叠的措施防御之下。把安全重要的构筑物、系统与部件设计成能以足够的可靠性承受所有确定的假设始发事件，这些都是通过冗余性、多样性及独立性等设计准则来保证的。

能动与非能动相结合的安全设计是“华龙一号”最具代表性的创新。“华龙一号”按照纵深防御的思想，综合运用了两种安全特性的优势，同时成为满足多样性原则的典型案例。而“华龙一号优化改进型”继承了能动与非能动相结合的设计特点，结合工程设计运行等的经验反馈，不断开展系统优化设计，精简系统配置，进一步提升机组的可运维性和可建造性。

1）专设安全设施

在反应堆冷却剂系统发生事故或二回路系统发生事故时，为了使反应堆能自动停堆、自动冷却堆芯，并使反应堆和安全壳保持其完整性，特别有针对性地设计了专设安全设施。专设安全设施包括安全注入系统、辅助给水系统、安全壳喷淋系统、大气排放系统、应急硼注入系统等。在电厂正常运行时，专设安全设施处于备用状态，一旦发生事故接到启动信号时，随即投入运行。因此，要求专设安全设施在设计基准考虑的任何情况、任何时间都能投入运行，并维持足够的运行时间。“华龙一号优化改进型”的专设安全设施如图 2－1 所示。

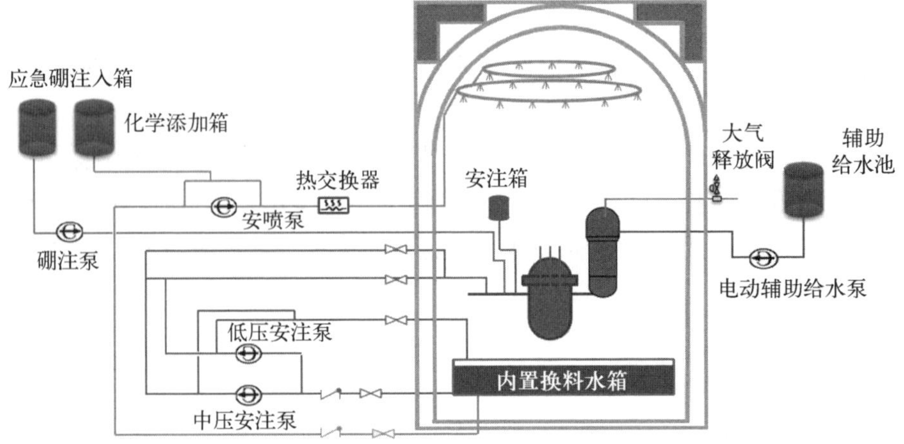

图 2－1　“华龙一号优化改进型”的专设安全设施示意图

专设安全设施的设计符合单一故障准则，设计的冗余度为 $n+1$，即由两个冗余的系列组成，每个系列都能提供 100%的系统容量，并由两台相互独立的应急柴油发电机组作为应急电源，分别向两个系列供电。系统设计还考虑了定期试验和安全壳隔离原则。

安全注入系统(RSI)由两个能动子系统(即中压安注子系统和低压安注子系统)与一个非能动子系统(安注箱注入子系统)组成。系统采用了安全壳内置换料水箱，相比于设在安全壳外的换料水箱，增强了对外部事件的防护，并且避免了长期注入阶段的水源切换。中压与低压安注泵在发生冷却剂丧失事故(LOCA)时从内置换料水箱取水并注入反应堆冷却剂系统，以提供应急堆芯冷却，防止堆芯损坏。

辅助给水系统(TFA)用于在丧失正常给水时为蒸汽发生器二次侧提供应急补水并导出堆芯余热。反应堆冷却剂系统的热量通过由辅助给水系统供水的蒸汽发生器传给二回路系统产生蒸汽；二回路系统蒸汽通过汽轮机旁路系统(TSC&TSA)排入凝汽器或排向大气。

安全壳喷淋系统(CSP)通过喷淋，冷凝发生 LOCA 或主蒸汽管道破裂(MSLB)事故时释放到安全壳内的蒸汽，将安全壳内的压力和温度控制在设计限值内，从而保持安全壳的完整性。喷淋水由喷淋泵从内置换料水箱抽取，并添加化学药剂以减少安全壳气氛中的气载裂变产物(尤其是碘)和抑制结构材料的腐蚀。低压安注泵可作为安全壳喷淋泵的备用，确保长期喷淋的可靠性。

大气排放系统(TSA)用于电厂运行工况，也用于事故工况。在特定设计基准事故工况下，通过大气排放带走堆芯衰变热是必需的，因此大气排放系统为安全级系统。大气排放系统与辅助给水系统配合，在事故工况下带走堆芯衰变热，降低主回路的温度压力。

应急硼注入系统(REB)的安全功能是在部分设计基准事故(Ⅱ、Ⅲ、Ⅳ类工况)下，反应堆由可控状态向安全状态过渡过程中，操纵员依据实际需要手动启动 REB 执行对反应堆冷却剂系统(RCS)的补水(硼酸溶液)、硼化和辅助喷淋等安全功能以控制堆芯反应性、RCS 水装量和压力变化。

2) 设计扩展工况预防和缓解措施

“华龙一号优化改进型”设置了完善的设计扩展工况预防和缓解措施，以减轻可能产生的事故后果，避免大量放射性物质释放到环境中。“华龙一号优化改进型”用于严重事故的预防和缓解措施如图 2-2 所示。

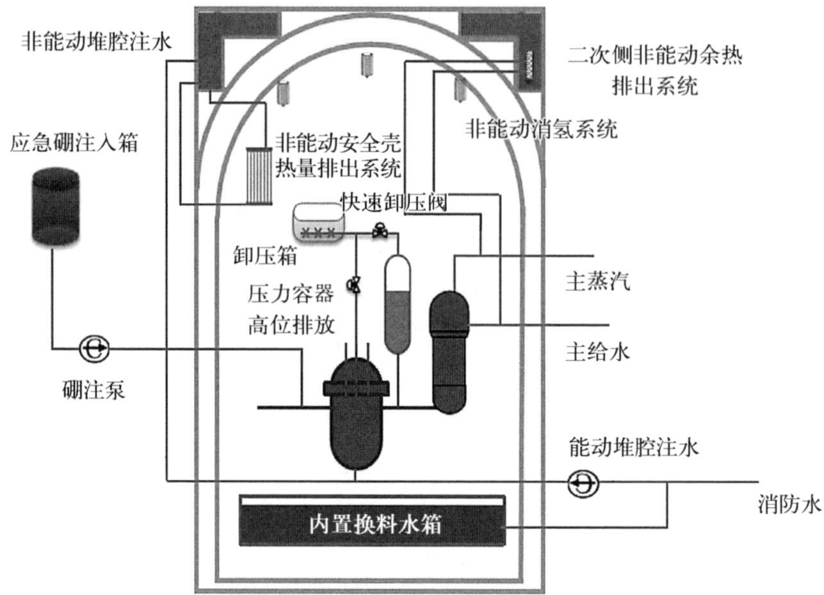

图 2-2 “华龙一号优化改进型”用于严重事故的预防和缓解措施示意图

一回路快速卸压系统用于在严重事故情况下对反应堆冷却剂系统进行快速卸压，从而避免直接加热安全壳可能导致的高压熔堆现象的发生。

压力容器高位排放系统用来在事故情况下从压力容器顶部排出不可凝气体，以避免不可凝气体对堆芯传热产生影响。

堆腔注水冷却系统(CIS)通过向反应堆压力容器外表面与保温层之间的流道注水来实现对压力容器下封头外表面的冷却，从而维持压力容器的完整性并实现堆芯熔融物的堆内滞留。CIS 由能动和非能动子系统组成。能动子系统包括两个系列，每个系列通过泵从内置换料水箱或备用的消防水管线取水。在发生严重事故时，非能动子系统安全壳外水箱内的水能够依靠重力注入堆腔中压力容器保温层内，淹没反应堆压力容器下封头到一定高度，并补偿水的蒸发量，以“非能动”的方式实现反应堆压力容器的冷却。

二次侧非能动余热排出系统(PRS)在发生蒸汽发生器二次侧热阱功能丧失的设计扩展工况时，可排出反应堆冷却剂系统的热量。例如，在全厂断电事故下，PRS 投入运行并通过蒸汽发生器和 PRS 导出堆芯余热及反应堆冷却剂系统冷却剂和各设备的储热，确保反应堆冷却剂系统及设备符合设计条件，并在 72 小时内将反应堆维持在安全状态。

安全壳消氢系统(CHC)用于将安全壳大气内的氢气浓度控制在安全限值

以内，防止发生设计基准事故时的氢气燃烧或发生严重事故时的氢气爆炸。系统由安装在安全壳内部的33个非能动氢气复合器组成，在氢气浓度达到阈值时可自动触发。

非能动安全壳热量导出系统(PCS)用于排出安全壳内的热量，从而确保在发生设计扩展工况时安全壳内的压力和温度不会超过设计限值。安全壳内高温蒸汽和气体的热量由安装在安全壳上部内表面的热交换器换热管内的冷却水带走，并传递到安全壳外的换热水箱。安全壳内混合气体与换热水箱内水的温差，以及换热水箱与热交换器的高度差是建立自然循环与导出热量的驱动力。换热水箱内的水被加热后蒸发，热量最终耗散在大气中。水箱的容量满足事故后72小时非能动热量导出的要求。

安全壳过滤排放系统(CFE)提供了一种通过主动的有计划排放来避免安全壳超压的选择。排放管线上的过滤装置用来尽可能减少排放到大气中的放射性物质。

在发生未停堆预期瞬变(ATWS)事故时，应急硼注入系统用来向反应堆冷却剂系统提供快速硼化从而将堆芯保持在次临界状态。如果正常硼化方式不可用，系统能够通过手动启动向反应堆冷却剂系统注入足够的硼酸溶液。

“华龙一号优化改进型”同时提供了多样化的可靠电源来确保电厂在多数情况下的安全。在正常运行工况下，两列互相独立的厂外电源作为厂用电的主电源和辅助电源；当两列厂外电源同时失效时，还设置有两台应急柴油发电机作为厂内应急电源；在全厂断电事故(SBO)下，通过两台低压SBO柴油发电机组来保证电厂进入安全停堆状态；即使以上所有的电源都失效，还设有临时电源，即利用移动式柴油发电机组来提供电力。此外，为了满足仪表、控制和信号系统的用电需求，“华龙一号优化改进型”设置了不同电压等级的蓄电池组来提供直流电，包括专门为非能动系统阀门、仪表和控制负荷供电的72小时电池。

3) 外部事件防护

所有可能导致放射性物质释放风险的外部事件都在“华龙一号优化改进型”的设计中进行了考虑。考虑的外部人为事件包括飞机撞击、爆炸、毒性气体释放、放射性物质释放、腐蚀性气体和液体释放、火灾、电磁干扰，以及由共同始发事件导致的以上事件组合等；外部自然事件包括地震、洪水、极端大风、沙尘暴、闪电、火山爆发、生物现象、漂浮物与安全相关构筑物的碰撞等。

4) 纵深防御原则的实施

“华龙一号优化改进型”设计始终贯彻纵深防御原则[1]，以便对由厂内设备故障或人员活动及厂外事件等引起的各种瞬变、预计运行事件及事故提供多层次的保护，以实现控制反应性、排出堆芯热量和乏燃料热量、包容放射性物质、控制运行排放及限制事故释放的基本安全功能，确保核电厂安全。

2.3 主要技术参数和设计改进

本节介绍“华龙一号优化改进型”机组的主要技术参数（见表2-1）以及相对于“华龙一号”持续改进的介绍。

表2-1 主要技术参数表

	序号	参数名称	总参数
主要指标	1	电站类型	三环路压水堆
	2	设计寿命/年	60
	3	换料周期/月	18
	4	机组额定电功率/MW	≥1 200
	5	电厂可利用率/%	≥90
	6	极限安全地震震动（SL-2）	0.3g
	7	电厂布置	单堆
	8	电厂运行方式	负荷跟踪（模式G）
	9	堆芯损坏频率（目标值）/（堆$^{-1}$·年$^{-1}$）	$<1\times10^{-6}$
	10	大量放射性物质释放至环境的频率（目标值）/（堆$^{-1}$·年$^{-1}$）	$<1\times10^{-7}$
	11	集体剂量设计目标值/[人·希/（堆·年）]	<0.6
反应堆及反应堆冷却剂系统	12	反应堆堆芯额定热功率/MW	3 180
	13	NSSS额定热功率/MW	3 190
	14	热工设计体积流量/（m^3/h）	23 500×3
	15	最佳估算体积流量/（m^3/h）	24 680×3

(续表)

	序号	参 数 名 称	总 参 数
反应堆及反应堆冷却剂系统	16	机械设计体积流量/(m^3/h)	25 670×3
	17	运行压力(绝对)/MPa	15.5
	18	设计压力(绝对)/MPa	17.23
	19	设计温度/℃	343
堆芯	20	燃料组件类型	CF3 或 AFA-3G 燃料组件
	21	燃料组件个数	177
	22	活性段高度(冷态)/mm	3 657.6
	23	平均线功率密度/(W/cm)	181.2
	24	平均卸料燃耗(以铀计)/(MW·d/t)	约 48 000
	25	控制棒组件总数/束	69
	26	额定功率下反应堆冷却剂 RPV 入口温度(热工设计流量)/℃	291.2
	27	额定功率下反应堆冷却剂 RPV 出口温度(热工设计流量)/℃	328.8
	28	额定功率下反应堆冷却剂 RPV 进、出口平均温度/℃	310.0
	29	零功率下反应堆冷却剂平均温度/℃	291.7
反应堆压力容器(RPV)	30	堆芯段筒体内径(从堆焊层内壁计算)/mm	4 340
	31	堆芯段筒体壁厚/mm	220
	32	不锈钢堆焊层厚度/mm	7
	33	总高度(下封头外表面至堆芯测量管座上表面)/mm	约 13 228
主泵	34	数量/台	3
	35	名义流量/(m^3/h)	24 680
	36	名义流量下扬程/mH_2O	86.0

（续表）

	序号	参数名称	总参数
稳压器	37	设计温度/℃	360
	38	总容积(冷态最小)/m^3	53
蒸汽发生器(SG)	39	额定功率下单台 SG 主蒸汽质量流量(热工设计流量、零堵管、零排污)/(kg/s)	591
	40	额定功率下 SG 主蒸汽出口压力(热工设计流量、零堵管、零排污)/MPa	约 6.73
	41	主蒸汽出口湿度(限流器后)/%	≤0.25
	42	主给水进口温度(额定功率)/℃	226
	43	传热面积/m^2	约 6 500
	44	二次侧设计压力/MPa	8.6
	45	二次侧设计温度/℃	316
安全壳	46	结构类型	双层安全壳
	47	内壳设计压力/MPa	0.52
	48	内壳设计温度/℃	145
	49	内壳内径/m	42.80
	50	环形空间宽度/m	1.8
	51	外壳内径/m	49
	52	自由容积/m^3	约 75 100
汽轮机组	53	转速/(r/min)	1 500
发电机组	54	转速/(r/min)	1 500
	55	功率因数	0.9
	56	最大连续电功率/MW	≥1 200

“华龙一号优化改进型”机组对核岛厂房总体布局进行重新规划，实现核岛厂房的集约化设计，开展系统改进和优化，推进数字化转型、先进建造技术、智能化、自动化升级。

1）核岛集约化设计

优化安全壳尺寸与布局；将堆腔注水箱由壳内移至安全壳的顶部，与PCS/PRS非能动水箱做整体设计，减小安全壳尺寸，提升了反应堆厂房利用率，降低了施工难度，有助于提升建造质量。合并电气厂房与安全厂房，优化燃料厂房布局，充分利用连接区空间，提升了核岛厂房利用率，减小了核岛厂房体积，进而减少了管道用量；优化核岛运输通道，提升了建造及运行的便捷性，进一步提升了可运维性。秉持“集中＋分散”的布置理念，采用分负荷中心设计、分类集中布置电仪设备，缩减了核岛电缆桥架和电缆长度。

2）系统优化升级

在保持“华龙一号”总体设计准则、安全目标不变的基础上，开展多项重要系统改进，降低运维成本，提升经济性。

优化反应堆主设备设计：采用反应堆容器整体式金属保温层、稳压器整体封头结构、蒸汽发生器下封头内壁电解抛光等系列改进措施，有效提高了“华龙一号优化改进型”机组主设备的安全性和经济性。

在安全系统和辅助系统方面，改进和优化了非能动水箱容量和配置；取消了辅助给水汽动泵；采用取消水压试验泵，将其功能与硼注泵合并等措施，精简了安全系统配置。采用集约化设计冷冻水系统，减少冷冻水系统设备数量。反应堆厂房通风系统采用集约化设计及多种风道技术，大幅节约空间；结合耐高温、长寿命、高可靠性新型控制棒驱动机构的应用，创新设计了能动与非能动相结合的堆顶通风系统，取消了堆顶可拆卸风管，缩短了换料时间。

3）数字化转型

“华龙一号优化改进型”机组全面应用数字化技术。采用基于三维模型的设计与建造技术：基于自主研发的一体化三维布置设计平台，全面实施三维数字化协同设计，确保三维模型和数据的完整性和准确度，实现了基于三维模型的数字化交付，打通设计、采购、施工及调试的数据链，充分挖掘数据价值，为核岛安装实现无图纸化建造，建立了良好的应用基础。在数字化建造技术应用方面，首次在设计阶段全面采用数字化建造技术，模拟建造过程、预警设计风险，优化设计与施工方案，可有效缩减建造周期。在虚拟现实（VR）技术应用方面，首次引入VR技术，实现人机交互，沉浸式检验设计成果，有效地提高了设计及施工效率和质量。

4）先进建造技术

（1）模块化设计。“华龙一号优化改进型”机组大范围采用土建模块化设计施工技术，通过钢筋笼模块、水池钢覆面模块、安全壳穹顶钢衬里与换热器组合模块及管廊预制模块等技术的组合使用，实现了建造工期的明显缩减和土建设计的突破创新。

（2）使用弯管技术，提升弯管使用率，减少管道焊缝。

（3）装配式设计与施工。支吊架采用装配式设计，拆装方便，可实现预制化、模块化生产，提高安装效率，减少焊接工作量及焊工需求，改善作业环境，实现核电绿色环保高效的发展目标。

（4）自动焊技术应用。全面开展管道高效自动焊装备与工艺研究，覆盖各系列、全厚度、多材质，提升管道自动焊接水平；开展焊接新技术的联合研发、安全评估与规范化工作，助力钢筋摩擦自动焊、钢衬里激光跟踪熔化极活性气体保护焊（混合气体保护焊，MAG 焊）、水池幅面钨极惰性气体保护焊（TIG）等多项先进技术的快速工程化。

（5）先进检测技术。推进相控阵超声波焊缝检测技术，实现并行施工，为缩短建造工期提供条件；搭建数字化无损检测平台，探索专家的远程评估新模式。

5）智能化升级

“华龙一号优化改进型”机组首次大规模应用智能化技术，升级智能化仪控和数据系统，采用先进传感器、先进控制和智能算法、建模与仿真、5G 通信等技术，全面提升自动化和智能化水平；同时，设置健康管理和智能运维决策系统，提升机组设备、系统在线状态监测和故障预警能力，为电厂的运行维护提供决策支持。

2.4　核岛总体布置

“华龙一号”现有厂房布置方案以成熟技术为基础，借鉴了国际上第三代核电技术的先进设计理念，并与我国主导核电技术和经验反馈衔接配合，核岛总体布置实现了设计目标，全球首堆福清核电厂 5、6 号机组和批量化建造项目漳州核电厂 1、2 号机组等项目的顺利实施充分证明了核岛总体方案的可行性和合理性。但与国内外同等规模第三代核电机组相比，现有“华龙一号”核岛总体规模偏大，空间利用率不足、部分区域建造难度较高，部分房间可达性有待提高。

考虑到上述背景，在保证“华龙一号”核电机组安全性的基础上，为了达到可建造性、可运行性及提升经济性的目的，对“华龙一号”核岛厂房开展了总体布置优化改进。改进以“华龙一号”现有安全系统、主辅工艺系统配置及设备参数为基础，充分结合已有主要成熟工艺系统和设备设计成果，汲取“华龙一号”在建项目的设计、施工建造经验反馈，重新进行了核岛顶层设计规划、总体构造布局和先进建造技术应用，对核岛各厂房的布置进行全方位优化，在满足现有法规标准和安全准则、“华龙一号”融合方案技术特征的前提下，实现核岛厂房的集约化设计，提升人员友好性。

“华龙一号优化改进型”核电机组总体布置继承了原“华龙一号”（核岛厂房平面总体布置见图 2－3）单堆布置、核岛厂房抗震（0.3g）、抗商用飞机撞击、换料水箱内置等重要特征。

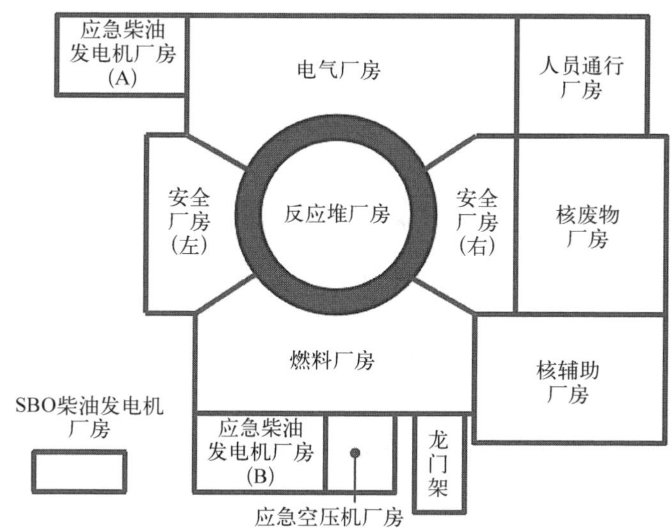

图 2－3　“华龙一号”核岛厂房平面总体布置示意图

此外，核岛厂房总体布置设计是在对系统流程、设备条件、人员路径、设备安装运输路线、防火分区设计、辐射屏蔽设计等综合研究的基础上进行的，重点考虑了以下因素：

（1）符合国内外相关法规标准要求；

（2）符合“华龙一号”技术融合方案技术特征；

(3) 满足系统功能要求;

(4) 保持安全相关和非安全相关系统的隔离,以排除非安全相关设备对安全相关设备的不利影响;

(5) 保持安全系列间的实体隔离,以保证安全功能的实现,同时充分考虑对各类内部危险、外部危险效应的防护;

(6) 保持放射性与非放射性设备间的隔离以及通往这些区域的人员通道的隔离;

(7) 为人员通行以及设备运输设计合理的通道;

(8) 为设备的安装、检查、维修留出足够的空间,并且为方便设备维修设置了吊装孔、单轨吊、升降机和可拆卸屏蔽墙等。

在综合考虑以上因素的基础上,“华龙一号优化改进型”机组主要做了如下改进。

(1) 反应堆厂房。反应堆厂房维持双层安全壳结构,在确保自由容积满足要求的前提下,优化了安全壳直径。将非能动堆腔注水箱移出安全壳内部,与安全壳非能动热量排出水箱及二次侧非能动余热排出水箱合并,放置在反应堆厂房外穹顶。这样不仅达到了优化安全壳直径的目的,也解决了原悬挑的外挂水箱施工难的问题。反应堆厂房重新调整了机械贯穿件和电气贯穿件的布局,便于管道及电缆布置。

(2) 安全厂房和电气厂房。原安全厂房为左右两侧对称布置,与电气厂房处于同一筏基,底层标高一致,不仅造成了部分房间空置,而且导致巡检路径较长。“华龙一号优化改进型”机组将安全厂房及电气厂房合并成一个大的安全厂房,有效地减少了房间空置率,并且在内部设置了统一的通道,缩短了人员巡检路径,更便于设备和物项的运输。改进以后,不同安全系列的安全设施在厂房内部通过隔间进行实体隔离。厂房外侧仍设有防飞机撞击的墙体,以保护主控室。

(3) 燃料厂房。原燃料厂房设有燃料操作区和设备冷却水区域,在设备冷却水区域设有主设备通道,造成放射性控制区和非放射性控制区混合布置,影响巡检的便利性。同时,由于燃料厂房与反应堆相接面积过大,压缩了核辅助厂房与反应堆厂房连接面积,增加了核辅助厂房管道与反应堆厂房的贯穿难度。因此,将燃料厂房的设备冷却水区域转移至安全厂房,将此部分空间分配给核辅助厂房,避免放射性控制区和非放射性控制区混合布置,便于巡检,主设备运输区域随着龙门架转移至其他方位而取消。

(4) 核辅助厂房。燃料厂房的布局优化，便于核辅助厂房移至更靠近反应堆厂房的位置，便于核辅助管道贯穿反应堆厂房。此外，原"华龙一号"部分红、橙、黄、绿辐射分区未实现梯度分布，导致部分区域采用了重型混凝土。本次厂房整体布局进行了统一策划，对辐射分区进行了优化布置，避免了重型混凝土的使用。

(5) 附属厂房。附属厂房的主要功能是让检维修期间人员通行，"华龙一号优化改进型"机组在"华龙一号"人员通行厂房功能的基础上进行了扩展，添加了核岛冷冻水机组，并将部分非核级电气仪控设备布置于该厂房，将该厂房布置于核岛厂房一侧，紧邻燃料厂房。

(6) 龙门架。原"华龙一号"龙门架布置于燃料厂房下方，不与反应堆厂房直接相接，导致主设备运输路径较长。"华龙一号优化改进型"机组将龙门架布置在反应堆厂房的左上方，与反应堆厂房直接相接，有利于提高主设备的运输效率。

除以上厂房的主要改进以外，根据经验反馈，"华龙一号优化改进型"机组还综合进行了如下改进：

(1) 将核岛厂房原地下三层结构改为地下二层，底标高提升至−9.5 m，减少了核岛建造面积；

(2) 调整了部分房间的尺寸，避免了过度拥挤或空间率利用不足，提升了可达性和经济性；

(3) 将部分非核级电气仪控设备调整至常规岛，提升了核岛抗震厂房的利用价值；

(4) 增加了主控室的办公用房面积。

通过优化改进，"华龙一号优化改进型"机组的核岛主要包括以下厂房：反应堆厂房、燃料厂房、安全厂房、核辅助厂房、核废物厂房(双机组共用)、附属厂房、应急柴油发电机厂房、SBO 柴油发电机厂房、核岛消防泵房及应急空压机房。核岛总平面布置如图 2-4 所示，其中，反应堆厂房、安全厂房、燃料厂房和核辅助厂房布置于同一筏基上。

总体上，"华龙一号优化改进型"对核岛厂房从整体到局部房间进行了全面的优化，不仅使得核岛更加紧凑、总建筑面积和厂房体积较原"华龙一号"有一定缩减，提升了经济性，而且在厂房内设置了更加优化的运输通道和巡检路径，房间布局更加合理，可建造性和可运维性得到了进一步提升。

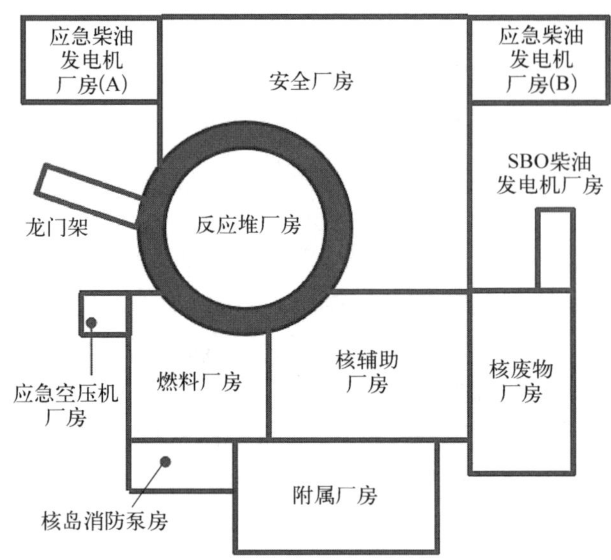

图 2-4 “华龙一号优化改进型”核岛厂房平面总体布置图

参考文献

[1] 国家核安全局. 核动力厂设计安全规定：HAF 102—2016[S]. 北京：国家核安全局,2016.

第 3 章
核反应堆

核反应堆位于核电厂核岛厂房的安全壳内，它是产生、维持和控制中子链式核裂变反应的核心装置。在反应堆内，由核燃料裂变反应产生的热能通过流经堆芯的高压冷却剂(水)带至蒸汽发生器，再通过蒸汽发生器将热量传递给二次侧给水，二次侧给水在蒸汽发生器内产生蒸汽，蒸汽带动汽轮发电机组输出电能。"华龙一号优化改进型"反应堆在"华龙一号"反应堆基础上，通过优化燃料管理方案等技术，进一步提升总功率。

3.1 总体介绍

"华龙一号优化改进型"反应堆由反应堆压力容器及其支承和保温层、燃料组件及相关组件、堆内构件、控制棒驱动机构、一体化堆顶结构、堆芯测量系统等组成，主体结构如图 3-1 所示。

"华龙一号优化改进型"反应堆堆芯由 177 组燃料组件、69 组控制棒组件、2 组一次中子源组件和 2 组二次中子源组件组成。其主冷却剂系统由 3 条环路组成，单堆额定热功率为 3 180 MW，主蒸汽回路的总功率为 3 190 MW，名义电功率大于 1 215 MW。

"华龙一号优化改进型"反应堆主要设备结构及功能如下。

(1) 反应堆压力容器是反应堆的压力边界，由顶盖组件、容器组件和紧固密封件三部分组成，用于支承和包容反应堆堆芯，起固定和支承控制棒驱动机构、堆内构件的作用，并与堆内构件一起为冷却剂提供流道。

(2) 燃料组件采用中国自主研发的 CF3 或 AFA-3G 燃料组件，堆芯近似于圆柱状，位于反应堆中下部。燃料组件与慢化剂、冷却剂等一起构成堆芯(又称活性区)，实现链式裂变反应，是反应堆的心脏。

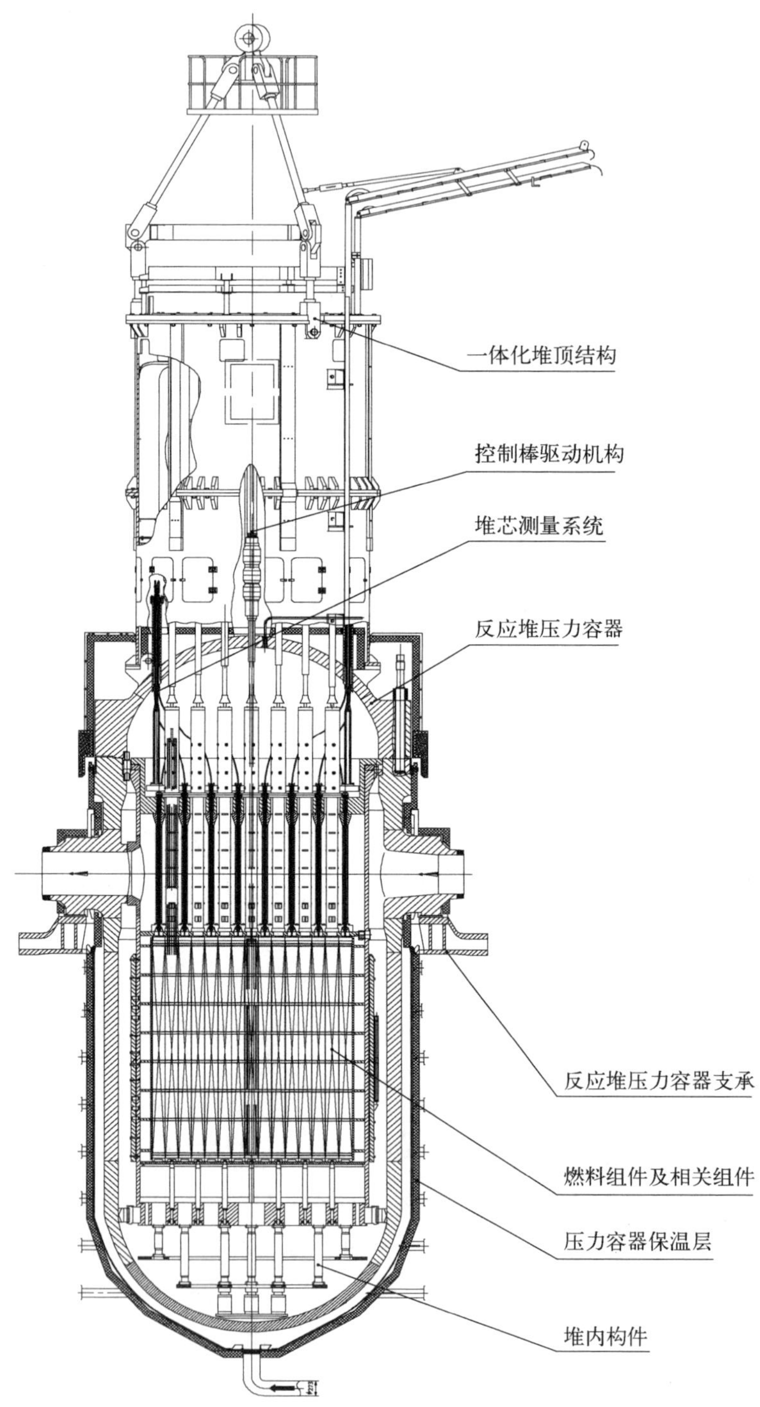
一体化堆顶结构
控制棒驱动机构
堆芯测量系统
反应堆压力容器
反应堆压力容器支承
燃料组件及相关组件
压力容器保温层
堆内构件

图 3－1　反应堆结构总图

（3）堆内构件位于反应堆压力容器内，由上部堆内构件、下部堆内构件、压紧弹簧和U形嵌入件等组成，用于装载堆芯部件，并对其进行定位和压紧；为控制棒组件提供保护和可靠的导向；与反应堆压力容器一起为冷却剂提供流道；合理分配流量，控制旁流，减少冷却剂无效漏流；屏蔽中子和γ射线，减少反应堆压力容器的辐照损伤和热应力；为堆芯测量系统提供支承和导向；为反应堆压力容器辐照监督管提供安装位置。

（4）控制棒驱动机构安装在反应堆压力容器顶盖上，由驱动杆组件、钩爪组件、密封壳组件、驱动杆行程套管组件、线圈组件、棒位探测器组件及隔热套组件组成，它根据反应堆控制和保护系统发出的指令运行，实现反应堆的启动、调节功率、保持功率、正常停堆和事故停堆等功能。

（5）反应堆压力容器保温层包覆在反应堆压力容器外，由顶盖保温层和容器保温层组成，其能减少反应堆的热损失，改善运行环境。同时，在堆芯熔化的严重事故工况下，作为堆腔注水冷却系统的重要组成部分，能维持结构完整并与反应堆压力容器外表面共同形成一个特定的环腔，堆腔冷却水从位于保温层底部的注水管道进入该环腔，冷却反应堆压力容器，避免反应堆压力容器被熔穿。

（6）一体化堆顶结构位于反应堆压力容器顶盖的上方，主要由围筒组件、冷却围板、冷却风管、控制棒驱动机构抗震组件、防飞射物屏蔽板、电缆托架及电缆桥组件、顶盖吊具、整体式螺栓拉伸机导轨等零部件组成，能在地震工况下限制控制棒驱动机构的横向变形，保证其功能完整性；借助冷却空气带走控制棒驱动机构线圈的发热，以保证控制棒驱动机构的正常工作；将堆顶所有的电缆引到设定的土建接口处；在安装、换料和检修时与主环吊连接将整个堆顶结构吊到（离）反应堆压力容器。

（7）堆芯测量系统从反应堆压力容器顶盖引入，直达堆芯，由44根堆芯测量探测器组件和4根水位探测器组成，堆芯测量探测器组件用于测量堆芯出口温度和燃料组件活性区的中子注量率，水位探测器用于测量反应堆内的冷却剂水位，探测器组件和水位探测器都从压力容器顶盖插入，由堆内测量导向结构进行导向，其密封则由堆芯测量密封结构来实现。

（8）反应堆压力容器支承位于反应堆堆坑内，用于支承反应堆压力容器，承受反应堆本体及其相关设备和介质的重量，以及所支承的设备在各类工况下产生的载荷，并将这些载荷传递给反应堆堆坑混凝土基座。

（9）控制棒驱动线是反应堆运行过程中反应性控制及核安全保护的执行

单元，也是反应堆内唯一具有相对运动的设备单元，主要由控制棒驱动机构、控制棒组件、控制棒导向筒及燃料组件等组成。控制棒驱动线通过驱动控制棒提升、下插、保持及落棒，实现反应堆启动、功率调节、功率维持，以及正常和事故工况下的安全停堆。

“华龙一号优化改进型”反应堆与“华龙一号”[1]相比，主要改进项目如下：

(1) 反应堆热功率由 3 050 MW 提升至 3 180 MW；

(2) 反应堆冷却剂总体积流量由 71 370 m^3/h 提升至 74 040 m^3/h；

(3) 堆芯布置的控制棒组件由 61 组增加至 69 组；

(4) 燃料装载方案进一步优化，首循环就采用载钆燃料棒作为可燃毒物，平衡循环采用双富集度、燃料循环长度更长的 18 个月换料策略。

3.2 燃料组件及其相关组件

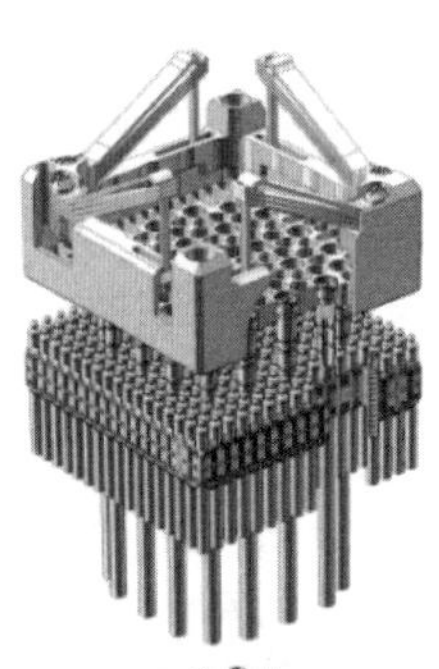

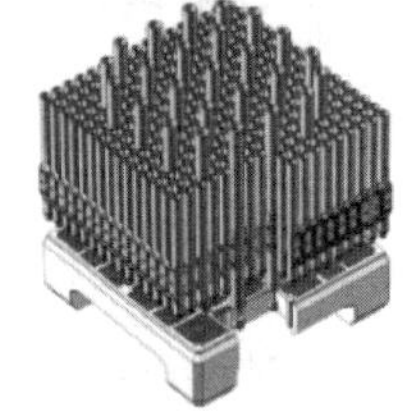

图 3-2 燃料组件外形

反应堆堆芯中的燃料组件及相关组件包括燃料组件、可燃毒物组件、控制棒组件、中子源组件、阻流塞组件。

1) 燃料组件

燃料组件由燃料骨架及以正方形阵列排列的 264 根燃料棒组成。燃料骨架主要由 24 根导向管、1 根仪表管与 11 层格架(8 层定位格架及 3 层跨间搅混格架)焊接而成，同时 24 根导向管与上管座、下管座通过相应的连接件形成连接。燃料骨架的定位格架将燃料棒夹持，使其保持相互间的横向间隙以及与上、下管座间的轴向间隙。导向管用于容纳控制棒及其他堆芯相关组件棒的插入。仪表管位于组件中心，用于容纳堆芯测量仪表的插入。燃料组件外形如图 3-2 所示。

燃料组件中的燃料棒由先进的锆合金包壳管及装在其中的低富集度烧结圆柱形 UO_2 芯块和螺旋弹簧组成，并在管的端部装上端塞，进行密封焊接。封焊前整个燃料棒内以氦气预充压，以减少包壳的应力和应变。根据堆芯燃料管理的需要，燃料棒中可装载一体化含钆可燃毒物($UO_2-Gd_2O_3$ 芯块)进行反应性控制和功率展平。

燃料组件骨架中的定位格架由锆合金条带配插并在交叉点焊接而成。条带上有刚性凸起和因科镍弹簧，用于夹持燃料棒。条带上部还设有搅混翼，用于改善组件的热工性能。燃料组件骨架中的导向管为控制棒、中子源棒、可燃毒物棒和阻流塞棒提供通道。导向管部件由锆合金导向管/内套管及导向管端塞组成，导向管和内套管的外径和内径在全长上保持不变，在导向管内部适当的轴向位置插入一定长度的内套管，通过胀接形成带有缓冲段的胀接后导向管，最后焊接导向管端塞形成导向管部件。在控制棒快速下落降至行程末端时，缓冲段可为控制棒提供水力缓冲。燃料组件骨架中的仪表管位于组件中心，为堆内测量仪器提供通道。它由锆合金制成，直径不变。

上管座是燃料组件的上部结构件，由带流水孔的连接板、顶板及围板组成。其中的空腔用于容纳并保护控制棒组件等。下管座为燃料组件的下部结构件，其中心区域为由叶片、筋条互相插配形成的空间曲面冷却剂通道，对流入燃料组件的冷却剂进行流量分配，同时对可能造成燃料棒破损的异物进行过滤。

2）可燃毒物组件

为了保证反应堆具有负的慢化剂温度系数以及便于“华龙一号优化改进型”反应堆水化学控制，需要在反应堆内布置一定数量的固体可燃毒物棒以对初始反应性进行控制并对堆芯的功率分布进行展平。

3）控制棒组件

控制棒组件是实现反应性快速变化控制的重要手段，也是实现反应堆启动、停堆、调节功率和保护反应堆的核心装置。

“华龙一号优化改进型”反应堆的控制棒组件由星形架和连接在其上的 24 根控制棒组成，其外形如图 3－3 所示。根据所含控制棒的吸收能力和吸收体种类的不同，控制棒组件分为黑体控制棒组件和灰体控制棒组件。黑体控制棒组件由 24 根含 Ag－In－Cd 的控制棒组成，相对于灰体控制棒组件，有更强的热中子吸收能力。灰体控制棒组件由 12 根含 Ag－In－Cd 的控制棒和 12 根含不锈钢的控制棒组成，其热中子吸收能力相对较低。控制棒组件的星形架由中心

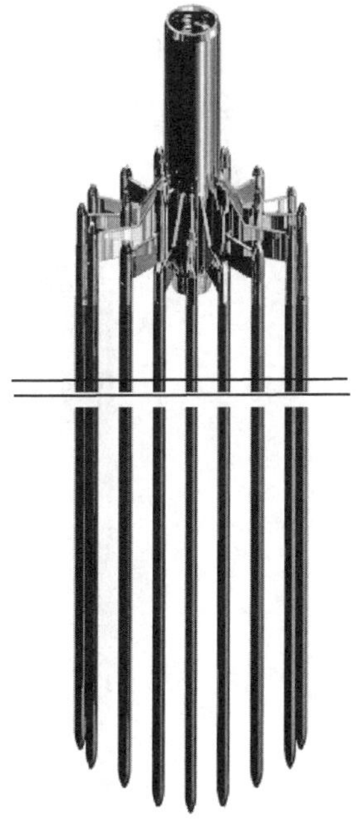

图 3－3　控制棒组件外形

筒、翼板及圆柱形指状管等钎焊连接成一体。16 个翼板各带 1 个或 2 个指状管，指状管中攻内螺纹用来连接控制棒。"华龙一号优化改进型"反应堆的控制棒是将 Ag－In－Cd 吸收体或不锈钢棒及压紧弹簧装入包壳管内充氦气后密封焊接而成。为改善包壳耐磨性，对包壳外表面及下端塞进行渗氮处理。

4）中子源组件

在装料和反应堆启动时，中子源组件可以将堆芯的中子通量提高至一定水平，使核测仪器能以较好的统计特性测出启动时中子通量的迅速变化，以保证反应堆的安全装料和启动。反应堆中的中子源组件由压紧系统及连接在其上的 24 根相关组件棒组成，如图 3－4 所示。一次中子源组件通常含有 1 根一次中子源棒、1 根二次中子源棒、若干根阻流塞棒和/或可燃毒物棒。二次中子源组件含有 4 根二次中子源棒和 20 根阻流塞棒。一次中子源棒内装有锎-252 中子源。二次中子源棒内装有 Sb－Be 芯块。"华龙一号优化改进型"反应堆初始堆芯中含两组一次中子源组件及两组二次中子源组件，一次中子源用于反应堆的首次装料和启动，二次中子源用于后续循环的换料后启动。

5）阻流塞组件

反应堆阻流塞组件的功能是限制堆芯冷却剂旁流量，使冷却剂流经堆芯并实现有效的冷却。阻流塞组件由压紧系统及悬挂在其上的 24 根阻流塞棒组成。阻流塞组件的结构如图 3－5 所示。

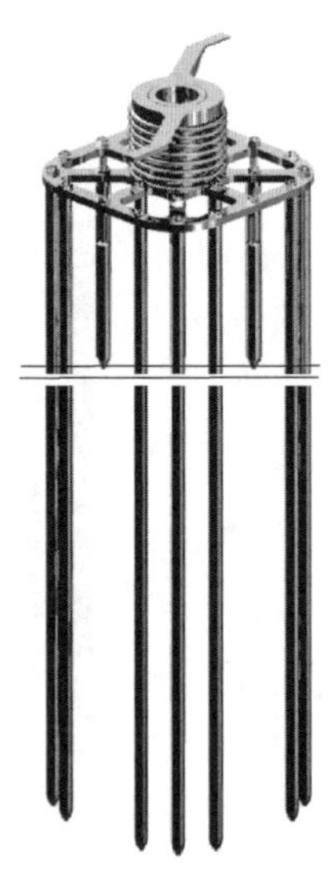

图 3－4　一、二次中子源组件

图 3－5　阻流塞组件结构

3.3 堆内构件

反应堆堆内构件是指反应堆压力容器内除燃料组件及其相关组件、堆芯测量探测器、辐照监督管、隔热套组件以外的所有堆芯支承结构件(CS件)和堆内结构件(IS件)。

1) 功能

堆内构件的主要功能如下。

(1) 为燃料组件及相关组件提供可靠的支承和约束及精确的定位。

(2) 为控制棒组件提供保护和可靠的导向。在事故工况下,堆内构件的变形不应影响控制棒组件插入堆芯,以保证安全停堆。

(3) 与压力容器一起为冷却剂提供流道,合理分配流量,减少冷却剂无效漏流。在事故工况下,堆内构件的变形应不显著影响堆芯冷却剂的几何通道。

(4) 屏蔽中子和 γ 射线,减少压力容器的辐照损伤和热应力。

(5) 为堆芯测量探测器组件和水位探测器提供支承和导向。

(6) 为压力容器辐照监督管提供安装位置。

(7) 补偿压力容器和堆内相关设备部件的制造、安装公差及热胀差。

(8) 在发生假想堆芯支承结构失效事故时,能为堆芯提供二次支承,减小对压力容器底封头的冲击。

(9) 堆内测量机械结构是指为先进堆芯测量系统的探测器组件和水位探测器提供导向、支承和密封功能的结构件,从功能上分为堆内测量导向结构和堆内测量密封结构。堆内测量导向结构是指安装在上部堆内构件上,为探测器组件和水位探测器提供导向和支承功能的结构;堆内测量密封结构是指安装在压力容器顶盖上,为探测器组件和水位探测器提供密封功能的结构。

2) 结构描述

“华龙一号优化改进型”反应堆堆内构件由下部堆内构件、上部堆内构件、压紧弹簧和U形嵌入件等组成。下部堆内构件通过吊篮法兰吊挂在压力容器法兰支承台阶上,通过4个对中销和4个径向支承键实现与压力容器的对中和定位。4个对中销每相隔90°安装于吊篮法兰上,4个径向支承键每相隔90°安装于吊篮筒体的下端。4个径向支承键与压力容器下部相应的4个键槽相配,可限制吊篮组件的周向转动和横向位移,但热膨胀造成的径向和轴向伸展不受约束。

压紧弹簧安装于吊篮法兰上的凹槽内。上部堆内构件支承于压紧弹簧上，压力容器顶盖压住上部堆内构件法兰从而压住燃料组件和整个堆内构件。

上部堆内构件结构如图 3-6 所示。上部堆内构件通过 4 个焊接于吊篮筒壁上的导向销和 4 个对中销实现与下部堆内构件的对中和定位。4 个导向销与上部堆内构件下端的 4 个销槽配合，可限制上部堆内构件下端的横向移动和扭转移动。堆内构件及压力容器的对中设计保证了燃料组件的精确定位和控制棒驱动线的准确对中。上部堆内构件为燃料组件提供压紧力，为控制棒导向筒组件和堆芯测量导向结构提供支承和定位。“华龙一号优化改进型”上部堆内构件的设计满足了正常运行中燃料组件的压紧，并能确保事故工况下控制棒组件顺利落棒，从而压制堆芯的反应性。

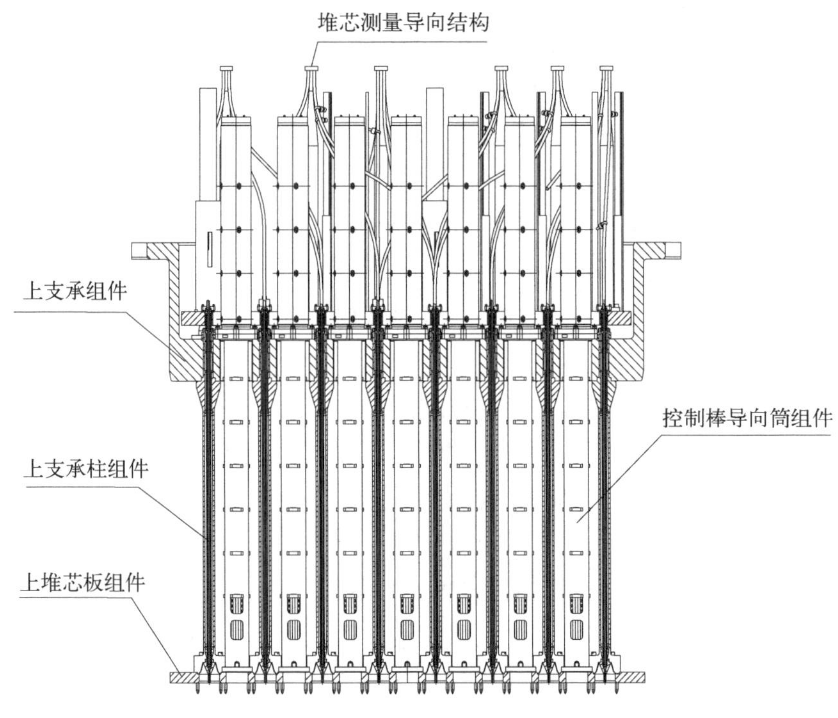

图 3-6　上部堆内构件结构

上部堆内构件主要包括上支承组件、69 套控制棒导向筒组件、堆芯测量导向结构、上堆芯板组件、44 套上支承柱组件等。控制棒导向筒组件为控制棒组件提供导向、保护及支承。上支承组件为控制棒导向筒组件和堆芯测量导向结构提供支承，并传递压力容器顶盖对燃料组件的压紧力。上支承柱组件将上堆芯板与上支承组件连接,传递压力容器顶盖的压紧力。上堆芯板直接压紧燃料组件及其相关组件,并将上支承柱组件连成一个整体。

下部堆内构件是堆芯的主要承载结构,结构如图3-7所示。下部堆内构件主要包括吊篮组件、下堆芯板组件、88套堆芯支承柱组件、围板-成型板组件、4块热屏蔽板、3套辐照样品架组件、二次支承及流量分配组件、4个对中销、24根流量管嘴等。

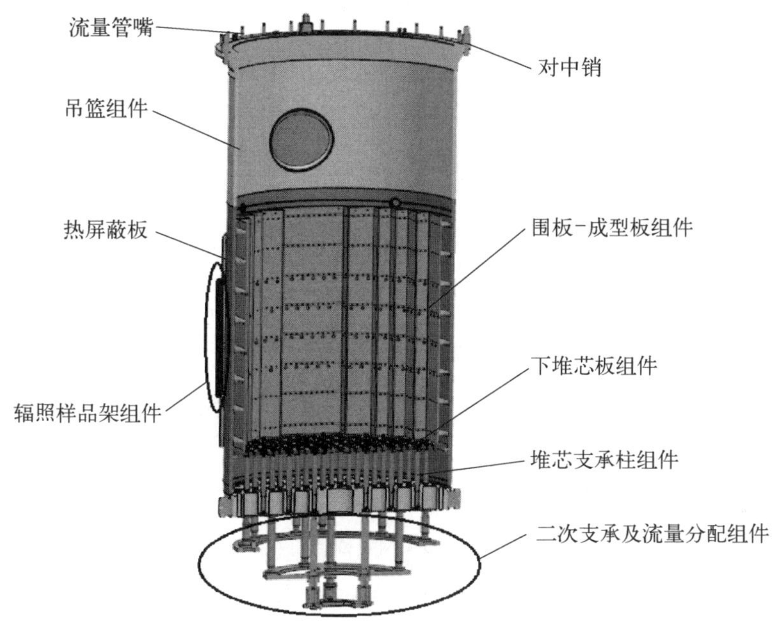

图3-7　下部堆内构件结构

吊篮组件为堆芯提供支承。燃料组件安装于下堆芯板上,由燃料组件定位销定位。下堆芯板由堆芯支承柱和下堆芯板支承环支承。堆芯支承柱安装于堆芯支承板上。堆芯支承板焊接于吊篮筒下端。辐照样品架组件为辐照监督管提供支承、定位和保护。热屏蔽板为压力容器提供中子辐照防护。能量吸收器组件能吸收堆芯跌落冲击能,确保压力容器下封头的冲击完整性。流量分配组件确保了流体流入堆芯的均匀性。围板-成型板组件为堆芯提供冷却流道,并与吊兰筒壁一起形成堆芯周围结构的冷却流道。

3)主要技术特征及优点

"华龙一号优化改进型"堆内构件的主要技术特征及优点如下。

(1)为了提高抗震能力,堆内构件设计地震加速度提高到0.3g,使安全性大幅度提高。

(2) 为了减小反应堆压力容器发生失水事故的概率，取消了压力容器下封头贯穿件，中子-温度探测器组件和水位探测器以集束的方式由反应堆压力容器顶部进入堆内测量位置，增加了堆内测量导向结构，为堆芯中子通量探测器及温度探测器提供导向和保护。

(3) "华龙一号优化改进型"堆内构件设计大大降低了堆内无效漏流，合理分配了堆内构件的冷却旁流，确保了正常运行工况和事故工况下的堆芯冷却，改进优化了流道，降低了反应堆运行压降。

(4) 为探测器组件的快速更换提供了可能，并且不占据主线燃料的更换时间。

(5) 堆内测量机械结构(见图 3 - 8)的密封形式采用新型且通过鉴定的结构形式，实现了快速拆装。

3.4 控制棒驱动机构

控制棒驱动机构(简称驱动机构)是反应堆控制和保护系统的伺服机构。

1) 功能

控制棒驱动机构安装在反应堆压力容器顶盖上，能够根据反应堆控制和保护系统的指令实现 3 个功能：驱动控制棒组件在堆芯内上、下运动，保持控制棒组件在指令要求的高度，或按指令要求断电落棒，从而完成反应堆启动、调节功率、安全停堆和事故停堆的功能。它的耐压壳是反应堆一回路系统压力边界的组成部分。在"华龙一号"堆型中，驱动机构采用我国自主研制的 ML - C 型驱动机构。

2) 结构描述

ML - C 型驱动机构的结构如图 3 - 9 所示，它由驱动杆组件、钩爪组件、耐压壳(包括驱动杆行程套管组件和密封壳组件)、线圈组件、棒位探测器组件及隔热套组件组成。

驱动杆组件从钩爪组件套管轴内孔穿过，在驱动杆行程套管内上、下运动。它由驱动杆、可拆接头、拆卸杆等零件组成。驱动杆的外圆有环形槽，以便与钩爪啮合。在环形槽的底部车有环形宽槽，可对驱动杆的提升上限进行机械限位。驱动杆组件通过可拆接头与控制棒组件连接，其连接和脱开操作可以通过设在驱动杆组件顶部的专用工具来实现。

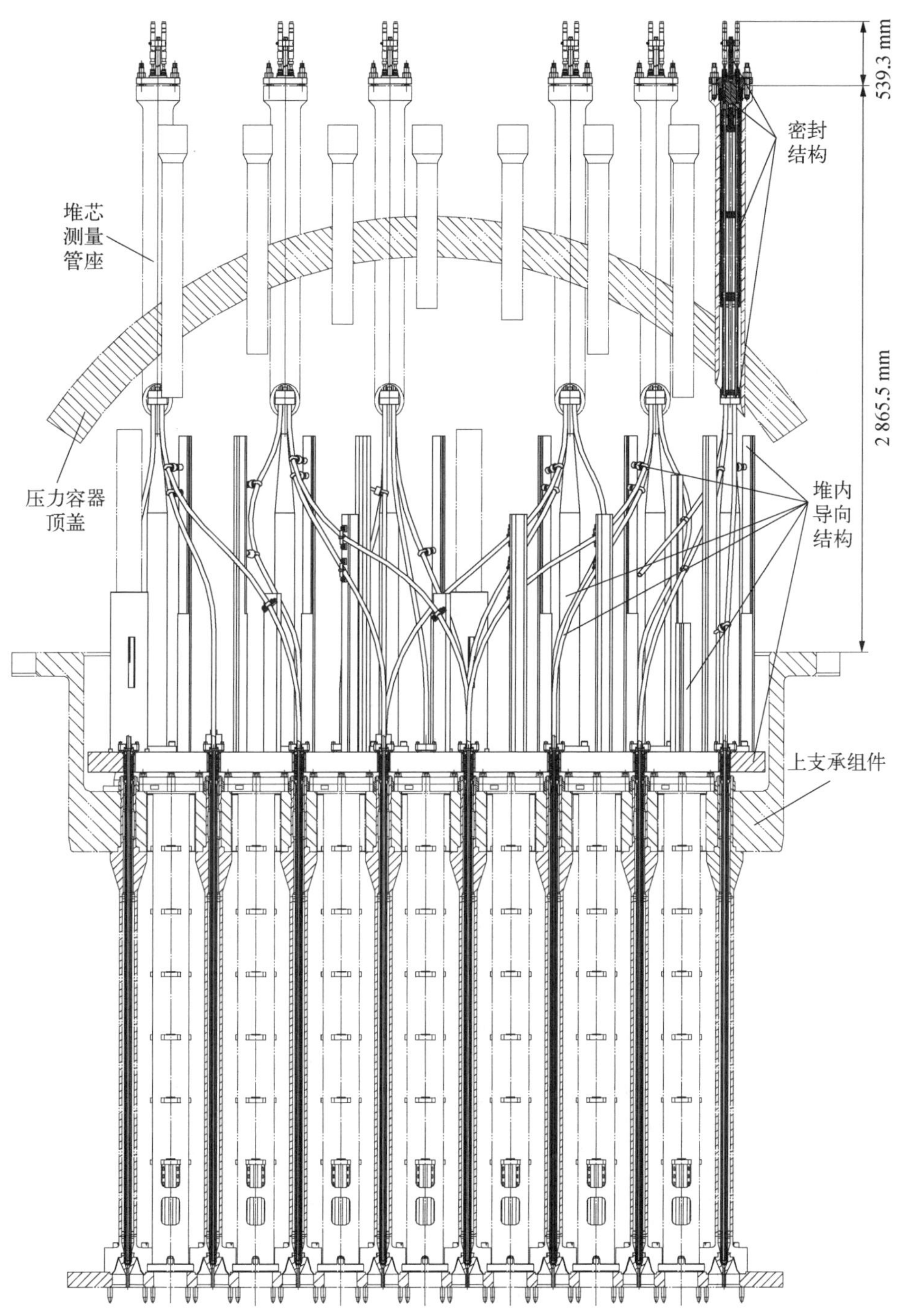

图 3－8　堆内测量机械结构示意图

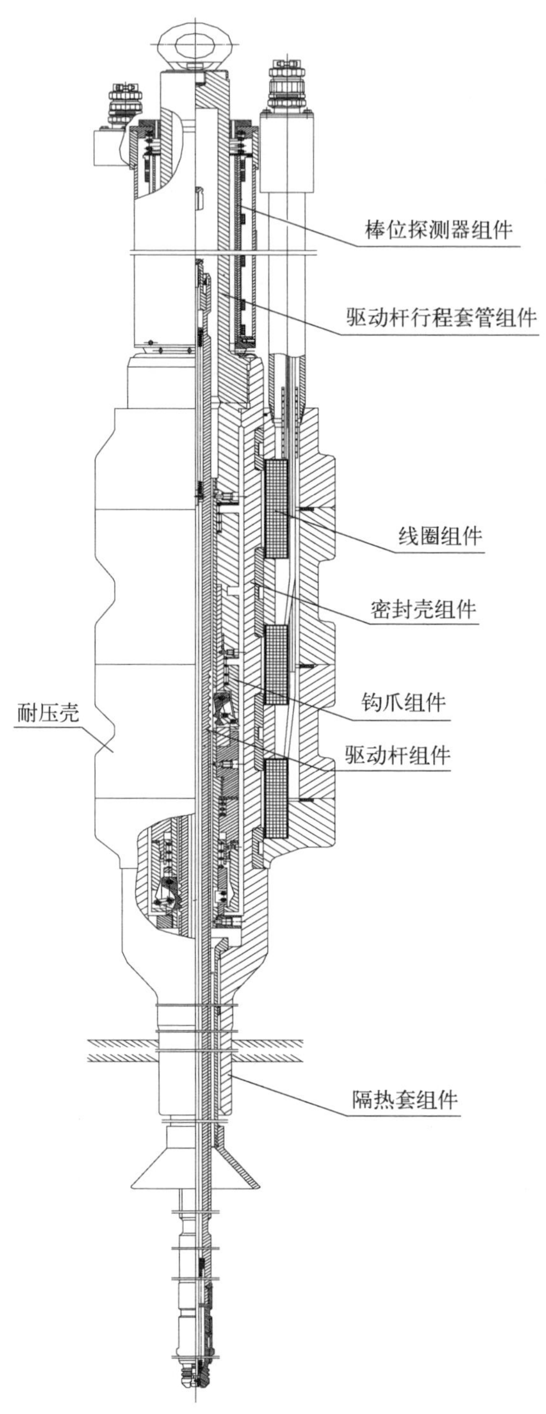

图 3-9　控制棒驱动机构总图

钩爪组件安装在密封壳组件内，上端固定，下端径向定位，轴向无约束，以保证其在高温下能自由膨胀。它由套管轴、装配在套管轴上的两个钩爪组件和其他零件组成。在电磁力的作用下，两个钩爪组件与提升衔铁按照给定的时序相互配合带动驱动杆组件上、下运动。为提高钩爪的耐磨性，单个钩爪设计有两个齿（即采用双齿钩爪），同时与驱动杆的两个环形槽啮合。在钩爪的齿和轴孔部分堆焊有耐磨性能极高的钴基合金。

耐压壳是反应堆冷却剂系统压力边界的组成部分，它由驱动杆行程套管组件和密封壳组件组成。驱动杆行程套管组件的下端与密封壳组件的上端采用螺纹连接，并通过小Ω形密封环焊接密封。其上端设计有吊装接头，用于起吊驱动杆行程套管并为整体抗震板的安装导向。密封壳组件通过贯穿件与压力容器顶盖焊接在一起。密封壳组件内安装钩爪组件，并为钩爪组件和线圈组件提供机械支撑，同时也是反应堆冷却剂系统压力边界的组成部分。它由密封壳、导磁环等零件组成。

线圈组件套在密封壳组件的外部，它由3个电磁线圈、4个线圈磁轭、引出线导管及接线盒等零件组成。电磁线圈和线圈磁轭通过密封壳组件上的磁通环，与钩爪组件上对应的磁极和衔铁一起，构成3个“电磁铁”。

电磁线圈通过电连接器和电缆与棒控系统连接。当棒控系统按照给定的程序对电磁线圈通电和断电时，就能够使钩爪组件带动驱动杆组件及与其相连接的控制棒组件上下运动、保持或落棒。线圈采用有线圈骨架的充砂结构，利于线圈热量的传递，可以降低线圈运行温度。线圈磁轭套在线圈的外面，它用铁素体球墨铸铁制造，导磁性能好，便于成型，减震性能好，其作用是构成磁通路并为线圈提供机械支撑和保护并散热；为降低线圈的工作温度，驱动机构需要进行由下向上的强制通风冷却。

棒位探测器组件安装在驱动杆行程套管组件外面，由棒位探测线圈及内、外筒体等零件组成。内、外筒体为棒位探测线圈提供支撑和保护。棒位探测器组件用于探测控制棒组件在堆芯内的实际位置；在全行程落棒时，还可以用于测量控制棒组件的落棒时间。棒位探测器组件通过电连接器（插头、插座）和电缆与棒位指示系统连接，棒位指示系统对棒位探测器组件的电信号进行处理后，可以直接显示控制棒组件在堆芯内的实际位置。

隔热套组件由隔热套和导向罩等零件组成。它安装在密封壳内钩爪组件的下部，其作用是减少反应堆热量向驱动机构传递；减小密封壳下部管壁的内外温差；并在压力容器顶盖扣盖时，为驱动杆组件进入钩爪组件导向。

3）主要技术特征及优点

ML－C磁力提升型驱动机构是以“华龙一号”的ML－B型驱动机构的技术为基础，针对“华龙一号优化改进型”的设计要求研发的新型驱动机构。

ML－C型驱动机构具备ML－B型驱动机构的技术特征及优点：压力边界采用一体化密封壳和一体化驱动杆行程套管结构，取消了上部Ω焊缝和下部Ω焊缝，避免了上部与下部Ω焊缝处发生泄漏的风险，提高了驱动机构运行可靠性，压力边界满足60年设计寿命要求。在此基础上，ML－C采用了长寿命钩爪组件、全镍基的密封壳组件、440级耐高温线圈组件和220级一体化棒位探测器组件，是具有更长使用寿命和可靠性的新型驱动机构。ML－C型驱动机构样机已通过1 800万步热态寿命试验考验和0.3g（水平和轴向加速度均为0.3g）抗震试验考验，其性能及技术指标位于世界领先水平。

3.5 反应堆压力容器及其相关设备

反应堆压力容器是反应堆压力边界的重要组成部分，其内部安装有反应堆堆芯、堆内构件、堆内支承件，以及控制和安全运行所需的控制和测量元件。

1）功能

反应堆压力容器作为包容反应堆堆芯的容器，起着固定和支撑堆内构件的作用；作为反应堆冷却剂系统的一部分，起着作为压力边界承受一回路冷却剂压力的作用。反应堆压力容器结构如图3－10所示。

反应堆压力容器支承是整个核电站反应堆及一回路系统的关键支承设备之一。压力容器支承承受反应堆本体及相关设备和介质的载荷，以及所支承设备在各类工况下产生的载荷，并将这些载荷传递给堆坑混凝土基座。反应堆压力容器支承不能维修，亦不可更换，属于核电站永久性设备之一。因此，在整个核电站寿期内，反应堆压力容器支承应保持完整性。

“华龙一号优化改进型”反应堆堆顶结构采用一体化设计，位于反应堆压力容器本体的上方，是反应堆的重要设备之一，其主要功能如下。

（1）在地震情况下限制控制棒驱动机构的过度变形以维持其正常功能，保证其在事故工况下的功能完整性。

（2）形成冷却通道，借助冷却空气带走控制棒驱动机构线圈产生的热量，以保证控制棒驱动机构正常工作。

（3）将反应堆堆顶的所有电缆引到规定的土建接口处。

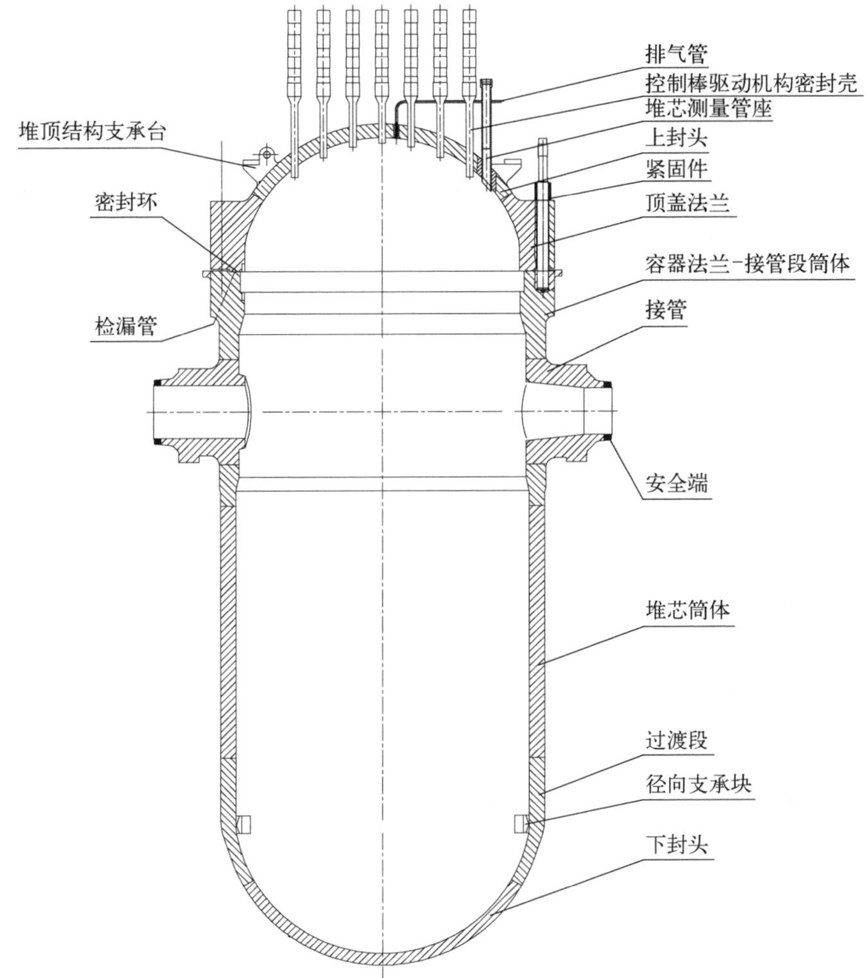

图 3-10　反应堆压力容器结构示意图

(4) 在安装、换料和检修时与压力容器顶盖吊具连接，将整个堆顶结构吊到(或吊离)反应堆压力容器。

(5) 防止控制棒驱动机构驱动杆及驱动杆行程套管的弹射对反应堆厂房内的工作人员和其他设备产生危害或破坏。

2) 结构描述

反应堆压力容器由 3 部分组成：顶盖组件、容器组件和紧固密封件。其总高(不包括控制棒驱动机构密封壳)约为 13 228 mm，堆芯筒体内径为 4 340 mm，总质量约为 418 t。

反应堆压力容器顶盖组件由顶盖法兰和上封头组成，其上安装有堆芯测量管座和控制棒驱动机构一体化密封壳。容器组件由低合金锻件焊接而成，主要包括容器法兰-接管段筒体、堆芯筒体、下封头过渡段及下封头。紧固密封件包括主螺栓、主螺母、垫圈、C形密封环及其附件。

容器组件和顶盖组件之间采用主螺栓连接。顶盖法兰下部设置两个密封沟槽，其内分别安装内、外密封环以确保顶盖法兰和容器法兰之间的密封。检漏管安装在内外密封环之间以检测密封的状况。

为方便容器组件、顶盖组件和堆内构件的对中，顶盖法兰和容器法兰内侧对称地加工了4个键槽。容器法兰-接管段筒体上还设置了3个进口接管和3个出口接管，每个接管底部均加有整体支承垫。下封头过渡段内侧对称焊接有4个径向支承块，以限制堆内构件的周向转动和横向位移。

上封头外表面外围等间距地焊接有12个支承台，以支承一体化堆顶。其中，3个支承台上焊接有吊耳，方便顶盖组件的吊装。另外，顶盖上还焊接有69根控制棒驱动机构一体化密封壳、12根堆芯测量管座和1根排气管。

压力容器支承为环形板壳式支承结构，压力容器的6个接管支垫分别安放于支承环的6个支座凹槽内，并通过安装调整件进行调整和限位。压力容器支承允许压力容器的径向热膨胀，但限制了压力容器的平动和转动。压力容器支承设置独立的通风冷却结构，与冷却风系统相连进行强制通风冷却，以使压力容器支承处的混凝土保持在使用温度限值内。

一体化堆顶结构位于压力容器顶盖的上方，主要由压力容器顶盖组件、控制棒驱动机构、围筒组件、冷却围板、冷却风管、控制棒驱动机构抗震组件、防飞射物屏蔽板、电缆托架及电缆桥组件、顶盖吊具、整体式螺栓拉伸机导轨等零部件组成，如图3-11所示。

(1) 控制棒驱动机构抗震结构。主要由围筒组件和控制棒驱动机构抗震组件组成。围筒组件主要由围筒及其上的支承件组成，围筒由两段筒体组成，筒体与筒体之间、围筒与压力容器顶盖支承台之间均通过螺栓连接固定。上部围筒中部设有一个带有连接法兰的出风口，反应堆运行时与外部风冷系统的风管连接。围筒上法兰与顶盖吊具连接，从而将顶盖吊具固定到上部围筒的上方。

(2) 冷却围板与冷却风管。在下部围筒内部对应控制棒驱动机构线圈组件的位置处设有控制棒驱动机构冷却围板。冷却风管位于上部围筒内侧，通过螺栓固定在围筒内壁上。围筒、冷却围板、冷却风管和外部通风设备共同形成了堆顶控制棒驱动机构冷却系统通道。模拟机构是一个外形尺寸类似控制

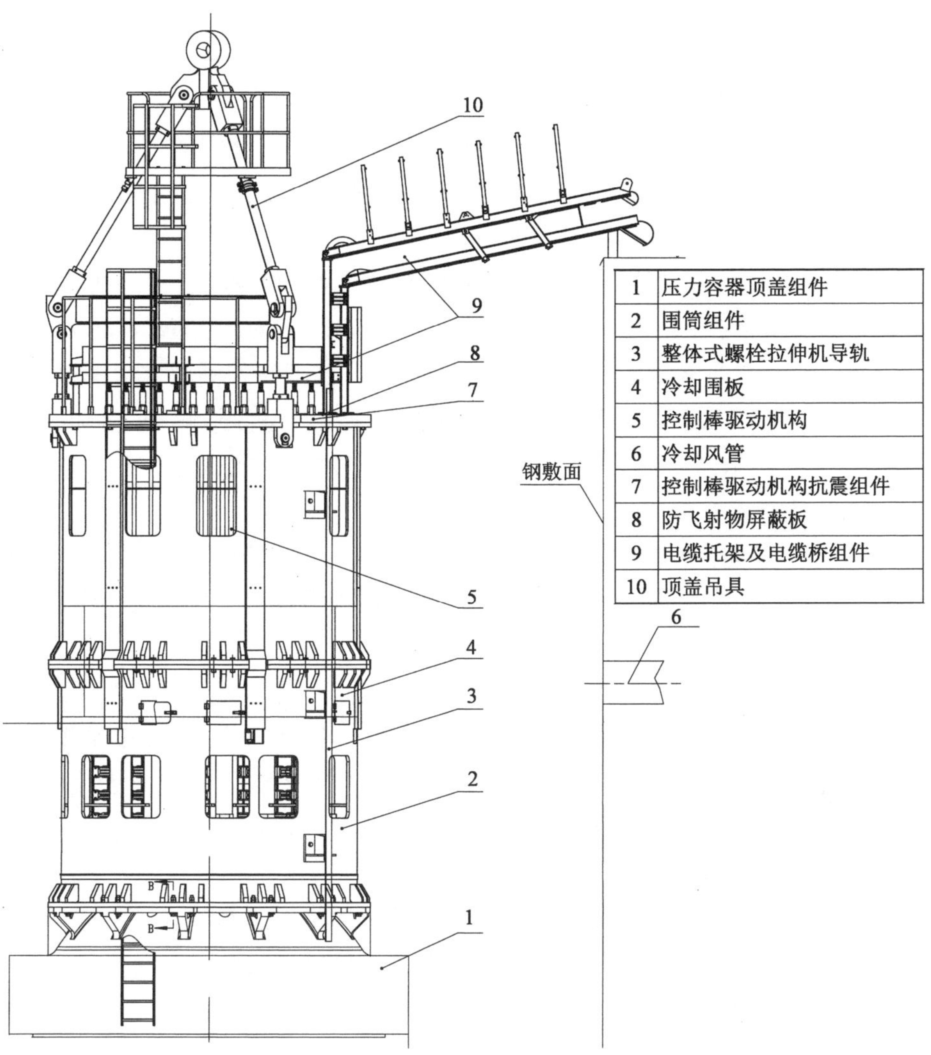

图 3 - 11　一体化堆顶结构总图

棒驱动机构的长方形筒体，共有 8 组，安装在压力容器顶盖上没有布置控制棒驱动机构管座的 8 个空位处，以确保控制棒驱动机构工作线圈四周的间隙均匀一致。

(3) 电缆托架及电缆桥组件。一体化堆顶结构上的电缆主要包括控制棒驱动机构电力和其他测量电缆等，这些电缆均通过电缆托架及电缆桥组件进行支承、引导和固定。电缆托架分为上下两层，固定于抗震环板上；在下层电缆托架的下方设有热电阻信号(RIC)电缆通道。电缆桥位于围筒的上方，支承在抗震环板上，位于堆顶结构和土建平台之间，将堆顶电缆引导到土建平台上；同时，电缆桥可以作为从土建平台进入堆顶结构上方的通道。土建平台上还设有电缆连接板。

(4) 顶盖吊具。顶盖吊具是一体化堆顶结构安装和反应堆进行换料或维修等操作时整体吊运一体化堆顶结构的专用工具。顶盖吊具位于堆顶结构的上方，由下吊杆和上部吊具结构组成。

(5) 其他结构。在抗震板组件上方设有防飞射物屏蔽板，用来防止控制棒驱动机构弹棒事故工况下控制棒驱动机构行程套管组件和驱动杆的弹射对反应堆厂房内的工作人员和其他设备产生破坏。在围筒外侧设有两根整体式螺栓拉伸机导轨，通过螺栓固定在围筒外侧。在围筒组件外侧安装有电缆导向和固定槽，用来固定和引导从围筒内侧引出的堆内测量电缆。

3) 主要技术特征及优点

“华龙一号优化改进型”对压力容器、压力容器支承和一体化堆顶结构进行了一系列的设计改进和优化，满足第三代核电安全和功能要求，主要技术特征及优点如下所述。

(1) 对材料、结构、辐照监督、力学分析等进行优化，实现了压力容器60年长寿期设计。通过严格控制辐照敏感元素含量、降低堆芯区母材和焊缝的初始无延性转变(RTNDT)温度、增加吊篮外表面与筒体内表面间的水隙厚度、取消堆芯活性区环焊缝、采用长寿期辐照监督方法等设计优化，将压力容器设计寿命提高到60年。

(2) 结构上取消了下封头贯穿件，堆芯通量测量通道布置在顶盖上，降低了严重事故工况下封头失效的概率，提高了压力容器的安全性。

(3) 增设了应对堆芯熔化严重事故的堆腔注水冷却系统，对压力容器筒体下部外壁面结构进行了适应性的结构设计改进，确保堆腔注水的顺利实施。由于增加了堆腔淹没系统，使得堆腔接口尺寸变化，压力容器支承上法兰相对于下法兰向内悬空，创新使用了悬臂梁型压力容器支承结构形式。这样既保证了压力容器接管支垫接口要求，又满足了堆腔淹没系统的孔道需要，实现了整个寿期内反应堆的支承安全功能。

(4) 压力容器支承采用计算流体动力学(CFD)方法进行通风传热仿真，确保通风满足压力容器支承的冷却需求。

(5) 采用全新的一体化堆顶结构设计技术，采用设备一体化和功能集成化设计理念，简化了结构，减少了反应堆开扣盖拆装操作，从而有利于节省换料时间，提高反应堆的经济性和安全性。通过结构设计改进，压力容器顶盖上增设了12个堆顶结构支承台，满足一体化堆顶的安装要求。不设抗震拉杆，将顶盖吊具和防飞射物屏蔽集成到堆顶结构上，减少了反应堆开扣盖时的操作内容；围筒作为主体结构，堆顶结构的整体刚度较好；围筒将控制棒驱动机构围住，能够减少围筒外部的辐射剂量，提高运行人员的安全性；将冷却围板和风管组件安装至围筒上，使刚度和强度增加，提高了稳定性。

3.6　堆芯核设计

堆芯核设计的主要任务和目的是确定堆芯燃料组件的数量、富集度和分区装载方式，以及可燃毒物和棒束控制组件的类型和布置，提供反应堆启动、运行和停堆所必需的参数，确定运行方式和功率分布控制措施，以及堆芯测点布置等，以满足核电厂的能量需求，提高核燃料的经济性，并保证核电厂运行的安全性。

1）设计基准

(1) 燃料燃耗：堆芯的燃料装载必须提供足够的剩余反应性，以保证堆芯寿期达到规定的循环长度，使平衡循环末的平均卸料燃耗不低于设计值，最大组件卸料燃耗不超过相应设计限值。

(2) 负反应性反馈：由于燃料温度系数始终为负值，因此在热态零功率以上运行时，保证慢化剂温度系数必须为负值即可保证堆芯的负反馈效应。

(3) 功率分布控制：堆芯内最大核功率峰值因子和焓升因子不得超过相应的设计限值，以保证在热工-水力设计中不发生偏离泡核沸腾和芯块的熔化，确保燃料元件的机械完整性。

(4) 最大可控反应性引入速率：必须限制由棒束控制组件的提升或可溶硼稀释引起的最大反应性引入速率。在控制棒组件事故提升情况下，最大的反应性变化速率是燃料棒的峰值释热率不得超过超功率工况下的最大允许值，以及偏离泡核沸腾比大于超功率工况下的最低允许值。

(5) 停堆裕量：反应堆无论在功率运行状态或停堆状态下都要求有适当的停堆裕量或堆芯的次临界度。在涉及反应堆事故停堆的所有分析中(包括紧急停堆)，都要假定一束价值最高的控制棒处于全提出堆芯的位置(卡棒准则)。

(6) 稳定性：反应堆在基本负荷模式下运行，堆芯对于功率振荡应具有固有的稳定性。在功率输出不变的情况下，如果堆芯发生空间功率振荡，应能可靠而容易地测出并加以抑制。

2）堆芯描述

反应堆堆芯由 177 组燃料组件组成，活性区堆芯高度为 365.8 cm，当量直径为 322.8 cm，堆芯高径比为 1.13。燃料棒由堆积在锆合金包壳管内的二氧化铀芯块组成，该包壳管用端塞塞住并经密封焊好以便将燃料封装起来。控制棒导向管和仪表管的材料也为锆合金。

为展平堆芯功率分布，第一循环堆芯燃料按照^{235}U富集度分四区装载。富集度为 1.8%、2.4%、3.1%、3.9%的燃料组件数分别为 21、64、72、20。较低富集度的组件按不完全棋盘格式排列在堆芯内区，较高富集度的组件装在堆芯外区。第一循环可燃毒物采用载钆燃料棒（$UO_2-Gd_2O_3$），共使用 1 024 根载钆燃料棒。图 3-12 为第一循环堆芯装载布置示意图。

	R	P	N	M	L	K	J	H	G	F	E	D	C	B	A
01															
02						8	12	12	12	8					
03				8	12	16	4	8	4	16	12	8			
04			8	16	8	4	8		8	4	8	16	8		
05			12	8	4	8		12		8	4	8	12		
06		8	16	4	8	4	8		8	4	8	4	16	8	
07		12	4	8		8		8		8		8	4	12	
08		12	8		12		8		8		12		8	12	
09		12	4	8		8		8		8		8	4	12	
10		8	16	4	8	4	8		8	4	8	4	16	8	
11			12	8	4	8		12		8	4	8	12		
12			8	16	8	4	8		8	4	8	16	8		
13				8	12	16	4	8	4	16	12	8			
14						8	12	12	12	8					
15															

注：图中数值指新燃料组件中含钆燃料棒根数。

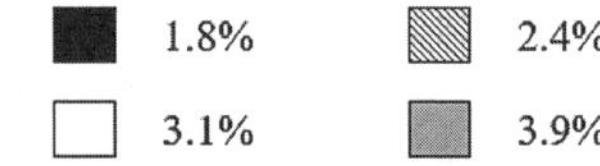

图 3-12　第一循环堆芯装载布置示意图

从第二循环开始，堆芯采用低泄漏（IN-OUT）装载方式，每次装入 48 组富集度为 4.45%的新燃料组件和 24 组富集度为 4.95%的新燃料组件，同时卸出 72 个燃耗较深或富集度较低的燃料组件，固体可燃毒物同样采用载钆燃料棒。

反应堆经过 3 次换料后，机组进入第五循环达到 18 个月平衡换料模式，中心组件使用前一燃料循环中已历经两次燃耗但燃耗不太深的燃料组件，以防止寿期末中心组件燃耗超过设计准则。平衡循环同样装入 48 组富集度为 4.45％的新燃料组件和 24 组富集度为 4.95％的新燃料组件，堆芯采用低泄漏布置，所有新燃料组件均布置于堆芯内区。图 3 - 13 为平衡循环堆芯装载布置示意图。

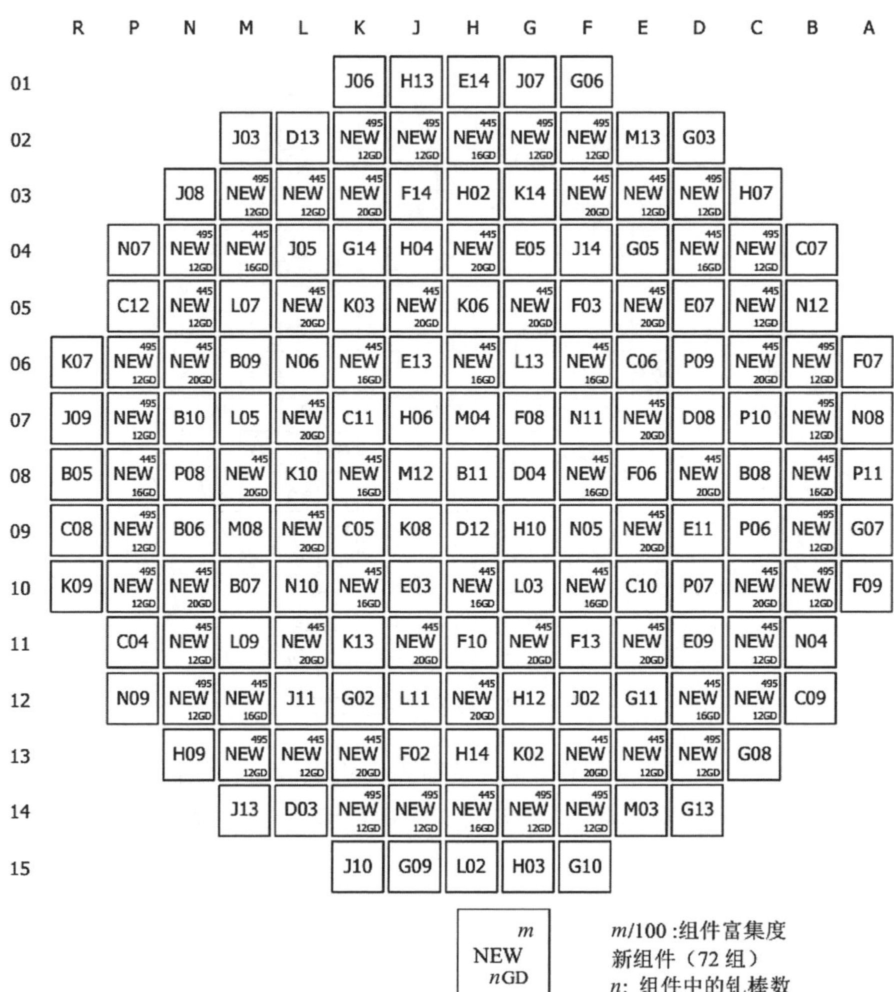

图 3 - 13　平衡循环堆芯装载布置示意图

堆芯共布置69束控制棒组件。控制棒组件按功能分为两类，即控制棒组和停堆棒组。控制棒组由功率补偿棒(G1、G2、N1和N2)和温度调节棒(R)构成。功率补偿棒用于补偿负荷跟踪时的反应性变化，温度调节棒用于调节堆芯平均温度，补偿反应性的细微变化和控制轴向功率偏差。停堆棒组SA、SB、SC、SD的功能是确保反应堆停堆所必需的负反应性。控制棒束在堆芯的位置及分组如图3-14所示。

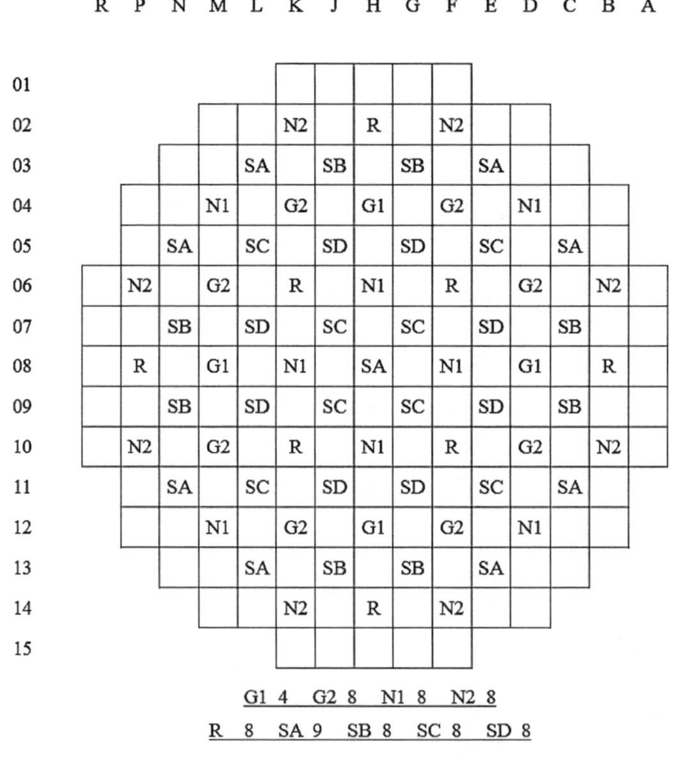

图3-14 堆芯控制棒布置

反应堆使用堆芯在线测量系统，采用固定式堆内自给能探测器连续测量堆芯功率分布，实现堆芯内线功率密度(LPD)和偏离泡核沸腾比(DNBR)的在线监测。

3) 燃料燃耗

各个循环堆芯的寿期达到了规定的循环长度，平衡循环达到18个月换料目标。所有循环的燃料组件最大卸料燃耗不超过52 000 MW·d/t，满足燃耗设计基准。

4）功率分布控制

满功率时堆芯径向的功率分布是涉及燃料、可燃毒物装载方式、有无控制棒及燃料燃耗分布的函数。有无控制棒对堆芯径向功率分布扰动较大，因此，在燃料循环任一时刻的径向功率分布表征中需明确控制棒的插入状态。在正常运行期间，径向功率分布变化相对较小，容易控制在允许的范围内。

轴向功率分布在很大程度上取决于操纵员的控制，如操纵员通过手动操作控制棒，或者通过化学和容积控制系统（RCV）的操作使控制棒自动移动实现控制。造成轴向功率分布变化的核效应有慢化剂密度、共振吸收的多普勒效应、空间氙和燃耗效应。自动控制总功率输出的变化和控制棒的移动对研究任一时刻轴向功率分布都很重要。

5）反应性负反馈

反应堆堆芯的动态特性决定了堆芯对改变电厂工况或操纵员在正常运行期间所采取的调整措施以及对异常或事故瞬态的响应，这些动态特性参数反映在反应性系数上。由于反应性系数在燃耗寿期内是变化的，为了确定在整个寿期内电厂的响应特性，要在瞬态分析中采用不同范围的反应性系数。

对燃料温度系数而言，中子通量分布在燃料芯块内是非均匀的，使芯块表面温度有较大的权重，因此燃料有效温度低于燃料按体积平均的温度。多普勒系数作为寿期的函数其负数绝对值随着钚-240含量的增加变得更大，但由于燃料温度随燃耗而变化，总的效应是使负数的绝对值变小了。

各个循环绝对值最小的慢化剂温度系数（寿期初、热态零功率、控制棒全提出）为-1.53 pcm/℃[①]，均满足设计限值要求。

6）停堆裕量

核电厂设置了2套独立的反应性控制系统，即控制棒系统和可溶硼系统。控制棒系统用于补偿从满负荷到零负荷范围内功率变化引起燃料和水温变化的反应性效应。此外，在工况Ⅰ下，控制棒系统提供最小的停堆裕量，当一束最高价值控制棒被卡在堆芯外时，仍能使堆芯迅速达到次临界状态，以防止超过燃料损坏限值（极小的燃料棒损毁）。各个循环最小停堆裕量超过2 800 pcm，满足事故分析限值的要求。

① 业内常用“pcm”表示反应堆反应性的单位，意为每分钟计数变化。

7）稳定性

由于反应堆功率系数为负值，压水反应堆堆芯对于总功率的振荡具有内在的稳定性。控制和保护系统会对堆芯提供保护，以防止总功率的不稳定。

堆外探测器系统可用来指示氙致空间功率振荡，操纵员可以观察堆外探测器的读数，也包括来自保护系统的读数。控制棒完全可以控制氙振荡。设备故障会引起径向功率分布的非对称扰动，保护系统设计已采取了相应的措施来防止这种非对称扰动。

3.7 热工水力设计

反应堆热工水力设计是提供一组与堆芯功率分布相适应的热传输参数，使之满足设计准则并能充分地导出堆芯热量。因此，热工水力设计的任务包括确定反应堆热工水力特性参数等。

3.7.1 设计基准和设计限值

由反应堆冷却剂系统或安注系统（当应用时）带走的热量能确保满足下述性能和安全准则的要求。

（1）在正常运行（Ⅰ类工况）或由中等频率事故引起的任何瞬态（Ⅱ类工况）中，预计不出现燃料破损（定义为裂变产物穿透屏障即燃料棒包壳）。然而，不能排除很少量燃料棒的破损，但这种破损不应超出电站放射性废物净化系统的处理能力，并应符合电站的设计基准。

（2）对Ⅲ类工况仅有小份额的燃料棒破损（见上述定义），虽然可能发生燃料棒破损时反应堆不能立即恢复运行的情况，但能使反应堆返回安全状态。

（3）在发生Ⅳ类工况所引起的瞬态时，反应堆能返回安全状态，堆芯能保持次临界状态和可接受的传热几何形状。

为了满足上述准则，建立了下述反应堆热工水力设计基准和设计限值。

1）偏离泡核沸腾

在正常运行及中等频率事件引起的任何瞬态（即Ⅰ类和Ⅱ类工况）中，堆芯极限燃料棒不发生偏离泡核沸腾（DNB）的概率在95%的置信水平上至少为95%。

采取确定论法或统计法确定偏离泡核沸腾比（DNBR）设计限值。采用确定论法得到的 DNBR 限值为 1.15，把燃料棒弯曲带来的亏损加到 DNBR 关系式中来考虑燃料棒弯曲对堆芯的负面影响，可得出确定论的 DNBR 设计限值；采用统计法对核电厂运行参数（一回路冷却剂温度、反应堆功率、稳压器压力和反应堆冷却剂系统流量）的不确定性、关系式不确定性及计算程序的不确定性进行统计综合，得到的 DNBR 限值为 1.256，再考虑燃料棒弯曲带来的亏损，可得出统计法的 DNBR 设计限值。因为统计法在确定 DNBR 设计限值时考虑了各参数的不确定性，所以应用统计法进行事故分析时将采用这些参数的名义值。

2）燃料温度

在Ⅰ类工况和Ⅱ类工况相关的运行模式中，燃料棒峰值线功率不会导致二氧化铀（UO_2）达到熔化温度的概率在 95% 的置信水平上至少为 95%。未辐照的 UO_2 的熔点为 2 804 ℃。每燃耗 10 000 MW·d/t，UO_2 熔点下降 32 ℃。防止 UO_2 熔化，就能维持燃料的几何形状，并消除熔化的 UO_2 对包壳可能产生的不利影响。为了防止中心熔化并作为超功率系统整定值的基准，选定计算的燃料中心温度（2 590 ℃）作为超功率限值温度。

3）堆芯流量

设计必须保证在正常运行时堆芯燃料组件和需要冷却的其他构件得到充分的冷却，至少要有 93.5% 的热工水力设计流量通过堆芯的燃料棒区，并有效地冷却燃料棒。因此，取热工设计流量的 6.5% 作为堆芯总旁流量的设计限值，通过导向管和仪表管的冷却剂流量、堆芯围板与吊篮间的漏流、外围空隙旁流、反应堆压力容器上封头冷却流量和出口接管漏流，可认为对排热来说是无效的。该旁流量限值必须通过反应堆水力学设计加以保证。

4）堆芯水力学稳定性

在Ⅰ类工况和Ⅱ类工况下，必须保证堆芯不发生水力学流动不稳定。

3.7.2　燃料组件热工水力设计

1）偏离泡核沸腾

偏离泡核沸腾（DNB）是一种水力学和热力学的综合现象。当燃料棒以很高的热流密度加热流动中的冷却剂时，会使棒包壳表面的温度超过冷却剂的饱和温度而形成泡核沸腾。当热流密度高到某一数值时，冷却剂的局部流动状况变差，棒表面被汽膜覆盖导致传热恶化而使棒表面温度急剧上升，产生偏离泡核沸腾。若能防止偏离泡核沸腾，就能保证燃料包壳和反应堆冷却剂之间的充分传热，因而也就防止了由于缺少冷却而发生的包壳损坏。

偏离泡核沸腾的设计基准是在95%置信水平上不发生偏离泡核沸腾的概率为95%。为了满足这个准则，偏离泡核沸腾比(DNBR)限值根据Owen方法[2]确定并增加了3%的设计裕量，得到最小的DNBR限值为1.15。

此外，“华龙一号优化改进型”反应堆采用燃料棒线功率密度(LPD)和DNBR在线监测系统，以自给能中子探测器(SPND)的电流信号为输入，将电流信号转化为测点燃料组件功率，然后通过拓展计算得出全堆功率分布，再通过精细功率重构获得堆芯精细功率分布，进而可算出堆芯LPD分布和DNBR分布，最后通过与报警限值比较，实现监测、诊断、报警等功能。该系统能准确直观地描述堆芯的运行状况以供操纵员使用，从而更有效地防止燃料棒线功率密度超限和发生偏离泡核沸腾，确保燃料的完整性。与传统的检测和保护系统相比，该系统直接监测与燃料芯块和包壳屏障相关的实际安全参数，而不是通过中间物理参数间接监测，因而能更准确地描述堆芯的运行状况，具有较小的不确定性，能提供更好的运行灵活性。

2) 子通道之间的交混效应

在燃料棒束中，无论是由4个相邻燃料棒组成的典型通道还是由控制棒导向管与相邻燃料棒组成的导向管通道，这些子通道都是与相邻通道连通的。因为通道间存在压差，所以在通道间存在横向流，也就存在着能量、质量和动量的交混。通道之间的交混效应使热通道焓升降低。

3) 工程因子

总的热流密度热通道因子定义为堆芯中热流密度最大值与平均值之比，总的焓升热通道因子定义为堆芯中焓升最大值与平均值之比。总的热流密度热通道因子考虑的是某一点(热点)局部的热流密度最大值，而总的焓升热通道因子则是沿某一通道(热通道)的最大积分值。

工程热通道因子用来考虑燃料棒和燃料组件的材料和几何尺寸制造偏差。定义两种类型的工程热通道因子 F_Q^{E} 和 $F_{\Delta H}^{\mathrm{E1}}$。

(1) 热流密度工程热通道因子 F_Q^{E} 用于计算最大热流密度。F_Q^{E} 用统计法综合燃料棒芯块直径、密度、富集度及偏心度等的制造公差来确定。在两个标准偏差下，F_Q^{E} 的设计值为1.033，它满足两个95%的要求。

(2) 焓升工程热通道因子 $F_{\Delta H}^{\mathrm{E1}}$ 用于计算热通道的焓升。$F_{\Delta H}^{\mathrm{E1}}$ 用统计法综合燃料芯块密度和富集度的制造公差来确定。在两个标准偏差下，$F_{\Delta H}^{\mathrm{E1}}$ 的设计值为1.021，它也满足两个95%的要求。

4）燃料棒弯曲对 DNBR 的影响

任何堆型或核电厂的事故分析中关于偏离泡核沸腾比（DNBR）的计算，都考虑了棒弯曲现象的影响。在计算与分析过程中，利用 DNBR 的结果裕量来弥补棒弯曲所产生的影响是可行的。这就需要在计算 DNBR 时，对电厂运行参数（如焓升核热管因子 $F_{\Delta H}^{N}$ 或堆芯冷却剂流量）设置一定的裕度，并利用这些参数进行计算，从而获得有一定裕度的 DNBR 计算结果。

在设计分析中应用的棒弯曲 DNBR 亏损因子来源于以下两个主要研究结果。这两个模型相结合可给出作为燃料燃耗函数的 DNBR 亏损规律。

（1）一个经验模型是定义 DNBR 亏损因子为栅格变形的函数，栅格变形量用棒间隙相对闭合率表征，即 $\frac{\Delta C}{C_0}=\frac{C_0-C}{C_0}$，$C_0$ 是名义棒间隙，C 是实际棒间隙。这个模型以 3 种相对闭合率（50%、85%和 100%）下的偏离泡核沸腾数据为基础。

（2）另一个经验模型针对 17×17 燃料组件，将其几何变形表征为燃耗的函数，这个模型以检查辐照过的燃料棒所获得的数据为基础。

3.7.3　反应堆水力学设计

反应堆水力学设计的目的是确定反应堆冷却剂系统设计所必需的堆芯和压力容器压降；确定堆内各部分旁流量值，并使其满足设计限值要求；验证堆芯热工水力分析中的假设（如堆芯入口流量分布）。

1）反应堆压力容器和堆芯压降

反应堆压降是由流体在流动通道中的黏性阻力（摩擦）和流动通道几何形状（形阻）变化引起的。堆芯和压力容器压降是确定反应堆冷却剂系统流量的主要因素。为计算该压降，假定流动是不可压缩的单相流体的湍流流动。因为堆芯平均空泡份额很小以致在本设计中可以忽略不计，故不考虑两相流动的情况。

在反应堆冷却剂流量设计中考虑了 3 种流量。①“热工设计”流量：该流量是在堆芯热工水力设计中确定热工水力特性时采用的最小预期流量，其数值为 3×(23 500 m^3/h)。②“最佳估算”流量：该流量是反应堆运行状态下的最佳期望值，用于确定反应堆压降及旁流量，其数值为 3×24 680 m^3/h。③“机械设计”流量：该流量是堆内构件和燃料组件机械设计所采用的最大预期流量，其数值为 3×25 670 m^3/h。在最佳估算流量下计算得到反应堆压力容器进出口压降为 0.339 MPa，堆芯压降为 0.165 MPa。

2）旁流

冷却剂进入反应堆后，对冷却燃料棒无效的流量为旁流，分为以下5个部分。

（1）压力容器上封头冷却流量。通过调整上支承板和吊篮法兰上的喷管孔径大小来确定该流量的大小。这股流体再经导向筒与驱动组件之间的间隙进入上腔室。

（2）出口接管漏流。从进口接管来的冷却剂经过吊篮出口与压力容器出口之间的间隙直接漏到压力容器出口。

（3）堆芯围板和吊篮间的旁流。该流量在围板与吊篮之间的环形空间向上流动，以冷却其接触的部件，但对堆芯冷却是无效的。

（4）外围空隙旁流。它是围板与堆芯外围燃料组件间空隙中的旁流。

（5）导向管旁流。这是流进导向管、仪表管的用以冷却控制棒、可燃毒物棒或中子源棒的旁流，对燃料棒冷却是无效的。

计算表明，总旁流份额最大值为5.87％且出现在第一次循环，并低于设计限值(6.5％)。

3）堆芯冷却剂流量和焓分布

堆芯冷却剂流量分布和焓分布需依据以下假设分析确定：在额定工况下，径向功率分布峰值因子为1.63，轴向余弦功率分布峰值因子设计值为1.55，中心热组件入口流量为堆芯组件平均值的95％。

3.7.4 水力学稳定性分析

在核电厂运行期间，若出现水力学不稳定情况将导致临界热流密度降低和堆内构件的强烈振动，危及反应堆的安全。在热工水力分析中，通常考虑以下2种类型的水力学流动不稳定性。

1）静态不稳定性

静态不稳定性主要是指流量漂移，即Ledinegg型不稳定性。它的特征是流动系统中的流量从一个稳态突然跳到另一个稳态。这种不稳定性的判断准则如下：当系统压降随流量变化的曲线的斜率$\left(\frac{P}{G}\right)_{压降}$大于或等于主泵的扬程随流量变化的曲线的斜率$\left(\frac{P}{G}\right)_{扬程}$时就不会发生。在Ⅰ类和Ⅱ类工况运行时，反应堆冷却剂系统的压降-流量特性曲线的斜率是正的，即$\left(\frac{P}{G}\right)_{压降}>0$，而所选用主泵的扬程-流量特性曲线的斜率为负，即$\left(\frac{P}{G}\right)_{扬程}<0$，满足上述准则。因此，在Ⅰ、Ⅱ类工况运行时不会产生静态不稳定。

2）动态不稳定性

动态不稳定性的典型代表是密度波型不稳定性。当各加热通道入口流量波动时会引起焓的扰动，进而引起通道中单相区长度和压降及两相区长度和压降的扰动，两相区压降的扰动反过来影响入口流量的改变和单相与两相区长度比例的改变。这种扰动既可能是衰减的，也可能是自持的。这将导致水力学不稳定性。

采用平行闭式通道方法对压水堆进行计算表明：反应堆功率密度提高2倍才有可能发生密度波型不稳定性。

"华龙一号优化改进型"是开式通道反应堆，它比闭式通道反应堆更稳定。因此，对"华龙一号优化改进型"反应堆而言，不会产生动态流动不稳定。

反应堆堆芯热工水力特性的堆芯热功率、反应堆流量、出入口温度等总体参数见第2章的表2-1，其他相关参数列于表3-1中。"华龙一号优化改进型"反应堆热工水力设计满足设计准则和预期的总体设计要求。

表3-1 反应堆热工水力特性参数

参 数	数 值
满功率时总水容积(包括稳压器)/m^3	约328.1
平均线功率密度/(W/cm)	181.2
堆芯平均流速/(m/s)	4.51
堆芯平均空泡份额/%	<0.01
堆芯传热面积/m^2	5 100.9
堆芯流通面积/m^2	4.334
额定工况下最小DNBR(确定论方法)	1.84

参考文献

[1] 邢继，吴琳，等. 中国自主先进压水堆技术"华龙一号"：上册[M]. 北京：科学出版社，2020.

[2] Owen D B. Factors for one-sided tolerance limits and for variable sampling plans, SCR-607[R]. USA: Sandia Corporation, 1963.

第 4 章

主冷却剂系统及重要核辅助系统

反应堆冷却剂系统是核电站最核心的部分之一，在运行过程中，反应堆冷却剂系统利用主泵将堆芯内产生的热量通过蒸汽发生器传递给二回路。反应堆冷却剂系统的承压边界作为防止放射性产物泄漏的第二道屏障，按照最严格的规范和标准进行系统和设备的设计和制造。反应堆冷却剂系统的设备和管道均安装在反应堆厂房内，并且绝大多数设备都布置在用钢筋混凝土筑成的墙或楼板隔成的屏蔽隔室内，可以防止飞射物的损害，也可以作为防放射性辐射的生物屏蔽。“华龙一号优化改进型”反应堆冷却剂系统设置了完善的设计扩展工况应对措施，如严重事故快速卸压、堆顶排气等措施。

核辅助系统是核电厂核岛系统的重要组成部分。核电厂的基本功能是发电，为实现这一基本功能，在核电厂运行及换料停堆期间，需要一套系统来维持一回路的正常运行和完成停堆换料操作，维持反应堆堆芯及乏燃料贮存水池正常衰变热的导出及其他厂用设备发热量的导出，这部分系统一般称为核辅助系统。

核辅助系统主要在电厂正常运行和正常瞬态及停堆换料工况下发挥功能，为了避免出现系统本身故障导致电厂出现非预期的运行状态，核辅助系统需要通过设备冗余等措施来保证系统的可靠性。另外，在一些事故工况下，核辅助系统也发挥一定的安全功能，因此，也需要考虑系统的抗震问题，以及为系统配置可靠电源等。总体上看，“华龙一号优化改进型”核辅助系统设计沿用了“华龙一号”的方案，这些系统的配置和运行方式成熟，都已经过充分的实践验证，但仍在提高系统的抗震能力、方便运行维护和优化系统布置设计等方面进行了改进[1]。

4.1 反应堆冷却剂系统

反应堆冷却剂系统（RCS）由 3 条并联到反应堆压力容器上的环路构成。

每条环路包括1台蒸汽发生器、1台轴密封式反应堆冷却剂泵及互相连接的反应堆冷却剂管道和控制仪表等。此外，3条并联环路与1个共用的压力安全系统相连，包括1台稳压器、1台卸压箱，以及用于压力控制、超压保护和严重事故下快速卸压的阀门、仪表和相应的连接管道等。

1）系统功能

RCS的主要功能如下。

(1) 反应堆热量传递。将热量从反应堆堆芯传送到蒸汽发生器，然后由蒸汽发生器传递给二回路系统。

(2) 中子慢化。系统内的反应堆冷却剂作为中子慢化剂，使中子速率降低到热中子的范围。

(3) 反应性控制。反应堆冷却剂作为硼酸的溶剂，在反应性控制中用于补偿氙瞬态效应和燃耗。

(4) 压力控制。为了防止出现不利于传热的偏离泡核沸腾(DNB)，由稳压器控制反应堆冷却剂压力。

RCS还承担着安全功能，在发生燃料包壳破损事故时，RCS是防止放射性产物泄漏的第二道屏障。

2）系统说明

(1) 传热环路。RCS在运行时，通过反应堆冷却剂泵使加压水通过反应堆压力容器和冷却剂环路循环。作为冷却剂、慢化剂和硼酸溶剂的水，在通过堆芯时被加热，然后流入蒸汽发生器，将热量传递给二回路系统，之后返回到反应堆冷却剂泵重复循环。位于反应堆压力容器出口和蒸汽发生器入口之间的管道称为热段，蒸汽发生器出口和反应堆冷却剂泵入口之间的管道称为过渡段，其余部分称为冷段。RCS流程如图4-1所示。

系统满功率时总水容积(包括稳压器)约为328.1 m^3，其他性能参数见第2章的表2-1，额定工况温度如表4-1所示。每条冷却剂环路冷段和热段的温度在主管道冷热段上直接测量。

表4-1　额定工况温度

参　　数	热工设计值	最佳估算值	机械设计值
堆芯入口温度/℃	291.2	292.2	292.8
堆芯出口温度/℃	331.0	330.1	329.3

（续表）

参　　数	热工设计值	最佳估算值	机械设计值
堆芯平均温度/℃	311.1	311.15	311.05
压力容器出口温度/℃	328.8	327.9	327.3
压力容器平均温度/℃	310.0	310.0	310.0

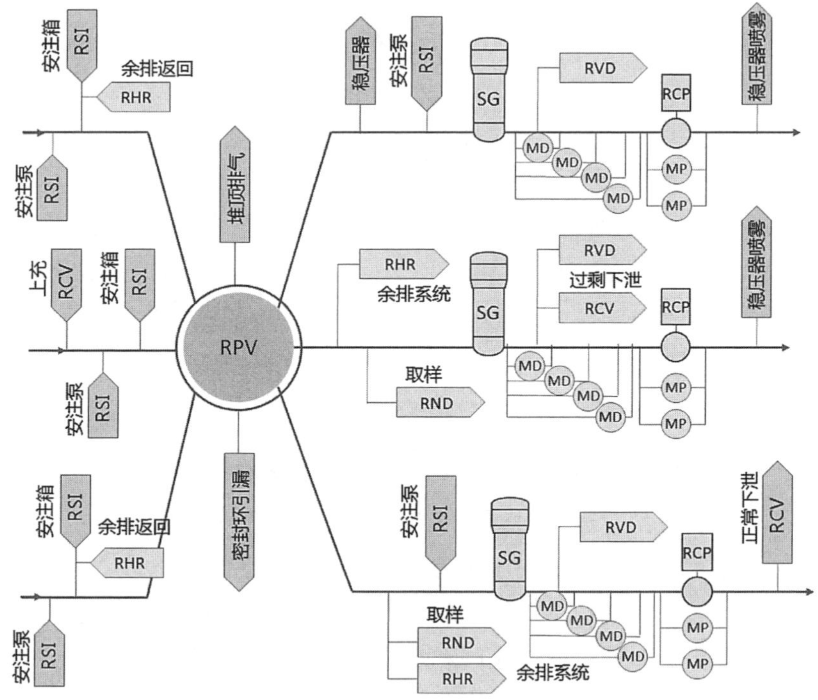

图 4－1　反应堆冷却剂系统流程简图

(2) 压力控制。反应堆冷却剂系统还包括稳压器以及为反应堆冷却剂压力控制和超压保护所需的辅助设备(见图 4－2)。稳压器通过波动管线接到一号环路热段。稳压器波动管布置考虑了削弱热分层现象的设计方案，即在主管道热段与波动管连接处增加竖直管道。压力控制通过电加热器和喷雾阀的动作实现。喷雾系统由 2 条冷段供水，并通过喷雾管接到稳压器的顶封头，通过喷雾阀提供一小股连续流量。电加热器安装在稳压器的底封头处。

由 3 个安全阀提供超压保护。“华龙一号优化改进型”稳压器先导式安全阀采用先进的热态一体化设计，起先导控制功能的先导阀与主阀集成布置并

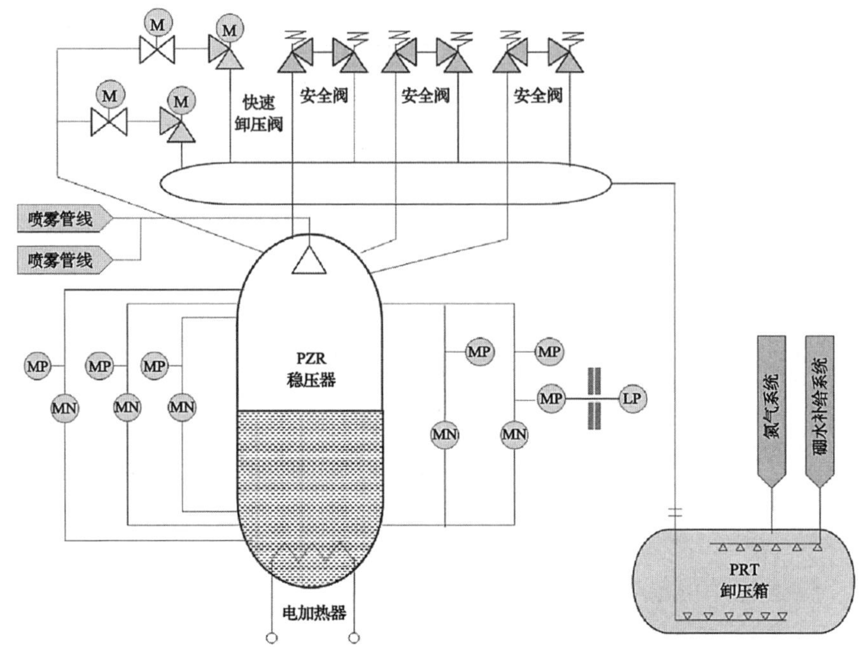

图 4-2　稳压器及压力控制、超压保护系统流程简图

采用实体隔离。

稳压器快速卸压系统由两个系列组成，每个系列包括 1 台电动闸阀和 1 台电动截止阀。在正常运行时阀门关闭，严重事故发生时由操纵员在控制室或远程停堆站手动开启快速卸压阀为反应堆冷却剂系统卸压。

安全阀排放管接到稳压器卸压箱。卸压箱还收集某些阀门阀杆的引漏，以及作为事故下稳压器快速卸压阀和反应堆压力容器高位排气系统中事故排气子系统的排放通道。卸压箱通常装有水和以氮气为主的气空间。它设有供补给水的内部喷淋和通过设备冷却水的冷却盘管。

(3) 主泵轴封辅助系统。轴密封系统由串联布置的三级流体动压密封和停机密封组成，如图 4-3 所示。这三级密封完全相同，在正常运行工况下，每级密封各自承受系统压力的 1/3，设计上每级密封都能承受全部的系统压力，三级密封间可以互换。三级密封之后设置有停机密封，该停机密封仅在反应堆冷却剂泵停机后起密封作用，反应堆冷却剂泵在正常运行时停机密封处于开启状态。

主泵轴封注入水由化学容积控制系统提供，轴封注入水经高压冷却器后进入主泵轴封，高压泄漏的轴封水返回至化学容积控制系统，低压泄漏的轴封水引入核岛疏水排气系统。高、低压泄漏管线上分别设置远传控制的电动隔离阀。

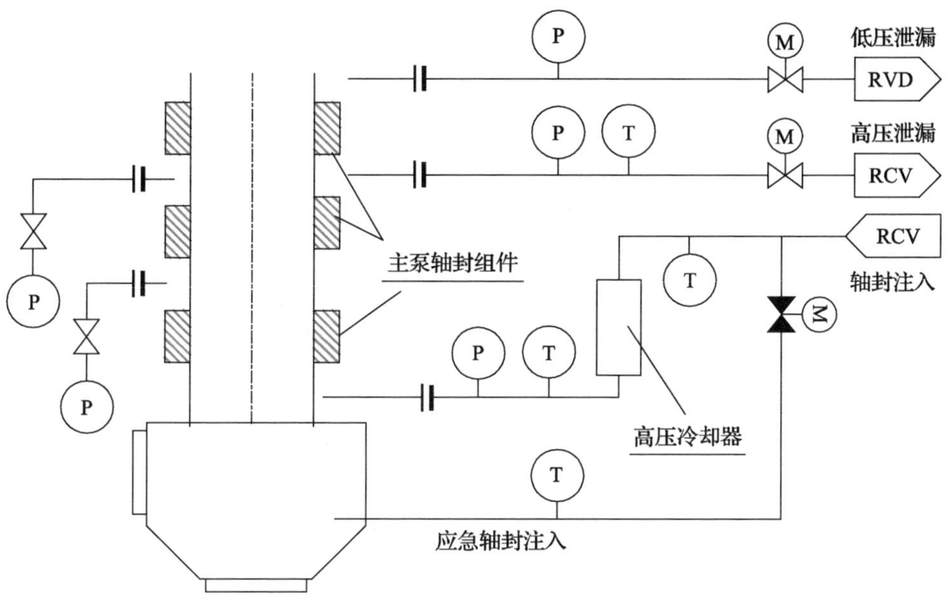

图 4-3　主泵轴密封辅助系统

另外设置一路应急自循环轴封注入管线，来自主泵叶轮出口的反应堆冷却剂，由于主泵叶轮出口的冷却剂压力高于主泵轴封入口，可以形成自循环回路。应急轴封注入管线投入运行时，高温高压的反应堆冷却剂经过高压冷却器冷却，温度降至主泵轴封可接受的温度后，进入主泵轴封组件。应急轴封注入水可供主泵轴封冷却 24 小时，在此期间核电厂的专设安全系统可以将反应堆带入安全停堆状态，因此该设计可以提高核电厂运行的安全性。

(4) 堆顶排气系统。反应堆压力容器高位排气系统分为正常排气子系统和事故排气子系统两部分。正常排气子系统包括 1 个手动截止阀、排气用连接法兰及有关的管道。事故排气子系统由 2 个冗余的并联系列组成，包括 4 个常关的电磁阀及与之相连接的管道、仪表等。

在停堆维修和换料前后，使用反应堆压力容器顶部的正常排气；在事故工况下，由主控室手动操作打开相应阀门，迅速排出压力容器上封头可能出现的蒸汽或不可凝气体，从而防止这些不可凝气体对反应堆堆芯传热的影响，保证在反应堆冷却剂系统中只有唯一的汽水界面。

3) 系统运行

(1) 正常运行。反应堆冷却剂系统的正常运行对应于电站的功率运行，该系统的稳态运行对应于电站的基本负荷运行，正常瞬态则对应于负荷跟踪过程中的功率变化。

(2) 稳态。① 系统特征：该系统由下列状态表征：压力维持在 15.5 MPa(绝对压强)；根据负荷的不同，平均温度为 291.7～310.0 ℃；根据负荷的不同，稳压器水位为 23.2%～61.2%；停堆棒组完全抽出，温度调节棒处于调节带内，功率补偿棒处于刻度曲线位置。② 系统运行：3 台反应堆冷却剂泵运转并传送必需的冷却剂流量，从而将堆芯所产生的热量通过 3 台蒸汽发生器传递到二回路系统。由稳压器的运行(加热或喷雾)来控制反应堆冷却剂压力。喷雾阀装有下部挡块，以便保持连续的喷雾流量从而减少喷雾管的热应力，并有助于在稳压器中维持冷却剂的水化学特性和温度的均匀。电加热器将水保持在饱和温度以便维持恒定的系统压力。反应堆冷却剂温度利用装在主管道上的温度计进行直接测量。冷却剂温度取决于反应堆的功率水平。对每个环路计算出反应堆冷却剂温差 ΔT(热段温度减去冷段温度)和冷却剂平均温度 T_{avg}(热段和冷段温度的平均值)，这些温度信号用于反应堆控制和保护。

(3) 瞬态。① 系统特征：反应堆功率变化造成反应堆冷却剂温度的变化，从而引起反应堆冷却剂收缩或膨胀；稳压器是为调节负荷瞬变所引起的这些变化而设计的。② 系统运行：电厂负荷降低引起反应堆冷却剂平均温度暂时升高，并伴随冷却剂容积增加；这种容积的膨胀引起稳压器中水位增高，并引起压力升高直到喷雾阀开启；反应堆冷却剂喷入蒸汽空间，并冷凝一部分蒸汽，这种骤冷作用可降低稳压器的压力。

电厂负荷增加引起反应堆冷却剂平均温度暂时降低，并伴随冷却剂容积减小，使冷却剂从稳压器流入环路，从而降低了稳压器水位和压力。稳压器中的水急剧蒸发可以限制压力降低。启动电加热器，加热稳压器中剩余的水，从而限制压力进一步降低。

(4) 特殊瞬态。特殊瞬态对应于反应堆不同的标准运行工况，主要包括以下几种运行状态：热备用、热停堆、余热排出系统关闭情况下的正常中间停堆，余热排出系统投运情况下的双相中间停堆，余热排出系统投运情况下的单相中间停堆、正常冷停堆、维修冷停堆及换料冷停堆。

(5) 启动和正常停运。① 启动：电厂启动定义为反应堆从冷停堆到热备用的操作，这种热备用的工况是通过使用反应堆冷却剂泵加热，先达到热停堆工况，随后进入临界而达到的。② 正常停堆：正常停堆是指为维修或换料使反应堆从功率运行过渡到冷停堆所需要的全部操作，主要包括从功率运行到热备用的转换，从热备用到热停堆的转换，从热停堆到冷停堆的转换，从冷停堆到维修冷停堆或换料冷停堆的转换。在这个瞬态过程中，由化学和容积控制系统控制系统水化学特性。

4.2　反应堆冷却剂系统主要设备

反应堆冷却剂系统(RCS)主要设备包括反应堆压力容器、主泵、蒸汽发生器、主管道、稳压器、稳压器安全阀和快速卸压阀。

1) 反应堆压力容器

反应堆压力容器(RPV)是反应堆冷却剂压力边界的重要组成部分，是防止放射性物质泄漏的第二道屏障，其支承和包容堆芯，并与堆内构件一起引导反应堆冷却剂流经堆芯，使堆芯始终处于被冷却状态。RPV 为堆内构件、换料密封支承环和主管道提供支承和定位，为控制棒驱动机构、堆芯测量仪表和堆顶结构提供支承和对中。

2) 主泵

反应堆冷却剂泵(简称主泵)是一回路的关键设备，是反应堆冷却剂系统压力边界的一部分，它是反应堆冷却剂系统中唯一的高速旋转机械设备，用于驱动反应堆冷却剂在反应堆冷却剂系统内循环流动，连续不断地把堆芯中产生的热量带出，即使在泵惰转期间也能够供给堆芯足够的冷却剂流量。

为了保证充分的热量传递，反应堆冷却剂泵要确保提供足够的堆芯冷却循环流量，以维持在运行参数范围之内偏离泡核沸腾比大于最小允许值。系统在设计和运行中可提供的有效净正吸入压头始终大于泵的必需净正吸入压头。

飞轮、泵转子和电动机转子一起为泵提供足够的转动惯量，以便在泵惰转期间供给足够的流量。在假定泵供电丧失以后，惰转强迫循环流量和随后的自然循环流量给堆芯提供充分的冷却。

反应堆冷却剂泵电动机进行 125%同步转速的超速试验时，不会发生机械损坏。反应堆冷却剂泵转子和飞轮从设计上避免了飞射物产生，可以确保泵在任何预计事故工况下不会产生飞射物。

反应堆冷却剂泵应能承受事故工况而不发生损坏，包括密封注入水丧失、高压冷却器的设冷水丧失及上述两者同时丧失。

其他技术要求如下：轴封应设计成能承受反应堆冷却剂系统启动前的水压试验及定期水压试验，轴封的设计工作寿命不少于 26 000 小时，水润滑轴承设计工作寿命不少于 52 000 小时，电机轴承设计工作寿命不少于 100 400 小时。

电机上应装有机械式防反转装置，此装置的设计和制造应能防止泵的反向转动，特别是当一台或两台反应堆冷却剂泵停运时。同时，还应满足反应堆冷却剂泵设备规格书中的其他要求。

3）蒸汽发生器

“华龙一号优化改进型”机组采用了自主研发的 ZH－65 型蒸汽发生器。蒸汽发生器将反应堆冷却剂从堆芯带出的热量传递给二次侧工作介质（水），产生流量、压力和湿度符合要求的饱和蒸汽，驱动汽轮机发电；以管板和 U 形管管壁为屏障，隔离一次侧与二次侧的工作介质，防止带放射性的一次侧工作介质进入二次侧而污染二回路系统；在正常停堆冷却和某些事故工况下，导出堆芯的衰变余热，保护反应堆安全。

ZH－65 型蒸汽发生器为立式自然循环型蒸汽发生器，由两大部分组成。蒸汽发生器下部为换热部分，由一次侧的水室和管束以及二次侧的管束套筒、管束支承、下部承压壳体等组成。上部为汽水分离部分，由安装在承压壳体内的汽水分离器和干燥器组成。

在正常运行时，反应堆冷却剂由蒸汽发生器一次侧入口接管进入下封头入口腔室，然后进入 U 形传热管换热后返回下封头出口腔室，最后经一次侧出口接管流出蒸汽发生器。

在蒸汽发生器二次侧，其给水由位于二次侧上部筒体的给水接管和给水环进入蒸汽发生器，给水和再循环水混合后，依靠自然循环作用沿管束套筒和二次侧筒体间的环形下降通道向下流动，并在管板二次侧表面附近的管束套筒开口处转向进入传热管束区；给水和再循环水在管束区内被加热，产生的汽水混合物沿管束上升并从管束套筒顶部进入旋叶式汽水分离器。汽水混合物由旋叶式汽水分离器分离后进入重力分离空间，在重力分离空间中经重力沉降作用分离后，进入干燥器进行再次分离。经上述汽水分离装置分离后，得到湿度满足设计要求的蒸汽并由位于蒸汽发生器顶部的蒸汽出口接管流出蒸汽发生器。由汽水分离装置分离出的水作为再循环水与给水混合，进入下降通道并参与再次换热。

4）稳压器

稳压器用于调节因负荷瞬态变化引起的反应堆冷却剂系统的压力波动，以提高系统的运行稳定性。在压力正波动时，喷雾系统冷凝容器内的蒸汽可防止稳压器压力达到先导式安全阀的整定值；在压力负波动时，水的闪蒸和电加热元件自动启动产生蒸汽，使压力维持在反应堆紧急停堆整定值以上。

4.3　一回路辅助系统

一回路辅助系统主要用来保证反应堆和一回路系统正常运行和废物处理，同时，部分系统作为专设系统的支持系统。主要包括化学和容积控制系统、反应堆硼和水补给系统、余热排出系统、反应堆换料水池及乏燃料水池冷却和处理系统、核取样系统、辅助冷却水系统及燃料操作系统。

4.3.1　化学和容积控制系统

电厂正常运行期间，反应堆一回路冷却剂在主泵的驱动下将堆芯热量通过蒸汽发生器传递到二回路。稳压器用来维持正常运行期间一回路的水装量平衡和压力平衡，但稳压器本身的调节能力是有限的，特别是在机组启停堆过程中，必须依靠外部辅助系统来维持主回路的冷却剂装量和压力平衡。另外，随着机组的运行，堆芯的裂变产物以及堆芯和主回路的腐蚀产物将逐渐增加，冷却剂中氧及其他气体含量也将增加，致使反应堆冷却剂的放射性水平增加，并造成设备及管道腐蚀，因此必须依靠辅助系统进行除盐，去除反应堆冷却剂中的裂变产物和腐蚀产物，控制反应堆冷却剂的放射性水平，控制反应堆冷却剂的 pH 值、氧含量及其他溶解气体含量，以防止腐蚀、裂变气体积聚和爆炸。

对于压水堆核电厂，以上任务由化学和容积控制系统（RCV，简称化容系统）来实现。从其要实现的功能来看，化容系统是维持电厂正常运行必不可少的，因此，其必须具备较高的可靠性。

“华龙一号优化改进型”机组化容系统设计采用成熟的配置和运行方案。系统设置了两台独立功能的上充泵，一台处于运行状态，一台处于备用状态，上充泵不执行事故工况下的应急堆芯冷却注水功能；系统采用固定下泄流量，通过上充管线上的调节阀来调整上充流量以匹配主回路装量和实现一回路压力平衡的运行方式。

1）系统功能

化容系统主要具有以下 3 个功能。

（1）容积控制。容积控制即控制一回路的水装量，这一功能是通过系统的上充流量与下泄流量的匹配来实现的，目标是将稳压器水位维持在程控液位。

(2) 化学控制。与反应堆硼和水补给(RBM)系统一起，完成对反应堆冷却剂系统的硼浓度控制，以补偿慢的反应性变化；使反应堆冷却剂通过除盐床去除反应堆冷却剂中的裂变产物和腐蚀产物，以控制反应堆冷却剂放射性水平；通过向反应堆冷却剂中添加特定的化学药品来控制反应堆冷却剂的 pH 值、氧含量及其他溶解气体含量，以防止腐蚀、裂变气体积聚和爆炸。

(3) 主泵密封水注入。通过化容系统提供反应堆冷却剂泵的密封水注入，并收集反应堆冷却剂泵密封的引漏水，以防止反应堆冷却剂通过主泵轴封泄漏到安全壳内。

除了上述主要功能外，化容系统还有一些辅助功能，包括在反应堆冷却期间提供稳压器的辅助喷淋；辅助进行反应堆冷却剂系统的充水、排水和水压试验；当稳压器满水时，控制反应堆冷却剂压力；为余热排出系统(RHRS)投入做准备工作(连接到反应堆冷却剂系统之前控制硼浓度、加热和加压)。

该系统与安全相关的功能如下：在反应堆冷却剂系统发生极小破口情况下，化容系统能够维持反应堆冷却剂系统的水装量；与反应堆硼和水补给系统共同作为反应性控制系统，在发生操作事故(如弹棒和卡棒)时，仍能使反应堆停堆并维持在热态次临界状态。

2) 系统描述

化容系统配置上主要包括下泄、过滤除盐、上充、主泵轴封水注入、过剩下泄等部分。

下泄管线从三环路冷段引出，经过再生热交换器的壳侧被上充流冷却，通过下泄孔板进行减压后离开反应堆厂房，在核辅助厂房内再经过下泄热交换器的管侧进一步降温，到达低压下泄阀进行第二次降压后进入过滤除盐单元。

过滤除盐单元配置了一台阳床除盐器和两台混合床除盐器，反应堆冷却剂经过前置过滤器、混合床除盐器、后置过滤器后，将反应堆冷却剂中的裂变产物和腐蚀产物去除，并送入容积控制箱。

通常，上充泵从容积控制箱吸水，并以高于反应堆冷却剂系统的压力输送反应堆冷却剂。为保护离心式上充泵，系统设置了泵小流量管线，流经此管线的流体通过密封水热交换器返回到泵的吸入端集水管。

大部分上充流进入反应堆厂房，通过上充流量调节阀(该阀门控制上充流以满足稳压器水位要求)，流过再生热交换器的管侧，在被加热到接近反应堆冷却剂温度后注入 RCS 二环路冷段。另外，上充管线上设有一条从再生热交换器出口到稳压器喷淋接管嘴的管线，在反应堆冷却剂泵不能用时，该管线提供辅助喷淋能力。

上充流的另一部分流到反应堆冷却剂泵轴密封，以防止轴封温度达到反应堆冷却剂的温度。它在泵轴承和密封之间进入泵体，并在此分为两股。一股冷却剂流（称作泄漏流）润滑泵轴，通过高压、低压密封引漏离开泵体，接着通过密封水热交换器到上充泵吸入端集水管。另一股冷却剂流冷却泵的轴承，并通过密封进入反应堆冷却剂系统，作为下泄流的一部分通过正常或过剩下泄流道从反应堆冷却剂系统排出。

过剩下泄管线是在正常下泄通道不能运行的情况下，提供一条备用的下泄通道。反应堆冷却剂从二环路过渡段排出后，首先流经下泄热交换器的管侧并被冷却，然后进入反应堆冷却剂泵密封泄漏返回总管，并通过密封水热交换器到上充泵入口集管。

4.3.2　反应堆硼和水补给系统

反应堆硼和水补给系统用于配合反应堆化容系统实现主回路的装量平衡、硼浓度调节和化学加药。电厂在瞬态运行阶段（包括启停堆、功率调节等），随着燃料燃耗的加深，需要通过系统将除盐除氧水、硼酸溶液，或两者配比后的溶液送到容积控制箱或直接送到上充泵入口，通过上充泵输送到一回路，以实现补水、补硼功能。实现一回路加药功能的加药箱也设置在反应堆硼和水补给系统。

反应堆硼和水补给系统设计采用了成熟的系统配置方案，系统容量与一回路的水装量相匹配。

反应堆硼和水补给系统的主要功能如下：制备并储存 $7\times10^3\sim8\times10^3$ ppm① 的硼酸溶液；经反应堆化容系统，调节反应堆冷却系统的硼浓度；提供除氧除盐水和硼酸溶液，补偿反应堆冷却剂系统的泄漏，补偿瞬态冷却引起的反应堆冷却剂体积的收缩；为反应堆冷却剂系统制备并注入联氨溶液（控制反应堆冷却剂的氧含量）和氢氧化锂溶液（控制反应堆冷却剂的 pH 值）。

系统的辅助功能如下：向稳压器卸压箱提供辅助喷淋水；为内置换料水箱（IRWST）和应急硼注入系统的硼酸注入箱提供初始注入水和补给水；向反应堆化容系统的容积控制箱注水，以排出该箱中的气体。

① ppm 在业内常用于表示浓度单位，意为百万分之一。

4.3.3 余热排出系统

电厂状态从热停堆转到冷停堆一般分为两个阶段。当一回路参数比较高(压力大于 3 MPa,温度大于 180 ℃)时,通过蒸汽发生器二次侧带热来降低主回路参数;当一回路参数降低后(压力小于 2.8 MPa,温度低于 180 ℃)时,蒸汽发生器二次侧带热效果降低,此时需要通过余热排出系统(RHR 系统)来控制一回路的降温降压,余热排出系统热交换器将一回路的热量直接传递给设备冷却水系统,再传递到最终热阱。

当电厂处于冷停堆状态时,余热排出系统用来维持堆芯温度。

当电厂从冷停堆状态恢复到热停堆状态时,在主回路参数达到 2.8 MPa、180 ℃之前,余热排出系统用于控制一回路的升温速率。

余热排出系统承担了可控状态、安全状态下的导热要求,为此,采用了在燃料厂房设置两列独立余热排出系统系列的配置方案和布置方案,并对乏池冷却系统(RFT)进行了功能和布置的统筹整合,形成了 2 列余热排出系统+2 列乏池冷却和处理系统的配置方案,为 2 个系统之间的互为备用提供了条件。同时,这样的布置方式避免了余热排出系统主设备只能在停堆阶段且当安全壳处于打开状态时才能进行检修的问题,提高了系统的可靠性和换料停堆阶段的可运行性。

1) 系统功能

在电厂停堆期间,在反应堆冷却的第二阶段(即经蒸汽发生器初步冷却和降压后),余热排出系统用来导出堆芯余热和反应堆冷却剂系统的热量。具体包括以下方面。

(1) 降低反应堆冷却剂温度。通过排出反应堆冷却剂的热量,将反应堆冷却剂的温度从 180 ℃降至 60 ℃。

(2) 维持冷停堆温度。在达到冷停堆工况时,系统能将反应堆冷却剂温度维持在冷停堆工况,并可满足换料和维修操作所需要的持续时间。

(3) 循环反应堆冷却剂。在停堆和启堆期间,当主泵均未投入使用时,余热排出泵能为反应堆冷却剂循环提供动力,以冷却堆芯。

当压力下降到正常下泄系统无法运行时,利用与化容系统间的接管进行反应堆冷却剂的下泄。当化容-余热排出系统返回管线开通时,即使不使用化容系统,上充泵也能完成反应堆冷却剂的净化。

余热排出系统承担的安全功能如下:

(1) 在小破口事故下，如果化容系统能维持稳压器水位，使用该系统来排出余热；

(2) 在冷停堆期间，通过余热排出系统的卸压阀为反应堆冷却剂系统提供低温超压保护，但该系统并不是一个专设的安全系统。

2) 系统描述

余热排出系统的管线分别从反应堆冷却剂系统的 2 号环路、3 号环路热段引出，借助 2 条安注箱注入管接入反应堆压力容器。反应堆冷却剂系统 2 号和 3 号环路热段和余热排出泵之间并联设置 2 条管线，每条管线设置 2 个电动隔离阀。

余热排出系统由独立 2 列组成，每列配置了 1 台余热排出热交换器、1 台余热排出泵和相关的管道、阀门以及操作控制所必需的仪表。余热排出系统的入口管线分别连接反应堆冷却剂系统 2 号环路的热段、3 号环路的热段，而返回管线通过安注箱的注射管线连接反应堆冷却剂系统 3 号环路和 1 号环路的冷段。余热排出系统与化容系统的下泄管路相连，用于进行反应堆冷却剂系统的化学和容积控制，流体经上充管线返回。一旦上充泵不能运行，可通过余热排出泵代替其运行。在余热排出泵上游有一管线与乏池冷却系统相连，使乏池冷却和处理系统处于备用状态。一旦余热排出系统不能运行或在检修时，并且反应堆顶盖在开启的情况下，乏池冷却和处理系统可代替余热排出系统对堆芯进行冷却。

余热排出系统流程如图 4－4 所示。

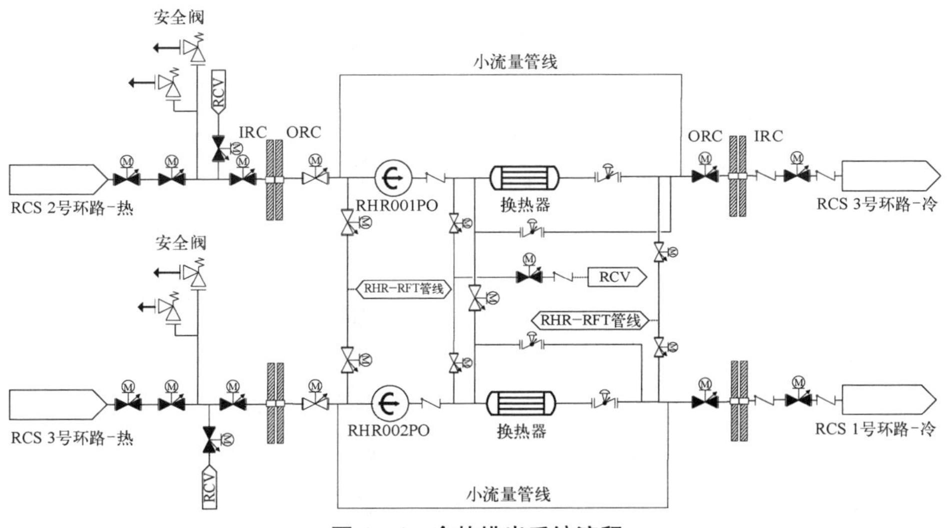

图 4－4　余热排出系统流程

3）运行特性

电厂在正常运行时，余热排出系统与反应堆冷却剂系统隔离，只在启动、停堆期间才投入运行。

(1) 维持冷停堆状态的稳态运行。在机组处于正常冷停堆、维修冷停堆和换料冷停堆期间，系统的入口阀和出口阀均打开，两台余热排出泵及两台热交换器均投入运行。

(2) 从 180 ℃冷却到 60 ℃的正常瞬态运行。此瞬态发生在由热停堆向冷停堆过渡的过程中，瞬态开始时的初始状态压力为 2.8 MPa(绝对压力)，温度为 180 ℃。首先，余热排出系统开始启动，调节主回路系统的温度和压力，系统准备投入运行。余热排出系统的状态与正常稳态运行的状态相同。在冷却过程中，要控制流过热交换器的流量，从而限制冷却速率为 28 ℃/h。当温度降到 70 ℃时，最后一台主泵必须停运，随后由余热排出系统与稳压器辅助喷淋系统一起，将反应堆冷却剂系统继续冷却到 60 ℃。

在冷却阶段，系统压力保持恒定。在稳压器汽腔消失之前，通过稳压器手动控制压力。借助稳压器喷淋系统及增加化容系统的上充流量，使稳压器汽腔消失。当稳压器充满水时，则由化容系统的阀门来控制压力。在主泵停运后，将控制系统阀门的压力整定值调到冷停堆值，从而降低反应堆冷却剂的压力。

(3) 从 60 ℃到 180 ℃的正常瞬态运行。余热排出系统用于从冷停堆到热停堆的升温过程中时，在主泵启动之前，反应堆冷却剂系统的压力通过化容系统升到约 2.6 MPa(绝对压力)。在余热排出系统运行过程中，反应堆冷却剂系统压力维持恒定。

用主泵和稳压器电加热器分别加热反应堆冷却剂回路及稳压器中的冷却剂，使其升温，升温速率通过余热排出系统限制在 28 ℃/h。在 80 ℃时，开始建立化学特性，直至 120 ℃之前完成。必要时使用余热排出泵，使之停止升温。

当稳压器温度升高到反应堆冷却剂系统压力[2.6 MPa(绝对压力)]下的饱和温度(226 ℃)时，稳压器内开始形成汽腔，进而稳压器水位控制转换到自动控制。反应堆冷却剂温度一旦达到 180 ℃，余热排出系统即被隔离。电厂正常运行时，余热排出系统不投入运行，其压力低于 2.8 MPa(绝对压力)。

(4) 特殊瞬态运行。特殊瞬态运行包括系统充水、系统排气和换料期间系统的隔离。

4.3.4 反应堆换料水池及乏燃料水池冷却和处理系统

核电厂投运后，每个换料周期产生的乏燃料被引至乏燃料贮存池集中存放，将其淹没在水中。由于乏燃料持续放热，因此需要为乏燃料贮存池设置专门的冷却系统，导出乏燃料衰变热。反应堆换料水池及乏燃料水池（简称为乏池）冷却和处理系统用于实现冷却乏燃料贮存池的功能，该系统还用来实现乏池的净化除盐，以及换料操作期间换料相关水池的充排水操作。

在非换料工况下，乏池的热负荷较低，所需的系统冷却能力不高。为了提高机组可利用率，尽量缩短换料停堆时间，电厂采用全堆芯卸料的换料策略，因此在换料工况下，乏池的热负荷比正常贮存工况大很多，需要系统具备较高的冷却能力。乏池冷却和处理系统的配置及容量设计需综合考虑非换料工况和换料工况的热负荷，科学合理地设置冷却列数量及每个冷却列的容量，以满足不同工况的需求。

余热排出系统与乏池冷却和处理系统均布置在燃料厂房，位置邻近，同时统筹考虑余热排出系统与乏池冷却和处理系统均可执行堆芯衰变热的导出功能，出于系统综合利用、集约化设计的理念，在不降低乏池冷却和处理系统冗余度以及安全性的前提下，“华龙一号优化改进型”机组相比于“华龙一号”机型取消了一列乏池冷却和处理系统冷却列，即由 3 个冷却列改为 2 个，由余热排出系统为乏池冷却和处理系统在停堆换料期间提供功能的冗余和备用，起到节约投资的目的。

乏池冷却和处理系统每个冷却列设置 1 台乏池冷却泵和 1 台板式热交换器。在非换料工况下，只需要运行 1 个冷却列，即可满足乏池冷却要求；在换料工况下，需同时启动 2 个冷却列以维持换料水池的温度满足换料操作需求，此时余热排出系统的 1 个冷却列作为在运列的备用，保证了系统的冷却能力。

维持乏池的冷却能力及水装量是安全相关功能，根据福岛核事故经验反馈，“华龙一号优化改进型”机组加强了乏池的移动应急补水能力，通过设置固定的临时应急补水接口，可在乏池失冷的极端工况下，借助移动补水泵、消防车等形式，为乏池提供应急补水。

1）系统功能

乏池冷却和处理系统主要具有如下功能。

使乏燃料保持在次临界状态。乏燃料贮存池内的水为含硼水，最小硼浓度(质量分数)为 2.3×10^3 ppm,该硼浓度足以维持乏燃料处于次临界状态。

起保证工作人员的生物防护作用。在乏池内乏燃料贮存格架上部,以及换料期间安全壳内部反应堆换料水池里,需要维持一定厚度的水层,该水层起到生物防护的作用;另外,系统设置的过滤和除盐回路以及撇沫回路用于去除反应堆换料水池和乏池中存在的腐蚀产物、裂变产物和悬浮颗粒。

冷却乏池。排出贮存在乏池中乏燃料释放出的余热。在换料工况下,反应堆冷却剂系统处于常压状态(如打开压力容器顶盖)时,在余热排出系统不可用的情况下,乏池冷却和处理系统可为余热排出系统提供备用冷却。

维持水位和充排水。在乏池内贮存燃料元件时,系统维持乏池的水位;对乏燃料容器装载井和燃料转运舱充水和排水;在每次反应堆换料期间为反应堆换料水池充水、排水;在水闸门关闭后,为堆内构件贮存池充水和排水;在余热排出系统未接入反应堆冷却剂系统时,为保持余热排出系统的压力而充水。

2) 系统描述

乏池冷却和处理系统的流程如图 4-5 所示,系统设有乏池的冷却和净化

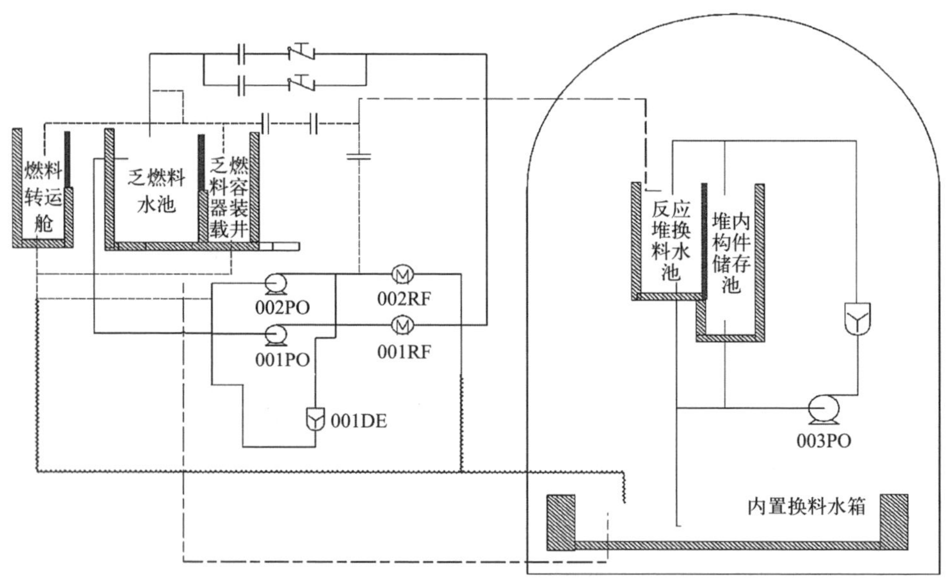

图 4-5　乏池冷却和处理系统流程示意图

回路，冷却回路包括 2 个冷却列，每个冷却列配备 1 台冷却水泵和 1 台热交换器。设有 1 条过滤除盐回路，该回路从泵的下游分流，回路上包括 2 台串联的过滤器和 1 台除盐器。乏池配备了 1 套过滤和撇沫装置，用于清除水池表面的泡沫。

3）运行特性

（1）非换料工况。在非换料工况下，系统的一个冷却列连续运行，过滤除盐回路也连续运行。乏池冷却泵从乏池低标高处将水抽出，通过热交换器进行冷却后，将水从水池高标高处排回水池。如果系统运行期间乏池中水的温度超过 60 ℃，则隔离过滤器/除盐器回路，以免影响除盐器功能。乏池和反应堆换料水池的撇沫过滤回路由操纵员根据水表面杂质存在的情况间断启动。

（2）换料工况。换料工况下的系统运行包括如下几个部分。① 换料水池充排水操作：由乏池冷却和处理系统的一台冷却水泵从内置换料水箱取水，向燃料转运舱、反应堆换料水池和堆内构件贮存水池充水。反应堆换料水池采用重力排水，将水直接排入内置换料水箱，排水过程可根据池壁喷淋清洗的要求随时终止，并在池壁喷淋清洗之后恢复。反应堆换料水池排空后，必须将水池排水管上的隔离阀切换至开启状态。② 换料期间反应堆换料水池水过滤除盐：用泵从水池底部取水并循环，流经过滤器后，由顶部返回水池。③ 反应堆换料水池壁的冲洗：在反应堆换料水池取消排水期间，池壁要用喷淋水冲洗。为冲洗池壁，设有两组带喷嘴的喷淋管，一组位于反应堆换料水池顶部，另一组位于反应堆堆内构件上部。这种配置能够避免人为因素对去污的干扰，从而减少了积累剂量。④ 作为余热排出系统的备用：反应堆一旦达到冷停堆状态，在反应堆冷却剂系统回路开启之后，乏池冷却和处理系统的第二冷却列处于为余热排出系统备用的状态。

（3）乏池失冷事故工况。根据福岛核事故经验反馈，为乏池配置了应急补水管线。在紧急工况下，乏池通过设置的应急补水管线，可以使用电厂自配的消防车或其他方式执行为乏池应急补水的操作。补水管线的接口采用通用的消防接头，便于连接。另外，在临时补水接口的位置选取上也进行了充分考虑，以方便操作。

4.3.5　核取样系统

在电厂正常运行期间，主回路及各流体系统中介质的化学指标及放射性指标需要满足电厂化学和放射化学规范要求，以确保机组运行安全，避免放射性水平超标和系统设备腐蚀。对各系统介质进行取样化验是掌握化学和放射性指标的直接手段，为了实现对各系统的取样，核电厂设置了核取样系统(RNS)，该系统提供一套从反应堆冷却剂回路、其他核辅助系统、安全系统、蒸汽发生器二次侧回路、废液和废气处理系统等取得液体和气体样品的集中装置。另外，该系统也具有事故后对特定系统取样的能力。

核电厂的取样是按照规范规定的取样频率来进行的。在所有运行状态，即功率运行、热备用、热停堆、正常冷停堆、换料冷停堆、蒸汽发生器检查和事故后状态下，核取样系统应全部或部分投入使用。

4.4 辅助冷却水系统

电厂运行期间，来自堆芯、乏池的衰变热，以及各类运行设备产生的热量，都需要排至最终热阱——海洋、河湖或大气。辅助冷却水系统用于实现将上述热量传送至最终热阱。

来自核岛的部分冷却水用户的介质有放射性，为了避免放射性物质直接进入最终热阱而造成环境影响，辅助冷却水系统设计采用设置中间循环回路的方式，将系统划分为与冷却水用户直接相接的设备冷却水系统和直接与最终热阱相接的重要厂用水系统。

1) 设备冷却水系统

设备冷却水(WCC)系统是一个闭式系统，作为一个中间回路，一端连接各用户，另一端连接重要厂用水系统，实现将各用户的热量传递至海水。

WCC 系统设计采用了成熟且经充分实践验证的系统配置方式，系统配置了 2 个安全列，每个安全列包括 2 台 100%容量的离心泵、2 台板式热交换器(每台容量为总容量的 50%)，并设置 1 个可由任何安全列供水的公用列，用于为非安全相关用户服务。

设备冷却水系统在各个电厂运行状态下均需要运行，并且在不同电厂运行状态下需要提供的流量差异较大，在配置和容量设计上如何既满足安全功能要求，又尽量减少能源消耗，是系统设计的关键。WCC 系统设计通过两个方面的工作，实现系统配置和容量的最优化：一是通过合理划分电厂工况，列出各工况下各用户的实际运行状态，找出最大工况下的容量需求作为系统的设计容量；二是充分结合设计经验反馈，合理考虑各用户所在管路的阻力偏差，从而整体上降低设备冷却水泵的设计扬程，避免选择过大的泵组[2]。

2）重要厂用水系统

重要厂用水系统（WES）接收设备冷却水系统吸收的来自核岛各用户的热量，并将热量排至最终热阱。WES 的介质为经过滤处理的海水或淡水，系统的关键设计因素包括：① 防止 WCC 板式换热器堵塞；② 若介质为海水，尽可能降低海水对系统设备的腐蚀；③ 尽可能降低系统阻力，从而尽可能降低重要厂用水泵设计参数。

4.5　燃料操作与贮存系统

燃料操作与贮存（RFH）系统的主要功能是检查、贮存和操作新、乏燃料组件，完成反应堆装料和换料。本系统主要包括装卸料机、燃料转运装置、人桥吊车及燃料格架等设备。

装卸料机由我国自主研发，在反应堆厂房换料水池和堆内构件存放池上方工作，主要用于反应堆堆芯的装料、卸料操作和在堆芯与燃料转运装置之间转运燃料组件，也用于操作控制棒驱动杆、辐照样品管等（借助于相应的操作工具完成）。

燃料转运装置是燃料组件在燃料厂房和反应堆厂房的主要运输通道，主要由运输、支承及倾翻三类部件组成。在反应堆运行期间，燃料转运装置将反应堆厂房与燃料厂房隔离开，确保反应堆安全壳的密封性和完整性。

参考文献

[1] 邢继，吴琳，等. 中国自主先进压水堆技术“华龙一号”：上册[M]. 北京：科学出版社，2020.

[2] 于沛，侯婷，赵伟光. 基于优化算法的华龙一号设备冷却水系统配置研究[J]. 核动力工程，2022，43(S2)：1－6.

第 5 章
专设安全系统

“华龙一号优化改进型”机组继承了“能动与非能动相结合”的安全系统设计理念，结合核电厂房集约化设计，对部分系统进行优化，在使机组的安全性水平达到国际一流的同时，也保证了更好的经济性。“华龙一号优化改进型”采用的能动安全系统是成熟、可靠的技术，采用的非能动安全系统都经过了充分的试验及工程验证，具备非常高的可靠性[1]。能动加非能动的安全系统配置完整实现了“纵深防御”理念第三、四层次的要求，确保了在各类事故工况下核电厂三大基本安全功能的实现，充分体现了“华龙一号优化改进型”机组设计的先进性。

“华龙一号优化改进型”机组安全系统包括专设安全系统和设计扩展工况应对系统。专设安全系统用于应对设计基准事故，设计扩展工况应对系统则用于设计扩展工况。专设安全系统主要包括安全注入系统、安全壳喷淋系统、蒸汽发生器辅助给水系统、大气排放系统和应急硼注入系统。本章针对上述几个系统的设计进行介绍。设计扩展工况应对系统在第 6 章进行介绍。

5.1 安全注入系统

安全注入系统是“华龙一号优化改进型”最关键的专设安全系统之一，它主要用来应对与堆芯有关的事故工况，包括堆芯反应性控制、应急补水和冷却。安全注入系统的可靠性水平在较大程度上影响机组的整体安全水平。“华龙一号优化改进型”机组为保证系统可靠性所做的考虑主要包括设置冗余系列、简化系统配置、提高设备可靠性和可用性等。安全注入系统的主要设计特点体现在以下几个方面。

(1) 设置中压注入子系统。通过采用较低注入压头的安注泵(注入压力低于反应堆冷却剂系统功率运行期间的压力)，从而保证在机组正常运行期间，即使系统误动作，也不会引起一回路系统发生瞬态工况。另外，较低压头的安注泵也可以有效应对蒸汽发生器传热管破裂事故。

(2) 2 个安全列实体隔离。安全注入系统 2 个能动安全列的主要设备分别布置在安全厂房的两个独立区域，实现了空间上的完全实体隔离。

(3) 简化系统配置。安全注入系统不设置浓硼注入箱，实现 2 个能动系列的配置完全一致，减少了事故后系统投运需要动作的设备的数量，提高了系统可靠性。

(4) 采用内置换料水箱。在事故工况下系统投运后，内置换料水箱是安注泵的唯一水源，可以最大限度降低投运后系统水源切换带来的阀门状态变化，从而提高系统可靠性。

(5) 安注泵配置多样化的冷却手段。中压安注泵和低压安注泵电机通常由设备冷却水系统冷却，对于设备冷却水系统不可用的工况，通过将冷却水源切换到安全厂房冷冻水系统风冷机组，可保证中、低压安注泵仍能够运行，拓展了系统应对多种工况的能力。

1) 系统功能

在反应堆冷却剂系统发生失水事故或主蒸汽系统发生管道破裂事故时，安全注入系统提供堆芯反应性控制和应急冷却。对于失水事故工况，系统向堆芯注入冷却水，防止燃料包壳熔化并保持堆芯的几何形状和完整性；对于主蒸汽管道或主给水管道破裂事故工况，系统向反应堆冷却剂系统注入含硼水，补偿由于不可控产生的蒸汽使反应堆冷却剂过冷而引起的容积变化，并限制反应性的迅速上升。

除了上述基本安全功能之外，本系统还具有以下辅助功能：在换料冷停堆期间，安注泵可用于向反应堆换料水池充水；在停堆期间半管运行时，若余热排出泵丧失功能，向堆芯自动补水。

2) 系统描述

安全注入系统在配置上包含安注泵能动注入子系统和安注箱非能动注入子系统这 2 个部分。安注泵能动注入子系统包括 2 个系列，单独 1 个系列就能完成安注系统功能，该部分的系统流程如图 5 - 1 所示。

安注泵能动注入子系统具有足够的设备和流道冗余度，即使发生单一能动或非能动故障，仍能完全保证系统的运行可靠性和连续的堆芯冷却。

安注箱注入子系统包括 3 列独立的安注箱与管线，分别注入反应堆冷却

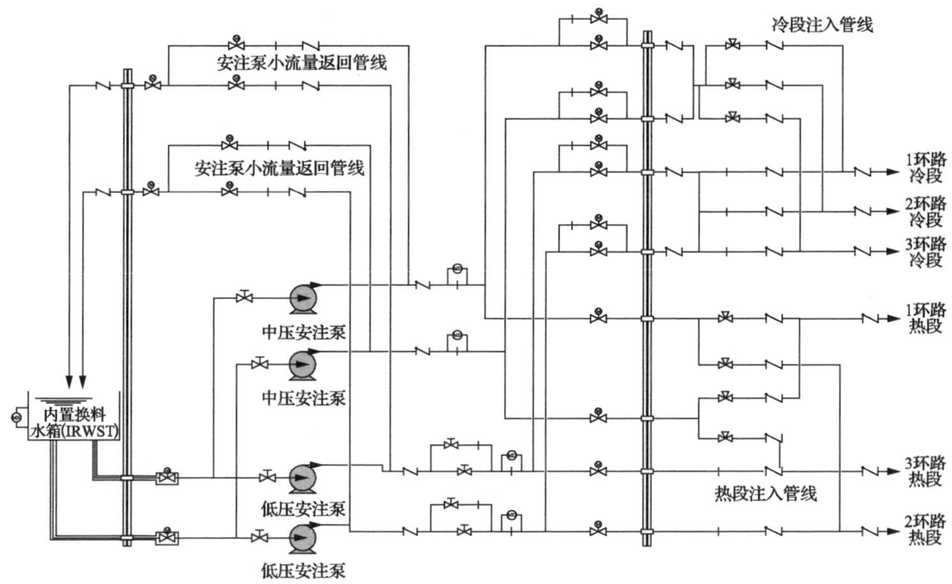

图5-1　中压安注(MHSI)子系统和低压安注(LHSI)子系统流程

剂系统3个环路的冷段连接处。

(1) 安注泵能动注入子系统。安注泵能动注入子系统包括2个独立的安全列，布置在安全厂房中。每列包括1台中压安注泵和1台低压安注泵，2台泵通过1条共用的管线从安全壳内置换料水箱(IRWST)吸水，泵下游管道进入安全壳后，2列的低压安注泵和中压安注泵的注入管线合并，再分3个注水管线分别连接至主回路的3个环路的冷管段。另外，低压安注泵和中压安注泵均设置到热管段的注入管线。

(2) 安注箱非能动注入子系统。安注箱非能动注入子系统包括3台由氮气加压的安注箱及从安注箱到冷段的注入管线及阀门。安注箱的初始充水和定期补水由硼注泵从内置换料水箱取水实现。

3) 主要设备

(1) 低压安注泵。低压安注泵采用立式多级离心泵，泵体安装在一个竖井内，通过联轴器与位于上部的电机连接。立式泵由于其叶轮入口显著低于泵吸入口，因此具有较低的汽蚀余量需求。

低压安注泵电机通常由设备冷却水(WCC)系统冷却，并由核岛安全厂房冷冻水(WSC)系统提供备用冷却水。表5-1为低压安注泵主要设计参数。

表 5-1 低压安注泵主要设计参数

参 数	数 值
设计压力(绝对压力)/MPa	2.36
入口压力(最大)(绝对压力)/MPa	0.56
入口温度(最大)/℃	160
最小体积流量/(m^3/h)	100
最小流量时扬程/m	150～180
额定体积流量/(m^3/h)	850
额定流量时总扬程/m	92～102
最大体积流量/(m^3/h)	1 020
最大流量时要求的净正吸头/m	0.7

(2) 中压安注泵。中压安注泵采用了卧式多级离心泵,泵电机由 WCC 系统冷却,并由 WSC 系统提供备用冷却水。虽然为卧式泵,但中压安注泵具有良好的汽蚀性能。中压安注泵主要设计参数如表 5-2 所示。

表 5-2 中压安注泵主要设计参数

参 数	数 值
设计压力(绝对压力)/MPa	12
入口压力(最大)(绝对压力)/MPa	0.56
入口温度(最大)/℃	160
最小体积流量/(m^3/h)	45
最小流量时的扬程/m	963～1 015
中间体积流量要求(最小值)/(m^3/h)	155
中间流量要求对应的扬程(最小值)/m	630

（续表）

参　数	数　值
中间流量要求 2(最小值)/(m^3/h)	242
中间流量要求 2 对应的扬程(最小值)/m	100
最大体积流量/(m^3/h)	270
最大流量时要求的净正吸头/m	<3

针对正常热阱完全丧失的一部分设计扩展工况，由概率安全评价分析结果得出，如果安注泵能够运行，将对机组的整体概率指标带来较大提升，基于此，“华龙一号优化改进型”设计上优化了安注泵电机的冷却水系统配置方式。在事故工况下，如果设备冷却水系统可用，则安注泵电机由设备冷却水系统冷却；如果出现设备冷却水系统或者重要厂用水系统完全丧失的工况，仍需要安注泵运行，则接收到安注泵电机冷却水供水温度过高或流量过低信号时会自动将冷却水由设备冷却水系统切换到 WSC 系统，该系统的风冷机组可保证安注泵电机的冷却。

(3) 安注箱。安注箱为圆柱形压力容器，通过管道与反应堆冷却系统(RCS)的冷管段相连，每个环路上设置 1 台安注箱。每台安注箱容积约为 71 m^3，上部充有加压氮气，下部有浓度为 2.3×10^3 ppm 的硼酸溶液，硼酸溶液容积约为 45.5 m^3。一旦 RCS 压力降到安注箱正常压力以下，安注箱内的加压氮气可将硼酸溶液注入 RCS 冷管段。每台安注箱内的加压氮气容积足以保证在 RCS 降压时把全部含硼水排出安注箱。

(4) 内置换料水箱及过滤器系统。内置换料水箱是一个装有大量含硼水的不锈钢衬里的钢筋混凝土结构，布置在反应堆厂房内部的最底层，有效容积约为 2 267 m^3，是安全壳内整体结构的一部分。水箱中为含硼水，硼浓度为 2.3×10^3 ppm，在停堆换料期间，内置换料水箱为换料水池和堆内构件池提供水源；在事故工况下，当安注系统投入运行时，中、低压安注泵从内置换料水箱取水完成堆芯注入。

内置换料水箱还充当地坑的作用，用于收集事故后的喷淋水和失水事故下的反应堆冷却剂，从而实现长期的注入和喷淋。

内置换料水箱内设置了一套过滤器系统，用于过滤事故后壳内循环水中的杂质，防止杂质进入安注泵和安全壳喷淋泵而影响系统正常运行，避免杂质堵塞喷淋系统的喷头，也避免过量杂质进入堆芯造成堆芯传热恶化。

4）运行特性

(1) 事故运行。系统投运初始，泵的小流量管线处于开启状态，如果此时主回路的压力高于安注泵的关闭压力，则小流量管线可确保泵的可靠运行。当主回路压力降低到泵的小流量关闭压头以下时，安注系统才开始建立注入流量，为了保证充足的注入流量，一旦注入流量达到设定值，对应泵的小流量管线便自动关闭。

当主回路压力降低到安注箱的蓄压压力时，在氮气的压力下，安注箱内的含硼水以非能动方式注入堆芯。

安注泵投入运行后，首先将内置换料水箱内的含硼水通过冷段注入堆芯。为了防止堆芯硼浓度过高引起结晶，在冷却剂丧失事故(LOCA)发生几小时后，需建立冷段和热段同时注入的再循环。在此种配置下，每台泵都通过主管线上的旁通管线同时向冷段和热段注入。

(2) 正常运行。在电厂功率运行期间，安注系统处于备用状态。中压安注泵入口与换料水箱相连管道开通，出口管通向冷段的隔离阀处于开启状态，泵返回内置换料水箱的小流量管线也处于开通状态。安注箱的隔离阀也处于开启状态，一旦反应堆冷却剂的压力低于安注箱的额定运行压力时，安注箱便开始注水。

电厂停闭期间，当反应堆冷却剂系统的压力降到某一压力整定值时，安注系统闭锁。压力高于此整定值时，不能闭锁安注系统。电厂启动过程与停闭过程相反。当冷却剂的压力超过某一整定值时，必须验证安注解锁情况。在安注解锁之前，将系统阀门转到正常运行状态，使系统处于备用状态。

5.2　安全壳喷淋系统

安全壳是防止事故工况下放射性物质向环境释放的最后一道屏障，为了保证安全壳的结构完整性，必须设置有效的手段来导出安全壳热量从而降低安全壳内的压力和温度。针对安全壳热量导出功能，机组设置了能动安全壳喷淋系统(CSS)和非能动安全壳冷却系统(PCS)。

通过将冷水或经降温的壳内水源直接喷淋到安全壳的自由空间，水滴与安全壳大气充分接触，既可以起到快速降温、降压的作用，也能快速降低气载放射性物质的量，减少通过安全壳向环境泄漏放射性物质的源项。

针对可能出现的安全壳喷淋系统不可用的设计扩展工况，非能动安全壳热量导出系统能够继续维持安全壳的长时间冷却，从而保证了所有事故工况下的核电厂最后一道屏障的安全。

本节介绍安全壳喷淋系统，PCS 设计描述详见第 6 章。

1）系统功能

在反应堆冷却剂系统发生失水事故或安全壳内主蒸汽管道发生破裂事故的工况下，来自主回路或二回路的质能释放使安全壳温度、压力迅速上升。安全壳喷淋系统根据保护系统发出的启动信号投入运行，以降低安全壳内的压力和温度，保持安全壳的完整性，减少安全壳的泄漏量。在发生失水事故时，安全壳喷淋系统喷淋水吸收放射性物质，降低安全壳内大气的放射性水平。

2）系统描述

安全壳喷淋系统采用了成熟的设计方案，针对“华龙一号优化改进型”具有大的安全壳自由空间这一特点，对安全壳喷淋系统的容量需求进行了充分评估。

系统由 2 个相互独立的喷淋系列组成，布置于安全厂房内。每个喷淋系列主要包括 1 台安全壳喷淋泵、1 台化学试剂添加喷射器、1 台热交换器、2 条环形的位于安全壳穹顶位置的喷淋管。

系统还设置了 2 列公用的化学添加子系统，包括 1 台化学试剂添加箱、1 台混合泵及 1 条与内置换料水箱相连的喷射器试验管线。化学添加以非能动方式实现，并且只发生在系统启动后的短期（不超过 1 h）内，满足事故后短期（24 h）内不考虑非能动故障的单一故障准则假设。安全壳喷淋系统流程如图 5－2所示。

3）系统主要设备描述

（1）安全壳喷淋泵。安全壳喷淋泵采用立式多级离心泵，泵安装在一个竖井内，具有良好的气蚀性能。喷淋泵的电机由设备冷却水系统冷却。安全壳喷淋泵主要设计参数如表 5－3 所示。

（2）喷淋热交换器。喷淋热交换器是卧式直通型管壳热交换器。热介质（喷淋水）流过管侧，冷介质（设冷水）流过壳侧。安全壳喷淋热交换器设计参数如表 5－4 所示。

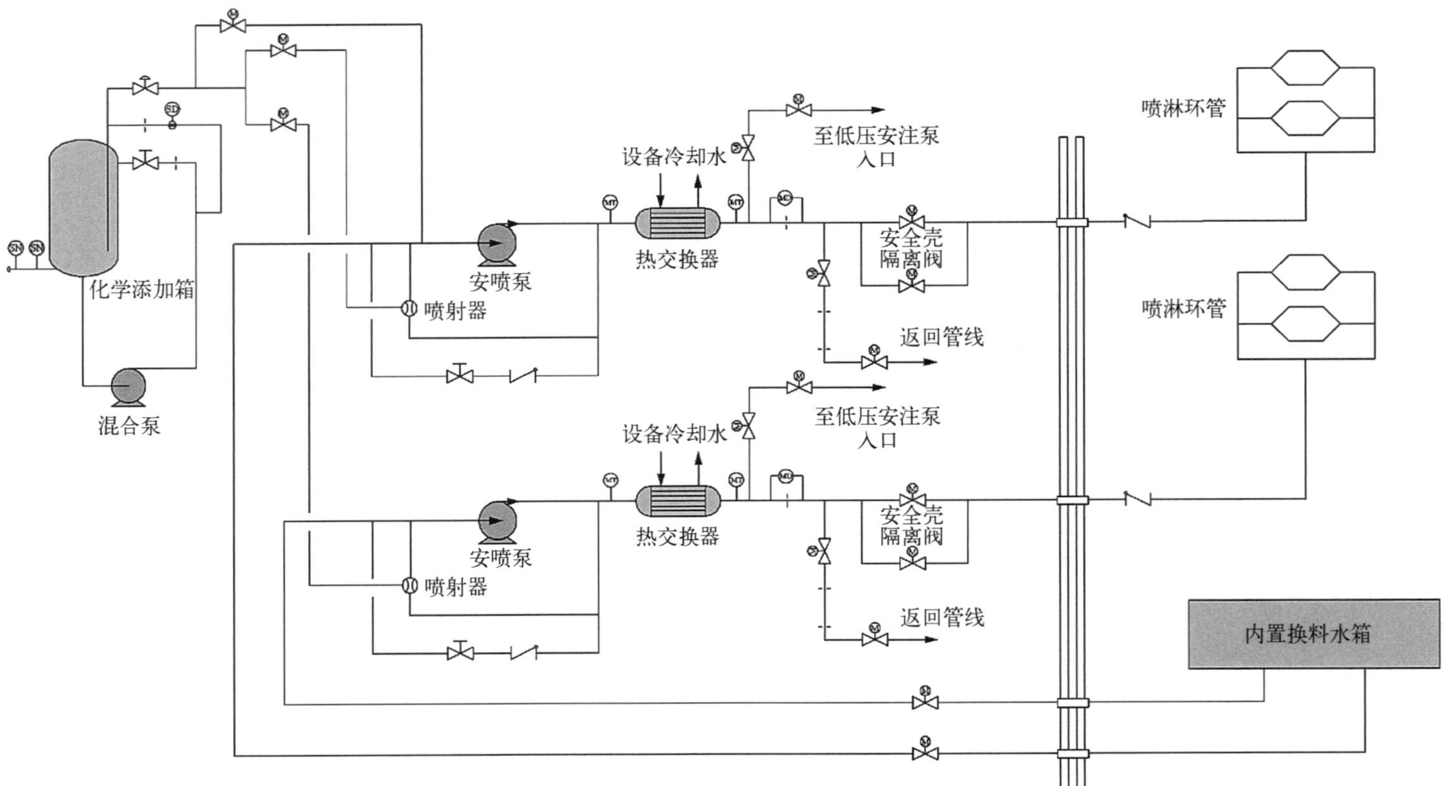

图 5-2　安全壳喷淋系统流程

表 5-3　安全壳喷淋泵主要设计参数

参　　数	数　值
额定体积流量/(m^3/h)	1 029
相应的总扬程/m	116
有效的净正吸头/m	>1.41
设计的入口压力(泵停运时)/MPa	0.97
最高入口温度/℃	120
关闭扬程(在零流量时)/m	<200
转速/(r/min)	1 500
电机额定功率/kW	≤500

表 5-4　安全壳喷淋热交换器设计参数

参　　数		数　值
喷淋水侧	质量流量/(t/h)	993
	最高进口温度/℃	120
设冷水侧	质量流量/(t/h)	1 920
	最高入口温度/℃	45
传热系数	有污垢时/[W/(m^2·℃)]	2 650
	清洁时/[W/(m^2·℃)]	3 680

(3) 喷淋环管和喷头。喷淋环管位于安全壳穹顶位置,每个系列设置大、小 2 个环管。喷头为螺纹连接的中空形喷头,共有 506 个,以不同的角度安装在环管上,喷头内部设有细小流道,其设计特点使得喷头不会发生堵塞。喷淋环管和喷头的布置设计使喷淋水均匀地喷洒到安全壳自由空间里,并且能够覆盖整个安全壳横截面,实现了喷淋水与安全壳大气的充分混合,使安全壳的冷却效果最大化。

(4) 化学试剂添加箱。向喷淋水中添加碱性化学物质用于在事故工况下将安全壳内水调整为碱性,碱性溶液可有效地使放射性物质滞留,并可减轻壳内设备的腐蚀。

化学添加箱为立式不锈钢常压容器,有效容积为 14 m^3,装有质量分数为30%的氢氧化钠溶液。

4) 系统运行

安全壳喷淋系统的启动方式有 2 种。一种是接收保护系统的自动启动信号,该自动启动信号由安全壳高压信号产生。另一种是手动启动,对于如主回路小破口等事故工况,安全壳内的压力有可能没有达到自动触发系统投运的阈值,则操纵员可根据实际的壳内压力或温度,手动启动系统,避免安全壳长期处于较高压力的状态。

系统的启动包括启动喷淋泵和开启 2 道并联设置的隔离阀。安全壳喷淋系统启动信号同时启动设备冷却水系统处于备用状态的一列,并且开启为热交换器供水的设在冷水侧的隔离阀。

根据不同的事故工况,安全壳喷淋可能持续运行几周,当确认安全壳内的压力不可能再升高时,则可关闭一个系列。

在大破口失水事故之后,如果发生 2 台低压安注泵失效或者 2 台安全壳喷淋泵失效的情况,安注泵与安全壳喷淋泵可以相互支援,利用系统之间的连接管线确保导出堆芯余热,并将安全壳内的热量传给最终热阱。

5.3 辅助给水系统

电厂正常运行时,蒸发器二次侧给水由主给水系统或启动给水系统提供,主给水系统和启动给水系统属于蒸发器正常给水系统。如果出现正常给水系统不可用的工况,为了维持蒸发器二次侧的导热能力,必须为蒸发器提供应急给水。正常给水系统不可用可能是由系统本身的故障导致,也可能是因电厂出现事故工况,使保护逻辑自动隔离了正常给水。辅助给水系统是为蒸发器提供应急给水的系统。

“华龙一号优化改进型”对机组的辅助给水系统进行了改进,将原“华龙一号”2 台电动泵+2 台汽动泵配置改为 4 台电动泵,每台电动泵的容量为所需容量的 50%,电动泵均能够由应急柴油发电机组加载。由于汽动泵运行维护工作量较大,此改进在不降低安全性的前提下减少了汽动泵设备维护工作。

设计考虑了辅助给水系统全部不可用的设计扩展工况，设置了二次侧非能动余热排出系统(RHRS)，辅助给水系统和余热排出系统一起，确保了通过蒸汽发生器二次侧冷却堆芯的能力。余热排出系统设计描述详见第6章。“华龙一号优化改进型”在取消汽动泵后，设置1台应急补水泵用于全厂断电(SBO)工况下向蒸汽发生器二次侧补水。

辅助给水系统的设计特点如下：设置可靠的给水隔离阀，并增加有效的流量调节，在蒸汽发生器传热管破裂(SGTR)事故工况下可提供故障蒸发器的水位控制；设置大容量辅助给水储存箱，事故后系统具备更长时间的冷却能力。

1）系统功能

辅助给水系统作为正常给水系统的备用，在主给水系统不可用时，向蒸汽发生器二次侧提供给水。

利用电动泵给蒸汽发生器二次侧充水(初次充水和冷停堆后的再充水)。在启动给水系统失效时，也可用本系统维持蒸汽发生器二次侧水位。

利用除氧器装置可向辅助给水系统的储水池和反应堆硼水补给(REB)系统的水箱提供除盐除氧水。

在任何正常给水系统发生事故时，辅助给水系统运行，能够确保向蒸汽发生器供应适量的水以导出堆芯余热，直到反应堆冷却剂系统达到余热排出系统可运行的状态。辅助给水系统的供水不会导致蒸汽发生器满溢。反应堆冷却剂系统的热量通过由本系统供水的蒸汽发生器传给二回路系统产生蒸汽；二回路系统蒸汽通过汽轮机旁路系统排入凝汽器或排向大气。

2）系统描述

辅助给水系统包括2个辅助储水池、1个泵子系统和1套与蒸汽发生器相连的给水管线，给水管线上装有流量调节阀和给水隔离阀。辅助给水泵从装有除盐除氧水的辅助储水池吸水，并将其送入安全壳内主给水止回阀下游靠近蒸汽发生器入口处的主给水管道内。泵子系统包括2列，每列主要包括2台50%流量的电动泵，可由应急柴油发电机组供电。辅助给水系统流程如图5-3所示。

3）主要设备

(1) 辅助储水池。“华龙一号优化改进型”辅助储水池位于安全厂房内部，是混凝土结构加钢覆面形式的储水池，在所有的运行工况下作为4台辅助给水泵的水源。为保证除盐除氧的水质，水池上部由氮气覆盖，设有1台呼吸阀用于高压和低压保护。

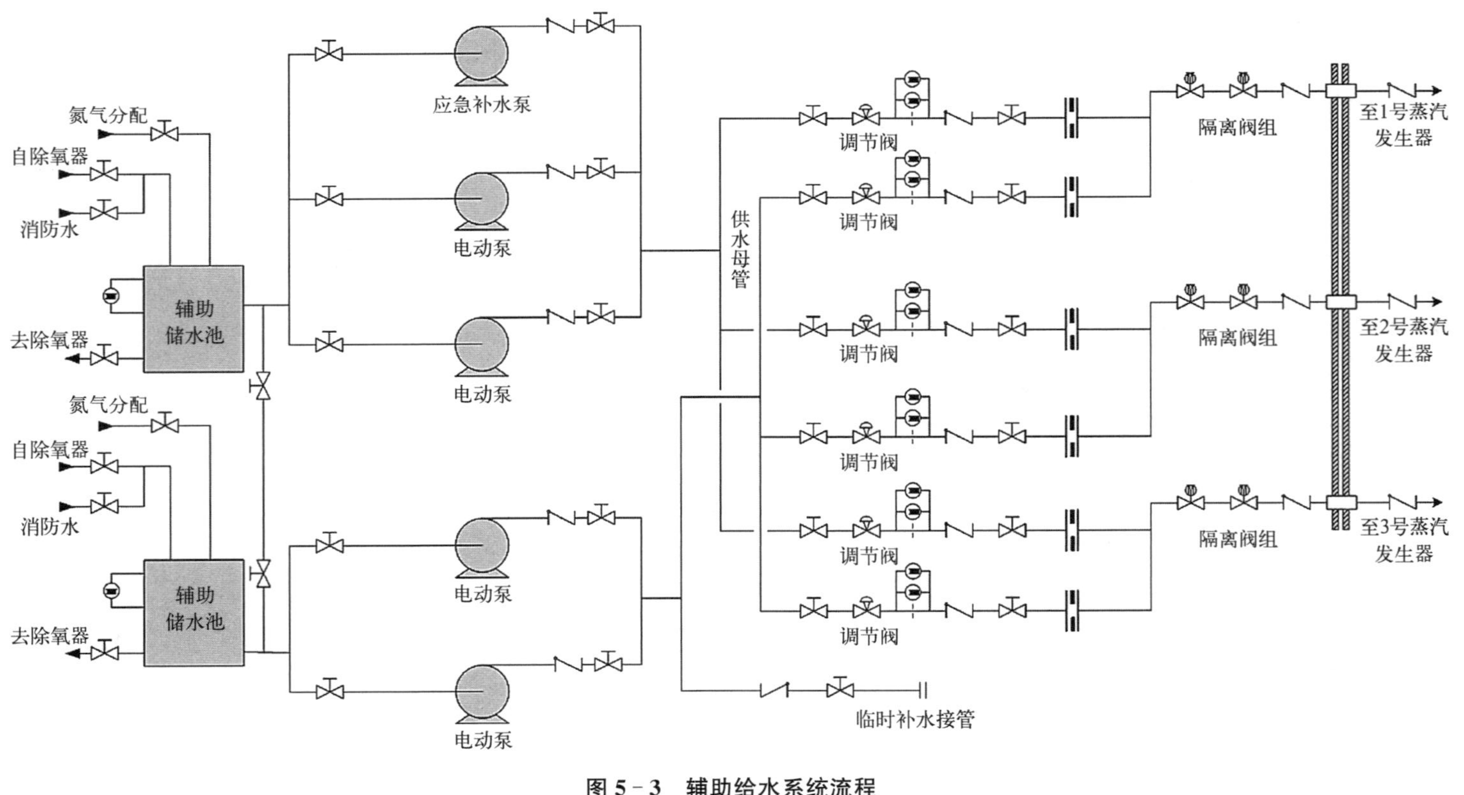

图 5－3　辅助给水系统流程

通过启动除氧器装置，或将储水池与冷凝水抽取系统相接，可向辅助储水池补水。消防水分配系统也可以向辅助储水池补水，并提供最后的给水备用水源。在消防水补水管线上增设连接到厂房外的快速接口，在全厂断电并且电源长期无法恢复的情况下可采用移动设备(如消防车和移动泵等)对储水池进行应急供水。

(2) 辅助给水泵。辅助给水系统由 4 台电动泵组成，电动泵的主要设计参数如表 5-5 所示。电动泵为卧式离心泵，泵和电机由被输送的流体进行冷却，电动泵由柴油发电机作为备用电源。

表 5-5 辅助给水电动泵主要设计参数

参 数	数 值
最小吸入压力(绝对压力)/MPa	0.08
最大吸入压力(绝对压力)/MPa	0.3
最小/最大温度/℃	7/60
额定体积流量/(m^3/h)	135
相应扬程/m	1 056
有效净正吸头/m	12.37

在 1 台蒸汽发生器的给水管线破裂、另 2 台蒸汽发生器处于二回路侧的设计压力下的工况时，要求泵向 2 台完好蒸汽发生器中的每台至少供应 55 m^3/h 的工质。在失去主给水的情况下，水泵能够提供足够的流量以导出堆芯余热，防止冷却剂通过稳压器卸压阀泄出和蒸汽发生器管板的裸露。电动泵能够在蒸汽发生器压力为 0.1～8.6 MPa(绝对压力)的范围内正常运行。管路的有效净正吸头(NPSH)满足电动泵的要求。电动泵的冷却由泵机组本身引出介质在内部循环实现，能够在没有任何特殊润滑要求的情况下启动或停运。

(3) 除氧装置。除氧装置用于为辅助储水池与反应堆硼和水补给系统的储水箱进行初次充水和补水。当辅助给水系统投入运行后，除氧装置向辅助储水池补充除盐除氧水。当失去厂外电源时，由应急柴油发电机向除氧装置的泵供电，并且允许直接由常规岛除盐水系统对储水池进行补水。除氧装置能使蒸汽发生器辅助给水中溶解氧的总含量保持在 0.1 ppm 以下。图 5-4 为除氧装置简图。

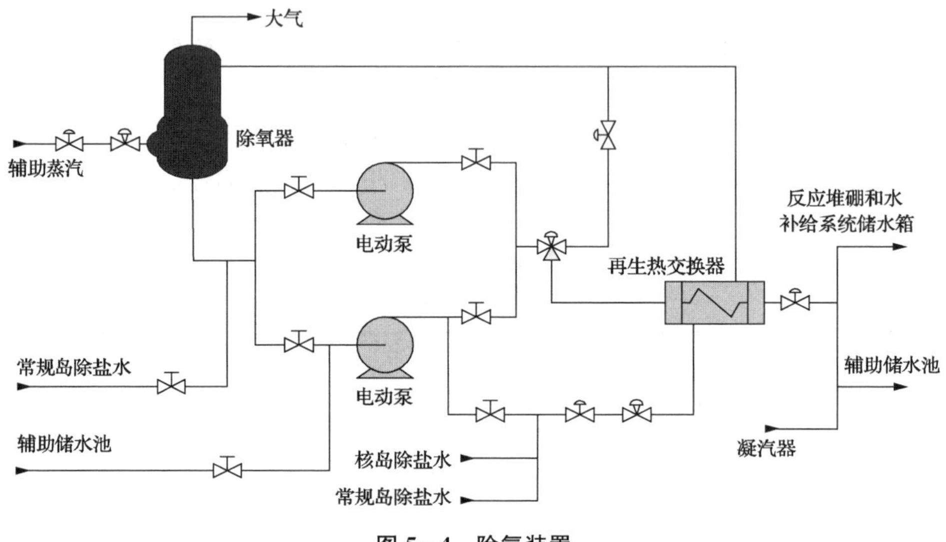

图 5-4 除氧装置

4) 运行特性

在电厂正常运行期间,辅助给水系统处于备用状态或处于短期试验状态。

在事故工况下,辅助给水系统由保护系统自动启动,向蒸汽发生器提供应急供水,蒸汽发生器产生的蒸汽通过大气排放阀排放,如果常规岛冷凝器可用,则排入冷凝器。系统接收到启动信号后的动作包括启动辅助给水泵,将给水管线上的调节阀全开。辅助给水系统也有如下运行方式。

(1) 给蒸汽发生器充水:使用电动泵给蒸汽发生器充水(包括初次充水及冷停堆后充水)。

(2) 电厂启动至反应堆临界:辅助给水系统可以取代启动给水系统(TFS)运行,以维持蒸汽发生器接近于零负荷的水位,补充由启动导致的二回路流失水量,在蒸汽发器开始升温后,减小控制阀开度,防止水泵过流量运行。

(3) 延长热停堆:给辅助储水池补水,其补水量等于安全棒落棒后 5 小时的蒸汽流量,总补水量能满足下一次在安全条件下启动的水量要求。

(4) 辅助储水池补水或充水:只要可能,由另一台机组的凝结水泵进行补水或充水,也可用本机组的凝结水泵补水。

(5) 非除氧给水:在厂外电源长时间断电(约 5 小时)、1 台机组停运的特殊情况下，有可能使热停堆时间延长至超过 5 小时，并有额外的余热释放，此时辅助给水箱不能进一步补充除氧除盐水，可补充非除氧的除盐水来应对该工况。

5.4　大气排放系统

大气排放（TSA）系统将蒸汽发生器产生的蒸汽直接排向环境，这是一种导出主回路热量的方式。该方式可用于机组正常启停堆过程，也可用于事故工况。由于在特定设计基准事故工况下，通过大气排放来带走堆芯衰变热是必需的，因此大气排放系统为安全级系统。大气排放系统与辅助给水系统配合，在事故工况下带走堆芯衰变热，以降低主回路的温度、压力。

TSA 系统在成熟设计的基础上，针对机组整体事故处理策略，以及配合其他系统设计特点，对系统功能进行了扩展，主要体现如下。

(1) 每台蒸汽发生器设置 2 台大容量的大气排放阀门，以保证系统对主回路的冷却速率，在较短时间内将主回路的温度、压力降低到余热排出系统可以接入的条件。

(2) 执行快速冷却功能，在事故工况下，大气排放系统的投入能够快速降低主回路压力，使安全注入系统能够尽快建立有效注入。

1）系统功能

大气排放系统既用于电厂运行工况，也用于事故工况。在电厂启停堆过程中，或电厂维持热停堆或热备用状态时，在主蒸汽隔离阀开启之前，通过正常给水系统或辅助给水系统为蒸汽发生器提供给水，蒸汽发生器产生的蒸汽通过大气排放阀排至环境，从而维持一回路的状态参数，或实现一回路的可控升、降温。

在事故工况下，大气排放系统与辅助给水系统配合，将反应堆冷却剂系统冷却到允许余热排出系统投入工作的工况点。大气排放阀的整定值是预先设定好的，当事故工况下二回路的压力超过整定值时，阀门自动开启，实现排热功能。

在事故工况下，由快速冷却自动触发信号触发大气排放阀开启，执行快速冷却功能，对反应堆冷却剂系统实施快速冷却，确保中压安注尽快注入。

大气排放系统的功能还体现在机组瞬态过程中，大气排放阀的开启可避免蒸汽发生器安全阀的开启，而且在蒸汽发生器安全阀开启后可通过该系统使其快速关闭。

2）系统描述

在安全壳外的每条蒸汽管路的主蒸汽隔离阀的上游均设有 2 条大气排放

管路,每条排放管路装有1个电动隔离阀和1个大气排放阀,每条排放管路上都设有疏水管线,可以防止产生水塞。这些阀门被设计成能承受动态和静态的运行载荷以及地震载荷。

每个大气排放阀都配有就地手动操作装置,使得它们在失去所有能源供应的情况下仍能就地打开或关闭。每个隔离阀在失去所有能源供应的情况下,也能手动打开或关闭。

大气排放阀为气动执行机构阀门,在正常情况下由电厂仪用压空系统供气。因为仪用压空系统为非安全级系统,为了保证安全级大气排放阀的功能,每条主蒸汽管道对应的2台大气排放阀配有1个压缩空气缓冲罐,共计3个压缩空气缓冲罐相互连通,在压缩空气系统故障情况下,用于向大气排放阀供气,该缓冲罐的供气可就地进行补充。

3) 系统主要设备描述

(1) 大气排放阀。每台机组有6台带气动执行机构的大气排放阀,其设计参数如表5-6所示。为了满足二次侧防超压功能和快速冷却功能,在大量事故分析工作的基础上,明确了大气排放阀的排量及动作时间要求。

表5-6 大气排放阀设计参数

参　数		数　值
最大运行压力(绝对压力)/MPa		8.6
最大运行温度/℃		316
热停堆时	运行温度/℃	292
	压力(绝对压力)/MPa	7.6
质量流量/(t/h)		360[在7.6 MPa(绝对压力)下]
全开到全关时间/s		10

大气排放阀的功能复杂性导致其控制逻辑复杂,在设计阶段,借助设计验证平台,对阀门的控制逻辑及阀门响应特性进行了大量验证,并在“华龙一号”首堆热态功能试验阶段进行了实际调节特性验证。

(2) 压缩空气缓冲罐。压缩空气缓冲罐为立式不锈钢承压容器,每个缓冲罐的容积为7.5 m^3,保证在事故工况下,大气排放系统能够将一回路冷却到余热排出系统接入的工况。

4）系统运行

（1）正常运行。当电站在稳态功率运行时，大气排放系统处于备用状态，大气排放阀门关闭。

（2）特殊瞬态运行。系统处于备用状态时，其控制回路的压力整定值为 7.85 MPa（绝对压力），当机组正常运行或甩负荷或反应堆停堆而蒸汽凝汽器排放系统可供使用时，蒸汽发生器出口处的实际蒸汽压力低于选定的整定压力，因此大气排放阀是关闭状态。

如果凝汽器不能使用，则汽轮机旁路系统闭锁。蒸汽发生器压力上升，控制回路使大气排放阀开启，从而在安全阀动作之前，将堆芯热量排走。

（3）快速冷却功能。在事故工况下，快速冷却自动触发信号触发大气排放阀打开，对反应堆冷却剂系统实施快速冷却，以确保中压安注尽快注入，快速冷却功能可在蒸汽发生器二次侧压力降至 4.5 MPa（绝对压力）时自动终止或由操纵员手动终止。

快速冷却功能为根据“华龙一号”事故处理策略新开发的功能，其功能可靠性关系事故分析结果的合理性。为了充分证明其可靠性，在“华龙一号”首堆调试阶段，在尽可能接近真实事故工况的机组状态下对其功能进行了充分验证，结果表明，机组响应与事故分析结果吻合[2]。

5.5　应急硼注入系统

对于触发紧急停堆的Ⅱ类工况，如果紧急停堆信号已发出，但控制棒未能插入堆芯使反应堆进入次临界，此时必须有特定的设计措施，快速将硼酸溶液注入堆芯，使反应堆进入次临界状态。对于部分设计基准事故（Ⅱ、Ⅲ、Ⅳ类工况），在反应堆由可控状态向安全状态过渡过程中，需要对反应堆冷却剂系统进行补水（硼酸溶液）、硼化和辅助喷淋。“华龙一号优化改进型”设置了应急硼注入系统，专门用来应对此类设计基准和设计扩展工况。

1）系统功能

应急硼注入系统的主要功能是在发生未停堆预期瞬态（ATWT）事故后向反应堆冷却剂系统快速注入足够的浓硼酸溶液，将堆芯带入次临界状态并维持一定的次临界度。在发生全厂断电（SBO）事故后，应急硼注泵（REB 泵）自动启动向一回路补水，补偿一回路冷却过程中水体积收缩。在电厂调试阶段，

REB泵向一回路缓慢注入，执行水压试验功能。应急硼注入系统的安全功能是在部分设计基准事故（Ⅱ、Ⅲ、Ⅳ类工况）下，反应堆由可控状态向安全状态过渡过程中，操纵员可依据实际需要手动启动REB系统执行对反应堆冷却剂系统的补水（硼酸溶液）、硼化和辅助喷淋等安全功能以控制堆芯反应性、反应堆冷却剂系统水装量和压力变化。

2）系统描述

应急硼注入系统包括2个系列（见图5-5）。每个系列包含1台硼注泵、1台硼注箱、1条硼酸再循环回路。

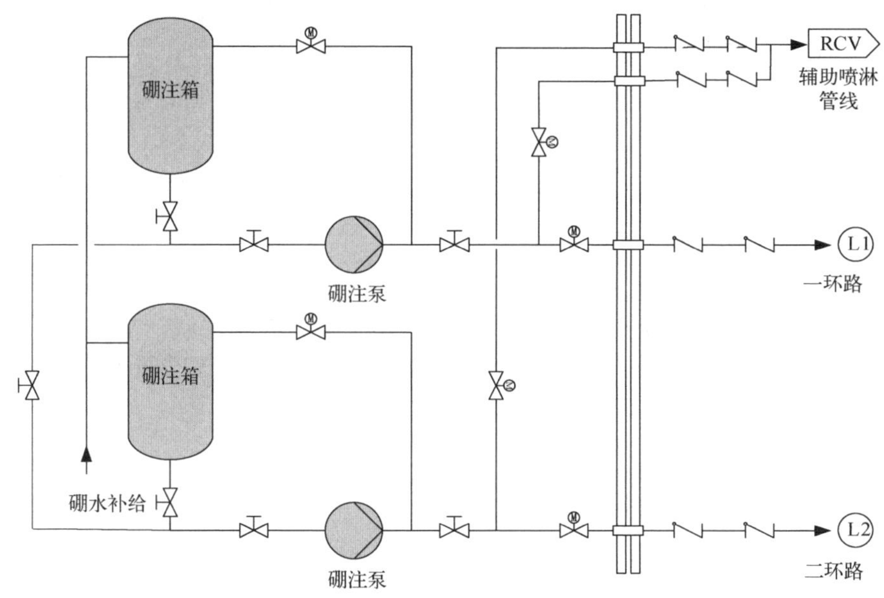

图5-5　应急硼注入系统流程示意图

2个系列的注入管道在进入安全壳后分别接至2条安全注入系统中压安注向冷段注入的管道上。系统的启动信号由保护系统或多样化触发系统（DAS）触发，或者操纵员手动启动，从硼注箱取水，向反应堆冷却剂系统冷管段提供硼酸注入。

2个系列之间有1根管道连接2台硼注箱，上设常开的手动隔离阀。

通过REB实现稳压器辅助喷淋的管线分别从2台REB泵出口引出，进入安全壳后合并成1根管线，连接至化学和容积控制系统辅助喷淋管道。

硼酸再循环回路用来定期循环硼注箱内的硼酸溶液，以确保硼注箱内硼的均匀。在电站正常运行期间，再循环回路隔离阀处于开启状态，并在出现

REB 系统启动信号时自动关闭。再循环管线也用于硼注泵的定期试验。

应急硼注入系统有 4 个安全壳贯穿件，为保证安全壳隔离功能，安全壳外侧设置电动隔离阀，安全壳内侧设置止回阀。硼注泵及硼注箱布置在安全厂房内。

3）主要设备特性

（1）硼注箱。硼注箱为立式不锈钢承压水箱，每台水箱体积为 76 m^3，内装有浓度为 $7\times10^3 \sim 8\times10^3$ ppm 的含硼水，水装量为 70 m^3，水箱设置有保温层和电加热器，以确保在各种机组状态下，内部浓硼溶液不会出现结晶。

（2）硼注泵。硼注泵采用活塞泵，其特点是扬程高，能提供高压注入，设计压力为 26 MPa（绝对压力），额定体积流量为 12 m^3/h，额定流量下的扬程为 2 200 m，以满足事故后主回路高压情况下的注水功能。

4）系统运行

在电厂正常运行期间，应急硼注入系统处于备用状态。硼注泵定期在再循环回路上运行，以保证硼注箱内硼溶液的均匀。当硼注箱内的硼浓度超出规范限值时，可通过向硼注箱补水或补充浓硼溶液的方法使硼浓度重新回到规范限值以内。硼注箱上的电加热器维持硼溶液温度在规范限值之内。

在Ⅱ、Ⅲ、Ⅳ类工况下，由操纵员手动启动 REB 系统，根据规程要求对反应堆冷却剂系统进行硼化、补水和/或辅助喷淋降压安全功能。在 SBO 工况下，接到 SBO 信号时，A 列硼注泵自动启动，从硼注箱取水，向反应堆冷却剂系统补水。在设计扩展工况 ATWT 下，应急硼注入系统自动投入运行。在主控室可手动启动系统，以实现一回路小破口及其他需要向一回路补水或补硼工况下系统的手动投运。

在电厂调试阶段，REB 泵向一回路缓慢注入，执行水压试验功能。当硼注箱内的硼酸溶液用完时，系统自动停止运行。操纵员也可以根据实际的硼化效果随时停运硼注泵，从而停止注硼。

参考文献

[1] 邢继，吴琳，等. 中国自主先进压水堆技术“华龙一号”：上册[M]. 北京：科学出版社，2020.

[2] 陈伟，钱立波，吴清，等. 华龙一号快速冷却功能验证试验模拟计算研究[J]. 科技视界，2021(17)：183－186.

第6章
设计扩展工况应对系统

导致电厂事故工况的因素是众多且复杂的，在公众对核安全要求不断提升及福岛核事故等经验反馈的背景下，核电厂必须考虑更多的可能导致电厂事故状态的因素，以便在设计上设置应对复杂工况的设施。

当电厂出现超出设计基准的复杂事故工况（设计扩展工况）时，为缓解事故，并防止事故进一步恶化，或在出现堆芯熔毁的严重事故工况下实现熔融物的热量导出和压力容器内滞留，"华龙一号优化改进型"设置了一套完善的严重事故预防和缓解措施。

复杂事故工况多伴随厂外及厂内应急交流电源不可用，为了提升严重事故预防和缓解措施的可用性，这部分系统的设计考虑采用非能动方式实现，对于系统中的能动阀门，使用专用蓄电池进行供电。

严重事故预防和缓解措施主要包括堆腔注水冷却系统、二次侧非能动余热排出系统、非能动安全壳热量导出系统、非能动安全壳消氢系统、安全壳过滤排放系统。这部分系统尽量采用非能动设计，能动设备采用冗余设置和蓄电池供电的方式，保证系统的可靠性[1]。

6.1 堆腔注水冷却系统

堆芯的失冷熔化是核电厂的极限事故工况，此时如果不能将堆芯熔融物进行有效冷却，可能造成大量放射性物质向环境释放的严重后果。第三代核电设计必须采取措施避免此情况发生，在出现堆芯熔化情况时，将之限制在压力容器内，并对其进行有效冷却[2]。

堆腔注水冷却系统（CIS）采用了能动＋非能动的系统配置，系统泵及电动阀由应急柴油发电机和SBO电源供电，非能动注水管路上的电动阀门在全厂断电的情况下可由蓄电池作为电源。电厂发生严重事故时,优先投入能动系列。

1）系统功能

堆腔注水冷却系统用于在发生堆芯熔化的严重事故后,通过压力容器外冷却带走堆芯熔融物热量,降低反应堆压力容器外壁的温度,维持压力容器的完整性,实现压力容器内堆芯熔融物的滞留。

2）系统描述

堆腔注水冷却系统包括能动注入子系统和非能动注入子系统两部分,堆腔注水冷却系统流程如图 6-1 所示。

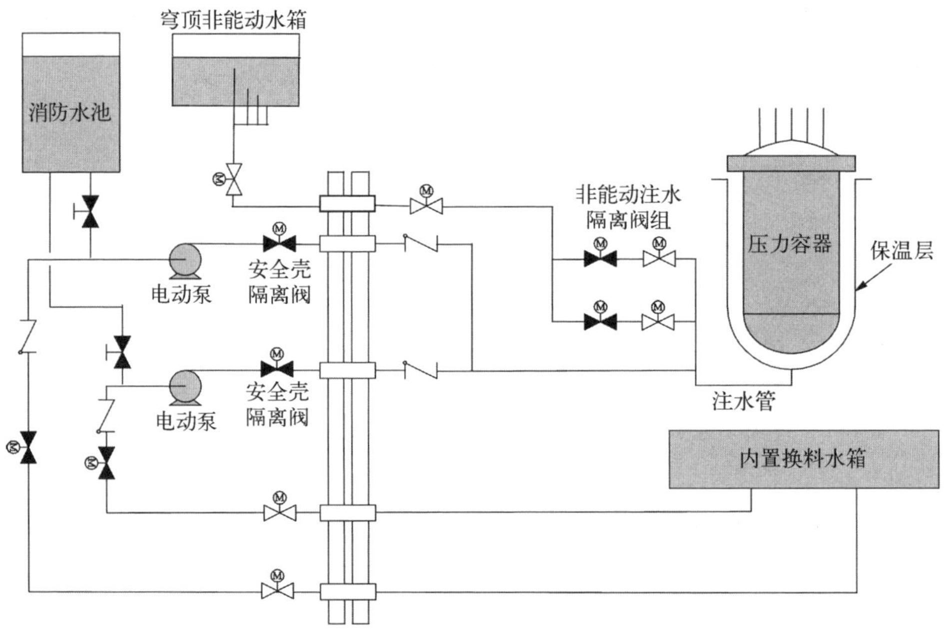

图 6-1　堆腔注水冷却系统流程

能动注入子系统可设置并联的 2 个系列,每个系列配备了 1 台堆腔注水泵,在严重事故工况下由消防水池和安全壳内置换料水箱取水;2 台堆腔注水泵出口管线在经过安全壳隔离阀,贯穿安全壳后再合并为母管后注入堆腔。注水管道与保温层的底部相连,注入的冷却水通过压力容器(RPV)外壁与保温层内壁之间的流道向上流动,最终从保温层筒体上部的排放窗口流出,并返回到内置换料水箱。

在安全壳外设置非能动堆腔注水箱，水箱内的水质为除盐水，在水箱中配置了一组不同标高的非能动注水流量控制立管。为保证非能动堆腔注水的可靠性和防止系统误投入，设置了4台并联的直流电动阀和逆止阀作为隔离部件，4台电动隔离阀分为2列，对于每列，1台电动隔离阀常关，另外1台常开。来自非能动堆腔注水箱中的除盐水由立管排出，在经过上述阀门后，2根非能动堆腔注水支管线再次合并为1根母管贯穿到堆腔内部并与压力容器保温层相连接。在严重事故发生且能动注入系列不可用时，开启隔离阀，非能动堆腔注水箱中的水依靠重力注入反应堆压力容器与保温层之间的环形流道，并逐渐淹没反应堆压力容器下封头，实现“非能动”的冷却。CIS非能动水箱及注入管线布置如图6-2所示。

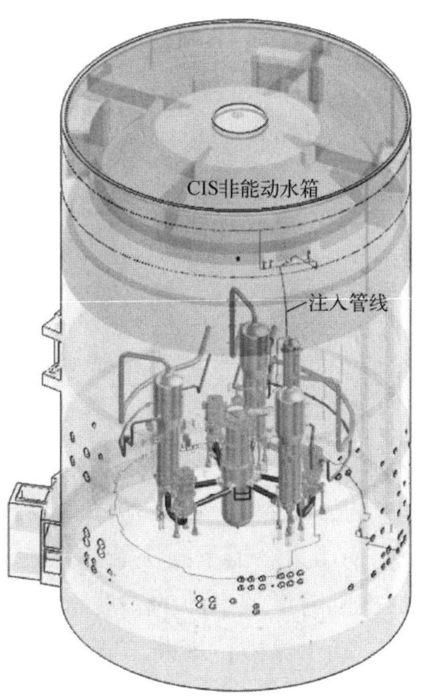

图6-2　CIS非能动水箱及注入管线布置图

3）主要设备

能动子系统的主要设备为2台堆腔注水冷却泵，按照2×50%配置，泵的额定体积流量为300 m^3/h。堆腔注水冷却系统主要设备特性如表6-1所示。

表6-1　堆腔注水冷却系统主要设备特性

参　数		数　值
RPV保温层	正常热损失/(W/m^2)	≤175
	平均热损失/(W/m^2)	≤235
堆腔注水泵 CIS001-002PO	额定体积流量/(m^3/h)	300
	扬程/m	70
	零流量最高扬程/m	90

4) 运行特性

堆腔注水冷却系统仅在严重事故发生导致堆芯熔化时由操纵员手动投入运行。在堆芯出口温度达到 650 ℃时，开启安全壳隔离阀和消防水池隔离阀，启动 2 台堆腔注水泵将消防水池内冷却水注入压力容器外壁和保温层之间，对压力容器外壁进行冷却。消防水池耗尽后切换至内置换料水箱取水，之后实施长期循环注入。

当发生类似全厂断电等事故进程缓慢的严重事故且能动序列不可用时，操纵员可以在主控室或者安全壳外就地手动打开由蓄电池供电的直流电动阀，使非能动注入管线连通，非能动水箱内的水依靠重力通过能动注入管线注入堆腔，并淹没堆腔到一定高度，实现对堆腔的持续淹没和反应堆压力容器外壁的持续冷却。非能动注水箱内的除盐水经过底部管道对堆腔进行持续注水，使压力容器下封头始终保持淹没在冷却剂中，防止堆芯熔融物熔穿压力容器。随着缓解事故的进展，熔融物释热逐渐降低，所需冷却水量也逐渐减小，非能动水箱液位不断下降，能够提供的冷却水流量也逐渐降低。

在电厂正常运行状态下，堆腔注水冷却系统处于关闭状态。为了防止在电站正常运行时误动作，采取了如下措施：对在主控室的泵和电动阀，在控制逻辑上加以控制闭锁；实施相应行政隔离措施；让非能动部分注入隔离阀及堆腔注水泵、吸入口隔离阀的配电柜处于断电状态。

6.2 二次侧非能动余热排出系统

虽然针对事故工况下的蒸发器二次侧导热已经设置了高可靠性的辅助给水系统，但为了进一步提升机组可靠性，“华龙一号优化改进型”设置了二次侧非能动余热排出系统(PRS)，用于应对所有蒸发器给水系统功能丧失的设计扩展工况。该系统为非能动系统，依靠蒸汽发生器二次侧和位于安全壳外部布置在高位的水箱内的换热器组成的闭式回路自然循环带走堆芯热量。二次侧非能动余热排出系统的能动阀门采用蓄电池供电，以保证系统的可靠性。

1) 系统功能

PRS 以非能动的方式通过蒸汽发生器导出堆芯余热及反应堆冷却剂系统各设备的储热，降低一回路的温度和压力，在 72 小时内将反应堆维持在可控状态。PRS 可在完全丧失给水的事故工况下由自动信号自动触发运行，此类事故下正常给水(包括主给水和启动给水)均丧失且辅助给水未能启动或在运行中丧失。

2）系统描述

反应堆冷却剂系统3个环路的蒸汽发生器二次侧都设置1个非能动余热排出系列。每个系列包括1台PRS换热器和1个换热水箱及必要的阀门、管道和仪表。以一环路为例，二次侧非能动余热排出系统流程如图6-3所示。

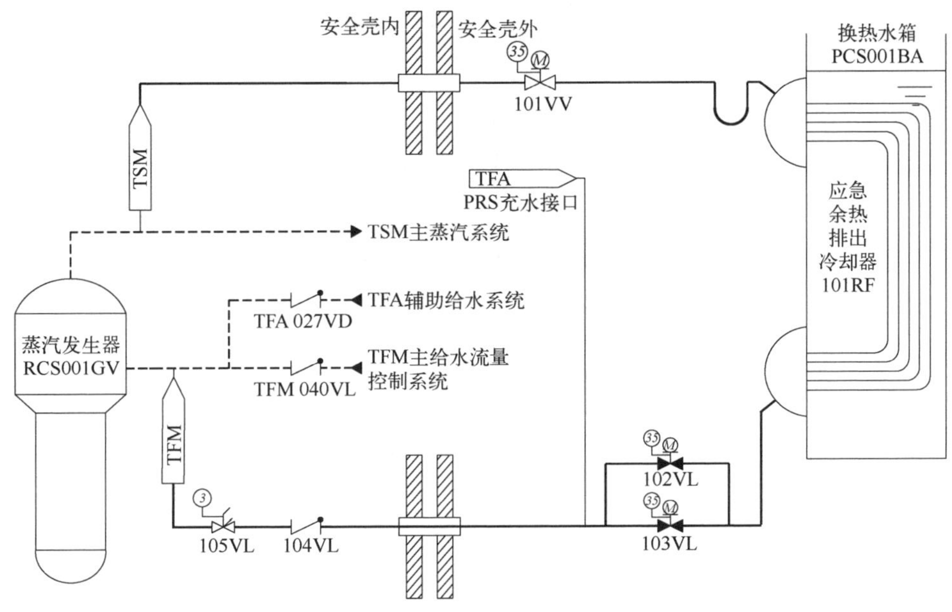

图6-3 二次侧非能动余热排出系统流程简图

对于每个PRS系列，贯穿安全壳后的蒸汽管线上设置1台常开的电动隔离阀，之后连接PRS换热器的入口封头的接管嘴。PRS换热器布置在换热水箱底部的冷凝器隔间。要求在整个运行期间，PRS换热器都浸泡在水中，不允许裸露。冷凝水管道连接PRS换热器下封头接管嘴，并在管道上设置2台并联的电动隔离阀。凝水管通过贯穿件返回到安全壳内，冷凝水管道与蒸汽发生器的给水管道相连，并在管道上设置1台止回阀，以防止机组在正常运行期间，蒸汽发生器给水通过凝水管道旁流。PRS布置如图6-4所示。

在机组正常运行和设计基准事故下，PRS隔离不运行。在前述事故工况下，PRS自动触发运行。此时，主蒸汽隔离阀关闭以保证PRS能够形成封闭回路；凝水管道的隔离阀打开，使PRS连通。PRS投入后，PRS换热器管侧冷凝后的水注入蒸汽发生器二次侧，被一次侧反应堆冷却剂加热后变成蒸汽，经

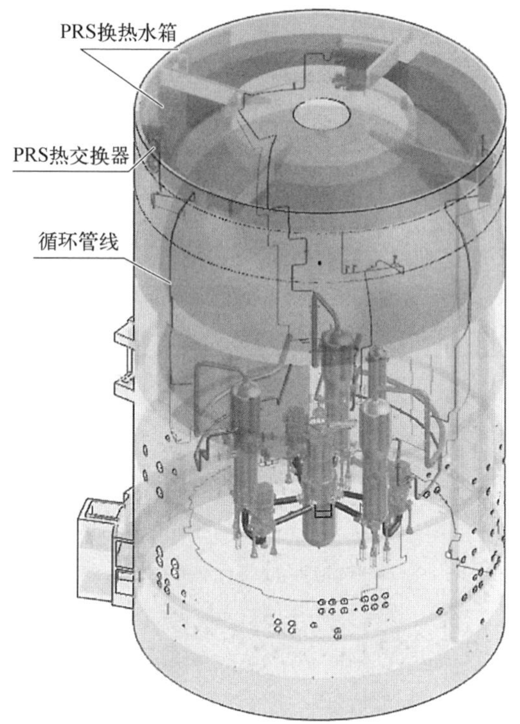

图 6-4　PRS 布置图

PRS 蒸汽管道进入 PRS 换热器的管侧，将热量传递给事故冷却水箱的水后再次冷凝为水，返回蒸汽发生器二次侧，形成自然循环。传递至换热水箱中的热量最终通过换热水箱中水的蒸发被带出，从而维持反应堆热量导出的安全功能。

在 PRS 投入运行后，如果蒸汽发生器二次侧水位降低到一定高度，应急补水管线的隔离阀开启，应急补水箱中的水注入蒸汽发生器二次侧，补偿 PRS 运行期间蒸汽发生器二次侧水位的降低。在注水结束后，操纵员应手动操作关闭补水管线的隔离阀。

6.3　非能动安全壳热量导出系统

安全壳喷淋为最有效的安全壳排热手段，“华龙一号优化改进型”设置了用于设计基准事故工况的安全壳喷淋系统。安全壳作为最后一道保护屏障，对核电站的安全运行发挥着至关重要的作用，因而对于安全壳喷淋失效的事故工况，需要进一步考虑安全壳的排热措施[3]。

非能动安全壳热量导出系统(PCS)用于安全壳喷淋系统失效、全场断电等事故下的设计扩展工况,以非能动方式导出安全壳内的热量,实现安全壳的降温降压,确保安全壳的完整性。系统的能动阀门采用220 V直流电驱动阀门,由72小时应急蓄电池组系统供电,以保证系统的可靠性。

1) 系统功能

PCS用于在设计扩展工况下安全壳的长期排热,包括与全厂断电、喷淋系统故障相关的事故;在电站发生设计扩展工况(包括严重事故)时,将安全壳压力和温度降低至可以接受的水平,保持安全壳的完整性。

系统安全壳内换热器、安全壳外隔离阀和两者之间的管道为电站第三道安全屏障的组成部分,其在系统设备、管道出现破口时,可及时关闭隔离阀,防止放射性物质外泄,确保电站第三道安全屏障的完整性。

2) 系统描述

PCS考虑设置3个相互独立的系列。每个系列包括2组换热器、2台汽水分离器、1台换热水箱、1台导热水箱、4个常开电动隔离阀。换热器布置在安全壳内的穹顶上;除了上述3个PCS换热水箱,本系统还设置1个CIS非能动注入水箱,换热水箱为钢筋混凝土结构不锈钢衬里的设备,布置在外层安全壳穹顶上。简略的PCS流程如图6-5所示。

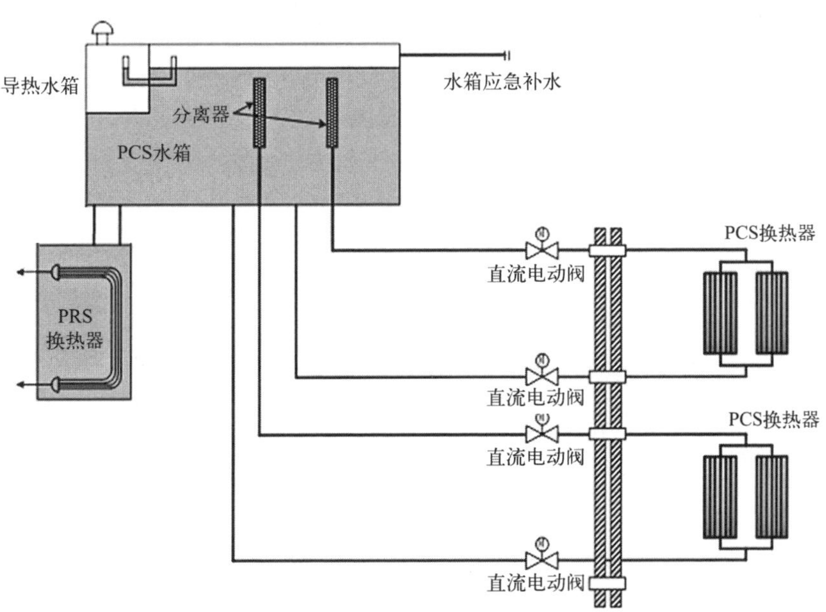

图6-5　PCS流程简图

系统设计采用非能动设计理念，利用内置于安全壳内的换热器组，通过水蒸气在换热器上的冷凝、混合气体与换热器之间的对流和辐射传热实现安全壳的冷却，通过换热器管内水的流动，连续不断地将安全壳内的热量带到安全壳外，在安全壳外设置换热水箱，利用水的温度差导致的密度差实现非能动安全壳热量导出，PCS 布置如图 6－6 所示。

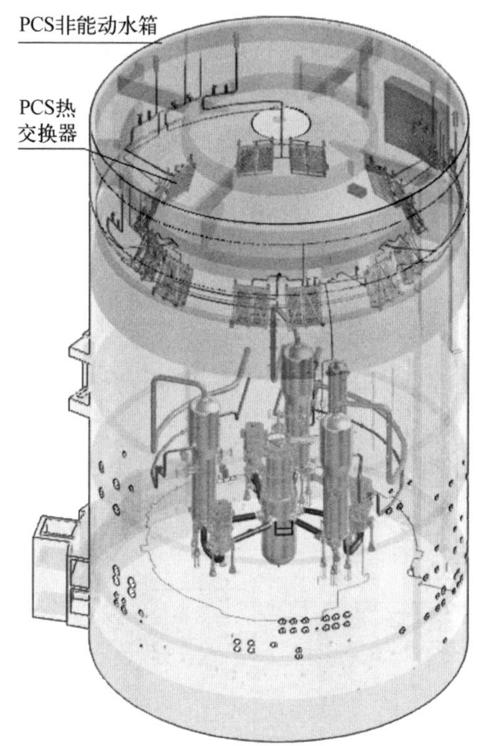

图 6－6　PCS 布置图

PCS 出现破口导致放射性外泄时，安全壳外的电动隔离阀根据上升管道辐射监测信号，隔离这些管线，确保核电站第三道屏障的完整性。

PCS 设置了 1 台循环水泵和化学加药装置，定期对 PCS 换热水箱及 CIS 水箱进行净化。PCS 还设有 1 台电加热器，在寒冷天气下启动，防止电站正常运行时水箱的水结冰。

此外，PCS 水箱和 CIS 水箱还可以互相补水。随着事故的发展，当 PCS/PRS 和 CIS 同时运行时，系统运行 24 小时后，可以通过打开连通管线上的隔离阀，依靠水位差，由高水位的水箱向低水位的水箱补水。

3）主要设备特性

（1）换热器。PCS 换热器为针对“华龙一号优化改进型”研发的 C 形结构换热器，由上部集管、下部集管和 C 形传热管组成，通过一个框架结构将换热器安装在安全壳穹顶内壁。换热器特性如表 6－2 所示。

表 6－2　PCS 换热器设备特性

项目	设计压力（绝对压力）/MPa	设计温度/℃
水侧	0.9	190
汽侧	0.65	190

（2）换热水箱。换热水箱采用钢筋混凝土内敷钢敷面的方式。换热水箱通过一个特殊结构的连通管与大气相连。在正常情况下，连通管内形成水封，避免水箱内的水与大气直接接触，减小环境对水箱内水质的影响。换热水箱设备特性如表 6－3 所示。

表 6－3　PCS 换热水箱设备特性

参　　数	数　值
设计压力（内，绝对压力）/MPa	0.11（液面）
设计压力（外，绝对压力）/MPa	0.1
设计温度/℃	110
容积/m^3	900（单个水箱）
正常温度/℃	0～50
正常压力（绝对压力）/MPa	0.1（液面）

4）系统运行

（1）事故工况下的运行。电站发生事故工况时，安全壳内压力、温度迅速上升。当安全壳压力高、安全壳喷淋系统不可用时，由于系统上升下降管上的阀门均为常开阀，在温度达到一定温差后，PCS 自动投入运行。

高温的蒸汽-空气或者蒸汽-氢气（或其他不凝结气体）的混合物冲刷 PCS

换热器表面。来自安全壳外换热水箱的低温水在换热器内升温、膨胀，沿着PCS上升管将安全壳内的热量导出至安全壳外换热水箱。安全壳内高温混合气体和换热水箱的温度差及换热水箱和换热器的高度差是驱动PCS进行自然循环、导出壳内热量的驱动力。随着水箱温度不断升高，换热水箱温度达到对应压力下的饱和温度，排出的部分蒸汽最终进入大气。

(2) 电站正常运行工况时的系统状态。电站正常运行时，PCS不投运。PCS设置了再循环水泵、电加热器和化学加药装置，定期对安全壳外换热水箱进行净化和加热。

6.4 非能动安全壳消氢系统

在事故工况下，由堆芯产生的进入安全壳内的氢气或安全壳内部化学反应产生的氢气的浓度必须得到有效控制，以免超过燃烧或爆炸限值，威胁安全壳完整性。目前，核电厂考虑的消氢方式主要包括点火器和氢气复合器2种，应用最为广泛的是氢气复合器。

“华龙一号优化改进型”非能动安全壳消氢(CHC)系统用于应对事故工况的安全壳消氢，该系统采用非能动氢气复合器实现功能。

1) 系统功能

CHC系统用于在事故工况下将安全壳大气中的氢浓度减少到安全限值以下，从而在设计基准事故下避免氢气燃烧和在严重事故工况下避免发生由于氢气爆炸而导致的第三道屏障——安全壳的失效。

2) 系统描述

“华龙一号优化改进型”CHC系统由33台非能动氢复合器组成，当安全壳内的氢气浓度达到一定数值时，非能动氢复合器将启动并复合氢气，将安全壳内的氢气浓度控制在安全范围之内。非能动氢气复合器在氢气浓度达到启动阈值时能够自动启动，不需任何监测和控制措施。非能动氢气复合器如图6-7所示。

其中：2台布置在安全壳穹顶位置的非能动氢气复合器设计为安全级，按照设计基准事故的要求进行设备设计制造和安装并满足专设安全设施的功能要求，应对所有事故工况；其他非能动氢气复合器设计为非安全级，满足严重事故的技术条件，用于严重事故工况。氢气复合器在安全壳内的位置主要由事故分析程序计算给出。

“华龙一号优化改进型”非能动氢气复合器的金属外壳可引导气流向上通过氢气复合器，在壳体的下部装有一个插入很多平行的竖直催化剂板的框架，在这些催化剂板上涂满活性催化剂。含氢气体混合物在催化剂作用下发生氢-氧化学反应，并释放出热量使复合器下部的气体密度降低，进而加强气体对流，使大量含氢气体进入并与催化剂接触，以此保证高效的消氢功能。

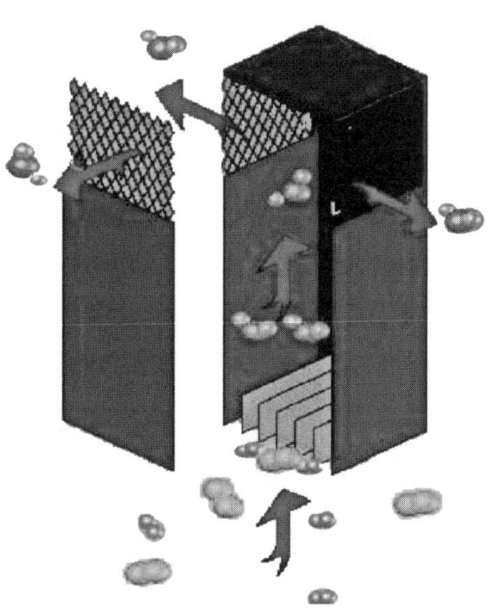

图6-7　非能动氢气复合器示意图

除了非能动安全壳氢气复合器外，“华龙一号优化改进型”还设置了安全壳氢气监测（CHM）系统，用于严重事故下对安全壳内氢气浓度进行有效监测，确保与控制氢气可燃性相关的严重事故缓解措施的有效运行，并为确定核电厂状态和为严重事故管理期间的决策提供实际的信息。

3）主要设备特性

CHC系统采用的非能动氢气复合器不需要任何电源、气源和控制，设备参数如表6-4所示。

表6-4　非能动氢气复合器设备参数

参　　数	数　　值
最大环境温度/℃	≤350
最大压力（绝对压力）/MPa	≤0.65
相对湿度/%	0～100
最大剂量率/Gy	2.0×10^6（严重事故后1年）
启动阈值（体积分数）/%	<2
停止阈值（体积分数）/%	<0.5
消氢速率/(kg/h)	5.36/2.4[1.5 bar（绝对压力）和4%（体积分数）H_2]

4）系统运行

电厂正常运行和特殊稳态运行期间，不需要该系统运行。在事故工况下，在安全壳内氢气浓度达到氢气复合器启动条件时，非能动氢气复合器会自动发挥功能。在电厂寿期内，需要定期对氢气复合器的催化板性能进行验证，性能试验使用专门的试验装置进行。

6.5 安全壳过滤排放系统

针对不同类型的事故工况，"华龙一号优化改进型"设置了完备的安全壳热量导出系统，能够确保各类事故工况下安全壳的完整性。从确定论和概率论的角度，已经充分证明了"华龙一号优化改进型"的安全壳冷却手段是有效的，出现安全壳超压失效的概率极低[4-5]。

安全壳过滤排放是另一种防安全壳超压失效的手段，虽然极不可能使用，但通过设置安全壳过滤排放系统来应对剩余风险，也具有一定的现实意义。

1）系统功能

安全壳过滤排放（CFE）系统通过主动卸压使安全壳内的大气压力不超过其承载限值，从而确保安全壳的完整性。同时，通过该系统中的过滤装置对排放气体中的放射性物质进行过滤，可减少释放到环境中的放射性物质。

为应对"极不可能发生的工况"，要采取"安全壳内部大气降压和过滤"的措施，来保证安全壳的完整性，并尽可能限制放射性物质向环境释放。"华龙一号优化改进型"选择的降压和过滤装置是湿式过滤器及金属纤维过滤器。

2）系统描述

发生严重事故后，若出现安全壳内大气压力即将超过限值的情况，由应急指挥中心发出开启 CFE 系统的指令，运行人员就地手动开启事故机组的安全壳隔离阀，将安全壳内的大气引入 CFE 系统，并在系统内进行过滤。当 CFE 系统内的压力超过安装在系统下游的爆破膜整定压力时，爆破膜破裂，使 CFE 系统与环境连通，事故机组安全壳内的大气通过烟囱排放到环境中，从而使安全壳降压，保证了安全壳的完整性。系统流程如图 6-8 所示。

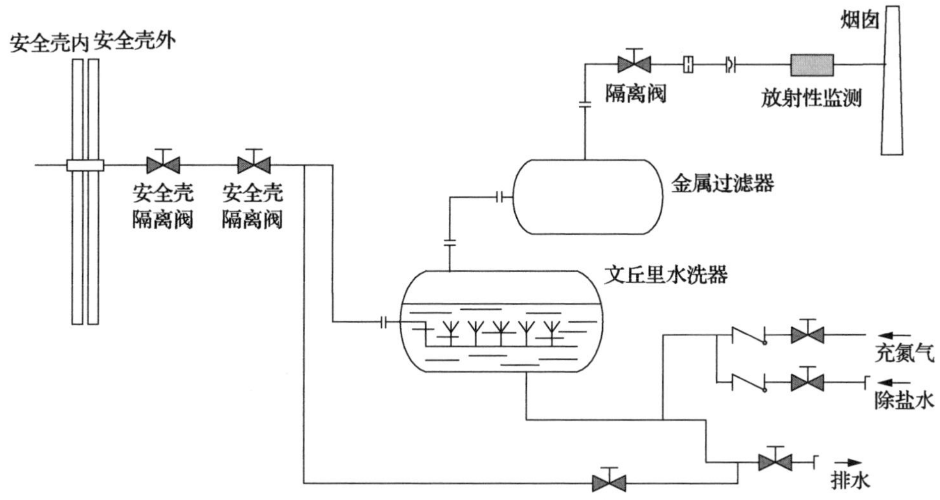

图 6-8　安全壳过滤排放系统流程示意图

3）系统主要设备描述

(1) 安全壳隔离阀。安全壳隔离阀采用了带远传机构的手动阀门，阀门的操作手轮位于一个生物屏蔽墙之后。安全壳隔离阀装有限位开关，阀门状态可以在主控室和应急指挥中心显示。

(2) 文丘里水洗器。文丘里水洗器是卧式圆筒形压力容器，容器内装有一组文丘里喷管，并且容器内还装有质量浓度为 0.5%的 NaOH 和 0.2%的 $Na_2S_2O_3$ 的化学溶液。

文丘里水洗器对气溶胶的过滤效率大于 99%，可滞留粒径为 0.5 μm 的气溶胶，对碘分子的过滤效率大于 99%，对有机碘的过滤效率约为 80%[6]。

(3) 金属纤维过滤器。金属纤维过滤器也是卧式圆筒形压力容器。容器内的金属纤维过滤器由具有液滴分离作用的预过滤层和精细过滤层两部分组成。它们主要用于过滤文丘里水洗器未能滞留的微小粒径气溶胶，以及一些由化学溶液表面气泡破裂而产生的极小粒径的气溶胶；特别是对于粒径小于 1 μm 的气溶胶，金属纤维过滤器具有很高的滞留效率。

(4) 限流孔板。限流孔板安装在过滤装置的出口，限流孔板滑压运行维持过滤装置的压力接近安全壳内的压力，所以即使质量流量随安全壳内压力变化较大，限流孔板也可以将体积流量维持在基本恒定的状态。

(5) 爆破膜。CFE 系统投入运行后，系统内压力达到爆破膜的压力整定值时，爆破膜破裂，过滤后的气体排向大气。

4）系统运行

CFE 系统只在发生堆熔的严重事故下运行，在机组正常运行和设计基准事故下始终处于备用状态。

（1）系统启动。发生严重事故之后，如果所有安全壳排热手段均失效或不能限制安全壳的压力，安全壳完整性受到威胁，系统在适当情况下通过手动方式投入运行，进行安全壳的卸压排气。系统启动时机由应急指挥中心来决定。在打开安全壳隔离阀前，应启动放射性活度监测仪，确认其能够正常工作之后，在屏蔽墙后远距离手动操作开启安全壳隔离阀。

（2）气体过滤。安全壳内气体经过安全壳隔离阀后进入文丘里水洗器。文丘里水洗器内装有一组文丘里喷管，喷管均被淹没在 0.5%NaOH 和 0.2% $Na_2S_2O_3$（质量分数）的化学溶液中，排出的气体以很高的流速通过文丘里喷管。高速流动的气体在文丘里喷管的喉部产生吸力，使化学溶液进入喷管，而高速气流与化学溶液之间形成速度差，从而将气体中的大部分气溶胶去除，气溶胶滞留在文丘里容器内。与此同时，进入文丘里喷管的液滴在喉管内部提供了很大的交换面积，与碘发生充分的化学反应，从而有效地吸附排放气体中的碘。另外，从气体在文丘里喷管内的机械运动来看，大部分的碘及气溶胶粒子在文丘里喷管内就已分离。淹没文丘里喷管的化学溶液既起了第一道液滴分离的作用，又实现了气溶胶及碘的滞留。

气体穿过文丘里水洗器之后进入其下游的金属纤维过滤器进行下一步的过滤。经文丘里水洗器过滤后的气体仍留有少量难滞留的气溶胶，同时还含有一些由于化学溶液表面的气泡破裂而产生的微小粒径的水滴（直径一般为 0.1 μm 左右），这些都将通过金属纤维过滤器进行过滤。金属纤维过滤器作为第二级滞留措施，能够保证整个系统长期的高滞留率及高效液滴分离性能。

通过两级过滤，CFE 系统能够保证约为 99.99%的气溶胶滞留率。这种滞留能力也适用于粒径小于 0.5 μm 的气溶胶。因此，气溶胶粒径的变化不会降低 CFE 系统的滞留效率。在所有运行条件包括超压运行条件下，CFE 系统对碘分子的滞留率可大于 99.5%。进一步的试验证明，有机碘的滞留率也可达到 30%～80%。

（3）气体排放。由金属纤维过滤器引出的系统排出管线上依次设有限流孔板、爆破膜，排出管线最终引向电厂烟囱。在打开安全壳隔离阀之后，系统内压力快速上升，与安全壳内压力趋于平衡，当系统压力达到爆破膜的整定值[0.08±表压的 10%（单位为 MPa）]时，爆破膜破裂。因此，经文丘里水洗器及金属纤维过滤器过滤后的气体由此通过电厂烟囱排向大气。

(4) 系统关闭。通过 CFE 系统的过滤排放，安全壳内的压力将会降低，在得到应急指挥中心的关闭指令后，运行人员通过手动关闭安全壳隔离阀来停闭该系统。压力降至安全壳设计压力的 50%时应关闭系统，以免由于蒸汽冷凝造成安全壳内出现负压。

当文丘里水洗器的液位到达低液位时，必须关闭 CFE 系统。待文丘里水洗器重新充水后，重新打开 CFE 系统。

(5) 特殊稳态运行。在电厂正常运行期间和设计基准事故工况下，系统一直处于备用停运状态。文丘里水洗器中充有的化学溶液将长期保持稳定状态，在 CFE 系统设计中考虑了对化学溶液进行取样的措施。

CFE 系统在长期备用的停运阶段不需要进行充水，仅在系统需要进行内部检查时利用可移动式化学加药组合装置收集文丘里水洗器的排水，检查之后重新充水。

CFE 系统设有文丘里水洗器的液位指示仪表及系统压力指示仪表，它们都安装在系统设备房间的屏蔽墙后。液位指示及压力指示信号都将分别送至主控室和应急指挥中心。在系统备用期间，通过系统压力指示信号，运行人员可得知系统的密封情况是否良好。

在 CFE 系统备用期间，系统从安全壳隔离阀至爆破膜之间的管道及容器内均充满氮气，气密封的氮气压力为 0.13 MPa(绝对压力)。当氮气压力发生变化，偏离其要求值时，将发出报警。

参考文献

[1] 邢继，吴琳，等. 中国自主先进压水堆技术“华龙一号”：上册[M]. 北京：科学出版社，2020.

[2] 赵嘉明，王广飞，朱大欢，等. 提高堆腔注水冷却系统性能的优化研究[J]. 核动力工程，2018，1：4.

[3] 邢继，孙中宁，于勇，等. “华龙一号”非能动安全壳热量导出系统研究[J]. 哈尔滨工程大学学报，2023，44(7)：1089-1095.

[4] 周喆，王贺南，石雪垚. 严重事故下气载放射性排放控制研究[J]. 中国核电，2018，11(3)：417-421.

[5] 李丽娟，周喆，丁亮. 安全壳过滤排放系统容量确定[J]. 核科学与工程，2021，41(1)：57-62.

[6] 刘长亮，朱京梅. “华龙一号”安全壳过滤排放系统性能试验研究[J]. 核科学与工程，2021，41(1)：43-47.

第 7 章
放射性废物处理及公用系统

在核电厂运行过程中，将产生一些带有放射性的液体、气体和固体废物。为了保护环境免受污染，防止工作人员和核电厂周边的居民受到过量的放射性辐射，核电厂在向环境排放这些放射性废物之前，通过放射性废物处理系统，采用一定的工艺对其进行收集、处理、监测、暂存，当废物达到相关标准后，进行排放或回收再利用，从而确保核电厂释放出的放射性物质对人和环境的影响控制在“可合理达到的尽量低(ALARA)”的水平。

核岛公用系统在电厂运行及维修期间为工艺、电气、仪控设备及运行环境提供支持，主要用于提供空调和通风，几乎不直接参与核蒸汽的生产[1]。

7.1 放射性废物处理系统

“华龙一号优化改进型”机组放射性废物处理系统用于收集、处理、暂存、监测和排放核电站正常运行工况和预期运行事件下产生的放射性废气、液体和固体废物，经放射性废物处理系统处理后的气载和液态流出物排放满足标准要求，单台机组的废物包产生量预期值低于 50 m^3/a，废物包性能满足暂存、运输和处置要求。

7.1.1 放射性废物源项及处理工艺

1) 放射性气体废物

(1) 放射性废气种类。机组运行产生的放射性废气包括含氢废气和含氧废气。含氢废气主要来自反应堆一回路系统反应堆冷却剂排出流的脱气排气及覆盖气的吹扫排气。含氢废气主要由氢气、氮气组成，并含有由于核燃料裂变产生的氪、氙、碘等气态放射性核素。其特性是放射性活度浓度较高，并且因含氢量较高有燃烧爆炸的可能性。经过处理后，将其放射性活度浓度降低到符合相关标准规定及环境可接受的程度才可以向环境排放。

含氧废气是来自盛装与空气接触的含有放射性核素介质设备和系统的排气，含有空气和少量由于核燃料裂变产生的氪、氙、碘等气态放射性核素。其特性是放射性活度浓度较低，不含或含有极少量氢气，无燃烧爆炸的可能性。含氧废气通常只需要经过比较简单的处理（碘吸附器除碘和过滤除气溶胶）后，就可以将其放射性活度浓度降低到符合相关标准排放要求的规定和环境可接受的程度，然后向环境排放。

（2）气态排放源项。气载放射性流出物主要来源于主冷却剂脱气（含氢废气）和各厂房的通风排放（含氧废气），具体为废气处理系统、反应堆厂房通风、核辅助厂房通风、核废物厂房通风、燃料厂房通风、二回路相关系统的排放。

气载放射性流出物排放源项也分现实排放源项和保守排放源项 2 种方法考虑，计算中使用主冷却剂比活度的假设与液态的相同。“华龙一号优化改进型”现实工况与保守工况气载排放源项如表 7－1 所示。

表 7－1 “华龙一号优化改进型”现实工况与保守工况气载排放源项

放射性核素种类	气载排放源项/(GBq/a)	
	现实工况	保守工况
惰性气体	1.04×10^{3}	5.74×10^{4}
碘	9.10×10^{-3}	7.06×10^{-1}
粒子	4.68×10^{-2}	9.36×10^{-2}
氚	3.93×10^{3}	4.60×10^{3}
碳-14	220	366

2）放射性废液

（1）放射性废液种类。机组运行产生的放射性废液根据特性主要分为以下几类。

① 含氢反应堆冷却剂：反应堆冷却剂系统及其辅助系统疏水、化学与容积控制系统过剩下泄流等可经过处理后复用的反应堆冷却剂。

② 工艺排水：电导率低、水质较好、杂质少且放射性活度浓度可能较高的

放射性废水，主要是一回路系统的排出水、冲洗水和泄漏水，除盐器的冲排水和疏水等。

③ 化学排水：电导率高、水质较差、杂质多且放射性活度浓度可能较高的放射性废水，如化学清洗和化学去污的排水、放射性化学分析实验室样品分析后的排水。

④ 地面排水：通过放射性控制区地面收集的设备疏水、泄漏等，通常含有较多杂质且放射性活度浓度较低的放射性废水。

⑤ 服务排水：主要包括卫生出入口的人员去污水、热洗衣房洗衣废水等，是正常情况下放射性浓度很低的放射性废水。

⑥ 常规岛排水：常规岛排水是汽轮机厂房二回路系统的排出水和二回路净化系统的排出水。在正常情况下，常规岛排水不含放射性核素。但在蒸汽发生器传热管发生破损、二回路系统受到放射性污染的情况下，常规岛排水可能含有超过排放限值的放射性核素。

(2) 液态排放源项。放射性废液的排放量取决于主回路冷却剂中的放射性浓度，与液体放射性物质释放有关的电厂设备性能，特别是泄漏率和净化工序的去污因子，以及废液的输运、收集、滞留、处理期间的衰变等。

液态放射性流出物排放源项分 2 种工况(现实和保守)考虑：现实工况假设整个循环中主冷却剂比活度都处于 0.1 GBq/t 碘-131 当量下，其结果称为现实排放源项；保守工况假设整个循环主冷却剂比活度都处于 4.44 GBq/t 碘-131 当量下，其结果称为保守排放源项。液态放射性流出物的排放途径主要为硼回收系统、废液处理系统和二回路相关系统。“华龙一号优化改进型”现实工况与保守工况液态排放源项如表 7-2 所示。

表 7-2　“华龙一号优化改进型”现实工况与保守工况液态排放源项

放射性核素种类	液态排放源项/(GBq/a)	
	现实工况	保守工况
除氚、碳-14 外其他核素	1.02	7.11
氚	3.93×10^4	4.60×10^4
碳-14	10	26.9

3) 放射性固体废物

机组运行产生的放射性固体废物主要包括废树脂、废活性炭、废过滤器芯

(简称"废滤芯")、浓缩液等湿废物及杂项干废物。

(1) 废树脂。从处理含有或可能含有放射性核素液体使用的除盐器排出的废离子交换树脂。通常一回路冷却剂各系统和乏燃料水池冷却水处理系统除盐器排出的废树脂放射性活度较高,来自废水处理系统除盐器的废树脂放射性活度中等,来自二回路水处理系统除盐器的废树脂不含放射性或放射性活度很低。

(2) 废活性炭。废活性炭产生于废液处理系统的活性炭床,放射性活度中等。

(3) 废滤芯。从处理含有或可能含有放射性核素液体使用的滤芯式过滤器卸出的废过滤器芯。通常来自一回路冷却剂各系统和乏燃料水池冷却水处理系统过滤器的废滤芯放射性活度浓度较高,来自废水处理系统过滤器的废滤芯放射性活度浓度中等,来自二回路水处理系统废滤芯放射性活度浓度很低。

(4) 浓缩液。从处理放射性废水的蒸发器中排出的浓缩后的液体。浓缩液的放射性活度浓度由被处理液体的活度浓度和浓缩程度决定。

(5) 杂项干废物。杂项干废物是来自核电厂运行过程中被放射性物质污染的各种固体废物的总称,这些废物包括废弃的擦拭物、纸张、塑料制品、保温材料,以及检修时更换下的设备、管道、电气等固体废物。杂项干废物可分为可压实废物和不可压实废物,可燃废物和不可燃废物。

"华龙一号优化改进型"放射性废物处理系统根据废物特性对各类放射性废物分类收集和处理。放射性废液及废气通过核岛疏水排气(RVD)系统实现分类收集;硼回收(ZBR)系统用于处理可复用的含氢反应堆冷却剂;废液处理(ZLT)系统采用絮凝注入及活性炭吸附与离子交换工艺处理工艺排水,采用蒸发工艺处理化学排水,采用过滤工艺处理地面排水及需处理的服务排水;废气处理(ZGT)系统采用压缩、贮存衰变工艺处理含氢废气,对于含氧废气,经电加热器加热后通过碘吸附器处理后送往核辅助厂房通风系统;放射性湿废物及杂项干废物由固体废物处理(ZST)系统实现分类收集与处理。

放射性废物处理系统采用单堆设置和集中处理相结合的工艺设置理念,硼回收系统设置在核辅助厂房,为单机组设置,采用过滤、除盐、除气及蒸发工艺处理含氢反应堆冷却剂,得到可复用于反应堆冷却剂系统的补给水和硼酸溶液;废气处理系统设置在核辅助厂房,为单机组设置,通过增大衰变箱总容积延长放射性废气衰变时间,减少气载放射性物质的排放;设置专门的核废物厂房，并设置废液处理系统及固体废物处理系统的浓缩液处理工艺，用于集中处理放射性废液及湿废物中的浓缩液；采用放射性废物处理中心模式对固体废物中的废树脂、废滤芯及杂项干废物进行集中处理，减少单台机组内不必要的重复配置，精简核岛内的放射性废物处理系统，提高设备利用率，降低运行、管理和维护成本。

废物处理系统在安全、可靠、成熟的基础上，采用更有利于减少放射性向环境排放及满足废物最小化要求的处理工艺，实现单机组废物包年产生量小于 50 m^3 的目标。根据国内外核电厂废物处理系统运行经验反馈，“华龙一号优化改进型”机组废物处理系统进行了如下优化。

(1) 含胶体态核素放射性废液处理工艺优化。放射性工艺废液中存在一定量的胶体态核素，如^{110m}Ag，其主要来源于反应堆控制棒组件中的 Ag－In－Cd 吸收棒、反应堆压力容器 O 形密封环外表面的 Ag 包覆层。^{109}Ag 在堆内受中子照射，形成^{110m}Ag 并释放出 γ 射线。当含^{110m}Ag 的反应堆冷却剂或废液采用除盐方法处理时，除盐床内的树脂很容易饱和。由于^{110m}Ag 是以胶体的形式存在，当冲洗除盐床时，^{110m}Ag 很容易从树脂上脱落，使相关系统设备和管道产生大面积污染。此外，还会引起放射性净化系统效率下降和废树脂增加，导致放射性固体废物增加及处理成本增加。针对^{110m}Ag 等核素易形成胶体核素、易造成系统及设备污染的问题，“华龙一号优化改进型”采用了化学试剂注入及活性炭吸附工艺。化学试剂注入及活性炭吸附工艺是去除胶体态核素的有效手段，属于具有成熟运行经验的先进废液处理工艺，主要包括预过滤器及活性炭床。预过滤器用于去除废液中的颗粒物，在预过滤器下游通过计量泵将絮凝剂注入废液中，使以胶体态存在于放射性废液中的核素更易被下游装有活性炭的活性炭床去除。经过化学试剂注入及活性炭吸附工艺去除胶体后，放射性废液再经过离子交换工艺去除溶解在废液中的离子态核素，处理后产生的液态流出物满足国家标准要求。

(2) 放射性湿废物处理工艺优化。将放射性湿废物采用烘干装入混凝土高完整性容器(HIC)工艺替代传统的水泥固化工艺。浓缩液采用桶内干燥器(200 L 钢桶)进行干燥，废树脂和废活性炭采用锥形干燥器进行干燥后装入 200 L 钢桶，装有处理后浓缩液、废树脂和废活性炭的 200 L 钢桶装入混凝土高完整性容器并在放射性固体废物暂存库内暂存。该工艺具有减容比高的特点，处理后的废物包性能能够满足国家标准并满足近地表处置要求。

(3) 通过厂房结构实现滞留、暂存核电厂事故工况产生的放射性废液，然后用专门的模块化废液处理装置进行处理,处理后液态流出物满足国家标准要求。

7.1.2 废气处理系统

废气处理系统用于处理核电厂正常运行工况和预计运行事件中产生的放射性气体废物,根据废气的分类设置了含氢废气处理和含氧废气处理2个子系统。

1) 含氢废气处理子系统

含氢废气处理子系统采用压缩、贮存衰变法处理含氢废气。来自核岛疏水和排气系统集气管的含氢废气首先进入缓冲罐,缓冲罐可使来气流量和压力的波动变得相对平稳,从而保证了后面压缩机的稳定运行。压缩后的废气经冷却器冷却至50 ℃,通过气水分离器分离掉冷凝液,最后被压入其中1台衰变箱。一般经60 d衰变后取样分析,如放射性浓度符合要求,则可将废气进行在线监测排放至核辅助厂房的通风系统,由核辅助厂房通风系统的排风进行稀释后排向烟囱。含氢废气在衰变箱中的衰变时间如下:基本负荷运行时为60 d,负荷跟踪运行时为45 d。衰变箱内的冷凝水可排至核岛疏水和排气系统。

2) 含氧废气处理子系统

从化学和容积控制系统、核取样系统、反应堆硼和水补给系统、核岛疏水和排气系统、废液处理系统、硼回收系统、固体废物处理系统等有关容器排出的含氧废气经核岛疏水排气系统集气管汇集后,由含氧废气处理子系统风机抽吸,连续通过电加热器提高气体温度,并使气体的相对湿度维持在40%以下,然后通过碘吸附器,最后由排风机送至核辅助厂房的通风系统。为了保证含氧废气的处理不间断,该子系统设备以100%备用,当一套设备运行时,另一套设备处于备用状态。图7-1为含氧废气处理子系统流程简图。

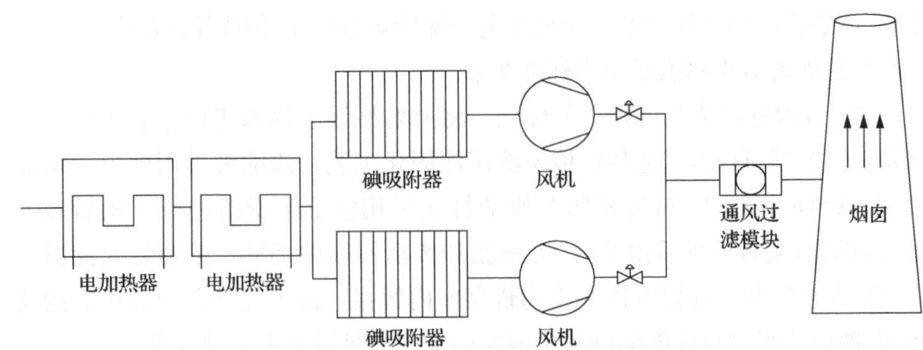

图7-1 含氧废气处理子系统流程简图

正常运行时，1 台电加热器、1 台碘吸附器和 1 台排气风机串联投入运行。当信号显示第一台风机停运后，第二台风机即自动启动(包括串联的电加热器和碘吸附器)。排风总管内的负压由止回调风阀维持；一旦风机停运，该阀就自动关闭。通过调节阀瓣的平衡锤，可以手动控制负压的程度。含氧废气和由可调节风阀引入的空气经处理后，在经烟囱排放前，被通风系统的主排风气流稀释。

7.1.3　废液处理系统

废液处理系统用于接收、贮存、处理和监测核电厂控制区排出的放射性废液。废液由核岛疏水和排气系统、放射性废水回收系统收集。工艺排水先进入工艺排水缓冲槽再进入工艺排水接收槽，地面排水进入地面排水接收槽，化学排水先进入化学排水缓冲槽再由化学排水接收槽接收。工艺排水接收槽、地面排水接收槽和化学排水接收槽中各自总有 1 个储槽处于接收状态。储槽装满后要进行搅拌、取样分析、添加化学试剂等。经废液处理系统处理并经取样分析达标的废液通过核岛液态流出物排放系统监测和排放。

此外，还有服务排水可送到废液处理系统地面排水接收槽进行处理。如果其放射性浓度低于排放控制值，应经过滤后再经核岛液态流出物排放系统排放。废液处理系统也可收集其他来源的废液(如硼回收系统废液等)。

放射性废液根据放射性浓度和化学组成由核岛疏水和排气系统分类收集，然后送至废液处理系统储槽分别贮存。工艺排水为化学杂质含量低的放射性废液，采用了除盐工艺处理；化学排水的化学杂质含量及放射性浓度均较高，则应用蒸发工艺处理，采用外热式自然循环型蒸发器，去污性能好；地面排水和服务排水的放射性浓度较低，含悬浮固体和纤维物质等，采用过滤工艺进行处理。

1) 除盐工艺处理流程

本工艺环节主要工艺设备如下。① 工艺排水接收槽，工艺排水在储槽中混合，并取样分析。② 工艺排水泵，用于废液的混合搅拌、取样分析和输送。当废液需要除盐处理时，将废液送往除盐净化装置，当废液的放射性浓度低于排放控制值时，将废液送往过滤器过滤后排放。③ 预过滤器，用于去除悬浮物质，以保证除盐器效率。④ 化学试剂注入装置，包括化学试剂添加罐、计量泵、絮凝剂泵、化学调节泵和在线监测装置，用于在预过滤器的出口管线上连续注入化学试剂，以破坏较难去除的胶体的稳定性，从而有利于下游的深床过滤器将这些杂质有效地去除，根据在线监测器取样结果调节化学试剂的注入量。⑤ 深床过滤器，经上游注入絮凝剂后，通过深床过滤器去除废液中的悬浮物、胶体和部分离子。⑥ 4 台串联的除盐器及 1 台树脂滞留过滤器。经过处理后的废液进入监测槽。

2）蒸发工艺处理流程

本工艺环节主要工艺设备如下。① 化学排水接收槽，用于废液的收集、贮存、混合、取样分析和预处理。② 化学排水泵，用于槽内废液的混合搅拌、取样分析和输送。③ 化学中和站，由酸、碱试剂槽和 2 台计量泵组成，用于调节接收槽中废液的 pH 值。④ 蒸发处理设备，包括蒸发器供料泵、蒸发器预过滤器、预热器、加热器、蒸发器、旋风分离器、泡罩塔、蒸馏液冷凝器、蒸馏液冷却器、冷凝水冷却器和冷凝水平衡槽。蒸发浓缩液由浓缩液槽收集，用泵送至固体废物处理系统浓缩液槽。⑤ 蒸发净化单元，包括化学试剂注入装置，可调节蒸发器内废液的 pH 值。当蒸发器处理易起泡的废液时，也可由该装置注入消泡剂。蒸发净化单元和除盐净化单元设有集中和就地取样点，通过取样分析来监测废液的特性及处理效果。对监测槽中的废液进行取样分析。如果其放射性和化学特性符合排放要求，则排往核岛液态流出物排放系统，否则送至蒸发器重新处理。

3）过滤处理工艺

本工艺环节主要工艺设备如下。① 地面排水接收槽，用于地面排水和服务排水的收集、贮存、混合、取样分析及化学中和。② 地面排水泵，用于废液的混合搅拌、取样分析和输送。③ 过滤器，可以在不停止处理废液的情况下更换过滤器芯。当地面排水接收槽内废液的放射性浓度高于排放控制值时，可采用蒸发工艺处理或由除盐单元处理。

7.1.4 固体废物处理系统

固体废物处理系统主要收集、暂存、干燥（或固定）、压实和包装电厂运行及检修时产生的放射性干、湿固体废物，使其符合运输、贮存和处置的要求。控制区产生的杂项干废物由低污染的可压实废物（如污染严重的抹布、塑料、纸、防护鞋套、口罩、手套、衣服等）和不可压实的固体小部件组成。这些放射性"固体"废物在运往厂外进行最终处置之前均需在该系统进行处理和整备，形成满足近地表处置要求的废物包。废物包性能满足 GB 12711—2018《低、中水平放射性固体废物包装安全标准》和 GB 9132—2018《低中水平放射性固体废物的浅地层处置规定》的要求，水泥固定废物体性能满足 EJ 1186—2005《放射性废物体和废物包的特性鉴定》的要求。

产生于核辅助厂房内的废树脂收集在核辅助厂房的废树脂储槽中，产生于核废物厂房内的废树脂和废活性炭收集在核废物厂房的废树脂储槽中，然后用屏蔽运输车送到废物处理中心的废树脂接收槽。废树脂和废活性炭在废物处理中心用锥形干燥器烘干后装入 200 L 钢桶，经封盖和剂量检测后用屏蔽运输车转运至固体废物暂存库装入混凝土高完整性容器暂存。在正常情况下蒸汽发生器排污系统的废树脂仅受轻微放射性污染，在核辅助厂房直接装入 200 L 钢桶，然后送到固体废物暂存库贮存，使其衰变，等待清洁解控。放射性水平异常的蒸汽发生器排污系统废树脂收集在核辅助厂房的废树脂储槽中，然后送到废物处理中心进行烘干后装入 200 L 钢桶。

废液处理系统产生的浓缩液收集在核废物厂房的浓缩液储槽中，随后装入桶内干燥器的 200 L 钢桶烘干，经封盖和剂量检测后通过屏蔽运输车转运至固体废物暂存库，装入混凝土高完整性容器暂存。

核辅助厂房和核废物厂房产生的废滤芯用屏蔽运输车转运至废物处理中心。废滤芯在废物处理中心装入 200 L 钢桶进行水泥固定，经封盖和剂量检测后用屏蔽运输车转运至固体废物暂存库内暂存。

另外，废树脂、浓缩液和杂项干废物等固体废物还可以通过等离子熔融系统进行处理。待处理的浓缩液和废树脂、杂项干废物通过等离子熔融系统处理后，产生的玻璃体最终装在 200 L 钢桶内，同时焚烧灰、飞灰、烘干盐及尾气洗涤废液等二次废物也将通过等离子高温熔融设备进行处理，废水过滤器芯通过水泥固定处理后形成 200 L 钢桶废物包。设备排气经处理后监测排放。等离子熔融系统包括等离子体高温熔融子系统、废物预处理及进料子系统、喷雾干燥子系统、玻璃熔渣整备子系统、卸排灰子系统、废物暂存与转运子系统、水泥固定(固化)子系统及工艺用辅助子系统。等离子体高温熔融系统用于处理废树脂、杂项干废物，以及等离子体高温熔融系统处理过程中产生的焚烧灰、飞灰和喷雾干燥系统处理后产生的烘干盐。废物预处理及进料系统用于对需等离子体高温熔融系统处理的杂项干废物进行分拣、破碎、打包，并完成废树脂和杂项干废物向等离子体高温熔融系统的进料。喷雾干燥子系统采用喷雾干燥工艺处理运行产生的浓缩液和等离子体高温熔融系统处理过程中产生的洗涤废液。玻璃熔渣整备系统用于完成等离子体高温熔融系统处理后产生的玻璃熔渣的整备。卸排灰系统完成焚烧灰、飞灰、烘干盐的收集、计量，并将其送回等离子体高温熔融系统进行再处理。等离子体高温熔融工艺用辅助系统包括为工艺系统服务的化学试剂配置设备、取样设备等。

废物暂存库设有检测装置，用于检测入库废物的表面剂量率、核素组成、质量和表面污染，然后对废物进行分区存放。暂存库库主体为单层，分为贮存区、灌浆区、人员工作区和辅助设施区四部分，贮存区包括混凝土高完整性容器废物包贮存室、混凝土高完整性容器废物包贮存区、200 L 废物桶贮存室、200 L 废物桶贮存区、蒸汽发生器排污系统废树脂桶贮存区、轻微污染设备贮存区。可见，贮存区分为“贮存区”和“贮存室”。“贮存区”用于贮存表面剂量率不大于 2 mSv/h 的废物包，“贮存室”用于贮存表面剂量率大于 2 mSv/h 的废物包，贮存室由混凝土墙分隔的贮存单元组成。200 L 废物桶贮存室的每个贮存单元能够容纳 5 个垂直码放的 200 L 金属桶，混凝土高完整性容器废物包贮存室的每个贮存单元能够容纳 4 个垂直码放的混凝土高完整性容器废物包。每个贮存单元上方均覆有金属防护盖板。放射性固体废物暂存库内设有 2 台双梁远距离数控起重机，用于吊运废物桶。

7.2 主要公用系统

公用系统主要是指与核岛各厂房及主要工艺系统有着密切关系，并且为这些厂房和系统所共有的一类动力辅助设施，主要包括核岛中央冷冻水系统、核岛安全厂房冷冻水系统、安全壳连续通风系统、主控室空调系统、主蒸汽隔离阀区域通风系统等。

7.2.1 核岛中央冷冻水系统

1）系统功能

“华龙一号优化改进型”机组核岛中央冷冻水（WNC）系统是一个闭式冷冻水回路，采用用户端变流量策略的集约化设计思路，将原“华龙一号”核岛厂房多个冷冻水系统合并成一个系统，向核岛厂房末端众多通风空调用户提供冷源。将安全壳连续通风系统、核辅助厂房通风系统、核燃料厂房通风系统、附属厂房电气设备区通风系统、电缆层通风系统、电气柜间通风系统、消防泵房通风系统、卫生出入口通风系统、安全厂房机械设备区通风系统、安全厂房控制区通风系统和设备的热量带走，并通过冷水机组将热量传递给设备冷却水系统。此外，当设备冷却水系统的水温过高时，则为核取样系统低温取样冷却器提供冷却水。

采用集约化设计既提高了系统运行控制水平、达到节能目的，又减少了运行人员岗位设置，降低了运行人员的工作量，从而实现了提高经济性的目标。

2）系统描述

核岛中央冷冻水系统采用变频冷水机组，负荷调节更为灵活，系统更加节能。冷水机组和冷冻水循环泵按照3×50%容量并联设置，核岛中央冷冻水系统由A、B两个系列供电，其中冷水机组101GF和冷冻水循环泵001PO由系列A供电，冷水机组201/301GF和冷冻水循环泵002/003PO由系列B供电，在正常工况下两用一备，当失去厂外电源时，冷水机组和冷冻水循环泵由应急柴油发电机供电，冷水机组的应急加载在自动加载程序完成之后，根据应急柴油发电机容量及关键用户（安全壳连续通风系统、反应堆堆坑通风系统）使用要求进行手动加载。

本系统设有一个闭式膨胀水箱，用于稳定系统压力。膨胀水箱不受系统高度限制，占地面积小，布置更灵活。

核岛中央冷冻水系统所提供的冷冻水供水温度为7 ℃，回水温度为12 ℃。冷水机组由设备冷却水系统进行冷却。机组功率运行时，设备冷却水系统的供水温度为15～35 ℃；在冷停堆工况下，设备冷却水系统的供水温度为40 ℃。

3）系统运行

在正常工况下，核岛中央冷冻水系统的冷水机组和冷冻水泵的启动和停机由主控室发出指令；若需要紧急停机，也可以由安装在冷水机组控制盘上的“紧急停机”按钮来完成。

在正常工况下，冷水机组投入运行后，冷冻水出口的水温保持稳定。部分通风系统用户的冷却盘管装有两通流量控制阀，根据末端通风冷负荷需求自动调节冷冻水流量，并通过供回水母管设置的压差旁通阀和旁通管维持系统流量恒定。在这种配置中，两台运行的冷水机组可根据末端负荷自动调节容量，以满足用户末端冷负荷需求的变化。如果通风系统末端冷负荷持续减少且低至系统总负荷的5%或单台冷水机组额定制冷量的10%时，冷水机组将自动停机。

4）系统控制

冷水机组本身有10%～100%的容量控制系统，以保持恒定的冷冻水出口温度。冷水机组采用变频电机、进口可调导叶及可调扩压器的多重调节方式，加大了机组的冷量调节范围。变频电机可根据负荷变化调节电机转速，实现冷水机组容量调节。导叶的开度可控制吸入制冷剂的流量，从而控制机组的制冷量。同时，机组还设置了旁通调节，当压缩机进气量小于机组负荷的 20%时，旁通阀会自动打开，以避免冷水机组发生喘振。以上两种措施均有效地保证了机组在低负荷情况下长期、安全地运行。

冷水机组的压缩机电机电流信号在主控显示，当运行的两台冷水机组压缩机电机的电流值同时低于设定值时，由操纵员在主控室手动关闭一台冷水机组和对应的冷冻水泵，此时只有一台冷水机组运行。只有一台冷水机组运行而压缩机电机的电流值超过设定值时，由操纵员在主控室手动开启第二台冷冻水泵和对应的冷水机组。

7.2.2 核岛安全厂房冷冻水系统

1）系统功能

核岛安全厂房冷冻水(WSC)系统是一个封闭式的冷冻水回路。其功能是将安全厂房、燃料厂房和核辅助厂房安全相关通风空调系统冷却盘管及中、低压安注泵电机冷却时所回收的热量，通过冷水机组传递给设备冷却水(WCC)系统或室外大气，以确保核电厂的主控室、安全厂房控制柜间内的数字化仪控系统(DCS)设备、电气柜、应急硼注入系统及中、低压安注泵的正常运行及主控室操纵员的可居留性。主要用户包括主控室空调系统，控制柜间通风系统，安全厂房控制区通风系统(部分盘管)，安全注入系统中、低压安注泵电机，电气柜间通风系统(部分盘管)，安全厂房机械设备区通风系统(部分盘管)，核燃料厂房通风系统(部分盘管)，核辅助厂房通风系统(部分盘管)。

2）系统描述

核岛安全厂房冷冻水系统由水冷系列和风冷系列两部分组成，其中，水冷系列设有 2×100%冗余的水冷式冷水机组(001GF、002GF)，分别由 A 和 B 两个电气系列供电，并将应急柴油发电机作为备用电源；风冷系列设有 2×50%的风冷式冷水机组(003GF、004GF)，由正常电源供电，并由 SBO 柴油发电机组作为备用电源。

核岛安全厂房冷冻水系统所提供的冷冻水供水温度为 7 ℃，回水温度为 12 ℃。冷水机组由设备冷却水系统进行冷却，设备冷却水系统的供水温度为 10～45 ℃。

3）系统运行

冷水机组通过就地/远程转换开关来实就地/远程的控制，该开关设置在远程的位置，冷水机组与其对应的冷冻水循环泵由主控室完成联锁启、停的控制。

在正常运行工况下，核岛安全厂房冷冻水系统 1 个系列(1 台冷冻水循环泵和 1 台水冷式冷水机组)连续运行。只有在完全丧失热阱或全厂断电工况下，才切换到核岛安全厂房冷冻水系统风冷机组系列。

冷水机组的制冷能力随内部负荷和外部环境条件的变化而改变。冷负荷的输出由冷水机组的调节系统按需要进行调节。水冷式冷水机组的冷负荷可在 10%～100%范围内自动调节。风冷式冷水机组的冷负荷可在 25%～100%范围内自动调节。

7.2.3　安全壳连续通风系统

1) 系统功能

"华龙一号优化改进型"核电机组安全壳连续通风(CCV)系统采用了集约化设计，集成了原"华龙一号"连续通风系统、堆坑通风系统、堆顶通风系统等系统的功能，由主要通风系统和穹顶辅助通风系统 2 个子系统组成。主要通风系统包含以下 3 个功能。

(1) 厂房环境冷却：保持反应堆厂房内主设备房间、环廊、操作平台等区域适当的温度条件，使设备正常运行，便于人员进入。

(2) 堆坑区域冷却：冷却反应堆压力容器保温层的外表面、反应堆堆坑混凝土、反应堆压力容器支承环及围绕主管道的混凝土孔道。

(3) 堆顶区域冷却：为堆顶区域一体化结构提供冷风，将堆顶一体化机构内部电缆温度控制在合理范围内，确保其安全稳定运行。

穹顶辅助通风系统的功能是防止热空气或轻气体积聚在穹顶，为穹顶提供适当的通风。

安全壳连续通风系统属于非安全相关系统。但是，在反应堆冷却剂管道破裂情况下，其堆坑送风管道垂直向下部分具有将反应堆冷却剂排出反应堆堆坑的功能，参与了反应堆冷却剂的排放。

2) 系统描述

CCV 系统是反应堆厂房内的空气再循环系统，如图 7-2 所示。

主要通风系统设有 4 套空调设备及 2 台堆坑风机，在正常工况下，空调设备 3 套运行 1 套备用，堆坑风机 1 台运行 1 台备用。穹顶辅助通风系统设有 2 台空调机组，在正常工况下，1 台空调机组运行，1 台空调机组备用。6 台空调机组均由核岛冷冻水(WNC)系统连续供给冷冻水。

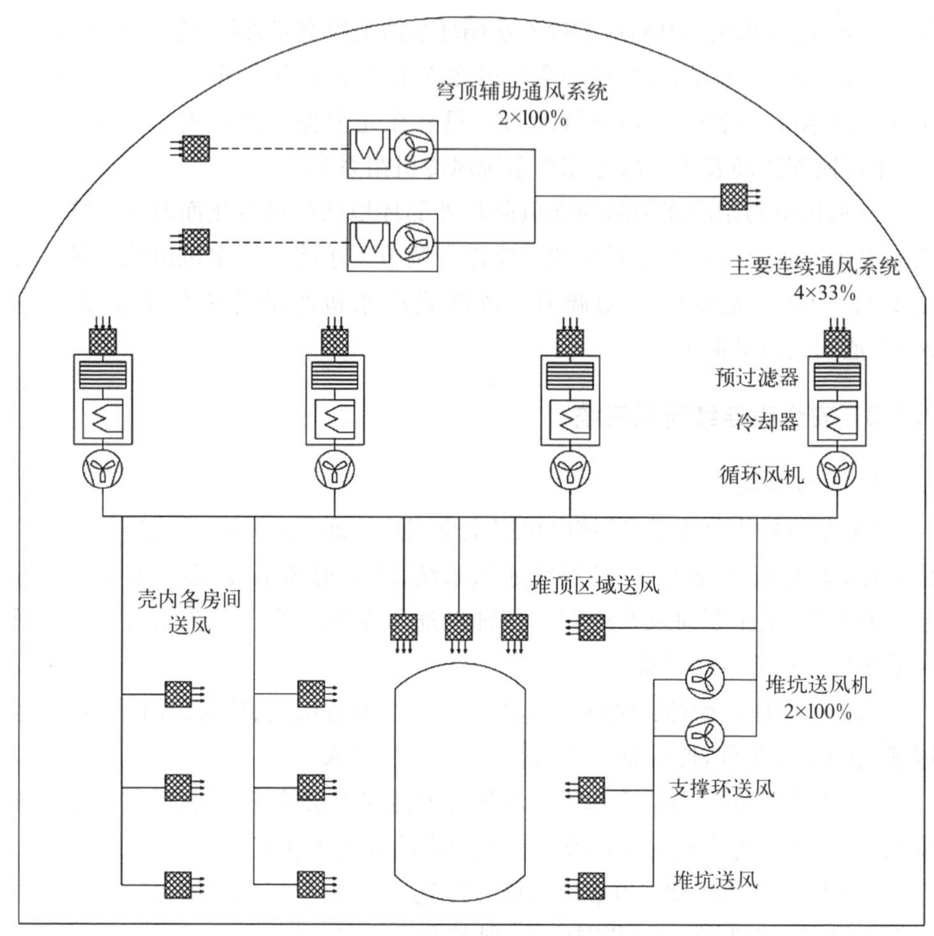

图 7-2　安全壳连续通风系统示意图

主要通风子系统空调机组吸入厂房内热空气，通过过滤、冷却处理后，送入送风环形集管，再通过各个支管将空气送至反应堆厂房内各通风区域，实现厂房环境冷却的功能。

部分冷空气经堆坑风机及其支管平衡阀的调节，通过反应堆压力容器支承环上的 3 个开孔送入，并通过另外 3 个开孔排出；部分空气通过主风管送至堆坑的底部，气流沿压力容器四周上升，一部分通过围绕反应堆冷却剂管道的混凝土孔道排出，另一部分通过埋入混凝土的小风管排入主环路的设备室，实现堆坑区域冷却的功能。

堆顶区域设置有多支送风管路，将冷却风送至一体化结构关键区域，实现堆顶区域冷却的功能。

穹顶热空气由辅助通风系统空调机组吸入，通过冷却处理后，送至操作平台区域。

反应堆堆坑送风管为 ϕ1 600 mm 的气密性碳钢管，能够承受设计基准事故(DBA)引起的超压。在送风管道顶部装有一个整定值为 1.08 bar(绝对压力)的爆破装置，以保证在达到设计基准事故的峰值压力时进行卸压。

3) 系统运行

核电厂正常运行和热停堆时，安全壳连续通风系统连续运行。

冷停堆后，安全壳连续通风系统必须继续运行约 140 h。此后，该系统一般是停运的。如果安全壳内温度高，操纵员需调整壳内温度，可按照冷却要求启动 1 套或 2 套主要通风系统空调设备与 CSV 系统联合运行。

7.2.4　主控室空调系统

1) 系统功能

主控室空调(VCL)系统具有保持房间内的温度和湿度在规定的限值内以满足设备运行和人员长期停留的要求、保证最小的新风量、维持可居留区内压力略高于出入口房间的压力，以及维持在室外发生放射性污染事故情况下，使新风和回风仍可被净化处理的功能。

主控室空调系统不执行与核安全直接相关的功能。但是，在厂区污染情况下，该系统必须保证操纵员所需的环境条件，也必须保持核安全相关的设备处于温度和湿度的允许限值内。

2) 系统描述

主控室空调系统是一次回风系统，它服务于主控室、办公室、技术支持中心、计算机房及生活区、卫生间、更衣室等各房间。

主系统包括 2 台冗余设置的由柴油发电机组应急供电的容量为 100%的空调机组及相应的送风管网和排风管网。每台机组内均设置 1 组预过滤器、1 组高效过滤器、1 台电加热器、1 台冷却盘管、1 台加湿器和 1 台风机。

应急过滤系统包括 2 条冗余设置的由柴油发电机组应急供电的容量为 100%的过滤管路，回风与新风混合后经应急过滤管线过滤，通过主系统的空气处理机组处理后送入可居留区。每条过滤管路包括 1 组预过滤器、1 台电加热器、1 台前置高效空气(HEPA)过滤器、1 台碘吸附器和 1 台后置 HEPA 过滤器、1 台送风机。

为了保证主控室在严重事故条件下的可居留性，在安全厂房及核辅助厂房屋顶部分别设置了事故取风口，当正常进风口被放射性烟羽覆盖不可用时，由正常进风口切换到事故取风口，2 个事故取风口互为备用。同时，设置 2 台冗余的放射性监测仪表来监测引入新风的放射性浓度，当浓度超标时通风系统由正常通风管路切换到应急过滤管路。

3）系统运行

在正常运行工况及设计基准事故时，主控室空调系统均是连续运行的，室外新风与室内回风经混合后送入房间。

当放射性监测系统探测到现场受放射性污染时，应急新风过滤系统自动启动。在失去厂外电源时，主控室空调系统由柴油发电机组提供应急电源。在龙卷风或冲击波的情况下，共用新风入口处设置的防爆波阀将自动关闭。

7.2.5　主蒸汽隔离阀区域通风系统

1）系统功能

主蒸汽隔离阀区域通风（VCM）系统的功能是保证主蒸汽隔离阀及周围空间的环境温度，保证设备正常运行。主蒸汽隔离阀区域通风系统不执行安全功能。

2）系统描述

主蒸汽隔离阀区域通风系统为机械送风、机械排风系统。对于每个主蒸汽隔离阀环路（共有 3 个环路）设置 1×100％的送风机和排风机。主蒸汽隔离阀区域通风系统及设备的安全等级为非安全级，抗震等级为非抗震类，但是，当受到 SL－2 荷载时不会坠落。

3）系统运行

核电厂在正常运行时，送排风机组连续运行保证主蒸汽隔离阀及其周围空间温度。主蒸汽隔离阀房间通风系统设计成在安全停堆地震动情况下不坠落或倒塌，不影响安全级系统执行安全功能。主蒸汽隔离阀房间通风系统不执行安全功能，风机手动就地控制，风机的控制逻辑在就地控制箱内实现，控制箱上设启停按钮和指示灯，分别控制风机的启停和指示风机的运行状态、故障状态。由主控室提供报警，当发生火灾时，风机停止运行。

参考文献

［1］　邢继，吴琳，等．中国自主先进压水堆技术"华龙一号"：上册［M］．北京：科学出版社，2020．

第 8 章
辐射防护

辐射防护设计是核设施设计相对于其他能源动力设施设计的重要区别之一，核电厂的辐射防护设计将建立并保持对核电厂内放射性危害的有效防御，从而降低对工作人员、公众和环境的辐射危害。“华龙一号优化改进型”的辐射防护设计遵循辐射防护原则，充分考虑了国际最新法规标准要求、国内已运行核电厂的运行经验反馈，基于一系列的辐射防护科研创新和自主化软件进行设计改进，其辐射防护设计达到国内外先进水平。

“华龙一号优化改进型”的辐射防护设计相对于“华龙一号”核电机组采用了更多便于工作人员操作的布置改进、从用户出发更为细致的辐射分区设计及全面的数字化辐射防护设计，并考虑了后续智能化的接口。

8.1 辐射防护原则、实施策略及设计目标

核电厂的基本安全目标是在核电厂中建立并保持对放射性危害的有效防御，以保护人与环境免受放射性危害。为了实现基本安全目标，辐射防护设计必须保证在所有运行状态下核电厂内的辐射照射或由该核电厂任何计划排放放射性物质引起的辐射照射低于规定限值，并且凡能合理达到的应尽可能低。同时，还应采取措施减轻任何事故产生的放射性后果。

8.1.1 辐射防护的最优化原则

辐射防护最优化原则是国际原子能机构(IAEA)发布的安全基本法则(Safety Foundamentals)1 号文件《基本安全原则》(No. SF－1)[1]规定的 10 项基本安全原则之一。IAEA 一般安全要求(General Safety Requirements)第三部分(No. GSR Part 3)[2]规定了为确保辐射安全及辐射防护最优化应满足的

基本要求。IAEA 特定安全要求文件(Specific Safety Requirements)《核电厂安全—设计》(No. SSR2/1(Rev. 1))[3] 明确指出，在核电厂的规划、选址、设计、制造、建造、调试和运行，以及退役等阶段都需要合理的辐射防护设计，保证在所有运行状态下核电厂内任何相关活动的辐射照射或由该核电厂任何计划排放放射性物质引起的辐射照射保持低于规定限值，并且符合可合理达到的尽量低(as low as reasonably achievable, ALARA)原则，还应采取措施以减轻任何事故产生的放射性后果。作为对 No. SSR2/1 相关条款的说明和细化，IAEA 安全导则(Safety Guide) No. NS-G-1.13[4] (Radiation protection aspects of design for nuclear power plants)对新建核电厂的设计中应建立和保持对辐射危害的有效防御措施做了进一步细化，为实现辐射防护目标提供指导。

集体剂量是表征核电厂辐射防护优化程度的重要指标，也是辐射防护最优化的主要着眼点。世界核电运营者协会(World Association of Nuclear Operators, WANO)针对核电厂运行评比的 10 个指标[5] 提出，集体剂量是其中一个重要指标。

8.1.2 剂量限值原则

所有实践带来的个人受照剂量必须低于剂量当量限值。对个人剂量限值规定了不可接受的剂量下限。

1) 正常运行职业照射剂量限值

正常运行职业照射剂量限值列于表 8-1。

表 8-1 正常运行职业照射剂量限值

法 规 标 准	职业照射有效剂量限值/(mSv/a)
GB 18871—2002[6] 《电离辐射防护与辐射源安全基本标准》	20/50①
No. GSR Part3[2] *Radiation Protection and Safety of Radiation Sources: International Basic Safety Standards*	20/50①
10 CFR Part 20[7] *Standards for Protection Against Radiation*	50

① 由审管部门决定的连续 5 年的年平均有效剂量限值为 20 mSv(但不可做任何追溯性平均)，任何一年中的有效剂量限值为 50 mSv。

2）职业照射剂量约束值

职业照射剂量约束值列于表 8 - 2。

表 8 - 2　职业照射剂量约束值

法规标准	职业照射有效剂量约束
欧洲用户要求文件(EUR)[8]	5 mSv/a
美国用户要求文件(URD)[9]	U. S. NRC(美国核管会)认为，通过常规监督程序能够了解和检查到剂量控制情况
美国国家放射防护与测量委员会(NCRP)[10]	终生累计值[工作时间(以年计)×10 mSv/a]
英国国家放射防护局(NRPB)[10]	15 mSv/a(连续 5 年平均)
澳大利亚核科学与技术组织(ANSTO)[10]	15 mSv/a
法国电力集团(EDF)[10]	执行 2 个警告剂量水平 预警水平：16 mSv/a(连续 12 个月) 警告水平：18 mSv/a

8.1.3　辐射防护最优化实施策略

IAEA 在其安全导则 NS - G - 1.13 中给出了辐射防护最优化的工作策略。“华龙一号优化改进型”核电厂的辐射防护优化设计遵循此策略，基于基本的设计方案，确定设计目标，结合辐射与化学运行经验数据，开展个人和集体剂量评价，在最优化审查与开展代价利益分析的基础上，不断地评估反馈修改设计以达到最优化的设计目的。

8.1.4　设计目标值

设计目标值是表征核电厂设计优化程度的重要指标。“华龙一号优化改进型”的设计目标值在满足法规标准限值的前提下，结合该型号的辐射防护设计、同类核设施运行情况和社会经济等多方面因素，通过充分的调研与反复的论证，“华龙一号优化改进型”确定的各类设计目标值如表 8 - 3 所示。

表 8-3 “华龙一号优化改进型”机组辐射防护设计目标值

工况	职 业 照 射	公 众 照 射
运行状态	个人年有效剂量：15 mSv/a 集体剂量： 单一年份最大值：1 人·希/(机组·年) 寿期平均：<0.6 人·希/(机组·年)	工程优化目标值：<10 μSv/a
事故工况	从事干预的工作人员所受到的照射不得超过 50 mSv,除以下情况外： (1) 为抢救生命或避免严重损伤； (2) 为避免大的集体剂量； (3) 为防止演变成灾难性情况 主控室等重要应急设施应满足的可居留性准则： 在设定的持续应急响应期间内(一般为 30 d),工作人员接受的有效剂量不大于 50 mSv,甲状腺当量剂量不大于 500 mGy	设计基准事故 稀有事故： 非居住区边界上公众在事故后 2 h 内及规划限制区外边界上,公众在整个事故持续时间内可能受到的有效剂量应小于 5 mSv,甲状腺当量剂量应小于 50 mSv 极限事故： 非居住区边界上公众在事故后 2 h 内及规划限制区外边界上,公众在整个事故持续时间内可能受到的有效剂量应小于 0.1 Sv,甲状腺当量剂量应小于 1 Sv 对于大多数严重事故,考虑通用优化干预水平,最严重的事故,考虑急性照射的剂量行动水平

其中,职业照射集体剂量是表征辐射防护设计优化程度的重要指标。世界主要轻水压水堆核电机型职业照射集体剂量设计目标值如表 8-4 所示。国内二代加核电机组集体剂量设计目标值为 1.0 人·希/(堆·年)(寿期平均),对比可知“华龙一号优化改进型”的辐射防护设计优化程度及对职业照射集体剂量的控制水平显著提高。世界主要第三代压水堆型核电厂集体剂量设计目标值如下：AP1000 集体剂量设计目标值小于 0.7 人·希/(堆·年)(考虑注锌小于 0.4 人·希/(堆·年)；EPR 集体剂量设计目标值小于 0.4 人·希/(堆·年)(未考虑注锌)。“华龙一号优化改进型”当前阶段的设计未考虑注锌,对比可知其辐射防护设计优化程度与上述两种主要第三代堆型相当。“华龙一号优化改进型”的辐射防护设计满足我国现有法规标准,也达到了目前国际对先进压水堆的优化设计指标,实现了辐射防护最优化设计的目标,充分体现了第三代核电的先进特点。

表 8-4　世界主要核电机组职业照射剂量设计目标值

世界主要三代核电机组	职业照射集体剂量
EUR	0.5 人·希/(堆·年)(寿期平均)
URD	1 人·希/(堆·年)(寿期平均)
AP1000	小于 0.7 人·希/(堆·年)(未考虑注锌) 小于 0.4 人·希/(堆·年)(考虑注锌)
EPR	小于 0.4 人·希/(堆·年)(未考虑注锌)

8.2　辐射防护设计

辐射防护设计必须保证工作人员和公众在整个寿期内受到的辐射剂量在运行状态下不超剂量限值，在事故工况下不超可接受限值，并凡能合理达到的应尽可能低。

8.2.1　辐射分区设计

辐射分区是核电厂主要的辐射防护措施之一，辐射分区的目的是有效地控制正常照射、防止放射性污染扩散，并预防潜在照射或限制潜在照射的范围，以便于辐射防护管理和职业照射控制，使工作人员的受照剂量在运行状态下保持在可合理达到的尽量低的水平，在事故工况下低于可接受限值。

1) 辐射分区原则

核电厂厂内分为辐射工作场所和非辐射工作场所。按照 GB 18871—2002 的规定，"华龙一号优化改进型"厂内的辐射工作场所分为控制区和监督区。为便于辐射防护管理和职业照射控制，根据放射性操作水平，再将控制区划分为不同的子区，即常规工作区、间断工作区、限制工作区、高辐射区、特高辐射区和超高辐射区。控制区子区的划分方式与 NB/T 20185—2012[11]《压水堆核动力厂厂内辐射分区设计准则》给出的辐射分区设计特征相同。监督区通常不需要专门的防护手段或安全措施，但需要经常对职业照射条件进行监督和评价。

2）功率运行工况的辐射分区

在功率运行工况下，辐射分区设计的主要依据是功率运行过程中反应堆及各放射性辐射源的分布，以及各房间、区域的人员通行及居留需求。

3）停堆工况辐射分区

功率运行工况的辐射分区考虑了各种工况下可能出现的最强辐射源，各房间或各区域的剂量率水平具有包络性，为工艺、电气、通风、给排水等系统的布置提供了依据。停堆期间由于反应堆停止运行、主系统设备和管道排空等条件，反应堆厂房各房间和各区域的辐射水平与功率运行工况相比有很大变化，为此，专门确定了停堆工况的辐射分区，用于停堆大修期间工作人员的辐射防护管理和职业照射控制。

停堆工况辐射分区设计考虑了以下内容：① 停堆大修相关规程；② 停堆工况辐射分区涉及的房间范围；③ 停堆期间工作人员进出控制区的控制；④ 停堆期间人员在反应堆厂房的流动情况。

4）控制区人员出入控制

“华龙一号优化改进型”机组为工作人员和参观人员进出核岛厂房制订了严格的管控要求，以确保人员所受的辐射剂量满足国家法规、标准的规定。进出通道的设置应满足下列原则。

（1）人员进出辐射控制区必须通过卫生出入口。

（2）辐射控制区中用到的工作服与辐射控制区外的人员便装要分离，人员便装放置在控制区外面，不同服装放置区的入口、出口用三角闸门隔开。

（3）设有专门的监测仪器和永久的值班人员来监测人员和轻设备的进出。

（4）配备淋浴喷头等装置，可对放射性沾污进行去污。

（5）衣服污染检查点 C1 和皮肤污染检查点 C2 隔开，检查点附近保持较低的辐射水平。

（6）防止进入和离开人员相互交叉引起放射性扩散，人员沿不同路线进、出控制区。

（7）对于限制工作区及以上分区，要运用行政管理程序（如进入这些区域的工作许可证制度）和实体屏障（包括门锁和联锁装置）限制人员进出；限制的严格程度应与预计的照射水平和可能性相适应。

5）大型设备通道

体积大或重量大的设备将由专用门进出辐射控制区，此类门在通常情况下保持关闭状态。打开此类门会有污染泄漏的风险，为此设置了气密闸门。

设备运入时，由专人负责从控制区入口到厂房内的运输过程。设备运出之前，预先包装好的设备要接受表面污染检查（使用控制区工作人员携带的便携式仪器），检查结束后，设备由专人负责运出。以上过程中，工作人员在离开和进入控制区时都要经过卫生出入口。

8.2.2 辐射屏蔽设计

1）屏蔽设计原则

屏蔽是辐射防护的重要手段之一。“华龙一号优化改进型”核岛厂房的屏蔽设计以 HAF 102—2016、HAD 102/12—2019[12]、NB/T 20194—2012[13]等法规、标准为依据，利用基于不同理论方法（如点核积分法、离散纵标法、蒙特卡罗法等）的辐射输运计算程序，开展了对屏蔽材料和屏蔽厚度的计算分析。

核电厂内辐射源的情况比较复杂，反应堆堆芯和各系统在功率运行和停堆大修时辐射源的类型、活度和能谱特性差别很大，需要根据各类放射性设备的源强和周围区域、相邻房间的辐射分区剂量率要求，分别进行计算分析。

2）主屏蔽

主屏蔽的功能是屏蔽反应堆及一回路系统主要设备，可分为一次屏蔽和二次屏蔽。

一次屏蔽是反应堆堆芯的屏蔽层，由环绕在堆芯外部的不锈钢内部部件（围板、反射层、吊篮、热屏蔽）、水层、压力容器和围绕反应堆容器的混凝土结构等组成。一次屏蔽设计的辐射源除了功率运行时的裂变中子，还包括裂变瞬发 γ 辐射、俘获 γ 辐射等。混凝土是一次屏蔽中的主要结构，设计时重点关注了混凝土上各种贯穿孔的影响，如堆外核测仪表孔、堆腔注水冷却系统管道等。

二次屏蔽是包围一回路系统各主要设备间的屏蔽层，它围绕在一次屏蔽和反应堆冷却剂环路周围，用以防护来自反应堆主冷却剂中的 γ 辐射（主要辐射源是 N－16），并作为一次屏蔽的补充，继续减弱由一次屏蔽泄漏的中子和 γ 辐射。

3）放射性系统屏蔽

反应堆运行期间，一回路冷却剂中的裂变产物和活化腐蚀产物核素随着主、辅系统的运行进入各放射性系统的设备，从而在核岛厂房的各个房间形成辐射照射。放射性系统的屏蔽设计是核电厂屏蔽设计的主要内容，对于每个放射性设备，通过计算分析确定合适的屏蔽方案，从而实现对工作人员的防护。

4) 局部屏蔽

核电厂中存在一些放射性极强的辐射源，例如辐照后的燃料组件、化学和容积控制系统的废滤芯等。为贮存强辐射源，设置了足够的屏蔽措施，包括超过 3 m 厚的屏蔽水层(反应堆水池及乏燃料水池)和 1～2 m 厚的混凝土、重混凝土墙体。此外，这些强辐射源都远离人员通道或操作区域，在正常情况下对人员辐照影响很小。

辐照后的燃料组件、废滤芯等强辐射源需要在厂房内经历至少一次的转运过程，在此期间这些辐射源会失去原有的屏蔽条件，在运送路线上造成局部屏蔽减弱，成为屏蔽设计重点关注的内容。“华龙一号优化改进型”的屏蔽设计对这些强辐射源的转运都做了专门的分析，确定了特有的局部屏蔽方案。

(1) 辐照组件屏蔽。停堆换料期间，经过辐照的燃料组件要通过燃料转运通道在反应堆厂房和燃料厂房之间转运。出于抗震的需要，双层安全壳与反应堆厂房内建筑、双壳夹层内建筑及燃料厂房建筑之间都必须留有缝隙。由于辐照后的组件放射性极强，即使很小的缝隙也会产生很大的辐射漏束。为解决这一问题，考虑了多种屏蔽措施，经过多次计算和结果对比，最终确定了迷宫缝、缝隙内部填充铅纤维、缝隙上方和侧面铺设铅砖、主体材料使用重混凝土等多种屏蔽手段，最终保证了辐照燃料组件转运过程中途经位置的剂量率水平都不超过相应的辐射分区剂量率控制值。

(2) 废滤芯屏蔽。废滤芯在核岛厂房内部的转运过程如下：从过滤器井吊出至操作大厅，运送至废滤芯下降通道，再经过下降通道装入运输车。操作大厅属于常规工作区，剂量率控制值很低，为此专门设计了滤芯更换容器，实现对高辐射废滤芯的屏蔽。滤芯更换容器主要结构包括不锈钢内壳、碳钢外壳和双壳之间的铅，其中铅是屏蔽废滤芯释放的 γ 射线的主体材料。容器下部是带有滑块闸门的底座，滑块闸门在废滤芯进入容器后关闭，可确保对废滤芯全方位的屏蔽。

8.2.3 应急设施设计

“华龙一号优化改进型”应急设施在设计上具有以下基本特征。

(1) 墙壁及屋顶有足够的砼厚度减弱来自室外的 γ 辐射。

(2) 进风系统设置高效的碘过滤器，对从室外进入该设施的送风进行过滤，以控制室外受污染空气进入房间内对人员产生过量照射；对于主控室，在设计上还考虑了设置2个应急取风口，互为冗余，当其中一个应急取风口被烟羽笼罩不能取风时，启动另一个应急取风口；增加内部循环过滤，对非过滤渗入的放射性进行去除。

(3) 人员出入门亦采用密封性好的门，以实现较好的密封效果和热绝缘效果。

(4) 设施内的工作人员所受剂量主要来自室内空气污染产生的外照射和吸入放射性物质产生的内照射。设施屋顶和墙壁采用足够厚度的混凝土屏蔽，可以有效降低放射性烟羽浸没 γ 辐射外照射的剂量贡献。

8.2.4 事故工况下辐射防护

"华龙一号优化改进型"对事故工况下的辐射防护进行了全面考虑，主要包括设备、仪表及材料的耐辐照性能分析，事故后需要现场操作、维修或修理的人员可达性分析，事故后监测仪表量程和报警阈值确定，以及应急设施的工作人员可居留性评价等。

1) 事故后人员可达性分析

当发生事故后，操纵员将根据规程开展事故缓解工作，位于安全壳外的一些专设安全系统和核辅助系统可能处于运行状态，这些系统中会滞留放射性气体和液体，对应的高辐射水平的环境条件可能导致人员难以进入，给事故的缓解带来困难。因此，"华龙一号优化改进型"考虑事故后人员在关键区域的可达性，保证在事故后工作人员为缓解或消除事故后果而需要进行相关的作业时，工作人员受到的应急照射满足相关法规的要求。事故后的人员可达性分析评估核电厂在严重事故下人员靠近设备采取缓解措施的可能性，为事故的缓解提供一定的支撑。

"华龙一号优化改进型"针对事故后工作人员的防护采取的主要措施如下。

(1) 将具有可达性要求的关键区域气载放射性污染降低到最低程度。

(2) 尽量缩短在事故中完成相关操作期间工作人员受照的时间。

(3) 某些关键区域的可达性无法保证时，考虑采取相应的附加防护措施，例如在辐射源外增加屏蔽墙、设置远传或远程控制阀门使工作人员不必靠近操作等，以确保人员能够进入和停留在关键区域操作或维护重要设备，而所受剂量又保持在允许的范围内。

(4) 对于事故工况期间厂内工作人员到达关键区域的通行路径，在满足可达性要求的同时，需根据不同的通行路径分析人员所受总剂量，综合人员剂量和时间等，合理选择最优通行路径。

(5) 对于事故工况厂内工作人员需接近的关键区域或房间，设计应保证房间易于辨识、标记清晰，并且消除通道中妨碍厂区工作人员自由行走的一切障碍物。

"华龙一号优化改进型"的设计能够保证在发生设计基准事故和严重事故后，在需要进行现场操作的区域、相应的厂房内通行路线、撤离路线等区域内的设备和管道内包容的辐射源项及厂房气载放射性源项所致的人员辐射照射在法规标准要求的范围内。

2) 事故后设备和仪表的辐射环境条件

《核动力厂设计安全规定》指出："必须考虑核动力厂整个设计能力，包括超过其原来预定功能和预计运行状态下可能使用某些系统(即安全系统和非安全系统)和使用附加的临时系统，使核动力厂回到受控状态和/或减轻严重事故的后果，条件是可以表明这些系统能够在预计的环境条件下起作用。"《福岛事故后核电厂改进行动通用技术要求(试行)》要求开展设备或仪表的可用性评价，如乏燃料水池的液位及温度测量应保证在相应的环境条件的设备可用性。与第二代加核电厂相比，"华龙一号优化改进型"对事故后关键的探测仪表所处位置的剂量率水平进行了更为精细化的分析，为仪表选型提供参数依据，保证事故后关键设备的可用性。

3) 事故工况下监测仪表量程和报警阈值设定

"华龙一号优化改进型"用于事故工况的辐射监测仪表满足事故工况下所在位置处的辐射环境条件，其量程足够宽，可以显示事故工况下预期的最高剂量率。同时综合考虑工作人员的剂量限值和场外公众的剂量后果，对事故工况的辐射监测仪表的报警阈值进行详细分析和确定。

4) 应急设施内的工作人员可居留性评价

根据 NNSA - HAJ - 0001—2017《核动力厂场内应急设施设计准则》有关要求，采用自主化"应急设施可居留性分析软件平台 EFHAP"开展应急设施内应急工作人员事故后的可居留性评价。应急设施可居留性评价中所考虑的事故源项主要包括设计基准事故源项(主要考虑安全分析中所考虑的典型设计基准事故，如大破口失水事故、弹棒事故)、设计基准源项(需要考虑堆芯熔化、典型的源项计算同选址假想事故源项)、二级 PSA 严重事故源项(考虑 2 级 PSA 分析结果中 RC07 - RC11 释放类的源项)、设计扩展工况(考虑 DEC - A 及 DEC - B 源项)。

结合“华龙一号优化改进型”应急设施的基本设计特征并根据厂址环境参数,分别采用上述事故源项进行可居留性评价。评价结果表明,在设计基准事故情况下,设计基准源项、设计扩展工况下应急设施的可居留性满足法规标准要求。对于 2 级 PSA 分析中的 RC07 - RC11 释放类,应急指挥中心内工作人员在事故持续期间所接受的有效剂量满足《福岛核事故后核电厂改进行动通用技术要求(试行)》的相关要求。对于主控室,事故后主控室内人员在一定的时间内具备可居留性。

8.3　辐射防护评价

为证明在辐射防护设计中实现了设计目标,必须对工作人员所受职业照射进行评价,包括职业照射评价、环境影响评价及事故后果评价等。

8.3.1　职业照射评价

随着世界经济和文明的日益发展,各核电运行国家、国际原子能机构和相关组织越来越重视核电厂工作人员的辐射安全和健康,其中工作人员受到的职业照射剂量是衡量核电机组先进性的核心指标。职业照射剂量评价是核电厂辐射防护评价的基础,是衡量是否符合监管剂量限值的依据,是对辐射防护最优化进行定量评估的手段之一,也是实践正当性判断和人员受照剂量分析的重要组成部分。图 8 - 1 所示为国际职业照射信息系统(ISOE)发布的世界核电机组 1992—2020 年的年平均集体剂量变化趋势[14],其中压水堆核电机组的集体剂量已从 1992 年的 1.7 人·希/(堆·年)下降至 2020 年的约 0.4 人·希/(堆·年)。

《中华人民共和国核安全法》规定压水堆核电厂应当严格控制辐射照射,确保有关人员免受超过国家规定剂量限值的辐射照射,确保辐射照射保持在合理、可行和尽可能低的水平。对于核电厂职业照射剂量的优化是世界先进核电技术的发展趋势。经数十年的工程设计、运行经验积累及科研攻关,我国已将职业照射剂量评价工作取得的成果应用于“华龙一号优化改进型”的工程设计中。“华龙一号优化改进型”职业照射集体有效剂量设计目标值为 0.6

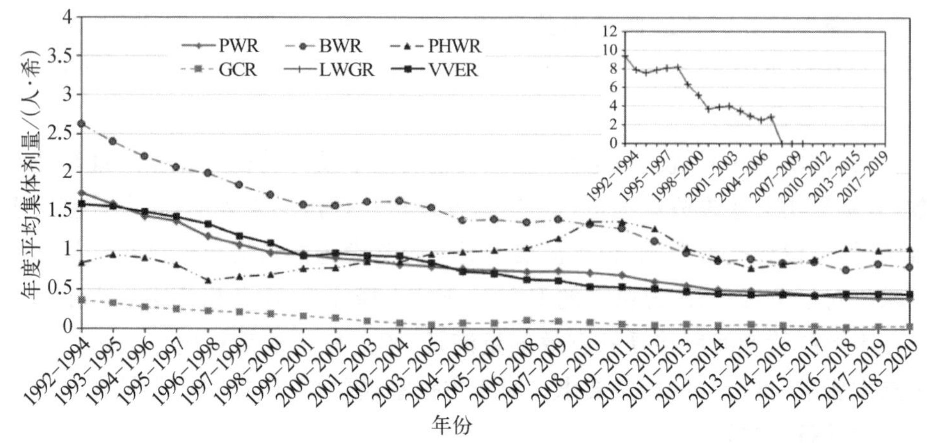

图 8-1　世界核电机组 1992—2020 年的年平均集体剂量变化趋势(ISOE)

人·希/(堆·年),个人有效剂量设计目标值为 15 mSv/a。经与国际公认的第三代轻水堆标准文件——美国电力研究院发布的《先进轻水堆用户要求》(URD)和欧洲电力用户组织发布的《轻水堆核电厂欧洲用户要求》(EUR)对标分析,未来将实现我国新建和对外出口的“华龙一号”的集体有效剂量降至 0.5 人·希/(堆·年),个人有效剂量设计目标值和管理目标值降至 5 mSv/a,进而达到国际先进(领先)水平。

8.3.2　环境影响评价

在取得了作为评价基础的排放源项之后,核电厂辐射环境影响评价体系还有一系列的技术需要解决。为了更好地适应当前审查监管要求及更好地对核电厂的运行影响给出评价,已经开展了以下的系列研究并取得了一定的成果[15]。

(1) 随着近年来监管部门对于生态环境影响的关注,在各核电厂的辐射影响评价中已经开展了水生生物的辐射影响评价工作,并且提出了陆生生物辐射影响评价的要求。目前,也针对陆生生物辐射影响评价模型开发和应用开展了研究,逐渐掌握了核电厂陆生生物辐射影响的软件和相关技术,并且可以将其应用到未来的工程中,在技术上保持与国际的同步。

(2) 核电厂流出物对于环境的影响主要分为三大途径:气态途径、液态途径和地下水途径。目前,对于气态途径和液态途径的基本技术和评价方法已基本掌握,但对于核电厂地下水的影响评价在国内还处于起步阶段。在“华龙一号"研发过程中对地下水模型的适用性、参数的选取、地下水释放的源项考虑等方面开展了研究,可以满足未来对于地下水评价方面的审查监管要求,并可以支持核电厂运行中的安全评价工作。

(3) 此外,对目前已经遇到或者将来进入内陆后需要面临的小静风和复杂地形大气弥散模型问题、冷却塔对于气载流出物扩散的影响、核素迁移、厂址选择中水体和大气弥散及极端气象条件等方面也开展了一系列的关键技术研究,这些研究基于实际工程的需要,也为保证技术的领先性和与国际的同步性努力,并且已经取得了一定的成果。

以上科研工作的开展,不仅仅能够满足审查监管的要求,对于更加全面地评价和掌握核电厂运行的环境影响、反馈核电厂的设计并建设更加环保的核电厂具有十分积极的作用。

8.3.3 事故后果评价

1) 安全分析及事故环境影响评价

在进行放射性后果评价过程中,事故后短期大气弥散因子主要根据管理导则 RG1.145 中的模型,根据特定厂址的气象观测数据计算各方位 99.5%概率水平及全厂址 95%概率水平的大气弥散因子,取各方位的最大值与全厂址 95%概率水平值中的较大者作为 0~2 h 的大气弥散因子。对于持续时间长于 2 h 的大气弥散因子,利用 0~2 h 大气弥散因子与年均大气弥散因子进行双对数内插得到。

在剂量评价过程中,主要考虑烟羽浸没外照射、地面沉积外照射和吸入内照射。

经分析,"华龙一号优化改进型"机组选址假想事故及设计基准事故的场外剂量后果满足 GB 6249—2011 中的验收准则要求,设计扩展工况的场外剂量后果满足监管要求。

2) 应急计划区划分

"华龙一号优化改进型"应急计划区的划分遵循国家现行有效法规标准《核电厂应急计划与准备准则　第 1 部分:应急计划区的划分》[16] 的要求。在确定应急计划区过程中:① 既考虑设计基准事故,也考虑严重事故,以使在所确定的应急计划区内所做的应急准备能应对严重程度不同的事故后果;② 对于发生概率极小的事故,在确定核电厂应急计划时可以不予考虑,以免使所确定的应急计划区的范围过大而带来不合理的经济负担。

按照法规标准的要求及国内压水堆核电厂应急计划区划分工程实践，在“华龙一号优化改进型”机组应急计划区的划分过程中，选取了典型的设计基准事故和严重事故进行场外剂量后果的评价，其中对于严重事故，考虑了全事故谱加权，考虑各释放类的发生频率及其源项释放量，较为综合全面地反映了“华龙一号优化改进型”机组的安全设计特征。

应用自主开发的核电厂应急计划区测算软件平台(EPZCAL)进行了应急计划区测算。在烟羽应急计划区剂量计算过程中，考虑了 4 种不同的照射途径，即来自烟羽中放射性物质的外照射、来自地面沉降的放射性物质的外照射、空气吸入内照射和再悬浮吸入内照射；在食入应急计划区计算过程中，考虑采用半动态模型和饮用水污染水平计算模型。

对特定厂址，推荐“华龙一号优化改进型”机组场外应急计划区按照内区边界 5 km、外区边界 10 km、食入应急计划区边界 50 km 进行设置。

8.4 辐射监测

“华龙一号优化改进型”的辐射监测系统包括电厂辐射监测系统(IRM 系统)和控制区出入监测系统(IAM 系统)、厂区环境辐射与气象监测系统(IEM 系统)。此外辐射监测设计也包括环境实验室，用于正常运行及事故期间核电厂周围环境的辐射水平及环境介质中的放射性活度浓度测量和分析；还将建设地下水监测井，用于厂区内地下水的取样，“华龙一号优化改进型”的辐射监测数据均由全厂辐射监测信息系统(IRI 系统)统一管理。

8.4.1 电厂辐射监测系统

1) 系统功能

电厂辐射监测系统(IRM)包括以下内容。

场所辐射监测：及时发现工作场所放射性辐射水平的异常变化，确保核电厂工作人员免受高辐射照射。

流出物监测：连续监测废水，废气流出物中的放射性活度水平，确保核电厂排出的放射性活度浓度低于国家标准规定的限值，以保护环境和确保公众的辐射安全。

工艺辐射监测：连续监测可能被放射性污染的工艺流体或厂房空气，以检查燃料包壳、系统压力边界等屏障的完整性，防止放射性物质通过各道屏障泄漏或释放。

IRM 系统各监测道至少具有以下一种或几种功能：① 防止电厂工作人员受高辐射照射；② 防止广大居民受辐射照射；③ 屏障监测；④ 自动启动隔离设备或其他系统。

2）系统描述

IRM 各监测仪在选择有效测量范围、灵敏度和指示器或显示器时，主要考虑仪表在正常运行工况和预期运行事故工况条件下的被测介质（流体）特性和工作环境特性。对于一些监测道（PAMS 监测道）还要考虑假想事故工况下的上述特性。

各监测道探头产生的脉冲信号或电流信号送到就地处理箱就地处理并/或显示。1E 级监测道就地处理箱输出的开关量报警信号送入 DCS，经逻辑控制系统处理后参与联锁控制、全厂辐射监测信息管理（IRI）系统显示存储及电厂计算机信息和控制（IIC）系统或后备盘报警。用于应对设计扩展工况的监测道及非安全级工艺、流出物监测道就地处理箱通过 RS485 通信口输出测量数据直接送到 IRI 信息管理系统，然后上传到 DCS 和 IIC 系统或后备盘。IRI 信息管理系统从 DCS 收集各监测道数据并在此进行集中显示、存储、统计、输出报表，在厂房出入口还设有显示终端。

3）主要设备

"华龙一号优化改进型"设置的电厂辐射监测系统由多个位于核电厂主要厂房内的监测通道组成，主要包括探测装置、就地处理及显示装置、工作站等硬件和相应的软件系统。

电厂辐射监测系统的设备类型主要包括工艺辐射监测设备、流出物辐射监测设备、场所辐射监测设备、辐射监测信息管理系统，以及携带式辐射监测仪表。

这些设备实时监测电厂的放射性水平，超过阈值时就地及在主控室发出报警，提醒工作人员采取相应行动，或者自动联锁控制相关工艺阀门等。辐射监测设备配有安全级及非安全级配电箱，分别对安全级及非安全级监测道设备供电。

4）运行特性

在正常情况下，辐射监测系统正常运行状态定义为连续运行。但是，有些监测道由于具有不同特性，而在正常运行状态时定义为间断运行。

在遇到安全壳内发生事故时，安全壳隔离信号使有关阀门、系统关闭，相关监测道停止运行。遇到主蒸汽管道阀门关闭时，主蒸汽管道监测道的测量结果不再有代表性。通过烟囱排放的气体活度高时，计算气体释放活度只需要考虑高量程测量结果。在堆热功率输出低于20%额定功率时，N-16活度监测道的N-16活度测量结果不再有代表性。蒸汽发生器泄漏率就需要使用测量惰性气体的装置测量。

8.4.2 控制区出入监测系统

1）系统功能

为了严格控制进入核岛厂房辐射工作人员所受到的放射性照射，并对工作人员的受照剂量进行测定和记录，同时为了防止放射性污染的扩散，保证非放射性区域不受污染，“华龙一号优化改进型”机组及其配套厂房在核岛人员通行厂房设置了卫生出入口。用于工作人员进出控制及受照剂量的测定和记录。工作人员要进入或离开核岛辐射控制区必须通过该卫生出入口。卫生出入口可对进入辐射控制区的人员进行控制和管理，对离开辐射控制区的人员及携带的小件物品进行放射性沾污监测和控制。

2）系统描述

核电厂在运行中会释放一定的放射性物质，这些物质可能危害工作人员的身体健康，这些放射性物质主要来自核燃料中的裂变产物和反应堆运行时堆芯中子活化产物。

根据核电厂厂内辐射分区设计准则规定，建立辐射控制区（以下简称“控制区”）。控制区包括所有存在或可能存在放射性物质且其放射性水平达到需要进行辐射防护和测量的区域。核电厂根据放射性辐射水平建立辐射控制区，存在放射性物质的大多数区域为辐射控制区。为有效对控制区进出人员进行管理，保障工作人员的辐射安全，建立控制区出入监测（IAM）系统，以完成如下功能：

（1）对进出控制区的人员进行控制和管理；

（2）对控制区内的工作人员所受辐照剂量及工作时间进行实时监测，在超过预定的报警阈值时发出报警；

（3）测量和记录电厂工作人员的内、外照射剂量，建立完整的工作人员个人剂量档案；

（4）在工作人员退出控制区时对其全身表面、安全帽及所携带工具的表面污染进行测量，确保放射性物质不会未经允许而被带出。

3）主要设备

“华龙一号优化改进型”机组及其配套厂房 IAM 系统主要包括个人剂量监测与管理子系统、电子个人剂量计、剂量计读出器、人脸识别一体机、热释光个人剂量监测设备、三角闸门、全身计数器（WBC）、管理软件、中央服务器及工作站、表面污染监测设备、C1 型全身 γ 污染监测仪、C2 型全身 β 污染监测仪、小物品污染监测仪、安全帽污染监测仪、衣物监测仪、手脚污染监测仪、车辆/人员 γ 污染监测仪等设备。

4）运行特性

在正常工况下，IAM 系统中的设备除热释光个人剂量监测设备、全身计数器为定期使用外，其他均为连续运行。

IAM 系统是较为独立的系统。需要停运时，切断设备的电源即可。

热释光个人剂量读出器设备停运时，应先关闭电源，再切断工作气体（氮气）。重新启动时，接通电源和氮气后可重新投入使用。

IAM 系统是一个连续运行的计算机化的实时网络系统，中央服务器与在各控制区的入口/出口读出器可随时进行通信，以实现工作人员进出控制区的实时控制与管理。

在中央服务器异常或网络连接设备故障的情况下，系统其他部件仍能在现场读出器的控制下继续正常工作。此时，中央服务器内的个人剂量数据库不再有效，并且不能随时更新，现场工作人员在控制区内接收的剂量信息存储在剂量计读出器中。

8.4.3　环境辐射和气象监测系统

1）系统功能

根据国家相关法规及标准的要求，核电厂必须建立环境辐射和气象监测系统（IEM）。其目的是在本工程正常运行和事故期间连续监测厂址区域和周围环境 γ 辐射水平及气象参数，采集厂区周围环境介质样品送环境实验室测量分析。

环境辐射和气象监测系统的主要组成部分及功能如下。

（1）环境 γ 辐射监测站：环境 γ 辐射监测站连续记录厂址区域及周围大气 γ 辐射水平、降雨量以及风速/风向信息，当 γ 辐射剂量率超过阈值时报警。此外，部分监测站还获取气溶胶、碘、沉降灰、H－3、C－14 和雨水的样品。

（2）气象站：气象站采集、处理和记录厂址区域气象数据，用于核电厂气载流出物约定排放和计算、评价核电站气态放射性物质排放对该地区环境的影响。在事故情况下，气象站提供实时气象参数，为估算事故后果及制订和执行应急措施提供支持。

(3) 中央站：中央站连续收集环境γ辐射水平数据和气象数据，经中央数据服务器和数据监测工作站统一归档、处理，输出报表；接收并处理传感器故障报警、电源故障报警及阈值报警信号，并将环境γ辐射剂量率测量结果及报警信息实时发送电厂主控室。

(4) 环境监测车辆：环境监测车辆包括环境监测车、应急监测车和环境介质采样车，正常运行时对厂址周围环境监测和环境介质采样，事故条件下进行应急监测及采样。

(5) 应急监测子系统：当本工程遭遇极端外部事件导致系统整体或部分不可用时，应急监测子系统可快速投入使用，投放到指定区域，并可独立运行，以恢复核电厂的环境监测能力。

2) 系统描述

本系统在满足相关国家及核行业标准前提下应能在厂址环境条件下正常工作。本系统不属于安全系统，但系统中环境γ辐射监测站、气象站、中央站、应急监测子系统的主要设备均考虑了在事故期间保持至少7天正常工作和数据传输的功能。各环境监测站为无人值守站，具有远程监测设备运行状态、环境状态、远程启停、远程调整等功能。IEM系统的气象数据及剂量率数据将传输给应急辅助决策系统及主控室，用于在应急情况下的应急响应支持。

3) 主要设备

环境γ辐射监测站：本系统共包括厂区内环境γ辐射监测站和厂区外环境γ辐射监测站。厂区内监测站均安装环境γ剂量率监测仪、能谱型环境γ剂量率监测仪和雨量计；厂区外监测站均安装环境γ剂量率监测仪、雨量计和风速/风向传感器。部分厂区内和厂区外监测站还安装大气气溶胶/碘取样器、H－3取样器、C－14取样器、雨水收集器和沉降灰收集器等。环境γ辐射监测站采用有线和无线2种方式传输数据，所有测量数据传送到位于中央站内的环境γ辐射数据中央计算机。

气象站：气象站由气象铁塔、气象桅杆、气象观测场及地面气象站组成。在气象铁塔的10 m、30 m、50 m、70 m和100 m高处各安装了1个风速、风向和温度传感器；在气象桅杆上设置风速、风向传感器；在地面观测场设置温度、湿度、气压、雨量、天空总辐射和净辐射等传感器。地面气象站内配置就地气象数据处理计算机及供电设备。气象观测数据通过有线和无线 2 种方式传送到中央站设置的气象数据中央计算机。

中央站：中央站内主要设备有环境 γ 辐射数据中央计算机、气象数据中央计算机、数据监测工作站、中央数据服务器、Web 应用服务器、地理信息系统(GIS)服务器、磁盘阵列、对外接口机及相关网络设备等。中央站内所有计算机组成 IEM 计算机网络，通过该网络可实现所有 IEM 系统数据的处理、存储、共享、对外发布等功能。其中，中央数据服务器为双机热备份。

环境监测车辆：环境监测车辆包括环境监测车、应急监测车和环境介质采样车。在正常运行情况下，环境监测车和环境介质采样车用于对厂区及周围的环境 γ 辐射水平进行巡测、环境介质样品的采样和传送、环境介质的快速测量及气象和环境监测系统设备的日常维护。在事故情况下，应急监测车用于厂区周围快速应急监测。

环境监测车：车辆选用高顶中巴并经过改装，在车顶安装车载 NaI 谱仪探测器用于测量 γ 剂量率和核素识别，实时测量数据及卫星定位数据通过车载无线数据传输装置传送到位于中央站的环境 γ 辐射数据中央计算机中进行处理，同时可在车内数据采集计算机上进行显示和处理。车内设置了便携式 γ 剂量率仪、便携式多道 γ 谱仪、便携式表面污染测量仪、手持式风速风向仪、固定式仪器仪表存放柜、仪表支架、工作平台、工作人员应急防护装备、GSM 车载移动语音及数据传输装置、全球定位系统(GPS)、车载发电机、消防器材、应急医药箱及应急照明灯等。

应急监测车：车辆选用四驱越野车并经过改装，有机动灵活、通过能力强的特点，能很好地适应厂址周围复杂的地形、三级道路及乡间简易道路等条件，可用于正常和事故情况下厂址区域环境监测。车顶安装有车载 NaI 谱仪探测器，用于测量 γ 剂量率和核素识别，实时测量数据及卫星定位数据同样通过车载无线数据传输装置传送到位于中央站的环境 γ 辐射数据中央计算机中进行处理。车厢后部改装为便携式仪表存放区，可用于存放各种便携式仪表和防护设备。

环境介质采样车：车辆选用高顶中巴并经过改装，主要装载各种取样装置及样品容器，可对水、土壤、生物等环境介质进行采样，也可进行热释光元件(TLD)的布设及回收。车内有较大的环境介质样品存放空间，地板经过防滑防腐处理。

应急监测子系统：应急监测子系统由移动式能谱型环境 γ 辐射剂量率监

测仪、车载无线数据传输设备和车载三防加固笔记本计算机组成。当工程遭遇极端外部事件导致该系统整体或部分不可用时,应急监测子系统可快速投放,并可独立运行,以确保环境监测能力。子系统配备的能谱型环境 γ 剂量率监测仪可连续测量事故后环境 γ 辐射能谱和剂量率。测量数据应同时传输至子系统的应急数据处理计算机(车载)和中央站(当中央站可用时)。

4) 运行特性

环境 γ 辐射监测站:所有环境 γ 辐射监测站必须每天 24 小时连续正常工作,气溶胶、碘等取样器定期运行。在正常运行状态下,环境 γ 辐射数据中央计算机每 10 分钟采集 1 次各个子站的测量数据。环境 γ 辐射监测站故障报警和主电源失效报警传送到中央站环境 γ 辐射数据中央计算机显示。

气象站:气象站系统设备必须每天 24 小时连续正常运行,气象传感器测量数据由地面气象站采集、处理、存储。地面气象站可存储 72 小时每 10 分钟的正点气象数据,并且每 10 分钟向中央站气象数据中央计算机传送测量数据。气象站传感器故障报警和主电源失效报警传送到中央站气象数据中央计算机显示。

中央站:中央站的环境 γ 辐射数据中央计算机、气象数据中央计算机和 IEM 网络子系统必须每天 24 小时连续正常工作。

环境监测车:环境监测车与环境介质采样车用于日常对厂址周围的环境监测和采样,应急监测车在事故情况下执行应急监测和采样。

应急监测子系统:作为备用设备,平时布置在应急指挥中心,当本工程遭遇极端外部事件导致 IEM 系统整体或部分不可用时可快速投入运行。

主电源失电:在主电源失电的情况下,所有环境 γ 辐射监测装置和气象站必须正常工作并配备 7 天备用电源。环境 γ 辐射监测站和地面气象站可保存 72 小时的测量数据。

8.4.4 全厂辐射监测信息系统

全厂辐射监测信息系统(IRI)的功能是收集各辐射监测系统数据并在此集中显示、管理、存储、统计、输出报表,并向各部门相关行人员提供必要的辐射监测数据信息。这种信息包括如下几类。

(1) 显示:测量值实时显示、部分数据结合流程画面。

(2) 数据管理:报表输出、历史值查询、趋势图、阈值查询。

(3) 设备管理:仪表检定提醒等。

（4）报警通知：发生故障或一级报警、二级报警时，除界面显示外，同时通过喇叭发出人声语音报警，报警内容需包括测点名称、所在房间、设备位号、报警项目。报警项目包括超一级报警、超二级报警、故障报警等。

（5）移动终端个人剂量管理功能。

全厂辐射监测信息（IRI）系统采集主核岛辐射监测（IRM）系统、控制区出入监测（IAM）系统、环境辐射和气象监测（IEM）系统、环境实验室（IEL）等的辐射监测数据。全厂辐射监测信息系统是对核电厂全厂辐射监测各系统及设备的数据统筹管理系统。

参考文献

[1] IAEA. Fundamental safety principles, IAEA safety standards series No. SF-1[S]. Vienna: IAEA, 2006.

[2] IAEA. Radiation protection and safety of radiation sources: International basic safety standards, IAEA General Safety Requirements Parts 3 No. GSR Part 3[S]. Vienna: IAEA, 2014.

[3] IAEA. Safety of nuclear power plants: Design, IAEA specific safety requirements No, SSR-2/1(Rev. 1)[S]. Vienna: IAEA, 2016.

[4] IAEA. Radiation protection aspects of design for nuclear power plants. IAEA safety guide No. NS-G-1.13[S]. Vienna: IAEA, 2005.

[5] World Association of Nuclear Operators. Performance Indicators[R], London: WANO, 2015.

[6] 中华人民共和国国家质量监督检验检疫总局. 电离辐射防护与辐射源安全基本标准：GB 18871—2002[S]. 北京：中国标准出版社，2002.

[7] NRC. Standards for protection against radiation: 10CFR Part20[S]. U. S. NRC，1991.

[8] EUR Organissation. European utility requirements for LWR nuclear power plants [S]. Vienna: EUR Organisation, 2012.

[9] Electric Power Research Institute, Inc. (EPRI). Advanced light water reactor utility requirements document: Rev. 13[S]. Palo Alto: EPRI, 2014.

[10] OECD. Nuclear Energy Agency Organisation for Economic Co-operation and Development. Work management to optimise occupational radiological protection at nuclear power plants: OECD 2009 NEA No. 6399[S]. Helcinki: OECD, 2009.

[11] 核工业标准化研究所. 压水堆核动力厂厂内辐射分区设计准则：NB/T 20185—2012[S]. 北京：原子能出版社，2012.

[12] 核动力厂辐射防护设计：HAD 102/12—2019[S]. 北京：国家核安全局，2019.

[13] 核工业标准化研究所. 压水堆核电厂辐射屏蔽设计准则：NB/T 20194—2012[S]. 北京：原子能出版社，2012.

[14] ISOE. Occupational exposures at nuclear power plants[M]. Twenty-Sixth Annual Report of the ISOE Programme, OECD/NEA, 2020.

[15] 赵博,王晓亮,毛亚蔚,等.新建核电厂(华龙一号)运行的环境影响评估[J].辐射防护,2015,35(增刊):5-11.

[16] 全国核能标准化技术委员会.核电厂应急计划与准备准则 第一部分:应急计划区的划分:GB/T 17680.1—2008[S].北京:中国标准出版社,2008.

第 9 章
仪表与控制系统

核电厂的仪表和控制系统为核电厂提供监视信息，以及控制和保护手段，从而保证核电厂安全、可靠和经济运行。“华龙一号优化改进型”采用数字化仪表与控制系统(简称仪控系统)和先进控制室设计，设计上符合国内和国际的最新法规、导则和标准的要求，吸收了“华龙一号”数字化仪控系统的设计经验，并充分借鉴国际先进核电厂数字化仪控系统的设计理念，满足“华龙一号优化改进型”总体目标的要求，具有较高的成熟性和先进性。

9.1 核电厂仪表和控制系统主要功能

核电厂仪表和控制系统主要执行信息功能、控制和保护功能。其中，信息功能实现对电厂运行状态的监测和设备状态的监视，对安全重要参数进行监测，以及为操纵员提供运行支持，从而保证机组在正常运行及事故后各项操作能够正确执行。控制功能通过自动/手动、远距离/就地等控制方式，将电厂参数维持在运行工况规定的限值内，或改变电厂设备状态和电厂参数。在“华龙一号”全厂数字化控制系统的基础上，提升了控制功能的自动化水平。当用于反应堆保护的电厂参数变化超出预定值，则触发安全系统动作，实现反应堆保护功能。除了上述功能外，“华龙一号优化改进型”仪表和控制系统考虑了应对设计扩展工况的措施，设有多样性驱动系统，以及严重事故用仪表和控制系统，更好地满足了核电厂纵深防御的设计要求。

9.2 数字化仪控系统

数字化仪控系统是以分散控制系统为基础，广泛采用计算机技术、网络通

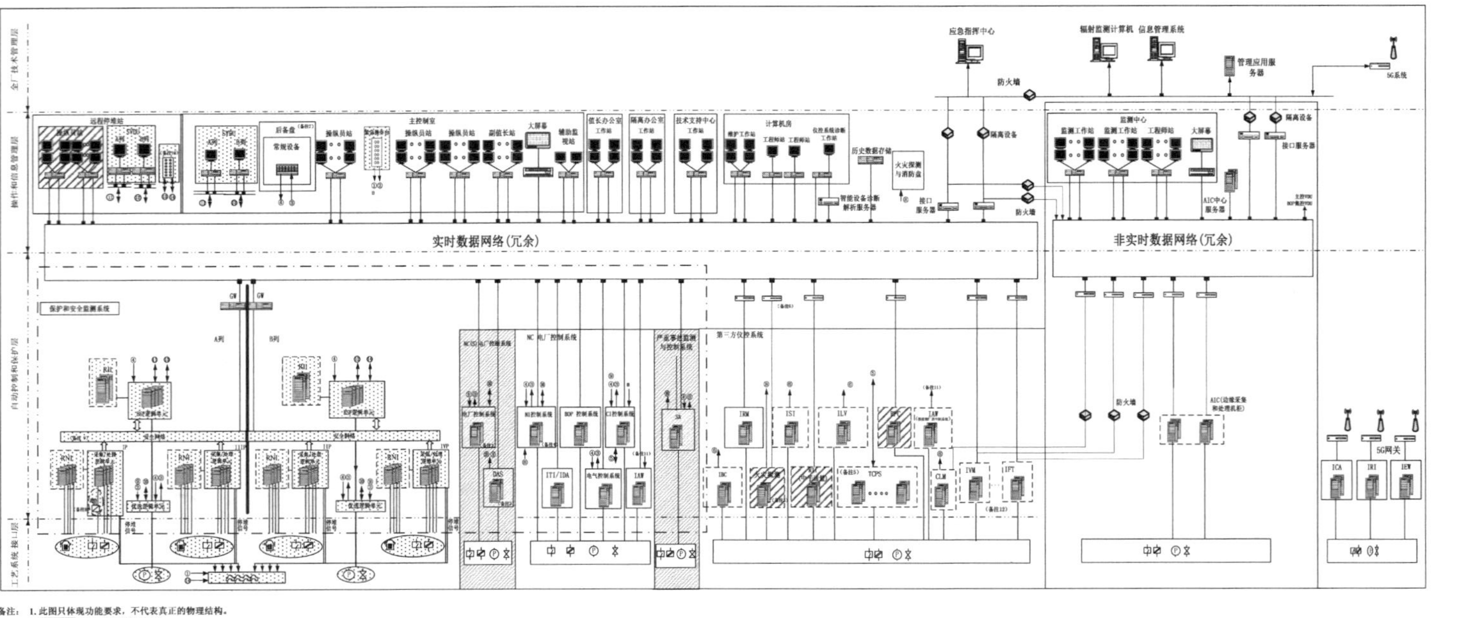

备注：1. 此图只体现功能要求，不代表真正的物理结构。
2. 表示1E级系统和设备。
3. 表示NC（S）级的系统和设备。
4. 表示NC级的系统和设备。
5. 表示专用仪控系统，不属于全厂DCS系统。
6. 火灾探测系统与全厂DCS系统的网络通信经过抗震鉴定。
7. 后备盘上的设备根据其所执行的功能分为NC、NC（S）和1E级，通过硬接线分别与一层机柜进行数据交换。
8. 一部分与其他系统共用的保护组信号将通过信号隔离和分配，硬接线直接送到后备盘（PAMS指示）或非安全级系统。
9. 安全级系统之间采用点对点的通信方式，具有确定的网络响应时间和网络负荷。
10. 为远程停堆站常规控制盘。
11. IAW(核废物厂房控制系统) 通过网络与IAW相连。
12. IVM、IFT、RCS泄漏监测、TSM泄漏监测系统将数据送实时数据网和非实时数据网。

缩写：

DAS—多样性驱动系统
ITI—试验仪表系统
RII—堆芯测量系统
RNI—核仪表系统
ICA—电缆老化留样和监测系统
AFP—全寿期健康管理与智能运维决策系统
RSS—远程停堆站
IAW—三废处理控制系统
TCPS—汽机控制和保护系统
RCS泄漏监测—主管道和波动管LBB泄漏监测系统
IDA—试验数据采集系统
IRM—电厂辐射监测系统
RPC—棒控棒位系统
SA—严重事故监测和控制系统
CLM—安全壳泄漏监测系统
ILV—松脱部件和振动监测系统
IRI—全厂辐射监测信息系统
AIC—智能监管信息系统
IFT—疲劳监测和瞬态统计系统
ISI—地震仪表系统
IVM—全厂重要转动设备在线振动监测系统
IEW—电磁环境测量与预警系统
TSM泄漏监测—主蒸汽管道局部泄漏监测系统

图 9-1 “华龙一号优化改进型”仪控系统总体结构示意图

信技术、数字化图形显示技术，一体化实现核电厂监测、控制和保护功能的系统总称，即通常所说的分布式控制系统(distributed control system，DCS)。"华龙一号优化改进型"数字化仪控系统，以分布式控制系统为基础和核心，核岛、常规岛和电厂配套设施(balance of plant，BOP)的仪控系统均尽可能纳入分布式控制系统统一平台之内。全厂仪控系统总体结构从下到上分为4层：工艺系统接口层、自动控制和保护层、操作和信息管理层和全厂技术管理层。"华龙一号优化改进型"仪控系统总体结构如图9-1所示。

工艺系统接口层主要用于检测工艺参数、设备状态参数和环境参数；根据自动化系统来的控制指令，控制工艺过程现场设备层。工艺系统接口层主要由传感器、变送器、执行器、供电和功率放大部件及边缘计算设备等测量装置、系统和执行机构组成。

自动控制和保护层主要由保护和安全监测系统、标准自动控制系统、多样性驱动系统、严重事故监测和控制系统等组成，主要完成数据采集和信号预处理、逻辑处理和控制算法运算、产生自动控制和保护指令、数据通信等功能。

操作和信息管理层主要包括主控室(包含电厂计算机信息和控制系统、后备盘、紧急操作台等)、技术支持中心、远程停堆站等处的人机接口设备。该层执行的任务包括信息支持、诊断、工艺信息和操纵员动作的记录，以及通过操作设备对机组进行控制。该层还提供与全厂技术管理层(如全厂管理网、应急指挥中心)的通信接口。

全厂技术管理层主要负责整个电厂的营运管理，通过网络接口设备接收电厂的一些必要信息，使管理者对电厂的状况有所了解。

9.3　仪表和控制系统设计准则

仪表和控制系统设计准则包括安全分级原则、纵深防御原则、多样性原则、独立性原则、提高抗危险能力和信息安全设计原则。

1) 安全分级原则

仪控部件和设备的分级是一种功能性的分级。这种分级对冗余度、丧失厂外电源时的运行、电磁兼容、安全级软件以及在使用环境条件和地震情况下的质量鉴定等方面规定了要求。

仪控系统的功能按照其安全重要性分为安全级(IE)和非安全级(NC)，非安全级中应识别出安全重要的NC(S)级。

2）纵深防御原则[1]

IAEA Safety of Nuclear Power Plants: Design（SSR－2/1）[2]总结了福岛事件的教训，在纵深防御层次的独立性等方面提出了更高的要求。*Considerations on the Application of the IAEA Safety Requirements for the Design of Nuclear Power Plants*（IAEA－TECDOC－1791）[3]对SSR－2/1标准进行了进一步的解读，为实际应用该标准提供指导。*Design of Instrumentation and Control System for Nuclear Power Plants*（SSG－39）[4]是SSR－2/1在仪控设计领域的下层标准，它对在仪控总体结构设计上如何满足电厂系统和仪控自身的纵深防御要求提供了指导。仪控设计充分考虑了国际最新法规、标准的相关要求，设置了较为完善的纵深防御措施，针对不同的电厂工况和始发事件，提供正常运行监控、紧急停堆、专设安全设施驱动，以及应对设计扩展工况（包括严重事故预防和缓解设施）的监控等4个纵深防御层次的功能。

3）多样性原则

IAEA SSG－39[4]中的4.29节要求，"为保证电厂不同纵深防御层次间的独立性，仪控系统的设计应避免系统内部或系统间的共因故障。为实现这一目标，应充分考虑不同系统及系统各部分的功能分配，系统间应保持适当水平的独立性，同时应说明防范安全系统共因故障的策略"。多样性是一种减少共因故障薄弱点的有效手段，仪控系统通过不同的子系统、结构和部件的多样化设计等措施，来降低产生共模故障的风险。

4）独立性原则

IAEA SSR－2/1（Rev. 1）[2]要求"必须酌情通过实体分隔、电气隔离、功能独立和通信独立等手段，防止安全系统之间或系统冗余单元之间的相互干扰"，"设计必须做到确保防止安全重要物项之间的任何相互干扰，特别是确保低安全类别的系统的故障不会蔓延到较高安全类别的系统"。仪控系统设计采取了实体分隔、电气隔离、功能独立和通信隔离等措施，确保符合法规标准要求。

5）提高抗危险能力[5]

仪控系统采取了一系列措施，提高电厂抗危险能力，如改进仪控设备总体布置，保护通道和A、B列设备分别布置在不同房间，更好地满足实体隔离的要求以应对内部及外部危险的影响；核岛厂房采用较高的地震动输入水平，地面加速度为0.30g，仪控设备的抗震鉴定要求大大提高；设置了地震自动停堆功能，在发生超过阈值的地面震动时，通过保护系统触发自动停堆信号；严重事故用仪表、电缆、贯穿件等按照严重事故环境条件进行鉴定，以满足严重事故条件下监督和控制要求。

6）信息安全设计原则

随着数字化仪控系统的普及应用，网络安全已经成为核电站整体安全性能的重要组成部分。国际原子能机构SSG-39[4]安全导则中的2.34节要求，"电厂仪控系统应执行计算机安全大纲中所规定的安全措施"，同时在7.103节中要求，"任何计算机安全措施的运行和故障都不应影响系统执行其安全功能"。

仪控系统在设计初期通过网络安全大纲明确网络安全的总体要求，规定了运营方、设计院、供货商及安装单位的组织关系和主体责任，结合全厂仪控系统结构和全生命周期的网络安全风险，确定了信息安全防护策略。在实施阶段，依据GB/T 22239—2019的网络安全要求，从技术和管理两个方面落实具体防护措施。技术措施主要包括访问控制、审计功能、通信保护、身份识别和认证，以及系统加固5个方面；管理措施主要包括物理环境安全、存储介质管理、人员安全、安全意识和培训、事件响应及配置管理6个方面[6]。通过上述措施，仪控系统信息安全设计总体满足安全分区、网络专用、横向隔离、纵向认证的安全防护要求。

9.4　仪表和监测系统

核电厂仪表和监测系统主要包括过程仪表系统、核仪表系统、堆芯测量系统、棒控和棒位系统、反应堆及一回路健康管理与智能运维支持系统等。

1）过程仪表系统

过程仪表系统用于检测与工艺系统运行状态有关的各种热工过程参数，包括温度、压力、流量、液位及介质成分等（不包括核仪表系统）。来自工艺过程各系统的测量参数经现场安装的仪表检测后，由数据采集机柜采集处理，参与相应的逻辑保护、联锁控制或信息显示功能。过程仪表系统的设计需满足其使用的正常条件和事故环境条件。某些测量通道向保护系统提供必需的信息，用以在核电厂异常工况或事故工况下产生必要的安全保护动作，这些通道是安全保护系统的组成部分，满足保护系统的设计准则。某些测量通道向事故监测系统提供必需的信息，用以在事故工况期间及事故后，帮助操纵员执行应急的电厂操作规程，这些通道与安全有关，满足单一故障准则。

2）核仪表系统

核仪表系统的功能是连续监测反应堆功率、功率水平的变化和功率分布。核仪表系统使用了设置在反应堆压力容器外的一系列测量中子注量率的探测器。测量的信号通过指示和记录，向操纵员提供在堆芯装料、停堆、启堆和功率运行期间反应堆状态的信息。系统的安全功能是在中子注量率高和中子注量率快变化时触发反应堆停堆，在中子注量率高停堆之前，用信号闭锁自动和手动提棒（反应堆启动时除外）。核仪表系统的轴向功率偏差信号用于确定超温和超功率反应堆停堆及提棒闭锁整定值，核仪表系统的中间量程通道用于事故后监测。

3）堆芯测量系统

堆芯测量系统包括两个子系统：堆芯中子通量测量系统和堆芯冷却监测系统。

堆芯中子通量测量系统采集自给能中子探测器的电流信号，实时测量堆芯中子通量，在线计算偏离泡腾比和功率密度，绘制通量图和运行图。系统不承担安全功能，不要求考虑事故后执行功能，但系统中的探测器组件作为反应堆冷却剂压力边界，需要按照安全 2 级设备的要求进行设计和制造。

堆芯冷却监测系统包括堆芯出口温度测量和反应堆压力容器水位测量，不直接承担安全功能，但在事故工况下系统连续进行温度测量、过冷裕度计算和关键点水位监测。系统能提供足够的信息以保证在事故和事故后工况下运行人员了解堆芯温度和堆芯过冷裕度的变化趋势，运行人员可以根据相关运行规程进行操作。

4）棒控和棒位系统

棒控和棒位系统用于提升、插入和保持控制棒束，并监视每束控制棒束的位置。堆芯轴向功率分布随控制棒束的插入深度而变化。由于控制棒束的运动或功率水平的变化，可能会引起轴向功率的扰动。为了把堆芯中子注量率的不对称性减至最小，除特殊情况外，控制棒驱动机构必须按预先计划的程序运行。停堆棒棒束提供负反应性裕度，在正常运行时，这些棒束总是处于全提出位置。系统的安全功能为反应堆保护系统触发停堆时切断驱动机构的供电。

5）反应堆及一回路健康管理与智能运维支持系统

反应堆及一回路健康管理与智能运维支持系统包括松脱部件和振动监测系统、疲劳监测和瞬态统计系统、主管道和波动管破前泄漏技术（leak before break，LBB）[7]监测系统等。

松脱部件和振动监测系统由松脱部件检测系统和振动监测系统组成。松脱部件检测系统的功能是探测与定位反应堆运行工况下一回路系统冷却剂中的松脱部件，防止蒸汽发生器管道或反应堆压力容器内构件的损伤。振动监测系统的功能是监测反应堆压力容器和堆内构件的实际振动响应，用以检测反应堆压力容器和堆内构件力学性能的优劣。

疲劳监测和瞬态统计系统通过温度测量对反应堆系统运行状态进行监测，获得不同位置运行温度、运行压力和阀门状态等参数。基于温度、压力等监测参数，利用自动瞬态识别和统计算法将运行瞬态归类为设计瞬态并统计发生次数。利用温度反演技术将外壁温度测量结果反演至内壁温度，利用格林函数方法快速计算关键位置的热应力，并进行考虑环境影响的疲劳计算，输出疲劳计算结果。

主管道和波动管 LBB 监测系统根据安装在主管道和波动管上的声发射传感器的监测信号，可在机组正常运行工况的不同功率水平下和停堆工况下，监测主管道和波动管的密封性能，以便早期发现冷却剂的泄漏，并对泄漏进行定位和定量分析，同时为主管道和波动管的“破裂前泄漏”评估提供信息。

6）安全壳氢气监测系统

国家核安全局印发的《福岛核事故后核电厂改进行动通用技术要求（试行）》[8]、《“十二五”新建核电厂安全要求》[9]都对严重事故下氢气监测和控制提出了要求。安全壳氢气监测系统在严重事故后，实时连续监测安全壳内的氢气浓度，并将该信号送入主控室、应急指挥中心显示和报警。系统用于事故后运行管理，是为了确定核电厂状态以及为事故管理期间决策提供实际的信息，防止氢氧混合气体着火或发生爆炸而危及安全壳完整性。系统为非安全级，但可以耐受严重事故的环境条件，并在设计基准地震中及地震后可以保证执行功能。

7）地震仪表系统

地震仪表系统可在地震后向运行人员提供必要的信息，包括地震数据记录，以防止不应有的停堆和不安全连续运行；为运行人员提供报警信号和“快速查看”的数据，根据这些数据运行人员能估计地震烈度，并即时决定应采取的应急操作和进一步运行的方式。当运行人员需要时，该系统可以提供详细分析所需用到的数据。同时，当地震仪表系统测量到地面震动超过预置阈值后，将自动触发停堆信号。

8）辐射监测系统

电厂辐射监测系统对电厂工作场所、流出物和工艺流体进行监测，具体包括场所辐射监测、流出物监测和工艺辐射监测。系统总的任务是确保电厂放射性水平与正常运行水平相符，该系统虽不属于安全相关的系统，但是系统中的某些监测道能帮助运行人员分析和监视事故，并在事故后控制放射性物质向外释放，因而这些辐射监测道属于事故后监测道。

9）智能运行辅助信息系统

随着仪控技术和信息化技术的持续发展，新一代核电仪控系统也在不断进行技术更迭，“华龙一号优化改进型”设置智能运行辅助信息系统，进一步推动仪控系统向自动化、信息化、智能化发展。智能运行辅助信息系统用于承载核电厂智能化业务功能，可实现对生产运行等多源异构数据的采集、控制、分析、应用、管理，并进行统一的规划和实施，实现数据互通共享，消除数据孤岛，促进数据深度挖掘和应用。同时，该系统提供统一的算力、内存、存储、网络等资源，可实现各类智能化业务应用的开发、集成、部署，支持数据双向交互，可提供复杂的逻辑运算、深度学习、模型训练及业务管理的服务，保障核电站智能化业务的长久发展和迭代更新。

智能运行辅助信息系统与主 DCS、BOP 集控系统、三废控制系统、第三方仪控系统及其他智能化专用系统建立数据连接，实现生产数据及智能化数据的采集与汇聚；通过建设高可靠数据服务及主干网络，进行数据仓湖建设，满足时序数据、关系数据、高频数据等多元数据的存储，同时实现数据仓湖内数据的互通共享；通过设置统一的智能化平台，采用生态开发、程序封装与调用及软件集成的方式实现智能化业务的融合与集成；通过在主控室、计算机房、BOP 集控室、集中监测中心部署智能化人机交互终端，便于电厂运行、数据分析相关的人员及时获取对某些特定对象进行的监测、诊断、预测信息以及与机组安全性、生产效率直接相关的运维辅助决策建议。

10）全厂重要转动设备在线振动监测系统

全厂重要转动设备在线振动监测系统用于在核电厂运行、调试期间对全厂重要转动设备(泵组及风机)的振动状态进行监测。通过集中采集与处理全厂重要转动设备的振动主变量特征参数信息,送至核电厂控制系统执行工艺系统功能,保证运行人员对重要转动设备实时状态的监测;同时,系统为维护检修人员及核电厂智能运行辅助信息系统提供重要转动设备振动特征参数与高频振动原始数据,支持设备寿命预测、状态监测、故障诊断与分析等智能化应用的开展,便于设备检修、维护、调试,提高核电厂重要转动设备的可用性。

11）高精度主给水超声波流量测量

“华龙一号优化改进型”采用高精度的超声波流量计来替代孔板流量计,从而达到测量精度提升和节能降耗的目的。通过提高给水流量测量装置的精度,减小反应堆功率的计算误差,降低与测量相关的不确定度,并在此基础上减少不必要的安全裕度,是核电厂小幅功率提升的重要方法。此外,采用低压力损失的流量测量方式,可大大降低由主给水流量测量带来的能量损耗,避免孔板在长期使用过程中,随着磨损和环境效应的影响,使测量精度逐渐变差但没有有效手段进行补偿的问题。

9.5　保护和安全监测系统

保护和安全监测系统是核电厂重要的安全系统,对于限制核电厂事故的发展、减轻事故后果、保证反应堆及核电厂设备和人员的安全、防止放射性物质向周围环境的释放具有十分重要的作用。保护和安全监测系统连续监测核电厂的运行,并根据接收到的异常工况信号,自动触发紧急停堆、停机或专设安全设施及支持系统动作,防止事故的发生、发展或减轻事故后果,并为操纵员事故后操作提供可靠的电厂状态信息。保护和安全监测系统采用4个保护组、2个专设驱动序列的结构。冗余的保护参数(过程变量和中子注量率等)由4个保护组进行采集和运算后与整定值进行比较。图9-2为保护和安全监测系统结构简图。

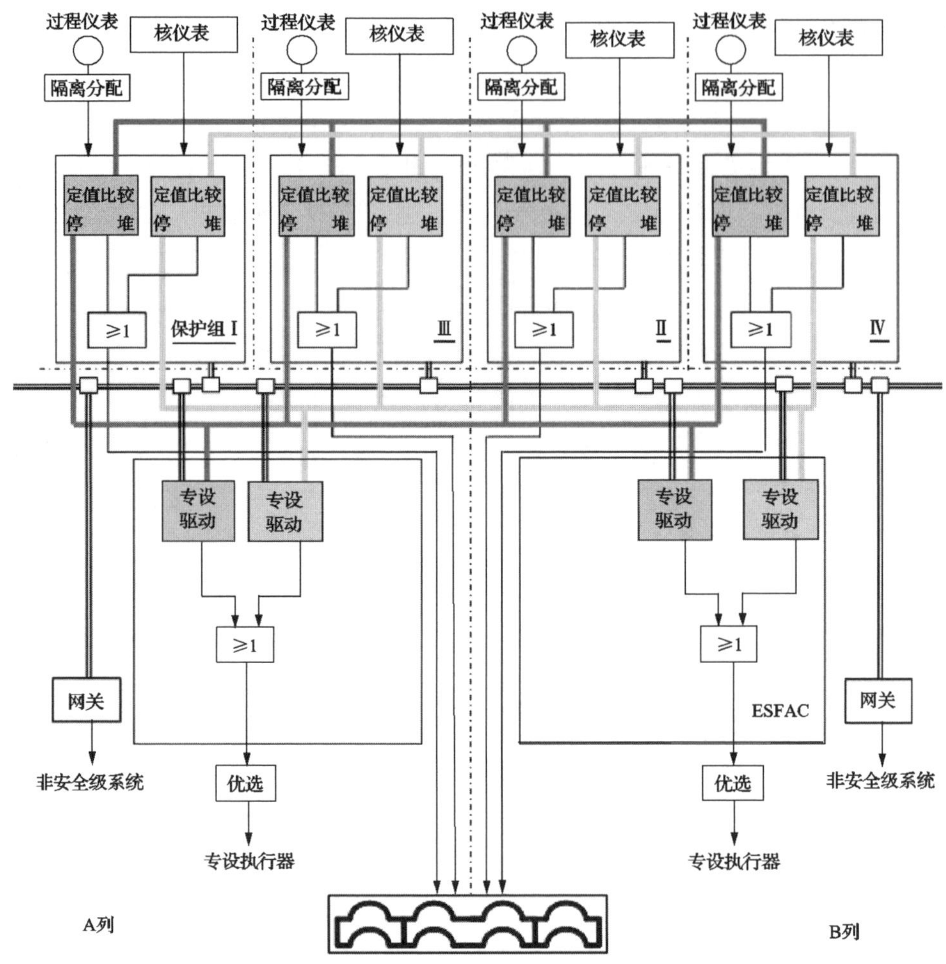

图 9-2 保护和安全监测系统结构简图

9.6 核电厂标准自动控制系统

核电厂标准自动控制系统包括核岛控制系统、常规岛控制系统以及 BOP 控制系统。

1) 核岛控制系统

核岛控制系统主要包括了如图 9-3 所示的核蒸汽供应系统以及相关的控制系统，即反应堆功率控制系统、稳压器压力控制系统、稳压器水位控制系统、蒸汽发生器水位控制系统，以及蒸汽排放控制系统。

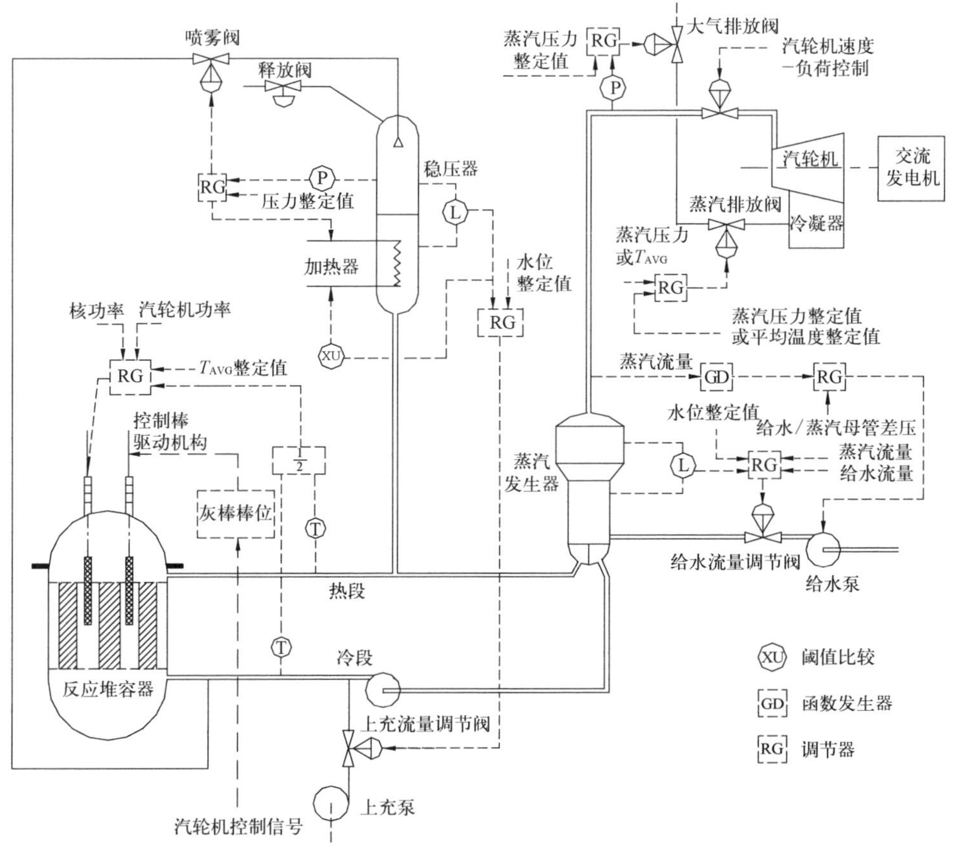

图 9－3　核蒸汽供应系统及控制系统示意图

(1) 反应堆功率控制系统。通过功率控制棒组的手动或自动控制,使反应堆功率补偿棒按与功率信号成函数关系的灰棒刻度曲线变化,从而实现反应堆功率调节。通过温度控制棒组的手动或自动控制,保持反应堆冷却剂平均温度在温度程序规定的范围内,从而实现堆芯反应性的精调。

(2) 稳压器压力控制系统。在引起压力变化的正常瞬态后,通过控制(自动或手动)稳压器内的电加热器或喷雾阀,保持或恢复稳压器压力为其整定值(它低于稳压器压力高停堆定值、高于稳压器压力低停堆定值及低于安全阀动作整定值)。

(3) 稳压器水位控制系统。稳压器水位控制系统建立、保持和恢复稳压器水位在其规定的限值之内,其限值是冷却剂平均温度的函数。

(4) 蒸汽发生器水位控制系统。在正常运行瞬态期间,建立和保持蒸汽发生器水位在预先规定的范围内。在机组紧急停堆工况下,恢复蒸汽发生器水位在预先规定的范围。调节给水流量,确保在运行瞬态下不会使反应堆冷却剂系统的热阱减少到最低值以下。利用给水调节阀,手动或自动控制蒸汽发生器水的总装量。

(5) 蒸汽排放控制系统。蒸汽排放控制系统通过将主蒸汽直接排放到主凝汽器或大气,降低了由汽轮机负荷衰降引起的核蒸汽供应系统温度与压力变化的幅度,从而为反应堆提供一个“人为”负荷。系统功能由蒸汽向凝汽器排放和蒸汽向大气排放 2 个子系统实现。

2) 常规岛控制系统

常规岛仪控系统以数字化仪控系统作为常规岛监视和控制的核心,完成常规岛的数据采集和处理、模拟量控制和顺序控制等功能,配以汽轮机数字式电液控制系统、汽轮机紧急跳闸系统、汽轮机安全监视仪表系统及汽轮机振动数据采集和故障诊断系统等自动化设备,以及极少量的重要后备仪表设备和仪表等构成一套完整的自动化控制系统,完成对常规岛汽轮发电机组及其辅助系统、常规岛辅助车间系统(如凝结水精处理系统、二回路化学加药系统、二回路水汽取样分析系统、常规岛主厂房通风空调系统)、发电机-变压器组及厂用电系统的控制与监视。

常规岛专用控制系统主要包括汽轮机数字式电液控制系统、汽轮机紧急跳闸系统、汽轮机安全监视仪表系统、汽轮机振动数据采集和故障诊断系统。

3) BOP 控制系统

“华龙一号优化改进型”设置 BOP 综合控制室,实现对各子项的远程监视及操作。运行人员在 BOP 综合控制室以操纵员站为监控中心,在少量就地巡检人员的检查和配合下,实现对各子项工艺设备的控制、对工艺过程状态的监视以及异常状态的处理。为方便安装调试、运行维护仍保留少量必要的就地控制和显示功能。各子项的报警和显示信号送至 BOP 综合控制室,主控室只保留少量重要的报警和显示信号。

核电厂 BOP 子项的控制和监视功能相对独立,子项可采用 BOP 综合控制室集中控制和显示,或由 BOP 专用系统处理和显示,并保留硬接线或通信接口与主 DCS 进行数据交换。BOP 子项控制方式包括以下几项:

(1) BOP 综合控制室集中监控;

(2) 由核岛主DCS实现逻辑控制功能，在主控室实现系统的监视和控制；

(3) 在就地控制系统实现监控，重要的报警信号送至DCS或者BOP综合控制系统。

4) 功能分区和分组

为了优化核电厂过程控制，核电厂标准自动控制系统的运行控制和监视功能采用了功能分区和功能分组的方式。依据核电厂的工艺流程、运行原则和工艺系统特性，考虑仪控功能相互之间的相关性、电厂进度对于分批供货的要求、机柜容量和处理单元的处理能力，将控制和监视功能分配到不同的功能区和功能组，然后分配到不同的机柜乃至I/O模件。功能分区分组可以优化全厂分散控制系统设计和结构，简化全厂分散控制系统设备供货、安装和调试过程，提高电厂可用性。

9.7　多样性驱动系统

为应对数字化的保护和安全监测系统共模故障问题，仪控设计了完善的纵深防御手段，通过多样性驱动系统、紧急操作台上的停堆和专设系统级手动控制，以及操纵员站或后备盘上的部件级控制，能够处理事故并将电厂带入安全停堆状态。

多样性驱动系统对选取的保护参数进行连续监测、阈值比较和表决。事故发生后，若保护参数超过整定值，则自动触发停堆信号，切断棒控系统电源，或触发专设信号驱动相应的执行器动作。多样性驱动系统同时包括了未紧急停堆的预期瞬态功能，用于减轻紧急停堆系统故障所产生的后果。

相比于保护和安全监测系统，多样性驱动系统保护定值的选取采用“最佳估算”的方法，同时确保在保护和安全监测系统正常时其保护功能能够首先触发来处理事故。多样性驱动系统的停堆和专设指令均采取带电动作，输出指令采取3取2表决，以降低误动概率。多样性驱动系统发出的停堆信号送到棒控和棒位系统的棒电源柜，切断控制棒驱动机构的电源来实现紧急停堆。多样性驱动系统产生的安注及主给水隔离等专设功能信号先送到优先级逻辑处理模块，然后再送到相关的专设安全驱动器。多样性驱动系统紧急停堆信号还将触发汽轮机跳闸。图9-4为多样性驱动系统结构示意图。

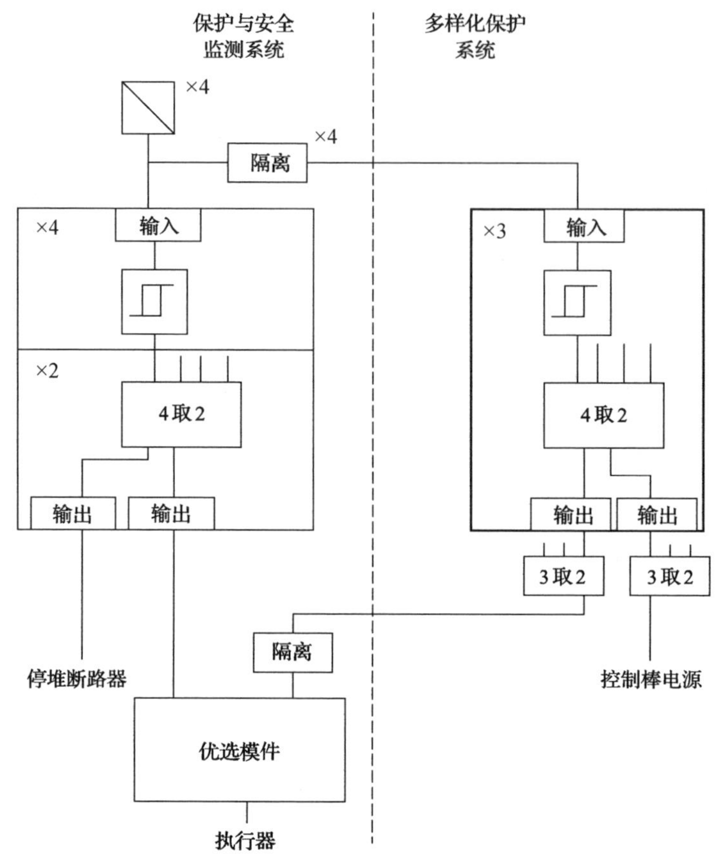

图 9-4 多样性驱动系统结构示意图

9.8 严重事故监测和控制系统

严重事故监测和控制系统用于监测严重事故管理所需的电厂状态参数，并为执行严重事故预防和缓解的工艺系统、设备提供必要的监测和控制，属于仪控系统纵深防御的第四层次。

严重事故监测和控制系统设置专用的控制机柜，完成信号采集、逻辑处理和设备驱动功能，通过位于主控室的常规显示操作设备为操纵员提供严重事故的监测和控制手段。严重事故监测和控制系统需满足抗震I类要求，同时满足严重事故环境下的鉴定要求，由 72 小时交流不间断电源系统供电，可在发生严重事故且全厂断电工况下，保持 72 小时正常运行。图 9-5 为系统结构示意图。

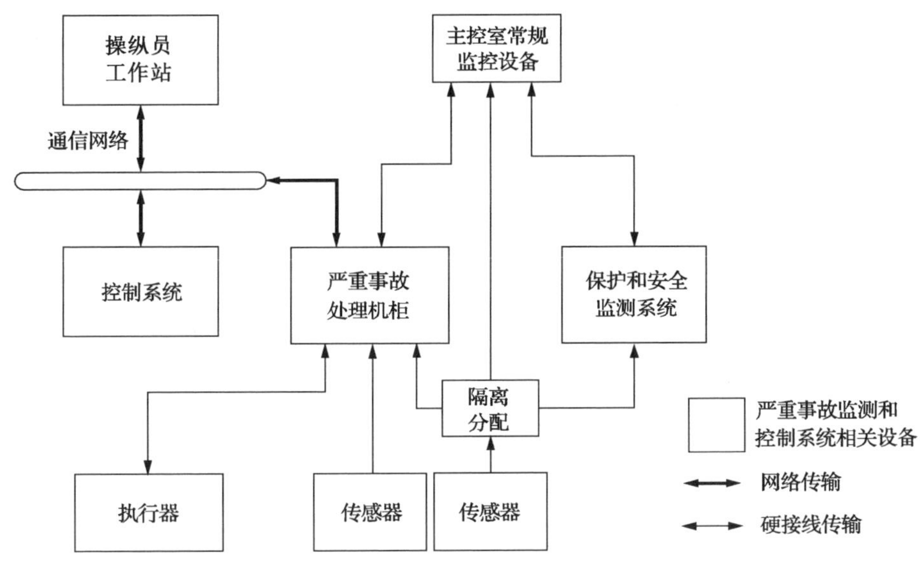

图9-5　严重事故监测和控制系统结构简图

9.9　控制室系统

控制室是全厂仪控系统的集中点，是人-机接口最集中的地方，是操纵员借助安装在控制室内的全厂仪控系统设备监测和控制整个电厂过程变量的中心。控制室为操纵员提供了达到电厂运行目标所必需的人-机接口及有关的信息和设备，在核电厂正常运行、预计运行事件、设计基准事故、设计扩展工况下，支持操纵员掌握核电厂的运行状态，正确地做出决策，及时采取必要措施，减少人为失误，确保核电厂的安全。控制室系统包括主控室、远程停堆站和其他应急响应设施等。同时，控制室系统设计应遵循人因工程原则。

1）主控室

（1）功能。主控室的主要功能是实现核电厂在其所有运行和事故工况下安全有效的运行。主控室为主控室工作人员提供实现电厂运行所必需的人机接口和有关的信息和设备，并为操纵员提供适宜的工作环境，以利于执行任务而无不适之感和人身危险。主控室要完成的功能包括运行监控、安全监督、火灾探测及消防控制、放射性监测、获取电厂维修信息、定期试验的管理、厂内外通信、文件和数据记录等。在主控室设计中特别考虑了应对设计扩展工况(包括严重事故工况)的措施,在后备盘上设有严重事故监控设备,这些设备由 72 小时蓄电池供电,保证严重事故情况下能够为操纵员提供必要的监视信息和控制手段。

(2) 设施和布置。主控室内设置 4 套完全相同的计算机化工作站,主控室操纵员工作台采用“前三后一”的设计方案,即 3 套操纵员工作站布置在前方,根据副值长的要求管理、控制并完成所有运行任务。副值长工作站位于 3 套操纵员工作站的后方,作为机组正常运行的指挥者和事故状态下的协调员。同时,副值长根据任务量对规程进行任务分配,并对规程的执行负责。这种布置方式更好地满足了副值长对班组任务执行的整体把控需求。另外,通过大屏幕为主控室操纵员提供电厂主要参数、主要驱动器状态和安全保护系统状态信息,便于运行人员相互之间的配合、协调,以及在交接班或事故情况下迅速掌握电厂状态。

在主控室内的操纵员工作站不可用的情况下,运行人员可根据当前电厂工况,通过后备盘维持电厂正常运行一段时间或使电厂达到并维持在安全停堆状态。后备盘以一种不同于计算机化工作站的多样化的手段支持电厂运行,作为计算机化工作站失效后的后备监控手段。同时,后备盘还设置有严重事故监控设备,以在严重事故乃至叠加全厂失电的工况下,向运行人员提供必要的监视和控制手段。通过权限管理来实现计算机化工作站与后备盘之间的控制权转换。紧急操作台用于手动停堆或触发系统级专设安全设施驱动指令。

“华龙一号优化改进型”主控室布置如图 9-6 所示。

(3) 主控室可居留性设计。主控室设计除了满足运行人员对电厂的监控功能要求,还必须考虑各种运行工况下的人员安全,满足人员可居留性要求。

主控室位于安全厂房,控制室可居留区域为微正压设计,防止污染空气进入控制室。主控室四周墙壁厚度按严重事故下的屏蔽要求进行设计,确保事故期间人员所受全身照射不超过有效剂量当量 50 mSv。

主控室通风系统考虑了设计扩展工况的可居留性要求,通风系统主要设备配置了 SBO 电源,在全厂失电工况下仍能够保证主控室的可居留性。为了保证主控室在严重事故条件下的可居留性,在安全厂房及核辅助厂房房顶部分别设置了事故取风口,当正常进风口被放射性烟羽覆盖不可用时,由正常进风口切换到事故取风口,2 个事故取风口互为备用。

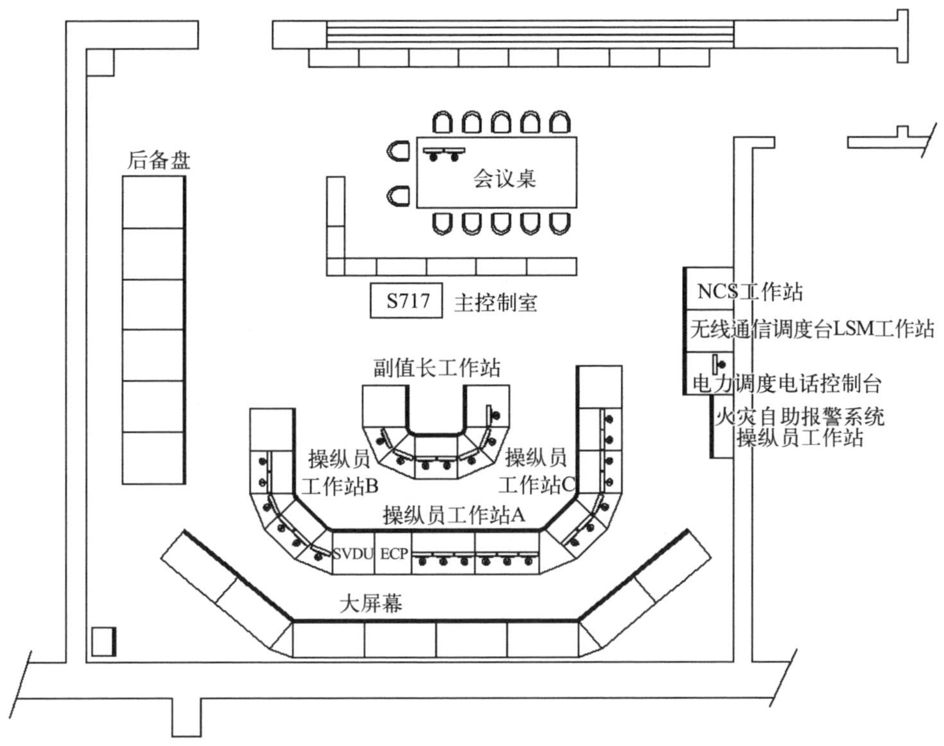

图9-6 主控室布置

控制室区域防护边界采用耐火材料,保证主控室之外的火灾在2小时之内不会蔓延到主控室区域。当主控室发生火灾时,提供2个分属于不同防火分区的撤离路径,保障人员安全撤离到远程停堆站。

主控室厂房、内部设备、盘台结构均为抗震设计,设备抗震鉴定基于"华龙一号优化改进型"相应楼层反应谱进行。

主控室照明设计考虑了正常照明和应急照明的不同方式,即使丧失全部交流电源时,叠加SBO柴油发电机系统电源同时丧失的情况,通过400 V车载式移动柴油发电机组提供临时动力,可为主控室提供应急照明。

2) 远程停堆站

当主控室不可用时,操纵员利用远程停堆站系统完成适当的操作,使反应堆迅速热停堆,并配合少量的就地控制,把反应堆安全地带入并维持在冷停堆状态。远程停堆站与主控室位于不同的防火分区,设置了切换开关,用于主控室与远程停堆站之间的控制权限切换。利用该切换开关可以把控制权限从主控室切换到远程停堆站，此时来自主控室的命令（紧急操作台上的紧急停堆命令除外）被闭锁，转而由远程停堆站控制电厂。远程停堆站还设置了 2 套互相冗余的简化操纵员工作站，计算机化人机界面与主控室完全相同，界面的设计原则也一致。

3）其他应急响应设施

对于核电厂应急响应设施，除了主控室和远程停堆站，还主要包括技术支持中心、应急指挥中心。

技术支持中心在核电厂发生事故或事件时为技术支持团队提供评价和诊断电厂状况所需的场所和人机接口资源。技术支持中心的位置与主控室邻近，使得技术支持团队可以方便地与控制室操纵员进行面对面的交流。技术支持中心设置在主控层区域，充分利用了安全厂房的结构抗震，并且便于通风系统的设计，以保证技术支持中心具有与主控室同样的温度、湿度、辐射防护等可居留条件。技术支持中心配置计算机化工作站，可以访问与主控室内一样的电厂生产过程信息及电厂剂量参数和气象参数，但不具备控制功能。技术支持中心还提供了多种与厂内、厂外的通信手段。

应急指挥中心作为核电厂专设应急响应设施，在核电厂场内核事故应急期间可执行应急指挥、技术支持、事故后果评价等功能，同时为后勤保障及抢修人员提供集合和待命的场所。在应急指挥中心内，应急辅助决策系统、堆芯损伤评价和事故后果评价系统、环境和气象监测系统分别提供了机组状态参数、堆芯损伤评价结果、事故后果评价结果、环境和气象监测数据等信息，是应急决策支持和应急响应的重要技术依据。

4）人因工程原则

核电厂人员对于核电厂的安全、可靠、有效运行起着重要作用。鉴于"人"的重要性和不可替代性，必须充分研究核电厂设计及运行中与"人"相关的因素，充分发挥人的主观能动性，优化人机工效，以满足和提升核电厂的安全性和经济性指标。"华龙一号优化改进型"人因工程设计遵循了 IAEA *Human Factors Engineering in the Design of Nuclear Power Plant*（SSG－51）导则要求，在工程项目的不同阶段开展人因活动。

人因工程设计首先制订了人因工程管理大纲，统筹考虑人、技术、组织及它们之间的相互作用，建立了工程项目的人因工程体系，规划出所有的人因工程设计活动，明确每项活动的输入、输出、分析/设计内容、工作程序。

运行经验评审活动为设计提供借鉴经验，特别是总结之前的运行事件或事故教训，以优化新的设计方案。功能分析保证核电厂为实现安全运行设置必需的功能，明确控制电厂生产过程中人的职责，识别出人员为完成运行目标所需的信息和控制，提出时间要求、性能要求及限制条件。利用功能分析结果开展功能分配，把功能在人、机、人/机之间合理分配，最大限度地发挥各自的优势。对于那些分配给人的功能，则进行任务分析，分析人在完成这些功能时所需的人员特性，以及为支持人员完成任务所需的人机接口特性。人员配备与资质的分析可以保证控制室人员数量配备及资质能够满足电厂安全有效运行。重要人员动作分析能识别出安全重要的人员动作，在系统设计过程中应予以重点关注，确保充分考虑影响电厂安全的潜在人员失误、人误机理，实施有效的防人误措施。

人机接口设计过程反映了功能和任务要求向人机接口特征和人机接口功能的转化过程。人机接口设计就是将功能和任务要求恰当地转化为报警、显示、控制的设计细节，并将人因工程的原则和标准系统地应用于人机接口设计的各个方面。充分利用计算机系统的优势，开发计算机化规程，帮助操纵员更有效地监控电厂运行。

在工程中由独立的人因工程专业人员开展深入的验证和确认活动，包括任务支持验证、人因设计验证、基于设计验证平台的部分确认和集成系统确认。在验证和确认活动中针对电厂在典型和事故工况下操纵员需要完成的关键人员动作和风险重要任务及相关情境是重点要核查的内容。对于其间发现的人因工程偏差项，通过与设计团队的讨论，找到解决方案并进行设计修改。

在设计实施阶段，通过验证最终产品保证工程实施阶段遵循人因工程设计过程中已经验证和确认过的设计。

9.10　电厂计算机信息和控制系统

电厂计算机信息和控制系统主要承担电厂的数字化操作任务，在电厂仪表和控制系统总体结构中构成了电厂的操作和管理信息层，其终端是实现电厂监控的主要人机接口。

系统通过电厂机组网络获得电厂的输入/输出数据，并对所获得的数据进行处理，最后把处理结果送到计算机化显示单元，为电厂运行人员提供电厂状态的信息及操作指导。同时，作为电厂重要的操作手段之一，它接收操纵员的命令，并把命令传递到过程控制网络，从而实现对电厂的操作。

系统为采用分布式网络结构的计算机系统，包括信息显示设备（大屏幕和操作终端显示器）、过程信息处理和存储设备（高性能工业计算机和服务器）以及通信设备（网络设备和电缆），主要完成计算机化的信息显示和软控制、优化的报警处理、计算机化规程、安全参数显示、性能计算，以及日志、趋势显示和记录等功能。

9.11 现场总线技术应用

现场总线是现场装置与控制系统之间的数字式、双向、串行、多点通信的数据总线。现场总线控制系统（fieldbus control system，FCS）结构简单，增加的设备在就地网段可直接接入，拓展容易，可全面显示设备实时状态和诊断显示、报警，可快速发现设备故障位置、原因，快速维修，节省人力和提高系统可用性。应用现场总线技术可以减少 I/O 模件及机柜，减少电缆、桥架及安装材料，减少安装及电缆敷设工作量，减少维护工作量，提高整体经济性。

鉴于现场总线技术的优势和成熟性，有必要考虑在核电厂全范围（核岛、BOP 等）适当应用现场总线技术，采用总线型智能仪控设备，确定总线型智能仪控设备的筛选原则、FCS 设计主要原则。

1）核电厂中总线控制系统设计原则

总线控制系统要求电源冗余、控制器（CPU）冗余（硬件冗余须能无扰切换）、网络/总线冗余，总线冗余结构要求为系统冗余模式。控制系统主要由操纵员站、数据服务器、总线控制主站，以及现场总线箱、总线仪表等组成。操纵员站、数据服务器、总线控制主站之间采用冗余工业以太网（优先双环网冗余）连接，通信介质采用超 5 类网线或光缆。现场总线箱通过冗余的现场总线（优先双环网冗余）连接至总线控制主站，通信介质采用光缆/现场总线。总线仪表连接至现场总线箱，通信介质为现场总线电缆。总线设备的选型、总线网段拓扑结构的选择，应能保证单一设备故障不会影响所在网段其他设备的正常运行。

总线设备管理软件通过数据网络与控制站、总线设备实现设备的信息交互，能够实现现场智能设备的远程诊断、远程标定、参数设置等功能。根据仪表位置及总线网段设计，可增设现场总线箱用于集中采集总线仪表的数据。

PROFIBUS 通信主站应支持通信协议版本 DP－V1 及以上版本的协议，

同时应向下兼容 DP－V0 的从站设备。宜选用具有 DP－V1 及以上通信协议的现场总线设备、附件等。PROFIBUS PA 设备使用 DP－V1 通信协议。

2）核电厂总线智能仪控设备设计原则

功能等级方面，对非安全级(NC)的设备考虑应用总线智能设备。

设备执行的功能方面，由 SBO 柴油发电机供电的设备不采用总线智能设备，温度仪表、事故监测仪表和单独设置的就地仪表不采用总线智能仪表。用于显示或报警的测量采用现场总线智能仪表；参与设备控制但不参与重要联锁保护(典型的如停堆、停机逻辑)且无快速响应时间要求(如 TRA/SOE/IDA 相关信号)的参数测量仪表考虑采用现场总线智能仪表；临近的检测位置有多个模拟量仪表，对于仅用于温压补偿修正而无其他功能的温度和压力仪表，可考虑取消，同时将被修正仪表采用现场总线智能仪表；临近的检测位置有模拟量仪表和就地仪表，根据仪表的测量功能和原理考虑能否将模拟量仪表和就地仪表合并修改为一块现场总线智能仪表。

设备所在的辐照区域方面，智能仪表可安装于黄 2 区及以下低放区域，当取源位置为高辐照(红区、橙 2 区、橙 1 区)区域时，考虑测量原理可行性、分体安装可行性(含分体距离)尽量将变送部分移出高辐照区域将其设计为现场总线智能仪表。

设备的布置区域方面，现场总线智能仪表应用仅考虑布置于核岛和 BOP 的仪表，反应堆厂房内的仪表不采用现场总线智能仪表。

9.12　自动化水平提升

核电厂的系统和设备数量多，控制过程以单体设备控制为主，在核电厂启停过程和正常运行期间，需要运行大量系统、设备，操纵员工作负荷重。随着核电厂 DCS 控制系统的应用，提升核电厂自动化控制水平可行性越来越高，采用顺序控制、组控和模拟全程控制技术替代操纵员的重复操作，减轻操纵员负担，减少人为失误带来的损失，这些越来越受到关注和重视。提升核电厂的自动化水平是核电厂数字化和智能化的重要目标之一。

1）总体原则

(1) 需求分析原则。

自动化水平提升需求需要对系统的功能进行分析梳理，覆盖系统启动、停运、列间切换等运行工况。功能梳理的最小单元为泵、风机、电加热器等能动设备及其配套的相关阀门实现的特定功能。

在分析过程中需要重点对于需要经常进行有规律性操作的功能、操作负荷很高、控制过程复杂的功能、容易造成人因操作失误的功能、连续运行和需定期停机维护检修的功能、定期进行主备切换的功能进行关注和分析。对于系统启停过程中操作时间长，系统运行过程中需要经常操作的开环调节，可改为闭环调节。

系统功能分析之后，结合实际的运行经验、业主需求、过程控制设备所具备的条件来综合分析自动化水平提升必要性。

(2) 控制功能设计原则。

在控制层级方面，顺序控制分为功能子组控制和功能组控制。功能子组控制为控制单个系统内某一工艺序列，在某种特定的条件下有序地向各个设备发出控制命令。功能组控制为控制多个工艺系统，在某种特定的条件下有序地向各个子组和设备发出控制命令。顺序控制中单体设备的控制遵循保护优先原则。

顺序控制应设置有自动/手动模式，操纵员通过点击启动按钮启动顺序控制。顺序控制启动后闭锁顺序控制相关设备的单体控制权限。即不能在顺序控制执行过程中，对顺序控制相关的设备进行单体控制。顺序控制启动后原有单体控制设备全部置于自动状态。顺序控制命令连到单体设备的自动端。

在顺序控制的复位机制方面，系统首先应设置复位功能，操纵员通过触发复位功能，可以强制退出正在执行中的顺序控制，顺序控制相关的现场设备维持退出时刻的状态，同时释放现场设备的单体控制权限。顺序控制自动运行期间，出现故障信号时，应自动退出顺序控制维持退出时刻的状态。顺序控制自动运行期间，出现故障信号时，应自动退出顺序控制维持退出时刻的状态。

顺序控制应设置跳步执行功能，操纵员通过触发跳步功能，可以跳转到顺序控制中的指定步骤，然后开始顺序控制。但是，启动跳步功能需要获得值长/副值长在操纵员站上的授权。

2) 人机接口实现原则

人机接口分为启动允许显示区、步序显示区、信息显示区、操作区 4 部分。启动允许显示区显示顺序控制启动的允许条件的触发状态。步序显示区显示整个顺序控制的总流程和执行顺序，其中包含每个步序的动态状态等信息。信息显示区显示当前执行步序的相关信息，如模拟量、开关量、趋势图块或其他图符。操作区包含启动、退出、模式选择、跳步操作命令，以及部分顺序控制的功能参数等信息。其中，值长侧的操作区只有跳步授权的操作，无其他操作权限。

3）系统应用

“华龙一号优化改进型”通过顺控组控和模拟量控制优化提升核辅助系统自动化水平。核辅助系统自动化水平提升主要功能包括大气排放阀一回路升温过程的自动控制优化、余热排出系统一回路温度自动控制优化、主蒸汽隔离阀一键关闭、蒸汽发生器排污系统热交换器一键切换、容控箱和内置换料水箱水源一键切换等。核岛通风系统如主控室空调系统、电气柜间通风系统、控制柜间通风系统、安全厂房机械设备区通风系统、安全厂房控制区通风系统等，全面采用了顺序控制策略，实现了系统的一键启停功能，大幅缩减操作步数，显著减轻操纵员负担。

参考文献

［1］ 陈日罡，李超. 华龙一号数字化仪控系统纵深防御设计[J]. 中国核电，2018(2)：141－146.

［2］ IAEA. Safety of nuclear power plants：design：SSR－2/1[S]. Vienna：IAEA，2016.

［3］ IAEA. Considerations on the application of the IAEA safety requirements for the design of nuclear power plants：IAEA－TECDOC－1791[S]. Vienna：IAEA，2016.

［4］ IAEA. Design of instrumentation and control systems for nuclear power plants：SSG－39 [S]. Vienna：IAEA，2016.

［5］ 杜德君，何庆镭. 核电厂地震自动停堆功能设计研究[J]. 自动化博览，2016(3)：76－77.

［6］ 张冬，李超，杜德君. 华龙一号 DCS 系统信息安全研究[J]. 中国核电，2019(3)：271－274.

［7］ 何风，吕勇波，艾红雷，等. LBB 技术在核电站管道系统中的应用[J]. 管道技术与设备，2016，3(2)：1－4.

［8］ 国家核安全局. 福岛核事故后核电厂改进行动通用技术要求(试行)[S]. 北京：国家核安全局，2012.

［9］ 国家核安全局. “十二五”新建核电厂安全要求(报批稿)[S]. 北京：国家核安全局，2013.

第 10 章
电气系统

核电厂电气系统服务于核电厂的安全生产及电能的安全传输，它主要有两种功能。一是使核电厂发出的电能通过电气系统安全输送到电网，即主发电机发出的电能通过升压变压器升压后输送到 500 kV 开关站，然后通过架空线把电能从核电厂输送到电网，同时主发电机发出的电能还通过高压厂用变压器为厂用电设备供电。二是在各种运行工况下，通过厂用电系统为厂用电设备提供安全可靠的电源，确保核电厂的安全运行。在正常运行时，厂用电系统的电源来自主发电机组，当机组启动、停运、维修或故障时，厂用电系统的电源来自厂外 500 kV 主电源或 220 kV 辅助电源，当主发电机和厂外电源均失去时，厂用电系统由厂内的柴油发电机组或蓄电池组供电，并按设定的要求进行负荷分配，以保证不同工况下厂用负荷的用电需求。

"华龙一号优化改进型"电气系统采用了成熟的设计和实践经验，与"华龙一号"核电厂的供电方式和系统结构基本相同，同时也吸收了福岛核电厂事故经验反馈和最新法规标准要求，考虑了针对极端事件甚至严重事故的电源供应手段，主要改进如下：通过核岛布置优化，同时将单元和常备的 6 段中压配电装置及其仪控机柜由核岛改为常规岛布置，减少了核岛电缆总量及主次托盘长度；电气贯穿件采用大容量贯穿件，减少了贯穿件数量，布置也更合理；对 SBO 柴油发电机展开优化，实现了电源设计纵深防御层次性和独立性的优化，以及负荷合理性配置；采用智能运行辅助信息系统(AIC)及健康管理与智能运维辅助系统(AFP)，实现对厂用电电气设备的全面监测管理，满足一体化配电管理需求。

10.1 电气系统设计总原则

核电厂电气系统根据其所执行的功能，设计应满足其总体要求和安全相关设计原则,以确保功能的可靠实现。

1) 总体要求

核电厂电气系统应充分满足其设计基准的要求。设计基准包括电气系统执行的功能、具备的特性、达到的目标、运行工况、环境条件、可靠性要求。

(1) 应考虑电压和频率的暂态和短时波动对核电厂电气系统和设备可能造成的影响,电网预期的电压和频率变化不应对安全功能造成不可接受的影响。

(2) 应系统性地定义电气系统的结构、系统和设备,以保证执行安全功能的物项由相应安全级的电源供电,并通过合理的设计、试验、运行和维护来保证电气系统的可靠性。为了防止电气系统发生共因故障,电气系统可配置多样化的供电电源。应保证非安全级设备不会对安全级设备造成不利影响。

(3) 电气设备的额定值、能力和容量应具有足够裕度来满足预期功能要求。电气设备应采用合理的保护配置方案,保护定值需考虑厂内和厂外电气系统运行参数的预计变化范围,保证优先电源的扰动不应影响安全级系统及其负荷的安全运行。在应急情况下,为保证安全级系统设备优先执行安全功能,其保护配置可只保留必需的功能。

(4) 应将全厂断电作为设计扩展工况进行考虑和分析。全厂断电不包括交流不间断电源、直流电源和替代交流电源的故障。在全厂断电状态下,应分析核电厂维持安全功能并排出乏燃料余热的能力,并在设计中应采取有效措施,防止在全厂断电时出现燃料损毁。

(5) 设计也应包含通过一些移动设备的安全投运来恢复必要的动力供应,这些移动设备不必在厂区储存。

2) 安全相关设计原则[1]

电气系统最重要的功能是确保核电厂的安全,其设计贯彻了纵深防御、独立性、多样性、设计裕度、可试验性等原则,以确保安全功能的可靠实现。

(1) 纵深防御。核电厂依赖电气系统实现各种安全功能,供电可靠性对于核电厂的安全至关重要。核电厂电气系统对所有纵深防御层级都是必不可少的支持系统。电气系统设计是通过依次交替的电源来实现不同的防御层次,这些电源向对应的配电系统供电。对于电气系统,典型的假设始发事件是丧失厂外电源(LOOP)和在 DEC 范围内丧失厂外电源和厂内电源(全厂断电 SBO)。因此,按照纵深防御的设计原则,“华龙一号优化改进型”配置了优先电源、应急电源、替代电源、严重事故电源，其相互关系如图 10－1 所示。同时，为了应对电源的长期不可用和极端外部事件，设置移动电源，根据业主需求配置厂区附加电源，满足场外应急响应需求，在应急指挥中心设置了柴油发电机组。

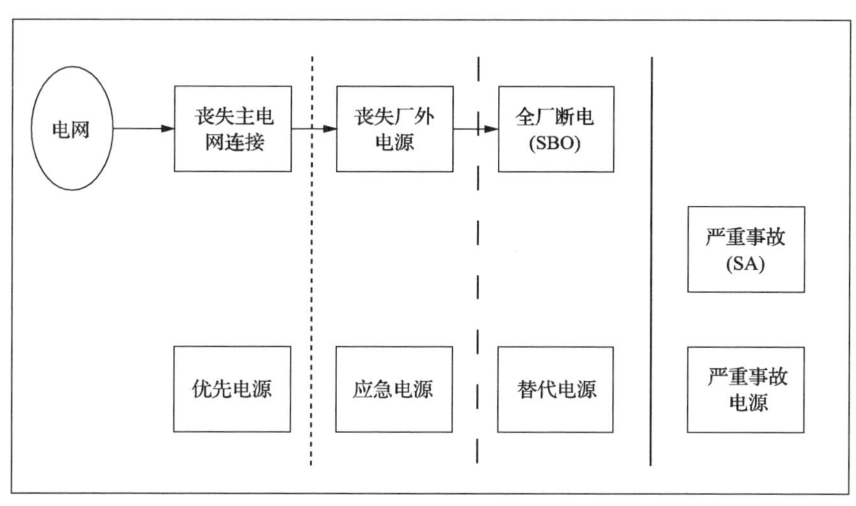

图 10－1　电气系统防御层次

（2）独立性。电气系统的独立性主要包括纵深防御各层级的独立性、安全序列之间的独立性、安全级系统与非安全级系统之间的独立性等方面。独立性通过实体隔离和电气隔离来实现。实体隔离方式包括屏障、距离或两者的组合。电气隔离方式包括分隔距离、隔离装置、屏蔽、布线技术或其组合的方式。

（3）多样性。安全级电气系统由多样化的电源供电，如作为正常电源或带厂用电负荷运行的主发电机、通过优先电源供电的厂外电力系统、在失去厂外电源时为安全级电力系统供电的安全级电源和应对全厂断电时的替代交流电源。多样性方法还通过不同设备、不同运行原则、不同操作条件、不同设计团队及不同制造商等方式实现。

（4）设计裕度。安全级电气系统在进行功率平衡设计、电气系统分析、保护整定、控制和触发定值（切换）、设备选型等设计过程中均需考虑足够的设计裕度以确保预期功能的实现。

（5）可试验性。安全级电气系统对电源性能、电源切换、保护动作、能量转换设备的性能（特别是装有电力电子设备）特性均可进行定期试验。

10.2 发电系统

发电系统将汽轮机产生的动能通过发电机转换为电能，并将电能通过主变压器升压后送至 500 kV 电网，且通过降压供电给厂内负荷。发电系统主要包括发电机、发电机引出线及其配套设备、发电机出口断路器、主变压器。发电机经全连式风冷（或自冷）离相封闭母线、发电机出口断路器和主变压器成单元制接线。主变压器的高压侧经 SF_6 气体绝缘输电线路（GIL）或电缆接至 500 kV 气体绝缘金属封闭开关设备（GIS）母线。发电机出口装设有断路器[2]。

10.3 输配电系统

1）系统功能

输配电系统接受经主变压器升压后的核电机组发出的电能并输送给外电网，且在厂内主发电机电源不可用时为核电厂提供厂用电源，包括厂外主电源（500 kV 系统）、辅助电源（220 kV 系统）。

厂外主电源采用 500 kV 电压等级。500 kV 系统的主要功能是接受核电厂发电机组发出的电力，经该系统输送至电网；在机组起动、停运或发电机组故障跳开发电机出口断路器时，从电网取得电源，经主变压器和高压厂用变压器为核电厂厂用负荷提供厂外主电源。

厂外辅助电源采用 220 kV 电压等级。220 kV 系统的主要功能是当 500 kV 厂外主电源和厂内主发电机电源均不可用时，经辅助变压器为核电厂常备、应急和厂区厂用设备提供厂外辅助电源。

2）系统构成

500 kV 系统主要包括主变压器高压侧引出线及其配套设备和 500 kV SF_6 绝缘的全封闭组合电器（GIS）。主变压器高压侧先经全封闭组合电器（含隔离开关和接地开关），再经 500 kV GIL（或 500 kV 电缆）与主开关站全封闭组合电器连接。

220 kV 系统主要包括辅助变压器引出线和配套设备、220 kV SF6 绝缘的全封闭组合电器。辅助变压器先经全封闭组合电器（含隔离开关和接地开关），再经 220 kV 电缆与辅助开关站全封闭组合电器连接。

10.4　厂用电系统

厂用电系统用于为厂用电设备提供安全可靠的厂用电源，并根据用电设备的类型和功能及纵深防御不同层次的供电要求，进行厂用电源配置。

10.4.1　系统概述

厂用电系统用于在各种工况下为厂用电设备提供安全可靠的厂用电源，确保核电厂的安全运行。厂用电系统包括交流电力系统、直流电力系统和交流不间断电力系统。

1）负荷分类

核电厂的用电设备，按其功能分为以下几类。

（1）单元厂用设备。单元厂用设备是电厂单元机组在正常运行时所需要的设备，只需厂外主电源供电。当机组停运后，这些设备均可停用。

（2）常备厂用设备。常备厂用设备是电厂单元机组在正常运行时需要工作且在正常停运过程中及停运期间（包括机组检修）还需要运行的设备。这些设备需要两个厂外电源，在正常运行时由厂外主电源供电，当厂外主电源失电时，经电源自动切换后由厂外辅助电源供电。

（3）应急厂用设备。应急厂用设备是保证电厂核安全和保证主设备安全所必需的设备。核安全厂用设备是用来防止、限制和减少放射性物质泄漏的设备。主设备安全厂用设备是保障电厂主要设备的安全，以维持发电设备在可运行状态的设备。应急厂用设备在正常运行时由厂外主电源供电。当厂外主电源失电时，由厂外辅助电源供电。当两个厂外电源均失去时，由应急柴油发电机组供电。

（4）厂区公用设备。厂区公用设备与电能生产无直接关系，其功能不影响单元机组的运行。这些设备需要 2 个单元机组的厂用电系统供电。正常运行时由其中一个单元机组的正常厂用电系统供电。当该电源系统故障时，由另一个单元机组的正常厂用电系统供电。

2）厂用电系统基本设计原则[3]

所有与核安全相关的厂用电系统和设备应能够承受各种可能预想到的危险，即应对厂址及周围地区有记载的最恶劣的自然环境条件有适当考虑及应对措施，在地震、飓风、洪水和厂外电源故障等情况下，仍能保证系统的完整性和供电可靠性；电源的多样性，其中应急电源应具有充分的独立性和冗余性，同时还应具有可试验性，以确保能够随时对应急电源的功能进行检查；通过适当的配置，使共模故障的风险减至最小。

3）厂用电源配置[4]

根据用电设备的类型和功能及纵深防御不同层次供电要求，厂用电源主要包括以下几种类型。

（1）优先电源。

优先电源包括厂外主电源与厂外辅助电源。厂外主电源主要向包括单元厂用设备、常备厂用设备和应急厂用设备在内的全厂设备供电。厂外辅助电源在厂外主电源断电时，向常备厂用设备和应急厂用设备供电。

（2）应急电源。

应急电源包括应急柴油发电机组与直流和交流不间断系统的蓄电池。应急柴油发电机组在厂外电源丧失时，向应急厂用设备供电，应急柴油发电机组设计与冗余系列相对应。直流和交流不间断系统的蓄电池从其储能独立性来说，也是一种厂内电源。蓄电池按直流和交流不间断系统冗余度配置系列数量，在丧失交流电时，蓄电池放电以向其用户提供电源。

（3）替代电源。

替代电源是全厂断电（SBO）柴油发电机组，作为 SBO 时的后备电源，向全厂断电所需的特定设备供电。其供电负荷包括以下设备的组合：一回路或重要系统的补水设备、余热排出相关设备、必要蓄电池的充电器、事故后监测系统、特定通风设备，甚至严重事故缓解措施设备等。

（4）严重事故电源。

严重事故电源包括 72 h 电源及 380 V UPS 电源：专设独立的 72 h 直流电力系统，为非能动系统相关的阀门、仪表和控制系统供电；设置 380 V UPS 电源，为严重事故后 72 h 内需要动作的电动阀提供不间断电源。

（5）厂区附加（备用）电源。

厂区附加（备用）柴油发电机组用于在正常运行期间应急柴油发电机组不可用时作为应急柴油发电机组的替代，以延长其维修时间窗口。

（6）临时电源。

该电源不在电厂所属固定设备范围内，在极端情况下丧失全部交流电源[包括厂区附加（备用）柴油发电机组]时，该移动式电源为实施应对和恢复措施提供临时动力，以缓解事故后果，并为恢复厂内外交流电源提供时间。

(7) 应急场所柴油发电机组。

应急场所柴油发电机组为应急指挥中心的重要用户提供备用电源。

10.4.2　交流电力系统

厂内交流电力系统包括高压厂用变压器、辅助厂用变压器、中压交流电力系统和低压交流电力系统。交流电力系统构成及接线如图 10-2 所示。

1) 高压厂用变压器

每个机组设 2 台高压厂用变压器，在核电厂正常起停和运行时为厂用负荷供电。高压厂用变压器采用 24(27)/10.5-10.5 kV、68/40-40 MV·A 三绕组分裂变压器。

2) 辅助厂用变压器

2 台机组共用 2 台辅助厂用变压器。当厂外主电源和主发电机失电时为所需的厂用负荷供电。辅助厂用变压器采用 231/10.5 kV、46 MV·A 双绕组变压器。

3) 中压交流电力系统

中压交流电力系统主要向功率不小于 200 kW 的电动机及低压厂用变压器供电。中压交流电力系统电压为 10 kV，采用低电阻接地运行方式。

中压交流电力系统由中压配电装置组成，主要包括 4 段单元厂用母线、2 段常备厂用母线、2 段应急厂用母线、2 段厂区公用母线。除应急厂用母线为安全级外，其余母线均为非安全级。

单元厂用母线(ESA、ESD、ESE 和 ESF)上接有仅在单元机组正常运行时所需的厂用设备，即单元厂用设备。当机组运行时，由主发电机经 24(或 27) kV/10 kV 高压厂用工作变压器对 ESA、ESD、ESE 和 ESF 母线分别供电。当发电机组故障或停止运行时，由厂外主电源经主变压器和高压厂用工作变压器供电。在主变压器(包括厂外主电源)或高压厂用工作变压器故障时，机组必须停运，反应堆停堆。此时，单元厂用母线停电。

常备厂用母线(ESB 和 ESC)上接有单元机组正常运行时需要工作的，以及在正常停运过程中及停运期间需要运行的厂用设备，即常备厂用设备。正常运行时，常备厂用母线由单元厂用母线 ESA 和 ESD 供电。在高压厂用工作变压器失去电源的情况下，自动慢速切换到辅助变压器上，由 220 kV 辅助电源系统供电，以保证机组停机和反应堆停堆。机组的应急厂用母线(EMA

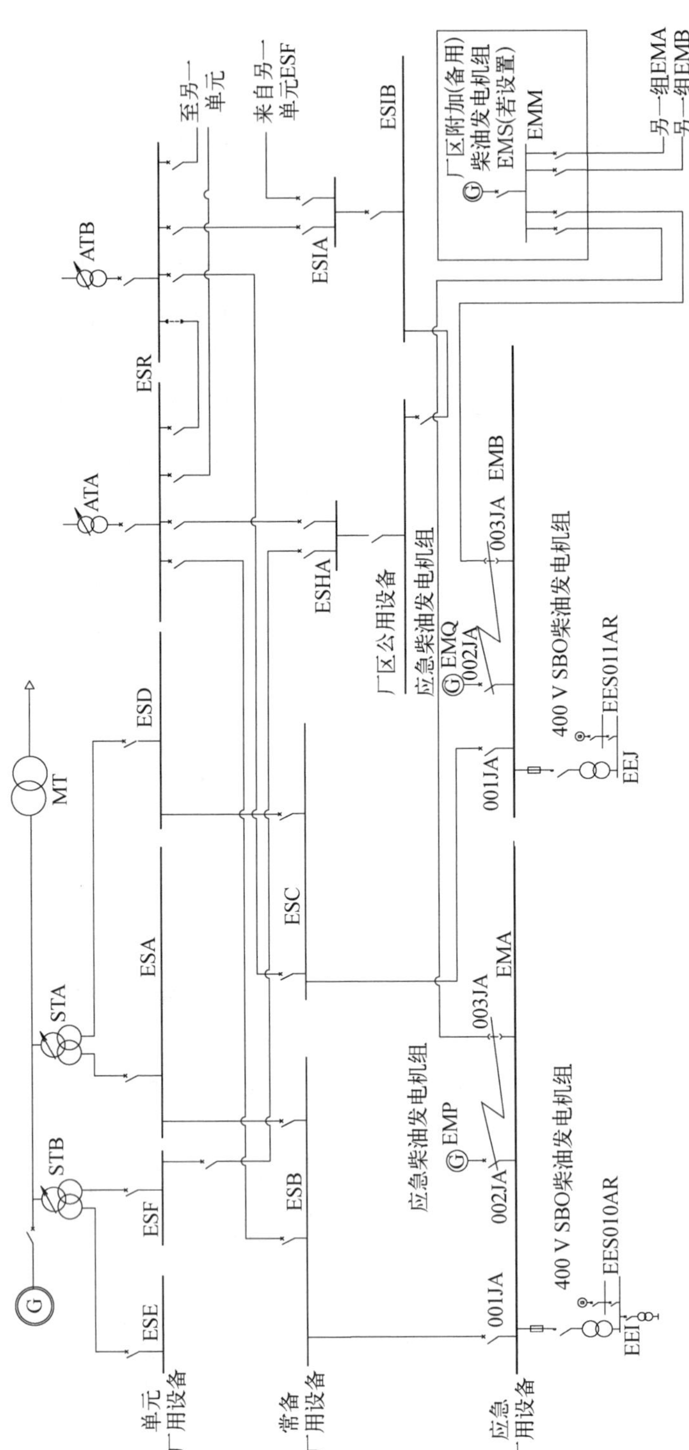

图 10－2　厂用电原则接线图

和 EMB)和厂区公用母线(ESH 和 ESI)也均由辅助电源通过该母线供电,并可在停堆期间通过 ESB 向 ESA 或通过 ESC 向 ESD 上的 1 台主泵供电。

应急厂用母线(EMA 和 EMB)上接有核安全厂用设备及主设备安全厂用设备等应急负荷。EMA 和 EMB 母线有 3 个电源,在正常运行情况下由 ESA 和 ESD 分别经 ESB 和 ESC 向该类母线供电。ESA 和 ESD 失电时,应急厂用母线切换到由辅助变压器经常备厂用母线供电。上述 2 种电源都失去时,由相应的应急柴油发电机组单独向 EMA 和 EMB 上的核安全厂用设备与主设备安全厂用设备供电。EMA 和 EMB 上的核安全厂用设备互为冗余,只要有一组完好就能满足核安全的要求。

厂区公用母线(ESH 和 ESI)上接有厂区公用设备。每段母线有 2 个电源,在正常情况下,分别由各自机组的 ESF 分别向 ESH 和 ESI 供电,当一个机组的 ESF 母线失电时,ESH 或 ESI 母线切换到由辅助变压器供电。厂区公用母线通过断路器分成两段,正常运行时分段断路器是断开的,当其中一台机组的单元厂用母线失电时,手动闭合分段开关,以保证供电的连续性。

中压交流电力系统的保护配置主要如下:母线设低电压保护;电源进线及电源联络线的保护设短路保护;由断路器柜供电的电动机出线设过负荷保护、短路保护、接地保护(报警);由熔断器+接触器供电的电动机、变压器设短路保护、过负荷保护、过电流保护和接地保护(报警)。其中,过电流保护仅用于应急厂用母线在柴油发电机供电方式下,其短路电流太小不足以使熔断器熔断情况下进行短路保护。

中压配电装置选用金属铠装式真空断路器柜或熔断器+真空接触器柜。熔断器+接触器柜主要用于给额定功率不大于 900 kW(额定电流不大于 95 A)的电动机及额定容量不大于 1 250 kV·A 的变压器供电。断路器柜额定电流为 3 150 A、1 600 A、1 250 A,额定短路开断电流为 50 kA,额定短路关合电流为 150 kA。熔断器+接触器柜通常选用同一规格的熔断器,额定电流为 250～315 A,预期开断电流(有效值)为 50 kA,预期峰值电流(峰值)为 150 kA。

4) 低压交流电力系统

低压交流电力系统用于向额定功率小于 200 kW 的电动机、照明变压器和蓄电池充电器等设备供电。低压交流电力系统额定电压为 380/220 V。核岛低压厂用变压器中性点接地但不配出,常规岛和 BOP 的低压厂用变压器中性点接地并配出。

低压交流电力系统由低压厂用变压器及其相应低压配电装置组成，低压配电装置由低压厂用变压器供电，该变压器与低压配电装置安装在一起并与中压熔断器接触器馈出线相连接。

不同电源系列之间的正常运行配电装置或应急配电装置之间都不设共连点，也没有手动或自动的同期装置。

低压电源系统的保护配置主要如下：变压器低压侧设接地故障保护，保护动作中压侧接触器脱扣；低压母线设延时过电流保护以确保选择性；熔断器（断路器）＋接触器组成的馈线回路设短路保护和过负荷保护。

低压配电装置采用抽出式开关柜，母线额定电流为 1 600 A、2 000 A，短路电流分断能力为 28 kA，短路电流关合能力为 50 kA。

10.4.3 直流电力系统

直流电力系统[5]向所有的控制和信号系统供电，并通过 DC/AC 逆变器产生重要的和安全级的 220 V 交流不间断电源。直流电力系统为不接地运行系统，设置有绝缘监测装置识别并定位接地故障。

A 系列安全相关执行机构的控制由 A 系列直流电源供电，B 系列安全相关执行机构的控制由 B 系列直流电源供电。根据工艺系统 A、B 系列和不间断电源系统等对直流电源的需求，核岛直流电源主要包括以下子系统，其系统构成及接线如图 10 - 3 所示。

（1）220 V 直流电力系统：ETU，向 EAE 系统的 3 台 DC/AC 逆变器供电。

（2）220 V 直流电力系统：根据非能动安全系统对直流和交流不间断电源的需求，专设有 2 组独立的 72 h 直流电力系统 ETE（A 系列）、ETF（B 系列），为非能动系统相关的阀门、仪表和控制系统供电，以及 EAU、EAV 系统的 DC/AC 逆变器供电。

（3）110 V 直流电力系统：EDA（A 系列）、EDB（B 系列）、EDG、EDP，向接触器、断路器控制回路和 EAG、EAH、EAF 及 EAP 的 DC/AC 逆变器供电；EDJ，其蓄电池在失去全部 A 系列蓄电池组的事故中，向必须操作的各种断路器供电，以便辅助电网向 EMB 供电。

（4）48 V 直流电力系统：ECA（A 系列）、ECB（B 系列）、ECD，向自动控制回路和监测设备、信号回路、部分电磁阀及电动阀的执行机构供电。

除 ETE/ETF 系统外，其他直流系统蓄电池的放电时间为 2 h。

核岛每组直流系统包括 1 组铅酸蓄电池、1 台(EDP 系统)或 2 台蓄电池充电器、1 组带进出线断路器和开关的配电装置。2 台充电器并列运行，当运行的一台充电器发生故障时，另一台充电器自动带全部负荷。安全级直流系统的充电器电源至少有一组来自低压交流应急配电系统。当切换到应急柴油发电机组供电时，不切除充电器负荷。

充电器的功能和特性不受短路影响，充电器直流侧断路器与蓄电池进线熔断器在充电器直流侧短路时有选择性地动作；充电器内置限流功能，保证充电器不会非期望地从电路中切除。

每台机组在汽轮发电机厂房内单独设置 1 组 220 V 直流系统为汽轮机直流辅助设备供电，2 组 110 V 直流系统为常规岛控制负荷供电。常规岛直流电力系统蓄电池组容量按照其供电的各负荷所需持续供电时间(1～3 h)进行选择。蓄电池采用免维护铅酸蓄电池。

10.4.4　交流不间断电源系统

交流不间断电源系统(UPS)主要向反应堆保护系统、DCS 机柜、严重事故时快速泄压阀、安全壳隔离阀、三废系统及其他需要不间断供电的用电负荷提供电源。交流不间断电源系统包括以下子系统，交流不间断电源系统构成及接线如图 10 - 3 所示。

(1) 2 组 380 V 交流不间断电源系统(EAW、EAY)，为反应堆冷却系统快速卸压阀、主泵密封高低压泄漏电动隔离阀、氮气密封电动隔离阀、二次侧非能动凝水隔离阀供电。

(2) 4 组 220 V 交流不间断电源系统(EAA、EAB、EAC 和 EAD)，主要向机组的 4 组反应堆保护系统 DCS 机柜、继电器、变送器及核测仪表等负荷供电。

(3) 1 组 220 V 交流不间断电源系统(EAE)，主要向机组的 A 系列 DCS 机柜、棒控和棒位系统、RII 堆芯仪表系统、IRA 辐射防护监测系统、记录仪和指示器、48 V 整流器等负荷供电。

(4) 1 组 220 V 交流不间断电源系统(EAP)，主要向 B 系列 DCS 机柜、反应堆冷却系统、安全注入系统、48 V 整流器等负荷供电。

(5) 1 组 220 V 交流不间断电源系统(EAG)，主要向机组的 A 系列安全级 DCS 机柜、FAD 机柜等负荷供电。

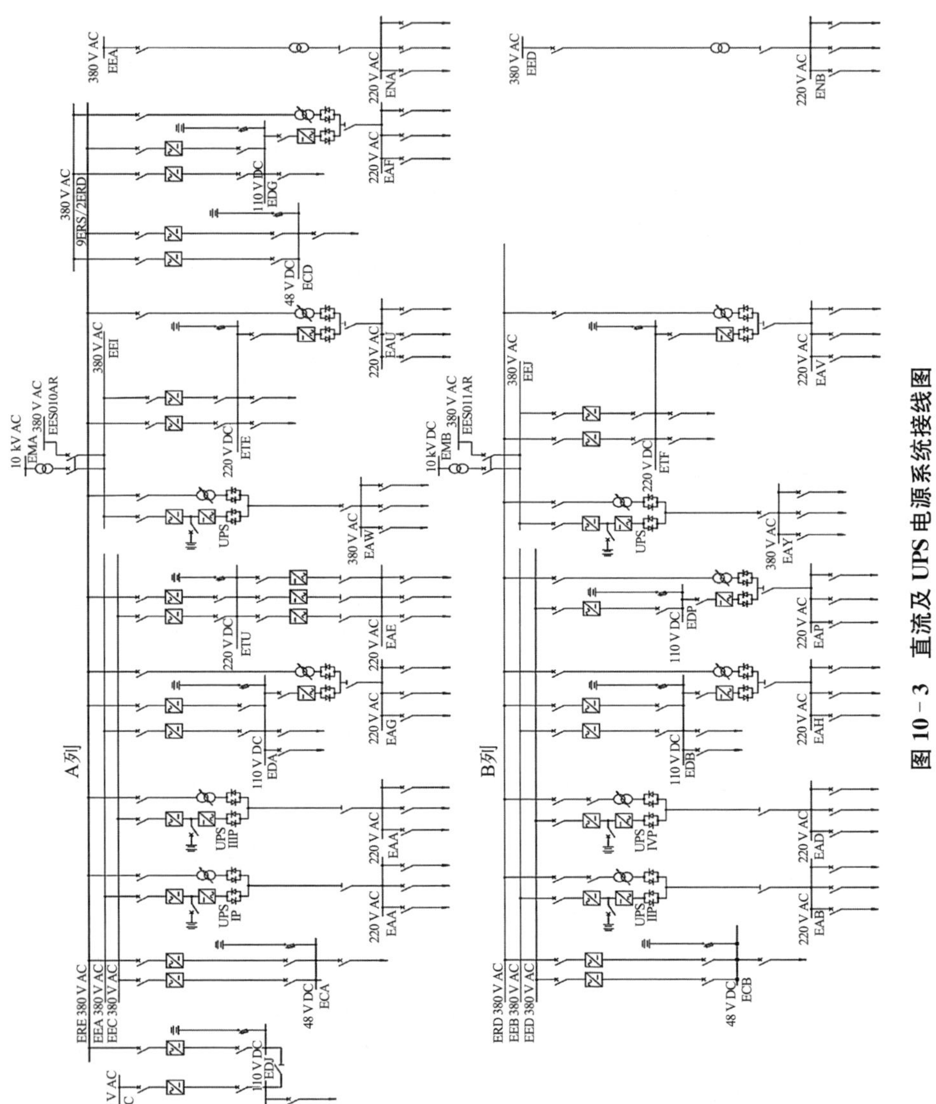

图 10-3 直流及 UPS 电源系统接线图

(6) 1 组 220 V 交流不间断电源系统(EAH),主要向机组的 B 系列安全级 DCS 机柜等负荷供电。

(7) 1 组 220 V 交流不间断电源系统(EAF),主要向机组的 IRA 电厂辐射监测设备、固体废物处理系统自动化学监测和控制装置(废物处理)、48 V 整流器等负荷供电。

(8) 2 组 220 V 交流不间断电源系统(EAU、EAV),主要向非能动安全系统相关的现场仪表和数字式控制系统等负荷供电。

在以上系统中,EAA、EAB、EAC、EAD、EAG、EAH、EAW 和 EAY 系统为安全级系统,EAE、EAP、EAF、EAU 和 EAV 为非安全级系统。

为反应堆保护系统负荷供电的 4 组 220 V 交流不间断电源系统和 2 组 380 V 交流不间断电源系统采用集成式交流不间断电源系统设备,集成式交流不间断电源系统每组设 1 台充电器、1 台逆变器、1 组蓄电池、1 台调压变压器和 1 套静态开关。

其余交流不间断电源系统均由逆变器供电,逆变器由相应系统的直流电源供电。每组交流不间断电源系统设 1 台逆变器、1 组蓄电池、1 台调压变压器和 1 套静态开关。

在正常运行时,所有交流不间断电源系统(EAE 除外)均由 380 V 交流应急电源系统直接或间接供电,一旦逆变器故障,交流负荷自动切换到调压变压器供电。该调压变压器由 380 V 交流正常电源系统供电,切换采用可控硅静态开关,使切换时间减少到 4 ms 以下。

EAE 系统的 220 V 交流负荷由 3 台并联安装的逆变器供电。这 3 台逆变器由 ETU 系统的 220 V 直流电源供电,正常运行期间,全部负荷由 3 台逆变器供电。如果 1 台逆变器发生故障,其余 2 台可以为全部负荷供电。

10.5　柴油发电机组

为应对不同设计工况,保证满足不同应急厂用设备的用电需求,电厂设置了不同电压等级和容量的柴油发电机组,包括应急柴油发电机组、厂区附加(备用)柴油发电机组、400 V SBO 柴油发电机组以及中、低压移动柴油发电机组。

1) 应急柴油发电机组

应急柴油发电机组用于在厂外主电源和厂外辅助电源均失去的情况下,

为确保反应堆安全停堆及保证重要设备安全的用电设备供电。应急柴油发电机组自动启动，其容量满足应急厂用设备用电要求。

每个单元机组设置2台中压额定容量约为8 000 kW的应急柴油发电机组，分别为中压交流应急母线供电。柴油发电机组和柴油机辅助系统（压缩空气、燃油、润滑油、冷却水、进排气系统）都必须具有极好的启动和运转可靠性。

在柴油发电机组应急供电时，柴油发电机组在收到启动信号15 s内能达到额定转速和额定电压，并按照预定的加载程序自动地接上各个负荷组。

当机组处于应急状态时，仅超速保护、失压保护和差动保护动作使机组停运，其他保护仅报警。

柴油发电机组定期启动并在电厂正常运行期间与电网连接以验证带额定负荷的能力。

2）厂区附加（备用）柴油发电机组

对于标准化的华龙一号改进型核电机组，基于华龙一号的设计特征，不设置厂区附加柴油发电机，机组满足相关法规标准和安全要求，亦满足机组可利用率指标要求。在具体工程项目中，若业主基于进一步提高可利用率和运行经济性的考虑，提出增设厂区附加（备用）柴油发电机，则该厂区附加（备用）柴油发电机组可在正常运行期间发生应急柴油发电机组不可用时执行对应替代功能。

3）400 V SBO柴油发电机组

在全厂断电的设计扩展工况下，当检测到应急母线（EMA和EMB）同时失压时，400 V SBO柴油发电机组自动启动，为硼注泵、主控室和重要机柜间通风系统、安全壳环形空间通风系统、主泵相关电动阀门及非能动专用电源系统（即72 h蓄电池系统）、辅助给水系统二次侧应急补水泵、堆腔注水冷却泵及安全壳隔离阀供电，并保证控制室某些指示仪的工作及单元机组运行必需的控制器可用。在正常或设计基准事故工况下，SBO电源系统不执行安全功能。每个机组的SBO电源系统（EES）设有2台1 000 kV·A的SBO柴油发电机组。这2台机组同时运行。根据工艺运行要求，A、B列互为冗余的系统：CAV、VCL、VEB、VEC、VMO、VEE、WEC，需手动或自动切除其中的一列。

在失去全部电源的情况下，柴油发电机组及其辅助系统都必须具有极好的启动和运转的可靠性。

4）临时电源

临时电源[6]是为了应对类似福岛核电厂事故而设置的，仅在全部丧失厂外和厂内电源时提供移动电源。电厂设置了中压临时电源和低压临时电源。

（1）中压临时电源。中压移动电源作为全厂断电事故的临时性电源，可以向 1 台低压安注泵或 1 台辅助给水泵供电，以缓解事故后果并为恢复厂内外交流电源提供抢修时间。

多堆厂址可共用 1 台中压额定容量约为 1 800 kW 的移动电源作为中压临时电源。中压移动电源接入方式如图 10－4 所示。移动电源接口箱布置在 SX 厂房易于临时电源中压进线电缆接入的房间，挂墙安装，安装的绝对高度满足防水淹的要求。

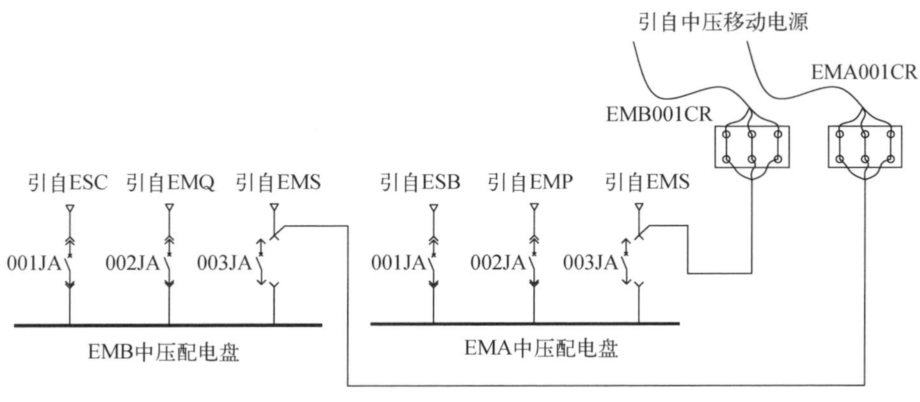

图 10－4　中压临时电源接入方式

（2）400 V 低压临时电源。在发生某个机组丧失全部交流电源且考虑 2 台 SBO 柴油发电机组同时丧失的情况下，通过 400 V 移动电源提供临时动力，以缓解事故后果，并为恢复厂内、厂外交流电源提供时间窗口。

400 V 移动柴油发电机组的接入方式如图 10－5 所示。移动电源接口箱布置在 DU 厂房，挂墙安装，安装的绝对高度满足防水淹的要求。

10.6　照明系统

核电厂的照明系统按其功能可分为正常照明系统和应急照明系统。其中，应急照明系统又包括备用照明系统、安全照明系统及疏散照明系统。正常照明和备用照明一起，可以保证核电厂在运行和维护时有足够的照度。一旦

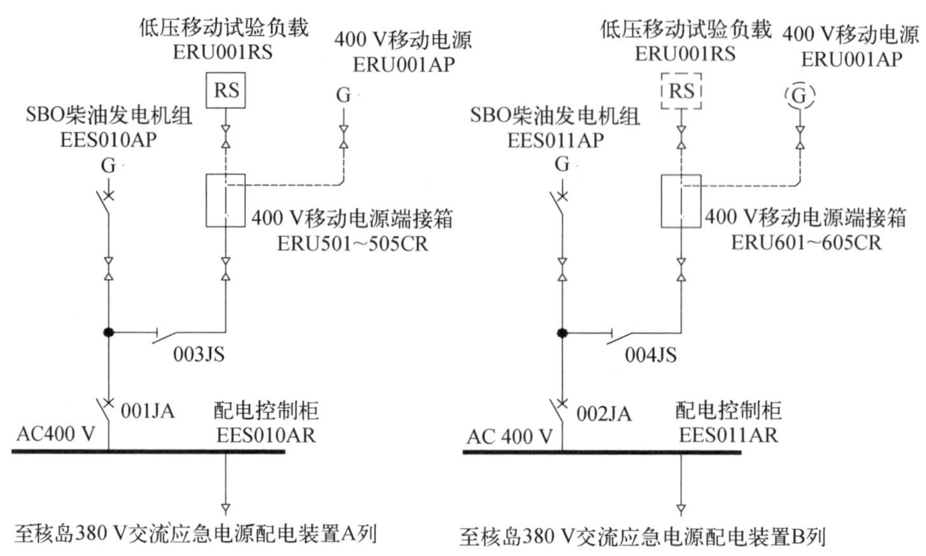

图 10-5 低压临时电源接入方式

正常照明发生故障，备用照明为完成核电厂必不可少的操作提供适当的照度。在核电厂失去正常照明和备用照明期间，安全照明及疏散照明为核电厂进行安全、秩序的操作及人员撤离提供必需的照度。应急照明系统不属于安全相关系统。

核岛主控室照明由正常照明和安全照明组成。正常照明由 A 和 B 2 个系列的应急电源系统供电。安全照明包括主操作区域、维修区、走廊平时不点亮的安全照明，以及后备盘区域常亮的 72 小时安全照明。主操作区域和维修区的安全照明由 220 V 直流蓄电池装置和 SBO 电源供电。此外，主控室还在后备盘区域设置了常亮的 72 小时安全照明，其供电电源分别引自 A、B 2 组 72 小时交流不间断电源系统，此电源是为应对全厂断电且严重事故工况下非能动安全系统设备的需求专设的。2 种安全照明共同为严重事故下操纵员处理事故和主控室可居留性创造了有利条件。

10.7 防雷接地

为了保护人员安全及电气设备在正常和事故工况下均能可靠工作，核电厂设置了防雷保护和接地系统。

防雷保护系统用以防止由雷击引起的危险电位及其他危害，通过接地导体将雷击产生的雷电流引向大地，以确保人身和设备的安全。

核岛厂房属于二类防雷建筑物，防雷装置由接闪器（接闪杆和接闪带）、引下线和接地装置构成。

接地系统主要包括以下几种类型。

（1）电力系统工作接地：提供电气设备的中性点，以保证电气设备的正常运行，中压电气系统中性点接地方式根据电容电流的计算结果确定，低压电气系统中性点直接接地。

（2）保护接地：防止工作人员因触摸绝缘损坏而带电的金属结构或外壳，以及接触带电部件而造成的人身伤亡事故。

（3）防雷接地：通过安装于各建筑物上的避雷装置，吸引雷电放电，并将雷电流导入大地，从而保证人员、设备和建筑物免遭雷击。

（4）电子设备接地：提供电子设备的工作基准点，以保证电子设备的正常运行。

参考文献

［1］国家核安全局. 核动力厂电力系统设计：HAD 102/13—2021［S］. 北京：国家核安全局，2021.

［2］中国电力企业联合会. 核电厂常规岛设计规范：GB/T 50958—2013［S］. 北京：中国计划出版社，2013.

［3］中国核能电力股份有限公司. 中国先进压水堆用户要求文件：TR-TR-KYA20-002［S］. 北京：中国核能电力股份有限公司，2021.

［4］国家核安全局. 核动力厂设计安全规定：HAF 102—2016［S］. 北京：国家核安全局，2016.

［5］邢继，吴琳，等. 中国自主先进压水堆技术"华龙一号"：上册［M］. 北京：科学出版社，2020.

［6］国家核安全局. 福岛核事故后核电厂改进行动通用技术要求（试行）［S］. 北京：国家核安全局，2012.

第 11 章
消防设计

在世界核电运营史上，核岛和常规岛厂房曾经发生过多起大型火灾。核电厂运行经验和目前掌握的分析技术证实，火灾不仅会影响核电厂的正常运行，导致机组停堆，使经济效益受到损害，严重情况下还会影响机组安全功能的执行，甚至导致核安全事故，产生极其严重的后果和灾难。核电厂火灾已经成为核安全最现实和最直接的威胁之一，消防安全是核电厂安全的重要组成部分。

为了应对火灾对核电机组的影响，世界各国科研机构开展了大量的分析和研究工作，采取各种措施提高新建和在运核电厂的消防安全，国内外相关法规标准也对核电厂消防设计提出了更高的要求[1-3]。2011 年日本福岛核事故后，我国政府要求采用最先进的标准全面提升核电安全性和应急水平，确保核电厂的安全。另外，国内民用建筑近年来发生的多起大型火灾也给人民生命和财产安全带来了很大影响。在上述大背景下，国家能源局近年来连续发布多个核电厂消防监督管理规定，对核电厂消防设计、评审、验收和运行管理等方面提出了具体要求，并多次开展了核电厂消防专项行动[4-6]。

目前，我国核电厂消防设计主要遵循《核电厂防火设计规范》(GB/T 22158—2021)，融合了以“华龙一号”“国和一号”为代表的国内主要第三代堆型的消防设计要求[7]。

2022 年，住房城乡建设部印发了《消防设施通用规范》(GB 55036—2022)和《建筑防火通用规范》(GB 55037—2022)两部消防通用规范，分别于 2023 年 3 月 1 日和 6 月 1 日正式实施。虽然两部消防通用规范实施指南明确表明适用范围不包括核电工程，但是由于消防通用规范是在多年建设工程经验、火灾事故教训和国内相关消防设计标准的基础上总结、凝练而成的，其消防理念在民用和普通工业建筑具备普适性[8-9]。因此，在国家能源局的要求下，中国核电工程有限公司牵头国内其他核电设计院成立联合工作组，开展上述两部消防通用规范具体条款要求在核电厂的适用性分析工作，分析结论获得了能源局消防专家委员会充分认可，并要求核电工程对两部消防通用规范应采尽采，对于由于核安全、辐射安全和核安保等特殊要求无法直接采用的部分条款，采取了替代性措施，确保消防安全水平满足两部消防通用规范的要求。

除了两部消防通用规范引起的改进外，在安全分析方面，结合核电厂消防设计新的导则和标准要求，国内核电设计院通过科研形成多项具有完全自主知识产权的技术成果，包括但不限于火灾情况下核安全功能分析、火灾模拟分析与试验技术、内部防爆分析方法和流程，上述成果均应用在"华龙一号优化改进型"机组。

本章在我国"华龙一号"核电厂消防技术的基础上，重点介绍"华龙一号优化改进型"的消防设计，主要范围包括核电厂消防设计准则、安全防火分区和消防疏散、火灾自动报警系统、消防供水和灭火系统、通风设计防火和防排烟、电气防火和消防供电、火灾安全分析和火灾模拟技术应用等。本章相关内容重点关注核安全重要建(构)筑物的消防设计。

11.1 消防设计准则

核电厂消防的首要目标是服务于核安全，实现核安全基本功能是它的第一责任，在此基础上再满足人身和财产安全的要求。这是核电厂消防设计与普通工业和民用建筑消防设计的最大差异。因为只有确保了核安全，才能在更高层次和更大程度上确保核电厂周围人民的生命安全和财产安全得到切实的保护。

基于上述考虑，核电厂主要围绕3个基本目的开展消防设计工作：一是必须在火灾发生时或火灾发生后仍能保证核电站核安全功能的完成，这些核安全功能包括为安全停堆和维持冷停堆状态提供必要的手段，为停堆后(包括事故工况)从堆芯中排出余热提供必要的手段，减少放射性物质释放的可能性并提供必要的手段使任何释放均低于可接受的规定限值，确保对核电厂状态进行监测的能力；二是限制那些使核电厂设备长期不能使用的损坏事故；三是确保工作人员的人身安全，采取一定措施在发生火灾时能使工作人员安全疏散，并且为消防队员创造灭火救援条件。

核电厂消防设计充分贯彻“预防为主、防消结合”的方针，核安全重要建(构)筑物的消防设计遵循“纵深防御”的原则。为避免火灾(潜在火灾)的发生，保证核电厂安全运行，核电厂消防设计通过火灾预防、限制火灾蔓延(安全防火分区)、火灾自动报警系统、灭火措施、通风防火和防排烟设施等一系列措施实现防火的目的。

根据全世界核电厂近 2 万堆·年的运行经验反馈、国际原子能机构《核电厂内部灾害防护导则》(IAEA SSG－64)、各国核电厂防火导则和标准的设计基准，核电厂仅考虑在同一个或不同机组厂房内发生一次独立的火灾事件，在一般情况下不考虑火灾与其他危险或核安全事故同时发生(除非存在因果关系)。

11.2　安全防火分区和消防疏散

安全防火分区是核电厂防火设计的最重要内容之一，贯穿于核电厂防火设计的整个过程，也是其他消防相关专业设计(包括火灾自动报警系统、固定灭火系统设计、通风系统防火与防排烟设计)和分析(包括火灾危害性分析、火灾薄弱环节分析、火灾 PSA 分析)的主要基础之一。消防疏散是为了确保火灾情况下工作人员的安全撤离、消防人员进入灭火和开展救援等相关工作。本节主要介绍安全防火分区和消防疏散的原则和实施方法。

11.2.1　安全防火分区

为实现在火灾情况下限制火灾蔓延的目标，在核电厂防火设计过程中将核安全重要建(构)筑物进行了全面的安全防火分区划分。首先，采用实体隔离或空间分隔等方法，尽可能将所有执行同一安全功能的冗余系列设备、执行安全功能的一个系列及其支持系统划分在不同防火空间(防火区和防火小区的统称)，避免一场火灾同时导致执行同一安全功能的冗余设备的不可用，防止核安全有关冗余系统或设备的共模失效，确保核安全功能在火灾情况下的有效性。其次，将火灾风险较大的区域进行隔离，减少火灾后由腐蚀性气体、烟气和放射性物质污染所产生的影响或损坏，防止火灾蔓延影响核安全重要物项的功能或造成更大的经济损失。最后，将主要用于人员疏散的楼梯间和通道进行隔离，防止火灾烟气对人身安全造成危害。在安全防火分区设计的基础上，通过保持每个防火空间边界的完整性和设置相应的火灾探测、灭火设施或其他非能动防火保护措施等，确保在规定时间内防止火灾从一个防火空间蔓延到另一个防火空间，实现核电厂防火目标。

“华龙一号优化改进型”机组的安全防火分区在《核动力厂防火与防爆设计》(HAD 102/11—2019)和《核电厂防火设计规范》(GB/T 22158—2021)规定的基础上，参考国内外核电厂设计和运行经验，并根据机组的系统设计及厂房布置特点开展。相比于“华龙一号”机组，“华龙一号优化改进型”组进一步细化了非安全相关区域火灾荷载的分类，增加了防火空间类型“限制不可用防火小区(ZFI)”，完善了非安全防火小区(ZNS)的耐火极限要求，具体防火空间的类型如下。

(1) 安全防火区(边界耐火极限要求不低于 2.0 小时)：功能特别重要的或者火灾风险较大的安全相关区域，按照实体隔离准则建立，边界完全封闭，如安全级的反应堆保护机柜间、电缆廊道、电气贯穿件区、直流盘柜间、主控室及计算机房、远程停堆工作站等。

(2) 安全防火小区(边界耐火极限要求不低于 1.0 小时)：火灾风险较小或无法实体隔离的其他安全相关区域，如一回路系统设备间、主蒸汽和主给水管道间等。

(3) 限制不可用防火区(边界耐火极限要求不低于 2.0 小时)：火灾风险较大的非安全相关区域，按照实体隔离准则建立，如部分非安全级的含有较多润滑油的泵、压缩机、冷水机组和电子设备间等。

(4) 限制不可用防火小区(边界耐火极限要求不低于 1.0 小时)：火灾风险一般、有一定特殊性的非安全相关区域，按照实体隔离准则或距离隔离准则建立，如排烟风机房、含有一定量润滑油的泵等。

(5) 人员疏散通道防火小区(边界耐火极限要求不低于 1.0 小时)：人员撤离和消防人员进入的通道，按照实体隔离准则建立，并要求该区域边界具有一定的防烟密封性能以确保人员的疏散安全，包括楼梯间和主要用于疏散的通道。

(6) 非安全防火小区(边界耐火极限要求不低于 1.0 小时)：与安全无关且火灾风险较小的区域，如浸入水中的设备设施区域、纯管道区域、通风竖井等。

“华龙一号优化改进型”机组每个防火空间对应一个唯一的编码，便于设计、分析、运行和管理。以安全厂房为例，“华龙一号优化改进型”机组典型的安全防火分区如图 11-1 所示。

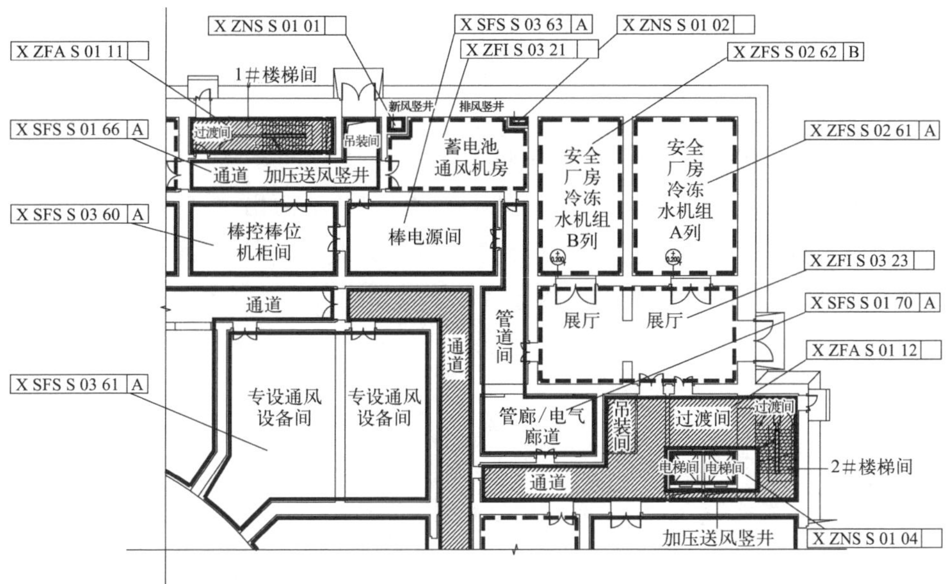

图 11-1　安全厂房±0.00 m 层安全防火分区布置

11.2.2　核岛厂房消防疏散

为了确保火灾情况下工作人员的安全撤离、消防人员进入灭火和开展救援等相关工作。“华龙一号优化改进型”机组核岛各厂房设有安全的消防疏散通道，并规划合理的消防疏散路线，以便指引该场所工作人员在火灾情况下疏散至安全区域。疏散路线的设计不仅需要满足工业安全和消防疏散的要求，还兼顾辐射防护和电厂实体保卫方面的特殊要求，如尽可能从放射性水平高的区域向放射性水平低的区域疏散，辐射控制区域与非辐射控制区之间的疏散仅作为应急疏散使用。

参照《建筑防火通用规范》(GB 55037—2022)的要求，封闭楼梯间和部分疏散通道组成人员疏散通道防火小区，对其采取措施防止烟气进入该区域，确保人员在消防疏散过程中的安全，包括以下几项：

(1) 封闭楼梯间设置机械加压送风系统，保持楼梯间无烟气进入；

(2) 对于埋深大于 10 m 或层数不小于 3 层的厂房，采用防烟楼梯间；

(3) 地下楼层的疏散楼梯间与地上楼层的疏散楼梯间采用耐火极限不低于 2.0 小时且无开口的防火隔墙分隔，确保人员在疏散过程中准确疏散至 0 m 室外；

(4) 对电梯所在区域单独划分防火分区，电梯竖井独立布置，电梯防火性能不低于消防电梯的防火性能，并具备应急通信和火灾时自动停于首层等消防功能。

“华龙一号优化改进型”机组按照《核电厂防火设计规范》(GB/T 22158—2021)的规定，合理地设计了疏散路线和通道，包括疏散出口、疏散方向、疏散距离，疏散通道的宽度、高度、照明、通信、防烟要求等。以安全厂房为例，“华龙一号优化改进型”机组典型的消防疏散路线如图 11-2 所示。

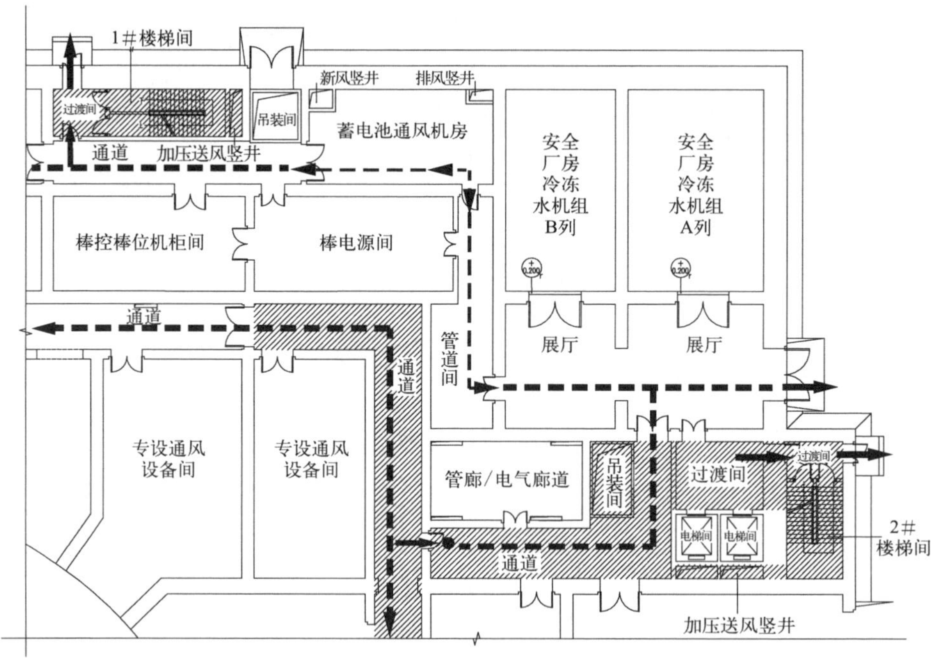

图 11-2　安全厂房±0.00 m 层人流疏散路线

“华龙一号优化改进型”机组的疏散通道内设置有足够的消防通信手段，以便任何地点发现火情时，目击者可以通过适当的通信手段，迅速、安全、可靠地向主控室报警，并与主控室之间保持信息交流，接收主控室发布的操作指令。

11.3　火灾自动报警系统

火灾自动报警系统(FAD)在核岛厂房各种环境条件存在火灾风险的房间

或区域内固定安装火灾探测器,连续进行监测。一旦发生火灾,立即自动发出火灾自动报警信号,实现火灾早期预报,以便操纵员及早采取相应措施,进行自动或手动启动消防系统。可燃气体探测系统自动连续监测可能积累可燃气体的各个区域。

火灾自动报警系统按照控制中心报警系统设计,核岛、常规岛火灾报警信号送至主控室,电厂配套设施(BOP)各子项火灾报警信号送到 BOP 消防控制室。核岛火灾报警控制器、消防联动控制器、火灾自动报警系统操纵员工作站、常规岛火灾报警控制器、BOP 消防控制室集中火灾报警控制器通过光纤联网。

火灾探测器选择满足设置场所火灾初期特征参数的探测报警要求,考虑设备起火处所产生的特别征兆或依据所监视的房间情况(温度、火焰、烟雾、可燃气体等),以及探测地点的环境(温度、湿度、电离辐射、腐蚀性气体、房间压力、爆炸危险、辐射剂量等环境)。如反应堆冷却剂泵间设置 2 台双探测腔管型吸气式探测器,正常运行时 2 台同时工作;电缆桥架区域采用缆式线型感温火灾探测器和感烟探测器,柴油发电机厂房等油类火灾风险较大的区域采用感烟火灾探测器和红外火焰探测器。

液晶就地模拟盘是核电厂工程实际中的良好实践之一,该设备设置在核岛厂房人员疏散通道防火小区内,包括三项主要功能:一是建筑及防火空间相关信息布置图,如建筑房间布局、房间编号、防火空间划分情况;二是消防相关设备控制机构控制按钮,如防火阀的集中控制按钮、防排烟风机和排烟阀的控制按钮、固定灭火控制阀的控制按钮;三是运行状态显示信息。

另外,主控室还设置有操纵员工作站,可发出总的声光报警信号和故障信号,图形显示整个火灾自动报警系统的工作状态,便于主控室操纵员了解核电厂火灾发生、发展、探测、灭火和防排烟的整体情况,并在必要情况下协调各方、统一指挥和发布命令。火灾发生时,高风险区域的火灾探测器将发出火灾自动报警信号,自动联锁本区域的摄像机在主控室系统监控画面显示。

同时,本项目依据《消防设施通用规范》(GB 55036—2022)及《建筑防火通用规范》(GB 55037—2022),进行了以下设计改进。

(1) 核岛火灾自动报警系统实现消防系统非安全级设备的控制、状态信号反馈功能,包括通风系统防火阀、排烟阀、隔离阀的联动控制、手动控制、供电、手动复位及状态信号采集功能,排烟阀联锁排烟风机、手动停运排烟风机及状态信号采集功能,隔离阀联锁开启防烟风机、压差计(模拟量)联锁旁通电动隔离阀、手动停运防烟风机及状态信号采集功能，灭火系统的熔断阀、雨淋阀的联动控制、手动控制、供电及状态信号采集功能，水流指示器的状态信号采集功能，电动闸阀的手动控制及状态信号采集功能。

(2) 在核岛厂房疏散通道或出入口附近布置手动报警按钮。核岛厂房(除反应堆厂房外)内正常运行期间人员可达区域任意一点距离最近的手动报警按钮不超过 30 m。

(3) 核岛厂房内正常运行期间人员可达区域每个楼层的楼梯口、电梯前室、建筑内部拐角等明显位置处设置火灾声和/或光警报器。每个报警区域内的火灾警报器的声压级高于背景噪声 15 dB 且不低于 60 dB。在确认火灾后，火灾自动报警系统启动本厂房内所有火灾声、光警报器工作。

(4) 防火门监控系统监测核电厂人员疏散通道内主要的疏散防火门(常闭防火门)开启状态，并将信号送至防火门监测主机或分机。

(5) 核岛火灾自动报警系统电缆按照独立托盘(通道)或托盘内加隔板方式单独布线。相同用途的导线颜色一致，并且火灾自动报警系统内不同电压等级、不同电流类别的线路敷设在不同线管内或同一线槽的不同槽孔内。

每个机组分别设置一套消防专用电话系统，消防专用电话主机设置在主控室，核岛的消防专用电话分机设置在各厂房模拟盘、消防联动控制器附近。同时，核岛厂房内具有多种通信手段(对讲电话、行政电话、安全电话、声力电话、无线通信)，以上措施可满足厂内人员在现场发现火情后及时发出报警。

通过广播扩声系统的应急广播功能实现火灾应急广播，火灾发生时，具有强制切入应急广播功能。

11.4 消防供水和灭火系统

“华龙一号优化改进型”消防系统包括消防供水和灭火系统两部分。在“华龙一号”核电机组的基础上进行了优化改进，符合最新版核电厂消防规范的要求。

11.4.1 消防供水系统

1) 核岛消防供水系统

“华龙一号优化改进型”机组的核岛设置一套消防供水系统，由核岛消防水生产系统(FWP)和核岛消防水分配系统(FWD)构成，整体沿用“华龙一号”单堆布置形式，每台机组分别设置一座消防泵房，每座消防泵房内设两座钢筋混凝土消防水池，每座消防水池有效容积为 1 200 m^3，满足在火灾延续时间内室内外最大消防用水总量的要求，并具备 8 h 内将水池充满的淡水补给能力。此外，FWP 系统还可通过 FWD 系统向辅助给水系统（TFA）和设备冷却水系统（WCC）提供应急用水，并在设计扩展工况情况下，作为非能动安全壳热量导出系统（PCS）、堆腔注水冷却系统（CIS）等重要系统应急补水的水源。

每个机组设 2 台消防水泵，一用一备。每台泵额定体积流量为 330 m^3/h，供水压力为 1.2 MPa。消防水泵由管网压力控制，当火灾发生时，管网压力下降，消防水泵随设定的压力阈值逐一启动。此外，消防水泵也可由就地手动或由主控室远程控制手动启动，并由主控室远程控制手动停止。为保障消防水泵运行可靠，每个机组的 2 台电动泵分别由 A、B 系列分别供电，每个供电系列均有不同的应急柴油发电机作为后备电源。每台消防水泵的进水管由装有隔离阀的连接管相互连通，保证一个消防水池检修时消防水泵可由另一个消防水池供水；出水管同样由装有隔离阀的连接管相互连通，保证一根消防供水干管检修时消防水泵可由另一根干管供水。

在准工作状态下，消防系统处于稳高压状态，管网压力由设在核岛消防泵房内的稳压泵维持。核岛区域设 2 台稳压泵，一用一备，每台稳压泵体积流量为 18 m^3/h，供水压力为 1.14 MPa。消防水池设置 2 台循环水泵，定期启动循环水泵，通过过滤器过滤，然后流回至消防水池。

“华龙一号优化改进型”机组满足新版《核电厂防火设计规范》（GB 22158—2021）要求，并优化了核岛消防泵房布置方案：消防泵房底层设备间由−8.80 m 提升至−7.00 m，消防水泵、稳压泵、循环水泵等设备皆布置于−7.00 m层，保障所有水泵满足自灌要求，并且布置得更加紧凑，利于后期运行维护。同时，随着消防水池底板标高的提升，核岛消防水生产系统可供应急供水、消防车取水的水量增加，整体上提高了系统的可靠性。

2）常规岛和 BOP 消防供水系统

“华龙一号优化改进型”机组常规岛和 BOP 仍沿用“华龙一号”的厂区消防水系统设置方案，采用常规岛和 BOP 合用一套消防给水系统，统一由厂区消防泵房供水。相比于“华龙一号”，“华龙一号优化改进型”机组消防供水方案采用如下优化改进措施。

（1）满足新版《核电厂防火设计规范》（GB 22158—2021）中非核安重要建

构筑物的相关要求，同时满足《消防设施通用规范》(GB 55036—2022)和《建筑防火通用规范》(GB 55037—2022)的要求。

(2) 消防水池有效容积为 2×50%，“华龙一号优化改进型”机组单座水池有效容积为 800 m^3，总有效容积约为 1 600 m^3。

(3) 工艺布置和工艺流程更合理；柴油机消防泵与油箱间由合建改为分建，降低了火灾危险性，提升了防火性能；厂区消防泵房底板标高由 −6 m 提升至 −2 m，大大减少负挖工作量。

(4) 优化启泵逻辑，增加小型火灾工况的启泵逻辑，降低小流量下启泵对管网及消防设备的冲击，避免了对管网冲击造成管网爆管或设备损坏，同时也避免了水泵因低效率运行造成烧泵的风险，提升了系统的可靠性。

(5) 减少系统容量，降低了子项占地面积，提升了经济性能。

(6) 通过减少系统容量、优化系统布置，减少负挖工作量，大大降低了子项的土建费用，为机组经济性提升提供支持。

11.4.2 固定灭火系统

1) 核岛固定灭火系统

核岛厂房根据火灾风险类型和大小，设置不同消防系统，主要包括核岛消防系统、安全厂房消防系统、柴油发电机厂房消防系统。采用的主要灭火方式包括消火栓、水喷雾灭火系统、闭式自动喷水灭火系统、手动操作的闭式喷水灭火系统和泡沫-水喷淋灭火系统等。

在核岛厂房的每层楼梯间、反应堆厂房环行区域及双层安全壳之间的环行区设置有消火栓系统，消火栓与消防立管相连接，消防立管与核岛消防水分配系统连接。

对每台反应堆冷却剂泵设置单独的两级开式水喷雾系统。水喷雾一级水源来自堆腔注水冷却系统(CIS)的非能动堆腔注水箱。火警确认后，可在主控室 IIC 或 FAD 就地模拟盘打开一级水喷雾系统的相应的隔离阀，除盐水靠重力进入开式水喷雾管网并喷出；水喷雾二级水源为 FWD 系统供给的消防水。若一级喷雾后，仍需继续干预，则从主控室 IIC 或 FAD 就地模拟盘打开相应的隔离阀，供给消防水，实现二级水喷雾。

在反应堆厂房双层安全壳环形空间的动力电缆贯穿件区域，安全厂房、燃料厂房和核辅助厂房的电缆层和电缆通道(火荷载密度大于 400 MJ/m^2 的防火小区及火荷载密度大于 900 MJ/m^2 的防火区内的火灾风险集中区域)，主蒸汽隔离阀设置水喷雾灭火系统。该系统配有水雾喷头，通过打开相应区域的熔断阀，使系统喷水灭火。熔断阀的开启有以下几种方式：火灾自动报警系统联锁启动，电爆熔断阀的石英玻璃球启动；FAD 就地模拟盘手动打开；当环境温度超过石英玻璃球定值温度时，石英玻璃球破裂，相应的熔断阀开启；主控室用手动启动。

在仪控电子设备间设置手动操作的闭式喷水灭火系统。该系统配有闭式玻璃球喷头，供水部分配有双重隔离阀和漏水监控装置，隔离阀下游的喷水管网为不锈钢干式管网。在火灾情况下使用该系统灭火时，手动打开隔离阀供水。

辅助给水电动泵、应急硼注泵和中压安注泵，分别设置闭式自动喷水灭火系统。喷淋系统管网为湿式管网，与 FWD 系统直接相连。

为了保证安全厂房防火空间边界的完整性，防止常规岛发生的火灾蔓延至核岛，在核岛安全厂房外墙主蒸汽管道和主给水管道穿越处的开口部位设置水幕系统。系统控制阀门为电动阀。

在主储油罐间、燃油输送泵间、日用油箱间和 SBO 油罐间设置泡沫-水雨淋灭火系统，雨淋阀后管道为干式管道，喷头为开式喷头；在柴油发电机间、压缩机间和 SBO 发电机间设置闭式泡沫-水喷淋灭火系统，雨淋阀后管道为干式管道，喷头为闭式喷头。雨淋阀可以由火灾自动报警系统联动，也可以在主控室 IIC 及 FAD 就地模拟盘启动，同时还设有应急手动阀，可应急手动启动。

对活性炭装载量超过 45 千克/台的碘吸附器设置固定消防设施，水源接自附近消火栓或消防管道。发生火灾时，临时用软管将喷水管道和附近的消火栓或消防管道快速接头进行连接，并打开相应的阀门淹没灭火。

核岛固定灭火系统主要的保护对象如表 11－1 所示。

表 11－1　核岛固定灭火系统保护对象

保护对象	固定灭火系统类型
反应堆冷却剂泵	两级水喷雾灭火系统
双层安全壳环形空间动力电缆贯穿件区域，安全厂房、燃料厂房和核辅助厂房电缆通道	水喷雾灭火系统
辅助给水电动泵、应急硼注泵、中压安注泵	闭式自动喷水灭火系统
柴油发电机厂房	水成膜泡沫喷淋灭火系统

（续表）

保护对象	固定灭火系统类型
箱体式碘吸附器 （活性炭装量超过 45 千克/台）	水淹没装置
仪控电子设备间	手动操作的闭式喷水灭火系统
主蒸汽和主给水流量控制系统管道穿越安全厂房外墙处开口	水幕系统

2）常规岛和 BOP 固定灭火系统

常规岛、BOP 各子项，根据子项火灾危险性设置相应的灭火设施，主要包括室内消火栓、室外消火栓、自动喷水灭火系统、水喷雾灭火系统、泡沫灭火系统、气体灭火系统、移动式灭火器等。

11.5　通风设计防火和防排烟

通风防火的目的是防止火灾蔓延；排烟的目的是将火灾产生的烟气及时排除，防止烟气向其他防火空间扩散，以确保建筑物内人员的顺利疏散和消防队员扑救火灾；防烟是在疏散楼梯间设置加压送风，从而防止烟气侵入，为人员的撤离及消防人员的进入创造条件。"华龙一号优化改进型"根据核岛厂房布置特点进行了优化改进，整体符合核电厂消防规范和国家有关消防通用规范。

11.5.1　通风设计防火

通风系统防火是在通风管道穿过每个防火空间边界处设置防火阀。通风系统防火阀通过火灾自动报警系统联动关闭，或当防火阀的温度达到 70 ℃时易熔片熔断关闭；防火阀也可由其附近的就地模拟盘及主控室手动关闭。防火阀与贯穿孔之间的空隙采用与其所在防火空间的围护结构耐火极限相同的防火材料封堵。通风系统手动操作机构和防火阀、风机的启闭状态信号装置集中安装在受其保护的防火空间外，以便在发生火灾时保证操作正确并监督操作无误。

主控室设置独立通风系统。在事故工况下，室外发生火灾时，新风入口的电动防火阀通过易熔片自动或主控室远距离手动关闭，实现与外界的隔离，以免主控室受到外界影响。

在用于消除放射性的通风系统中安装了活性炭碘吸附器，碘吸附器前设置了电加热器，以保证进入碘吸附器的空气相对湿度低于 60%。在碘吸附器的上、下游分别安装感温探测器和感烟探测器。电加热器下游设置高温报警，当温度超过 70 ℃时，发出报警并停运电加热器。同时，对装炭量超过 45 千克/台的碘吸附器设置了水淹灭火装置。在碘吸附器的进出口管道上安装有 140 ℃的防火阀，可就地手动关闭，也可由 140 ℃温感器动作关闭。

11.5.2　防排烟设计

在核岛厂房中，在疏散楼梯间设置了机械加压送风（防烟）系统；对于存在高火荷载的非控制区电气和仪控房间及主控室使用专设排烟系统进行排烟，对于存在高火灾荷载的控制区电气和仪控房间使用该厂房排风系统兼用于排烟。其中，核岛厂房防烟系统和非控制区专设排烟系统均属于核岛防排烟系统（VES）。

1）反应堆厂房排烟

反应堆厂房的楼板和隔墙多为不封闭的，一旦反应堆厂房发生火灾，反应堆厂房中正在运行的（如果运行）安全壳空气净化（CUP）系统防火阀将关闭，以及正在运行的（如果运行）安全壳大气监测（CAM）系统安全壳隔离阀将关闭并停运系统；同时停运安全壳连续通风（CCV）系统。在火灾结束后，运行人员进入之前，通过安全壳换气通风（CSV）系统排出安全壳内的烟气。当烟气中存在碘污染时，CSV 排风量为 34 000 m^3/h；当烟气中不存在碘污染时，CSV 排风量为 59 000 m^3/h；CSV 系统排风功能通过核辅助厂房通风系统（VNA）执行。

2）其他厂房防排烟

（1）防烟。为核岛厂房的疏散楼梯间设置加压送风系统。当发生火灾时，VES 系统根据需要为疏散楼梯间进行加压送风，加压风机通过火灾自动报警系统联锁启动。火灾时，加压系统的设计能力应能维持疏散楼梯间相对走道处于 40～50 Pa 的正压，为人员的撤离及消防人员的进入创造条件。

（2）排烟。为安全厂房、柴油发电机厂房、附属厂房的电气和仪控设备间等火灾荷载集中的房间设置机械排烟系统。发生火灾时，相应防火阀切断该区域的送风和排风，根据消防要求打开相应排烟风管上的排烟阀，并启动排烟风机。排烟风机也可在主控室进行手动关闭。火灾时，排烟系统的设计能力能保证在 3～5 min 内把烟气排走，相当于着火现场(房间)的 12～20 次/h 的换气次数。

核辅助厂房和核废物厂房的电气间和仪控间发生火灾时，相应防火阀切断该区域的送风和排风。火灾后，烟气由相关房间的排风系统通过烟囱排至室外。

11.6 电气防火和消防供电

电气防火通过多种防护措施降低电气设备和线路发生火灾的可能，并减小电气事故引起火灾的影响范围；消防供电阐述核电厂主要消防设备的供电设计。“华龙一号优化改进型”消防供电按照核电厂消防规范和国家有关消防通用规范进行了优化改进。

11.6.1 电气防火

核电厂厂房内使用了一定数量的变压器、开关柜、电缆、蓄电池等电气设备，若选择和布置不当，这些电气设备自身将带来危险，直接威胁着电站和人身安全。为此，采取了相应的防范措施，包括以下几项。

(1) 通过电气设备选型，尽量减少使用可燃性物质，降低电气设备本身故障概率，选用更安全的电气设备，按使用场所特性选用适用的电气设备等。

(2) 电气设备和线路设置完善的保护措施，以便迅速和有选择地消除电气系统中出现的各种事故异常状况；按设备运行环境和负荷条件，正确选择设备额定容量、开关遮断容量、导体的载流量及电动机的绝缘等级；对中压柜设置相应的泄压通道等。

(3) 电气设备及线路布置采取分区和隔离措施，以减少外部因素引起的电气事故，并尽量缩小电气事故引起火灾的影响范围，不同系列布置在不同厂房或不同房间，在物理上实现实体隔离；动力电缆和控制电缆均选用低烟、无卤阻燃型电缆或耐火电缆，核岛耐火电缆满足 GB/T 19216—2021 中的耐火试验要求；电缆在穿越防火屏障处，用电缆防火贯穿件或防火材料进行封堵等。

(4) 核电厂各厂房屋顶及烟囱上设有接闪器(接闪杆和接闪带),接闪器由引下线引至核岛建筑物周围埋深 1 m 的接地网上,再通过防雷接地井与全厂主接地网相连。在 500 kV 及 220 kV 配电装置架空进出线处,均装有金属氧化锌避雷器保护设备。为防止雷击传入波沿室外电缆线路侵入室内电气设备,在配电柜内装有金属氧化锌避雷器保护设备。

(5) 核电厂核岛、常规岛、BOP 各厂房设置接地系统并相连。建筑物内采用等电位联结方式,所有电气设备和装置的外露导电部分、配电装置的构架均接地。防静电接地、安全保护接地、浪涌保护器接地端以最短距离与等电位连接网络的接地端子连接。建筑物内设总等电位联结,所有进出建筑物的金属管道、电缆金属外皮等均接至总等电位联结装置。

(6) 为易燃易爆设备和管道及其他会积聚静电荷的装置设有防静电接地。在可能产生静电危害的场所,使用导电工作台、导电工作椅、导电地板及防静电工作服等。

(7) 正常工作时的电击保护,依靠带电部分的可靠绝缘、设置阻挡和护罩等;故障情况下的电击保护,采取自动切断供电、漏电保护、等电位连接和专用保护接地等措施。手持移动式电气设备采用安全电压。

11.6.2　消防供电

核电厂消防设备属于非安全级重要负荷,主要包括消防水泵、消防稳压泵、火灾自动报警设备、防排烟风机、应急照明设备。

核岛厂房两台消防水泵及其对应的消防稳压泵分别由 2 个系列应急母线段供电,当失去全部厂外电源时由应急柴油发电机组向应急安全母线供电。厂区消防泵房内的 2 台电动消防水泵由 BOP 厂房双电源切换箱供电,双切箱电源引自不同母线段;1 台备用消防水泵为柴油消防水泵。

核岛厂房火灾自动报警系统主电源引自电气自动切换箱,自动切换箱上游一路来自 220 V 交流正常电源系统(ENA),另一路来自 380 V 交流应急电源系统(EEE)经变压器变为 220 V 交流电源,其中 ENA 供电回路设计了大修再供电电源。当主电源失效时,自动切换到火警系统内的应急电源装置(配电柜)或消防联动配电柜自带的蓄电池供电,蓄电池组的容量保证火灾自动报警及联动控制系统在火灾状态同时工作负荷条件下连续工作 3 h 以上。常规岛厂房火灾报警控制装置供电采用交流 220 V 双路电源供电,并且各区域控制盘本身配有带自动充电装置的蓄电池作为双路交流电源的备用。BOP 厂房内的火灾报警控制器供电根据《建筑设计防火规范(2018版)》[GB 50016—2014(2018年版)]要求确定本建筑物内消防设备的供电负荷等级。

为安全厂房服务的排烟风机为2×100%设置,分别由A列和B列供电;为柴油发电机厂房和附属厂房服务的排烟风机均为1×100%设置。核岛厂房防烟系统均为1×100%设置。所有防排烟风机(VES)在应急情况下均可切换成由应急柴油发电机组供电。BOP厂房电气间设排烟风机,本厂房双切电源箱为其供电。

核岛厂房内设有应急照明(包括疏散照明、备用照明和安全照明)。核岛厂房备用照明由应急母线段EEF、EEH、EEM供电,平时与正常照明一起共同保证电厂运行和维修的充足照度。在失去正常照明的应急情况下,为需要进行必要作业的场所提供足够的照度。一旦正常照明和备用照明全部丧失,由蓄电池供电的安全照明及疏散照明自动接通。

常规岛厂房设交流事故照明和交直流切换事故照明。汽轮发电机厂房内每台机组的交流事故照明电源引自本机组柴油发电机备用的380/220 V MCC段,当工作和备用电源失去时,启动柴油发电机和自动甩负荷程序。网控楼内网控室、主要出入口、通道、楼梯间及汽轮发电机厂房内主要出入口、通道、楼梯间、配电间等重要场所的事故照明配置交直流切换的事故照明,自带蓄电池,正常时由交流事故照明电源供给,失去事故照明电源时自动切换到直流供电。重要辅助车间的事故照明采用应急灯,应急灯接至正常照明网络。BOP厂房内设有应急照明(包括备用照明、安全照明和疏散照明),并按国家有关标准配置电源。

11.7 火灾安全分析

在消防设计的基础上,核电厂还开展了多项火灾专项安全分析工作,包括但不仅限于火灾危害性分析、火灾薄弱环节分析、火灾概率安全分析、火灾模拟分析等,确保将火灾对核安全、人员安全和财产安全的影响降到可接受的最低合理水平。

11.7.1 火灾危害性分析

根据《核动力厂防火与防爆设计》(HAD 102/11—2019)第3.5条要求,核电厂应在初步设计阶段开展火灾危害性分析(fire hazard analysis,FHA),在反应堆首次装料前进行更新,并在运行期间定期更新,FAH分析范围主要关注核岛厂房及核安全重要 BOP 子项。

核电厂火灾危害性分析主要包括如下几个步骤。

(1) 针对每个防火空间,识别防火空间内安全重要物项,逐个房间核查可燃物的种类和数量,列出每个防火空间内可燃物料的详细清单,并采用保守的确定论方法对火灾进行定量分析和计算,确定防火空间内所有可燃物燃烧所产生的热量、火灾荷载密度、火灾持续时间等参数。

(2) 根据上述分析计算结果,确定防火屏障所需的耐火极限,并验证防火空间边界防火设施满足边界完整性和有效性要求。

(3) 对火灾自动报警系统、灭火系统、排烟系统、消防疏散等消防设施的充分性及与法规标准的符合性进行验证。

(4) 通过对现有消防措施、防火屏障和安全物项的防火分隔等进行评估,确定火灾对安全停堆、排出余热和包容放射性物质所需的安全系统不会造成影响,满足核电厂的防火安全要求,达到核电厂消防纵深防御的目标。

根据国内外大量的工程实践,核电厂典型的火灾危害性分析流程如图 11-3 所示。

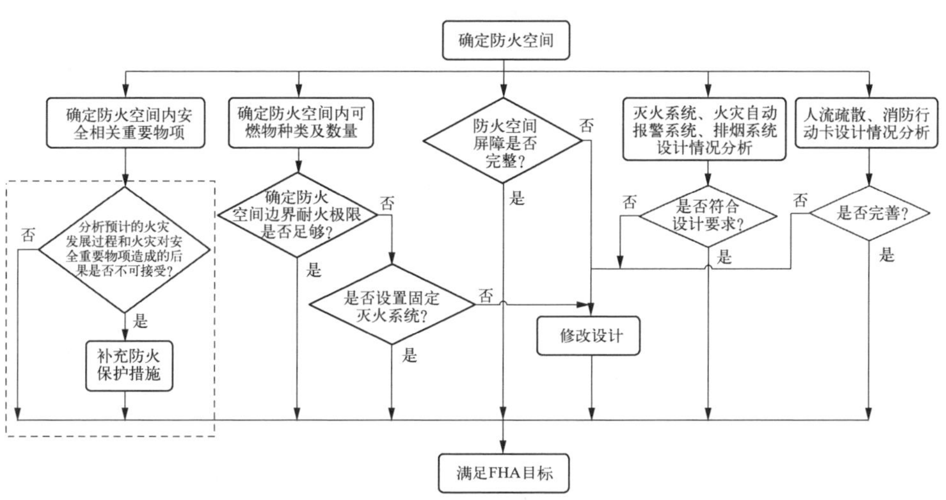

图 11-3　火灾危害性分析流程

火灾危害性分析是在大量数据基础上开展的性能分析,除了安全级相关设备、电缆和其他消防相关系统设计信息外,可燃物数据是重要内容之一。可燃物数据采集包括设计阶段或运行期间所有的可燃物。火灾危害性分析计算中可能涉及的典型可燃物及其单位燃烧热值如表 11-2 所示。

表 11-2　可燃物燃烧热值

设计阶段		运行阶段	
可燃物	热值/(MJ/kg)	可燃物	热值/(MJ/kg)
润滑油类	42	棉织品	17.4
油漆	21	丙酮	31
活性炭	35	甲醇	23
木材	18	乙醇	27
燃油	45	氨类	22
纸类	17.6	肼、联氨类	23
氢	138	橡胶	39.34

注：表中数值仅供参考，具体以产品供货商提供的为准。

根据收集到的可燃物数据，可以直观地判定该防火空间内的主要火灾风险类型(见表 11-3)。采集到的可燃物数据还可用于计算火灾荷载相关参数，包括防火空间总火灾荷载、火灾荷载密度和火灾持续时间。这些参数是用于防火空间边界耐火极限确定和其他消防相关系统设计的重要依据之一。

表 11-3　火灾风险类型

类型	火灾风险类型	典型可燃物
A类	固体物质火灾	木材、棉、麻、纸张等
B类	液体火灾和可熔化的固体火灾	汽油、柴油、沥青等
C类	气体火灾	天然气、氢气等
D类	金属火灾	钾、钠等
E类	电气火灾	计算机、变压器、电缆等

每个房间的火灾荷载(Q_{CCf})是房间内所有可燃材料火灾荷载的总和。防火空间内的火灾荷载即为构成防火空间的所有房间的火灾荷载总和，如式(11-1)所示：

$$Q_{\mathrm{CCf}}=\sum_{i=0}^{n}M_iH_i \tag{11-1}$$

式中：Q_{CCf} 为火灾荷载，MJ；n 为材料种类；M_i 为防火空间内可燃材料 i 的总质量，kg；H_i 为防火空间内可燃材料 i 的热值，MJ/kg。

防火空间内的火灾荷载密度 D_{CCf} 为防火空间的总火灾荷载与总面积的比值，如式(11－2)所示：

$$D_{\mathrm{CCf}}=\frac{Q_{\mathrm{CCf}}}{A_{\mathrm{f}}}=\sum_{i=0}^{n}\frac{M_iH_i}{A_{\mathrm{f}}} \tag{11-2}$$

式中：A_{f} 为防火空间地板面积，m^2。

火灾持续时间根据火灾荷载密度通过国际标准温升曲线获得，是国际上核电厂计算火灾持续时间的通用方法[10]。

在“华龙一号优化改进型”机组中，基于大量工程经验对火灾危害性分析进行了模块化、数字化的改进，有效提升了火灾危害性分析的精确性，避免了因大量数据复核而导致的人因失误，提高了计算效率，流程如图 11－4 所示。

11.7.2　火灾薄弱环节分析

火灾薄弱环节分析是为全面、系统地解决和处理火灾引起的设备、电缆共模失效，以防火空间为单位，梳理出安全相关系统和设备潜在的火灾共模点，通过功能分析、火灾风险分析等方式，结合核电厂的安全目标、系统运行规程、事故处理规程等，确定火灾情况下必须确保有效性的功能和信息，必要情况下采取补充的防火保护措施(电缆防火包覆和非能动实体防火保护等)。

随着自主化“华龙一号”核电机组的研发，国内形成了一套全面、准确的核电厂火灾薄弱环节分析方法，并运用于“华龙一号”的设计，降低了大约 3/4 的防火保护投资，显著地提高了经济性。同时，作为最典型的内部危险，该分析方法的完善可作为其他内部危险防护的参考。该方法同样适用于“华龙一号优化改进型”机组的分析和防护设计。

火灾薄弱环节分析范围包括容纳核安全相关物项的建(构)筑物的所有防火空间，分析对象是与核安全有关的或事故工况下电站操作所必须的系统和设备。

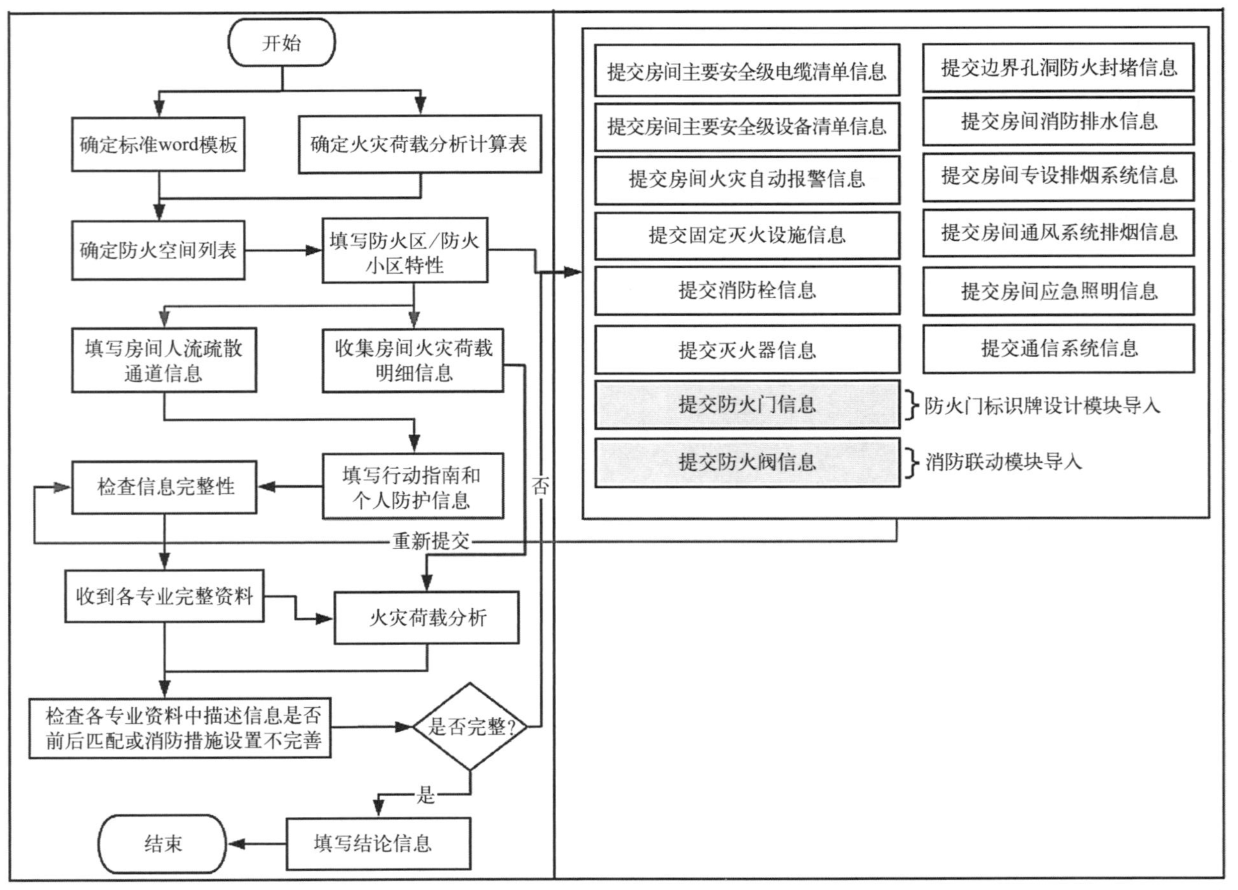

图 11-4　数字化火灾危害性分析流程

火灾薄弱环节分析工作开展的基本条件是完整的电缆数据库，“华龙一号优化改进型”机组采用我国自主研发的电缆数据库，其防火模块为火灾薄弱环节分析提供了极大便利，主要包括如下功能：定义防火空间编码和名称、标注分析关注的系统、定义防火保护类型及相关参数、低压动力电缆防火保护的散热计算、电缆数据提取等。

根据提取的电缆数据和设备数据，开展潜在火灾共模点的识别工作，主要的识别准则包括 4 个方面：一是属于确保安全功能的同一系统的 2 个冗余系列的安全级设备或电缆；二是属于某个系列的安全级设备或电缆，以及另一个系列的支持系统；三是由配电盘丧失导致的不同系列安全级设备或电缆故障；四是火灾引起事故发生的同时导致事故所需缓解功能的丧失。

针对识别的潜在火灾共模点，在工艺、电气、仪控、运行和安全分析基础上，针对潜在共模点失效后对于核安全功能影响的可接受程度进行判定，开展进一步的功能分析，最终形成最小化的功能必需清单。

对于功能分析后得到的最小化必需功能清单，开展火灾风险分析，主要方法是通过定性的工程经验判断或定量的详细计算分析，判断火灾发生之后的具体影响范围、温度和热辐射等参数，并根据目标物项的相对位置判定是否失效。定性分析是基于以往工程经验得到的相对保守的分析准则，将火灾风险划分为扩散型火灾风险和局部型火灾风险，可在初步阶段确定大部分区域火灾风险。火灾风险特性准则判定采用《核电厂防火设计规范》(GB/T 22158—2021)附录 D 的规定；定量分析是在燃烧学原理，在火源热释放速率和随着时间发生、发展、持续燃烧后再衰减的基础上，采用计算机模拟方法开展详细分析。该计算结果能够更准确地得到火灾影响范围，提高火灾分析的准确性。

最终得到的最小化防火保护清单将根据工程可行性和经济性分析，采取如下方案中的一种或几种：一是功能替代，即寻找替代安全措施，如增设就地液位指示计、人员手动操作(电动阀失去控制、就地打开或关闭等)；二是设计变更，即通过变更设备布置位置或电缆敷设路径，使其位于不同防火空间或房间内，消除核安全功能同时丧失的风险；三是消除火灾风险，即通过增设防火保护措施的方式，消除火灾对目标物的影响，确保目标物功能的有效性。

其中，防火保护措施主要包括两类：一类是针对电缆托盘的防火包覆，另一类是针对电气柜、传感器及电动阀等电气机械设备进行的非能动实体防火保护。这些措施属于防火空间边界的组成部分，除了相应的耐火极限要求外，也需要满足抗震、质保和定期试验的要求。典型的防火保护措施形式如图 11－5 所示。

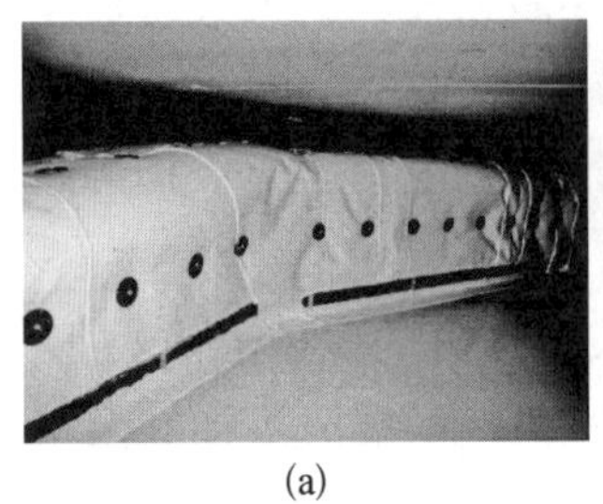
(a)

(b)

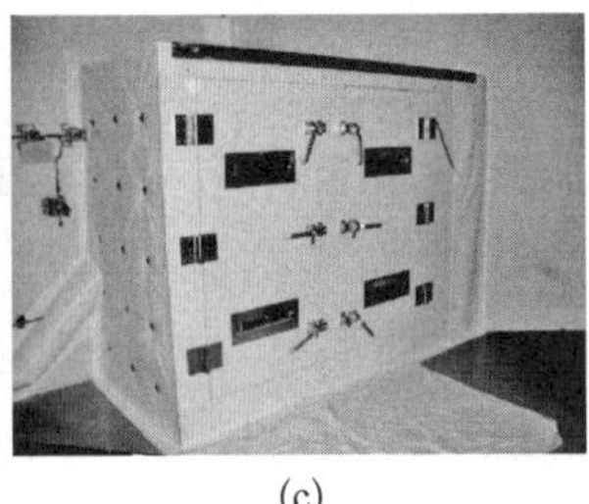
(c)

图 11－5　典型防火保护措施

(a) 防火包覆；(b) 防火屏障；(c) 防火箱体

11.7.3　商用飞机撞击火灾效应分析

美国“9·11”事件后，核电行业进行了大量研究，以评估和提高当今核电厂承受飞机恶意撞击的能力。我国核安全监管部门对核电厂的商用飞机恶意撞击也提出了相应的防范要求。

商用飞机携带大量燃油，这些燃油可以通过敞开的门洞进入厂房并造成火灾蔓延。商用飞机的恶意撞击作为核电厂超设计基准外部事件考虑，在使用现实性分析的前提下进行火灾效应评估，设计中需采取必要的防护措施，以保证在尽量有限的操纵员动作下实现以下功能：维持反应堆堆芯冷却或使安全壳保持完整性；维持乏燃料冷却或使乏燃料水池保持完整性。

根据对整体效应和局部效应分析结果，火灾效应分析在明确物理损伤边界的前提下，根据不同撞击场景和火灾效应分析准则确定火灾可能影响的范围，并评估对安全重要物项的影响。

根据核电厂布置情况及分析工作复杂情况，一般可分为两个阶段进行。

第一阶段：火灾效应初步定性分析。

根据以下准则对各撞击场景火灾效应进行初步定性分析。

(1) 撞击后燃油进入的第一个防火空间若能承受 34 kPa 压差，则认为该防火空间可以在该耐火极限时间内阻止火灾蔓延，否则火灾继续蔓延至下一个防火空间。

(2) 如果第二个防火空间能维持设计耐火极限且第二个防火空间至少有 57 m^3 的空间以满足超压火球的压力消散，则认为第二个防火空间可以阻止火灾进一步蔓延。

（3）如某个撞击场景经安全功能分析确认不影响核安全功能或经过简单防护措施可达到上述功能，则分析结束。否则，需进行第二阶段分析。

第二阶段：火灾效应详细定量分析。

对不可接受的场景分别建立室内压力火球和池火火灾效应分析模型，分别进行定量分析计算，给出确切影响范围、房间温度及超压值，评估安全功能，对最终不可接受的场景采取相应的保护措施。

"华龙一号优化改进型"机组的厂房布置充分考虑了商用飞机撞击火灾效应的影响，在设计初期即对核岛厂房进行了充分的商用飞机撞击评估和分析，厂房的不同序列进行了充分的隔离，从而保证火灾效应的影响不会对核安全功能造成不可接受的影响，满足抗商用飞机撞击的总体设计要求。

11.7.4　内部防爆

引发核电厂内部爆炸的原因很多，氢气系统作为核电厂气体系统的重要组成部分，对核电厂安全稳定运行起着至关重要的作用，氢气的爆燃和爆炸是核电厂发生内部爆炸最主要的原因之一。燃油系统挥发的油气，在防爆措施不完善的环境下，也可能导致爆炸。根据《核动力厂防火与防爆设计》（HAD 102/11—2019）要求，核电厂防爆设计应按以下步骤[11]实施：

（1）防止爆炸发生；

（2）如果爆炸环境不可避免，应将爆炸的风险减至最小；

（3）采取设计措施限制爆炸后果。

在步骤（1）、（2）都不能实现的情况下，应采取步骤（3）。

基于上述原则，"华龙一号优化改进型"机组率先采用正向思维，在设计初期对核岛厂房可能存在的爆炸风险进行梳理、分析并制订针对性措施。具体风险如下：

（1）核岛疏水排气系统（RVD）、硼回收系统（ZBR）及废气处理系统（ZGT）、核取样系统（RNS）及化学和容积控制系统（RCV）在运行时存在释放氢气的可能；

（2）安全厂房蓄电池室在运行过程中存在释放氢气的可能；

（3）柴油发电机厂房具有泄漏柴油形成薄雾的可能。

根据不同系统具体情况，进行综合分析，并采用不同的内部防爆措施。

（1）按照化学和容积控制系统（RCV）、一回路含氢废水和废气经核岛疏水排气系统（RVD）、硼回收系统（ZBR）、废气处理系统（ZGT）及核取样系统（RNS）等工艺系统的氢气用途及疏排路径，对这些系统进行爆炸性气体环境分区，以保证在这些房间内采用相应等级的防爆电气设备，同时采取有效的通风换气避免氢气的聚集，在部分人员需要经常巡检的区域安装人体静电消除器，多手段、全方位地消除可能的爆炸隐患，以确保核安全。

(2) 蓄电池室根据国家标准《电气装置安装工程蓄电池施工及验收规范》(GB 50172—2012)要求进行设计，在房间内设置氢气探测器、防爆型电气机柜、防爆型出口指示灯及照明灯具和防爆型火灾自动报警及通信设备等，同时设置的全新风直流式通风系统能够避免氢气的聚集，有效降低了爆炸风险。

(3) 目前，核电厂采购的柴油闪点大于 60 ℃，设计中采取多项措施确保柴油发电机厂房各区域室内的最高环境温度不超过 50 ℃。柴油发电机厂房设置了机械通风系统，可以有效避免油气聚集。同时，柴油发电机厂房设有漏油监测装置和油箱低液位监测装置，一旦发生柴油泄漏立即发出报警信号，主控室操纵员人工进行干预，同时派出现场操纵员保证 10 min 内到达并进行处理。

“华龙一号优化改进型”机组在对不同的爆炸危险等级环境下的工艺设施和辅助系统，参考国内外相关的法规或导则，提出相应的防护手段，并对一些爆炸危险区域内的重要安全物项采取特殊的防爆保护措施，有效降低了爆炸风险，确保核安全功能。

11.8 火灾模拟技术应用

火灾是非常复杂的物理现象，涉及可燃物料的热解、扩散、化学反应、传热(热辐射、对流传热)、流体流动等一系列复杂的物理、化学过程，是一个三维、非线性、非平衡态的动力学过程，它受到多种因素的影响，如可燃物的类型、质量、火源位置、氧化剂、通风等。实验室内的相似性实验能够提供有用的火灾信息，但是各种近似结果的累计必然导致与实际情况的偏离，而全尺寸的实验代价昂贵，并且无法重现所有的环境条件，也具有一定的局限性。随着计算机技术的发展，采用体现火灾过程的各种数学模型开展的计算机火灾模拟技术，分析研究火灾的发生、发展和蔓延，对环境、人员疏散的影响，可以弥补实验的缺点。

根据火灾模拟软件所模拟的不同的场景、研究层次和方法，可将火灾模拟软件分为以下 3 种主要类型。

(1) 代数模型：将实验研究的一些经验模型或是半经验模型叠加重要的热物性数据编制成计算表格。此类软件使用简单、计算速度快，是对火灾发展的较简单的模拟。典型计算工具包括美国 NRC 发布的 Fire Dynamics Tools

(FDTs)和美国电力研究所(EPRI)发布的 FIVE - Rev1,这 2 款工具均为 Microsoft Excel 表单的形式。

(2) 区域模型：将所研究的空间划分为不同的区域,并假设每个区域内的状态参数是均匀一致的,采用数值方法求解火灾的质量、动量和能量守恒方程等。目前,各国开发了很多区域模型,其使用范围和目的各有差别,主要包括美国标准技术研究院(NIST)开发的 FAST、CCFM 和 CFAST,日本开发的 BRI,法国开发的 MAGIC 和中国科学技术大学开发的 FAC3 等。但区域模型忽略了火灾发展的精细过程,不能反映流体流动等过程对火灾的影响。

(3) 场模型：采用计算流体力学技术模拟火灾的发生和发展。场模型首先定义所研究的区域,然后将研究区域划分为许多小的控制体,采用复杂的偏微分方程体现控制体内的质量、动量、能量和组分守恒方程。目前,存在很多通用商业软件和火灾专用软件,火灾专用软件如美国 NIST 开发的 FDS、瑞典的 SOFIE 和英国的 JASMINE 等,通用商业软件如 FLUENT、CFX、STAR_CD、COMSOL 等。场模型能够比较精细地模拟火灾现象和各物理量的时空分布,但是需要较强的计算能力和较长的运算时间,通常仅推荐复杂结构隔间采用场模型开展火灾模拟分析工作。

根据上述三种模型的特性及核电厂内各防火空间的结构属性,针对防火空间内房间几何形状规则的火灾场景,可选用代数模型进行模拟分析;对于安全级重要电气间、主控室可采用区域模型;针对防火空间内房间几何形状不规则、房间或防火空间边界设有较多开口等复杂火灾场景,应采用场模型进行模拟计算。

基于区域模型建立的主控室火灾模型,已应用于多个核电项目火灾后主控室撤离时间分析,火灾模型如图 11 - 6 所示。基于场模型建立反应堆厂房主泵润滑油火灾模型,其三维模型图及火灾 300 s 时区域温度分布如图 11 - 7 所示。

基于场模型建立了某核电厂典型配电间中电气柜和电缆火灾模型,研究了电气柜起火后火灾在电气柜和电缆托盘间的蔓延过程,以及火灾对房间内目标物的影响范围,火灾模型如图 11 - 8 所示。

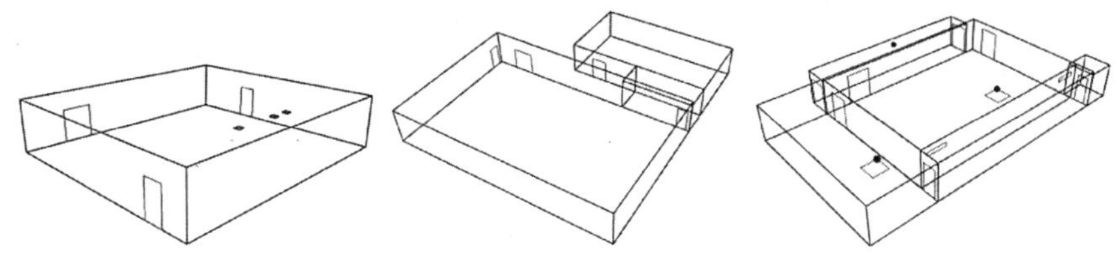

图 11 - 6　主控室火灾模型

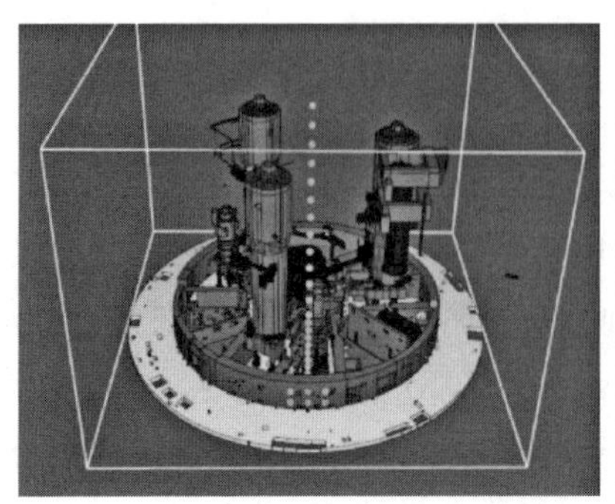

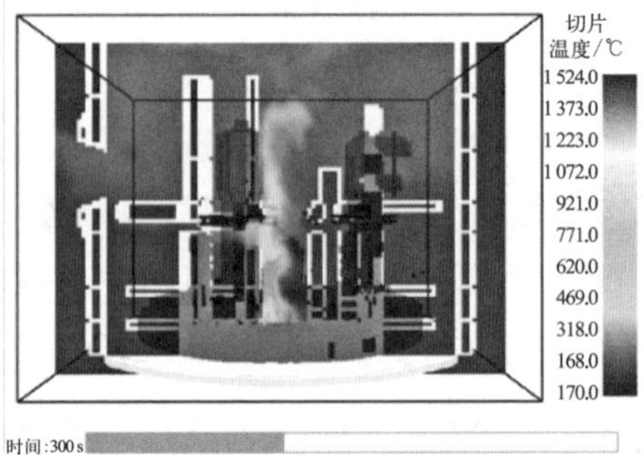

图 11-7　主泵区域三维模型图及火灾 300 s 时区域温度分布

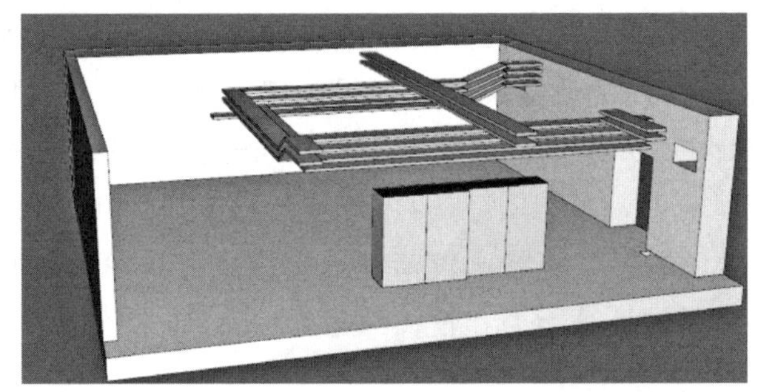

图 11-8　电缆、电气柜火灾模型

基于场模型建立了某核电厂主蒸汽(TSM)系统隔离阀和汽机旁路系统 A(TSA)大气排放调节阀所在防火空间的油类火灾模型,研究蒸汽发生器区域 3 个蒸汽回路的主蒸汽隔离阀液压油泄漏火灾对潜在共模点和安全功能的影响,并依据火灾模拟结果优化电缆防火包覆设计,模型如图 11-9 所示。

俯视图

正视图

后视图

图 11-9　油类火灾模型

参考文献

[1] AFCEN. EPR technical code For fire protection. ETC - F [S]. Paris: AFCEN, 2010.

[2] NFPA. Standard for fire protection for advanced light water reactor electric generating plants. NFPA804 [S]. Quincy: National Fire Protection Association, 2001.

[3] IAEA. Fire safety in the operation of nuclear power plants. No. NS - G - 2. 1[S]. Vienna: IAEA, 2000.

[4] 国能核电[2015]415 号. 核电厂消防安全监督管理暂行规定[EB]. 北京: 国家能源局, 2015.

[5] 国能核电[2017]20 号. 国家能源局关于进一步加强核电厂消防安全监督管理工作的通知[EB]. 北京: 国家能源局, 2017.

[6] 国能发电核电规[2022]45 号. 核电厂消防验收评审实施细则[EB]. 北京: 国家能源局, 2022.

[7] 全国核能标准化技术委员会. 核电厂防火设计规范. GB/T 22158—2021[S]. 北京: 中国标准出版社, 2021.

[8] 规范编制组. 消防设施通用规范: GB 55036—2022 实施指南[M]. 北京: 中国计划出版社, 2022.

[9] 规范编制组. 建筑防火通用规范: GB 55037—2022 实施指南[M]. 北京: 中国计划出版社, 2023.

[10] IOFS. Fire-resistance tests: elements of building construction: Part 1: general requirements. ISO834 - 1 [S]. Switzerland: International Organization for Standardization, 1999.

[11] 国家核安全局. 核动力厂防火与防爆设计: HAD 102/11—2019[S]. 北京: 国家核安全局, 2019.

第 12 章
布置设计

“华龙一号”核岛厂房布置设计以成熟技术为基础，充分遵循安全设计原则，同时借鉴了国际上第三代核电技术先进设计理念，并与我国主导核电技术和经验反馈衔接配合，核岛总体布置方案既要满足系统安全功能的实现，又要保证厂房布置的合理紧凑。“华龙一号”核电站包括核岛、常规岛、配电装置区和辅助生产区。

核岛是整个核电站的核心厂房，总平面中的布置位置要便于全厂的安全物项功能的实现，保证厂房的所有安全通道的可达性，以便于事故后应急措施的实施。核岛厂房包括反应堆厂房、安全厂房、燃料厂房、电气厂房、核辅助厂房、核废物厂房、通行厂房、应急柴油发电机厂房、应急空压机房、核岛龙门架、核岛消防泵房和 SBO 柴油发电机厂房。

常规岛紧邻核岛，是发电机组的核心厂房，承担将热能转化为电能的功能，包括汽轮发电机厂房、再生除盐水箱、辅助变压器及公用配电间、配电站及主变压器等厂房和设施。

配电装置区用于电站电力的输入输出及控制，包括网控楼、500 kV 和 220 kV 开关站。

辅助生产区是核电站生产的服务厂房，设若干子项，分为核安全相关子项和非安全相关子项，核安全相关子项主要包括联合泵房、重要厂用水管廊等，为核岛、常规岛的正常运行提供多方面的服务功能。

随着“华龙一号”全球首堆福清核电厂 5 号机组 2021 年 1 月 30 日顺利商运，巴基斯坦卡拉奇核电厂 2 号机组、福清核电厂 6 号机组及卡拉奇核电厂 3 号机组相继投运，漳州核电、昌江核电等“华龙一号”机组的批量化建设，充分证明了核岛总体布置方案的安全性和合理性。与此同时，设计、建安及运营单位在项目建设和电站运行中积累了大量经验。部分经验反馈的问题随着机组建设逐步得到解决，但由于核电厂是一个超级复杂的系统工程，“华龙一号”核岛总体布置方案中仍存在可以改进的空间，如核岛主厂房部分房间利用率较低、部分区域可达性较差等，这些系统性问题无法随着机组持续建设通过局部修正而得到完美解决。此外，与 AP1000/EPR 等国际三代机组相比，“华龙一号”核岛厂房单位功率所占的体积偏大，土建工程量和安装工程量也随之增加，可建造性稍显不足。

基于上述背景，中核集团对“华龙一号”核岛厂房开展了总体布置优化，即“华龙一号优化改进型机组”设计工作。“华龙一号优化改进型机组”主要设计指标、系统设计和设备设计延续“华龙一号”已有成熟方案，全面加强了人因工程设计，充分吸收现有项目的全周期、多领域经验反馈，严格遵循核岛布置设计原则，从总体布置的角度优化待改进项。推动设计与施工技术创新和融合，综合考虑各类先进建造措施的组合运用，达到提升核岛布置合理性和人员友好性、降低核岛建造成本的目标。

“华龙一号优化改进型机组”与“华龙一号”一脉相承，是对“华龙一号”的继承与发展，通过对核岛总体布置方案的持续改进和创新，进一步拓展了我国压水堆核岛设计技术自主创新能力，也为华龙系列机型研发和优化奠定了坚实的技术积累。

12.1 布置设计总体要求

“华龙一号优化改进型”机组核岛、常规岛和辅助生产区的总体布置设计严格遵照核安全要求和相关法规标准，在满足系统功能的前提下，充分考虑内外部危险防护、辐射及消防安全，并兼顾采购、建造、调试、运维的合理性、可行性及便利性。

核岛厂房设计严格遵循和贯彻了“纵深防御”的设计要求，加强严重事故的应对措施，满足“能动与非能动相结合”的安全设计理念，安全系列之间相互隔离，满足系统与设备的多重性、多样性与独立性。

12.1.1 布置总则

核岛是核电厂最核心的构筑物，由于安全要求高、系统设备多，厂房布局和结构比一般的工业建造要复杂得多。核岛不仅需要抵御自然灾害，在热带气旋、洪水、龙卷风、海啸和地震工况下不能丧失安全功能，而且需要抵御商用飞机撞击、外部飞射物等人为外部危险。核岛厂房还可以抵御任何假定内部事故的影响，如遭受火灾、内部飞射物、高能管道断裂、内部水淹等事故时，不丧失安全功能。在确保安全的前提下，核岛厂房总体布置还需考虑经济性、可建造性和可运维性。总的说来，“华龙一号优化改进型”机组核岛厂房布置设计主要遵循了以下原则[1-2]。

1）功能性原则

在总体布置设计时，首先要从顶层设计目标和方案出发，结合系统功能，合理布置系统设备及部件位置。尤其是在布置非能动系统时，要充分考虑非能动实施的原理，将水箱布置在厂房的高位。而水箱的体积往往比较庞大——数百立方米至数千立方米不等，需要占用大量空间，在空间综合利用方面往往处于主导地位，因此非能动系统的布置对核岛总体布置有较大影响。

2）安全性原则

电站布置要考虑三代核电安全特征，通过布置提升其固有安全性。

在外部危险防护方面，尽量将不同系列的安全级构筑物及物项分开布置，实现空间隔离，在无法实现空间隔离时，采用构筑物进行实体隔离。

在内部危险防护方面，进行厂房内部物项布置时，全面考虑了诸如火灾、内部飞射物、水淹、高能管道断裂等内部危险，对需要保护的安全级物项、危险源及危险的发展过程进行了全面分析。采取控制危险源发生、隔离布置等方法避免灾害发生，无法避免危险源时，则应采取必要防护措施。

在辐射防护安全方面，将放射性物项与非放射性物项分开布置，合理规划人员路径，使人员受辐射剂量在合理可行的范围内尽量降低。

3）便利性原则

在可操作性方面，“华龙一号优化改进型”布置设计符合人因工程原则，为运行人员提供便捷舒适的作业环境。

在可建造性和运维性方面，核电厂内部结构复杂、系统繁多、设备密集。在布置设计过程中充分考虑了建造期间设备、部件的运输和就位路径，也考虑了设备检修空间及人员、检修检测设备的可达性，使得“华龙一号优化改进型”更便于建造和运维。

4）经济性原则

在布置设计过程中，在保证安全性的前提下充分考虑经济性，如提高空间利用率、进行管路及电缆路径优化等。

5）创新性原则

电站布置要进行创新，在满足功能的情况下体现“华龙一号优化改进型”的独特特点。

6）先主后次原则

应根据重要性、安全性及厂房体积大小依次布置构筑物和物项，遵循先主后次原则。

12.1.2 “华龙一号优化改进型”机组核岛布置特征

1）单堆布置

核岛厂房采用单堆布置，可以减少同一厂址不同机组间的相互影响，提升厂址的适应性和安全性，同时也提升了电厂建设规模的灵活性，可选择建设偶数机组或奇数机组。

2）抗震能力更强

核岛厂房采用较高的地震输入标准，安全停堆地震水平方向和竖直方向加速度均为 $0.3g$，使之适应更广泛的厂址。核岛主要厂房进行集约化布置——反应堆厂房、燃料厂房、安全厂房和核辅助厂房——采用整体底板设计，提高了核岛厂房的抗震能力。构筑物、反应堆、设备、管道、托盘等安全重要物项均满足基于 $0.30g$ 地面加速度地震反应要求。

3）可抵抗商用飞机撞击

为了满足核岛厂房抗商用飞机撞击和外部飞射物的能力，反应堆厂房采用了双层安全壳，燃料厂房和安全厂房外墙和屋面设置了足够厚度，安全重要系统均包容在此区域内。

4）换料水箱内置

内置换料水箱位于反应堆厂房的底部，是一个内衬不锈钢衬里的钢筋混凝土结构，与安全壳地坑合二为一。换料水箱最基本的功能是储存足够含硼水，在换料期间，为反应堆换料水池充水；在事故工况下，为安全注入系统和安全壳喷淋系统提供安全水源。换料水箱内置不仅提高了水源的可靠性，而且取消了直接安注到再循环安注的切换，降低堆芯损坏概率。同时，在严重事故时对堆芯熔融物进行冷却，防止容器外蒸汽爆炸和安全壳底板熔穿。内置换料水箱内设有过滤系统，确保事故工况下进入水箱水质，避免引起安全壳喷淋系统喷头堵塞和安全壳喷淋泵、安注泵及堆腔淹没泵损坏。在结构设计、载荷设计（正常载荷、各种瞬态下的载荷、地震载荷等）方面的设计基准及要求与安全壳设计一致。

5）满足专设安全系统隔离要求

“华龙一号优化改进型”机组专设安全系统主要包括安全注入系统、安全壳喷淋系统、辅助给水系统和应急硼注入系统，这些系统的主要设备（包括泵、热交换器、箱体及安全壳外管道阀门）均布置于安全厂房内部。这些系统不同系列分别布置于安全厂房内完全隔离的 2 个区域（包括位置隔离和隔间隔离），满足安全设施独立性要求，提高抵御内外部危险的能力。

6）满足非能动设计理念要求

“华龙一号优化改进型”核电厂采用能动与非能动相结合的设计理念，增设了应对设计扩展工况的非能动安全系统：堆腔注水冷却系统、非能动安全壳热量导出系统、二次侧非能动余热排出系统。

在反应堆厂房外层安全壳顶部设有 4 个水箱，其中 3 个水箱为 PCS/PRS 水箱，分为 3 个系列，为非能动安全壳冷却系统和二次侧非能动余热排出系统提供充足的水源，另外 1 个水箱为堆腔注水冷却系统非能动注入水源。由于水箱高度足够高，满足事故工况下 PCS/PRS 系统构建自然循环需求，同时也满足堆腔注水要求（事故工况下，安全壳内压力可能较高，需要足够的水压才能注入）。

7）满足主控室可居留要求

主控室是全厂操作和管理信息层的主要操作中心，对主控室及其相关设施进行集中布置。将主控室设在防飞机撞击的结构内部，使之免受商用飞机撞击危险及其他外部飞射物影响。邻近主控室区域未布置高能管道，完全消除了因高能管道断裂引起的危险影响。主控室邻近区域也未设置风机、水泵、冷冻机等噪声源，从而将外部噪声对主控室影响降至最低。同时，此区域设置了独立的通风系统和隔离边界。以上措施均保证了在事故工况下主控室的可居留性。

8）满足主给水隔离阀要求

将主给水调节阀及其上下游的电动隔离阀、给水旁路调节阀及其上下游的电动隔离阀组布置在安全厂房的主给水管道隔间，提高了阀组的安全性，确保主蒸汽管道断裂叠加安全停堆工况下主给水的有效隔离。

9）满足应急补水要求

根据福岛后事故的经验反馈，设置了一回路、二回路、乏燃料水池、非能动系统水箱应急供水管线及接口。应急接口分布在核岛厂房外墙人员方便到达的部位，在应急情况下，可以通过外部应急补水方式冷却堆芯、安全壳和乏燃料水池，进一步提升核电厂的安全性。

10）满足辐射防护要求

辐射防护的目标是使“华龙一号优化改进型”核电厂满足三代核电厂的辐射防护水平。对放射性控制区厂房进行辐射分区，对人行通道和人员操作区设置必要的屏蔽或设置远传操作，防止放射性污染的扩散，降低工作人员遭受照射的剂量；合理组织人流和气流，使工作人员受辐照符合“可合理达到的最低量”（ALARA）原则。通过降低源项、增加工作人员和源之间的距离、改善厂房的通风等来降低源项剂量率。通过简化运行规程、提高剂量高的设备标准、空间设计使得设备容易维修和拆除、提供良好的照明等以减少人员在辐射场内的停留时间。通过将高放射性隔间集中布置，在人员主通道两侧设置过渡间或管道间，实现放射性梯级降低，避免高放射性隔间与人员通道直接相邻，降低了人员受辐照的风险。

11）满足防火要求

“华龙一号优化改进型”核电厂的防火设计依据《核电厂防火设计规范》（GB/T 22158—2021）的相关要求，对核岛厂房划分防火区和防火小区，并进行火灾薄弱环节分析。将厂房布置进行合理布局，通过实体隔离和防火封堵等措施保证布置设计满足核电厂防火设计规范的要求。

12）满足水淹防护要求

核电厂水淹防护包括外部水淹和内部水淹。

对于外部水源，核岛厂房 0 m 层标高为厂平标高＋0.3 m，可有效防止地表水流入核岛厂房。对于地面以下部分，设有防水涂层，以防止地下水渗入厂房内部。对于与周边廊道接口的门洞，则采取了水淹封堵，以防外部管廊发生水淹时水进入核岛内部。

对于内部水源，核岛厂房内部通过隔间分隔为不同水淹分区，将不同安全系列的安全重要物项布置在不同的水淹区域内，防止由于水淹造成的共模失效。此外，通过分析，水淹防护的措施还包括如下几种：设置挡水堰、抬高设备基础、设置地坑及地坑泵、设置地漏等措施。

13）满足内部飞射物防护要求

核岛内部飞射物主要包括转动部件损坏、承压部件损坏、爆炸、构筑物倒塌和物体跌落、二次效应。在核电厂设计和评价中，既考虑了由假设始发事件引起的内部飞射物，也分析了二次效应产生内部飞射物的可能性。

在布置设计中采用了以下防护措施来防止飞射物带来的危害：将重要安

全物项布置在飞射物射程之外，设置飞射物屏蔽结构（包括墙体或钢结构）等。

14）满足防氢气爆炸要求

对生产氢气或使用氢气的危险源，在布置设计中采取了如下预防措施。① 限制封闭空间中的泄漏量，具体包括尽量缩短含氢管道在厂房内的长度，防止管道受热或受到冲击而产生破坏。② 限制氢气积累，限制可能发生氢气积累的死区，在正常运行时，氢气在空气中的浓度（体积分数）不应超过 1%。③ 设置氢复合器，在氢气易聚集的位置设置移动或固定式氢复合器，消除氢气，减少氢气的聚集。

15）满足管道破裂防护要求

管道破裂效应包括流体流出的影响（蒸汽或水的喷射、水淹、辐射）、局部环境条件（压力、温度、湿度）的变化、破裂管道甩击的动力效应。对于管道破裂效应，在布置设计中采取了如下预防措施。

（1）地理分隔（距离或方位），潜在破裂或断裂管道与安全重要物项之间保持足够的距离，使得在这些管道发生破裂导致的所有效应（甩击、射流效应、环境影响）不影响安全重要物项。

（2）实体隔离（利用土建构件），采用土建结构将潜在破裂或断裂管道与安全重要物项进行隔离。

（3）设置防管道甩击的保护装置。

16）满足噪声防护要求

核电厂内有不同规格和类型的噪声源，对人员及环境产生影响。在总体布置设计阶段，合理考虑了厂房规划，利用地理分隔措施保证主控室、办公室及其他工作人员经常出入区域的噪声控制限值满足标准要求。并采取隔音屏、隔墙、设备罩、挡板、消音器、抗震设备等隔音及降噪措施。

17）满足人员通行及设备引入要求

反应堆厂房外部设有龙门架，安全壳内的主设备可通过龙门架及设备闸门直接引入。此外反应堆厂房还设有人员闸门和应急闸门，人员及设备可通过这些闸门进出反应堆厂房。

反应堆厂房的周边 0 m 标高层均设有通向厂房外界的大门，这些大门通过核岛内部一条宽度为 3 m 的主要通道相连。此通道无论是建造期间还是运行期间，都极大提升了厂房内部通行效率。

核岛内部还设有多部电梯、步行梯、吊装洞，方便人流及物料垂直通行和运输。核岛还设有附属厂房，方便停堆检修期间人员进入核岛放射性控制区。

12.2 核岛厂房布置

核岛厂房是核电厂最重要、最复杂的厂房。该厂房的布置设计关系到整个核电厂的安全运行。核岛厂房的总体布置设计是在对系统流程、设备条件、人员路径、设备安装运输路线、防火分区设计、辐射屏蔽设计等的综合研究的基础上进行的，主要考虑以下因素。

(1) 符合国内外相关法规标准要求。

(2) 满足系统功能要求。

(3) 厂房布置在满足安全性要求的前提下兼顾经济性。

(4) 保持安全相关和非安全相关系统的隔离，以排除非安全相关设备对安全相关设备的不利影响；保持冗余安全相关设备和系统间的隔离，为安全功能的实现提供了保证；保持放射性与非放射性设备间的隔离及通往这些区域的人员通道的隔离。在布置设计中，这种隔离是通过空间隔离和实体隔离原则来实现的。

(5) 为人员通行及设备运输设计合理的通道。

(6) 为设备的安装、检查、维修留出足够的空间，并设有吊装设备及通道。

“华龙一号优化改进型”核岛厂房以反应堆厂房为核心进行布局，主要包括反应堆厂房(图 12 - 1①)、燃料厂房(图 12 - 1③)、安全厂房(图 12 - 1②)、

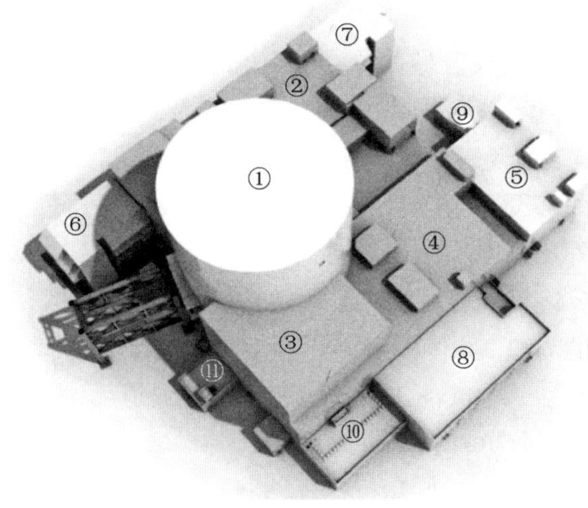

图 12 - 1　核岛厂房三维示意图

核辅助厂房(图 12－1④)、核废物厂房(图 12－1⑤)、附属厂房(图 12－1⑧)、核岛消防泵房、应急柴油发电机厂房(图 12－1⑥⑦)、SBO 柴油发电机厂房(图 12－1⑨)和应急空压机房。

12.2.1　反应堆厂房

反应堆厂房是核电厂的核心厂房，主要用于布置核蒸汽供应系统，包括反应堆压力容器、主泵、蒸汽发生器、稳压器等一回路设备及二回路管道。为实现安全功能，厂房内还设有安全注入系统、安全壳喷淋系统、辅助给水系统和应急硼注入系统等专设安全设施，以及用于应对设计扩展工况的二次侧非能动余热排出系统、非能动安全壳热量导出系统和堆腔淹没系统。为满足反应堆正常运行要求，配置了化学和容积控制系统、余热排出系统、设备冷却水系统等辅助系统。反应堆运行及停堆期间，将产生大量的热量散失到安全壳环境中，设备及电缆的运行也将产生热量影响环境。因此，厂房内部设有通风空调系统等辅助系统。

反应堆厂房采用双层安全壳，具有足够的安全壳内自由容积(大于 75 000 m^3)，双壳之间环形空间保持负压，加强了第三道屏障的安全性。反应堆厂房内层的安全壳直径为 42.80 m、壁厚为 1.30 m，内侧设有钢衬里，作为第三道安全屏障；外层的安全壳直径为 49.00 m、壁厚为 1.50 m，可抵御商用飞机撞击。

反应堆布置在厂房的中心部位，3 个环路的蒸汽发生器及主泵围绕反应堆周围，这些设备依次通过主管道的热段、过渡段和冷段相连。为了实现每个环路的设备及反应堆之间的隔离，通过厚实的墙体将其隔开。这些厚实的墙体组成的隔间，不仅起到内部危险的防护作用，还起到辐射防护的作用。稳压器也布置在独立隔间内，通过波动管与主管道相连。为了满足堆芯内部结构及燃料组件的抗震要求，反应堆容器布置在较低的标高，接近筏基。蒸发器的标高高于反应堆容器，两者之间形成高度差，在失去主泵动力时，反应堆容器和蒸发器之间仍可以自然循环实现热量导出，有助于反应堆安全。最终，通过环墙将一回路设备包围起来，环墙与安全壳内壁之间形成环形空间，用于布置辅助管道及二回路管道、电缆托盘、通风管道及通行路径。

反应堆厂房底部设有内置换料水箱，之所以设置在底部，是为了在事故工况下收集安全壳喷淋及安全注入的水。水箱设置底部也就决定了布置在厂房外部的安注泵、安全壳喷淋泵、堆腔淹没泵、换料水池输水泵的布置高度，因为它们都需要从此水箱抽水。在内置换料水箱内部，安注泵及安全壳喷淋泵的吸入口设有过滤器，确保在事故工况下，注入堆芯的水质以及经过安全壳喷淋管线喷头水质得到保障。

主给水管道通过贯穿件经安全厂房进入反应堆厂房环形空间最终进入蒸汽发生器隔间，与蒸汽发生器相接。二回路主蒸汽管道则经蒸发器顶部安全段引出，进入环形空间后最终经贯穿件到达安全厂房。由于主蒸汽及主给水管道管件较大，占用较大空间，在很大程度上影响反应堆厂房甚至整个核岛的布局。3 个环路的主蒸汽及主给水管道布置在环形空间的不同区域，实现空间隔离，避免了一根管道发生断裂而影响其他管道。在贯穿件区域，则通过隔墙进行实体隔离。

反应堆厂房+20 m 标高为操作平台。建造期间，主设备可通过此平台进行引入、反转和起吊就位，此平台还设有装卸料机，装卸操作横跨在换料水池上方，在装料和换料期间吊装燃料。操作平台还是维修和换料期间人员和维修设备主要容纳和操作场地。

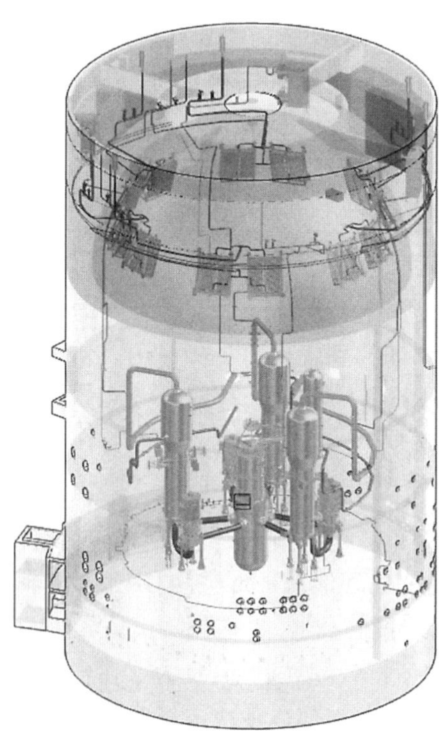

图 12－2　反应堆厂房示意图

在操作平台上方，设有通风空调机组，通风空调机组设备、风管体积较大，对厂房布置有较大影响。“华龙一号优化改进型”机组对反应堆厂房通风系统进行了集约化布置。为节约空间，在内部结构的边角，设置了大量的混凝土风道。

在穹顶的下部，设有环形吊车，环形吊车是建造期间和换料期间的主要吊装设备，穹顶设备及管道的检修，也需要利用此设备。

穹顶设有安全壳喷淋管道，高位的喷淋管道使喷淋水充满整个空间，达到最佳喷淋效果。同时，穹顶还设有非能动安全壳冷却系统热交换器，用于在事故工况下冷却安全壳内部空气，降低安全壳内部压力。

图 12－2 为反应堆厂房示意图。

1）厂房布置

反应堆厂房与安全厂房、燃料厂房和核辅助厂房相连并共用一个底板。反应堆厂房主要分为 7 层，各层的主要功能及布置情况如下。

−3.60 m 层，布置有内置换料水箱、堆坑、走廊，安全壳地坑，工艺疏水箱和地坑泵，该层壳外连廊部分主要布置有核岛 B 列电缆通道。±0.00 m 层，为管道及设备层，也是人员进入反应堆厂房的主通道，用于布置工艺管道、风管、反应堆冷却剂疏水箱、疏水泵、化学和容积控制系统的再生热交换器，人员闸门布置在 150°轴线方向。+3.90 m 层，布置有蒸汽发生器、主泵、卸压箱、化学和容积控制系统过剩下泄热交换器、顶盖间。+8.00 m 层，布置有主管道热段、主管道冷段及波动管；平面 90°轴线位置为堆内构件存放池，反应堆厂房与燃料厂房之间的燃料转运通道设在该层；该层还布置有 3 台安注箱，安注箱隔间由该层延伸至操作大厅平台楼板下。+12.00 m 层，布置有稳压器间，堆坑上部为换料水池，换料水池与堆内构件存放池在+9.512 m 以上相连，中间设有水闸门；主给水管道在该层由安全厂房进入反应堆厂房；该层还布置有安全壳空气净化系统的碘吸附器，应急闸门布置在 31°轴线方向。+16.00 m 层，主蒸汽管道在该层从反应堆厂房进入安全厂房；该层还布置有安全壳空气净化系统的高效粒子过滤器。+20.00 m 层，为设备操作和转运平台，在该层设有设备闸门、装卸料机等。+24.00 m 层，布置有安全壳连续通风系统的风机。+30.50 m 层，布置有安全壳连续通风系统的冷却箱体。+41.50 m 层，布置有环吊。

内层安全壳穹顶布置了非能动安全壳热量导出系统的热交换器、安全壳喷淋系统管道、安全壳大气监测系统管道以及严重事故下氢气监测设施。外层安全壳顶部+60.60 m 标高处设有二次侧非能动余热排出系统的热交换器隔间及管道阀门间。+68.90 m 标高处设有 PCS 和 CIS 水箱，CIS 水箱为堆腔注水冷却系统提供注入水源，PCS 水箱为非能动安全壳热量导出系统、二次侧非能动余热排出系统提供冷源。

双层安全壳之间环形空间，主要布置有机械贯穿件和电气贯穿件、通风系统管道、消防系统及疏排系统管道等。通风系统用于保持环形空间的负压，收集内壳的泄漏并在向外部环境排放之前进行过滤；同时，根据环形空间的布置情况及安装和检修的需要，设置有不同标高的钢平台和钢爬梯。

反应堆厂房内部结构的不同楼层设置了氢气复合器。

2）设备运输及人员通行

反应堆厂房安全壳±0.00 m及+12.00 m处分别设有ϕ2.9 m的人员闸门和应急闸门，在+20.00 m设有ϕ8 m的设备闸门。在外层安全壳±0.00 m和+20.00 m处设置了密封门，通过它们人员可以进入双层安全壳之间的环形空间。

布置在±0.00 m及以下的小体积设备，人员可通过±0.00 m的闸门进入反应堆厂房，在建造和检修阶段，人员和设备也可以通过+12.00 m的应急闸门进入反应堆厂房。大型的设备可通过+20.00 m设备闸门进出反应堆厂房。

在反应堆正常运行时，反应堆厂房不允许人员进入。在停堆检修期间，人员自附属厂房进入核岛，经由燃料厂房±0.00 m层的人员闸门进入反应堆厂房。人员可由电梯或设在环形区的钢扶梯到达各层。出现紧急情况时，人员闸门及通往核辅助厂房的应急闸门均可用于人员应急疏散。

12.2.2 燃料厂房

燃料厂房是核岛重要的厂房之一，主要用于燃料装卸、运输、贮存系统的设备布置及操作。主要布置有反应堆换料水池和乏燃料水池冷却及处理系统、余热排出系统、蒸汽发生器排污系统、安全壳大气监测系统、安全壳过滤排放系统以及燃料厂房通风系统等。

其中，新燃料储存区设有2台新燃料格架，可以贮存24个新燃料组件。而乏燃料水池可以储存1 250个燃料组件，乏燃料水池的体积非常庞大，达到1 340 m^3，因此，乏燃料水池的布置在很大程度上决定了燃料厂房的总体布局。在乏燃料水池的上方，设有乏燃料吊车，用于换料期间乏燃料的吊装。在乏燃料水池的相邻区域设有燃料转运通道，燃料组件通过此通道进出反应堆厂房。此外，为方便乏燃料组件运出乏燃料水池，在它的相邻区域还设置了燃料装载井和准备井。装载井、准备井及装卸口依次布置在一条水平线上，均布置在乏燃料水池外侧，满足新乏燃料运输等功能，并实现就近布置，可以使乏燃料容器在运输时经过的距离最短，降低跌落风险，同时可以起到防护乏燃料水池的作用。为实现乏池冷却功能，在乏池的下方设有冷却设备，包括热交换器和泵。不同的冷却系列之间进行实体隔离。本厂房紧邻反应堆厂房，贯穿区域满足辅助系统布置要求，因此部分空间用于余热排出系统和蒸汽发生器排污系统的布置

燃料厂房功能独立，体量较小，占地面积也更小，厂址适应性好，采用单层

外墙设计，并且有抗商用飞机撞击的能力，整个厂房均为控制区，并与核辅助厂房相通，便于人员通行和设备运输。图 12-3 为燃料厂房示意图。

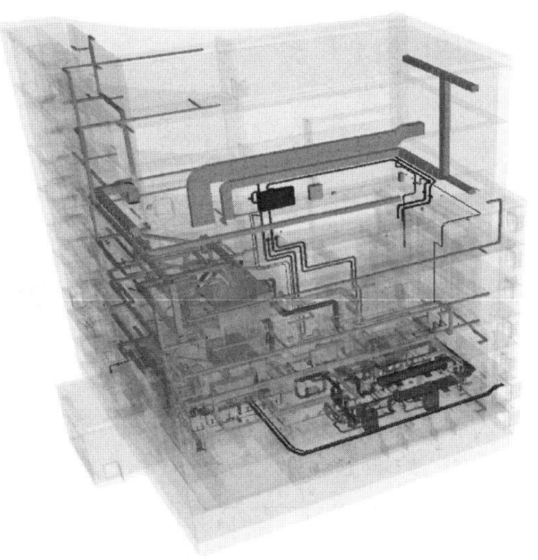

图 12-3　燃料厂房示意图

1) 厂房布置

燃料厂房紧邻反应堆厂房布置，与反应堆厂房通过燃料转运通道相连。燃料厂房与反应堆厂房共用一个底板，并且外侧混凝土墙足够厚，可抵御商用飞机撞击。

燃料厂房分为 10 层，各层的主要功能及布置情况如下。

−9.00 m 层，主要布置反应堆换料水池和乏燃料水池冷却及处理系统的泵和热交换器。−5.00 m 层，主要布置蒸发器排污系统的热交换器、余热排出系统的热交换器和余热排出泵。±0.00 m 层，主要布置安全壳大气监测系统设备和电气设备，以及新乏燃料运输车通道。+5.55 m 层，主要布置燃料厂房送风系统设备及燃料厂房碘排风系统设备，此外，乏燃料水池和乏燃料容器装载井布置在+5.55 m 到+20.05 m 层之间的跃层。+10.10 m 层，主要布置乏燃料容器准备井、燃料厂房排风系统设备及安全壳大气监测系统设备。+14.30 m 层，主要布置新燃料贮存间和新燃料接收间。+20.05 m 层及以上，为燃料操作大厅，其中人桥吊车和辅助吊车布置在+28.60 m 处，乏燃料容器吊车布置在+34.30 m 处。+26.00 m 层，燃料操作大厅和安全壳之间的区域布置了安全壳过滤排放系统的阀门。+34.55 m 层，燃料操作大厅和安全壳之间的区域布置了安全壳过滤排放系统设备。+42.30 m 层为屋面。

2) 设备运输及人员通行

燃料厂房的设备入口设在±0.00 m 层，通过吊装孔和设备装卸口将设备运输到指定房间。燃料厂房与核辅助厂房南侧通道自−9.00 m 到+20.00 m 之间各层均相通。在核电厂运行及检修期间，人员通过附属厂房的卫生出入口，经过核辅助厂房南侧通道进入燃料厂房。厂房设有 1 个楼梯间和 1 个电梯间，由此可到达燃料厂房各层，亦可借助核辅助厂房的楼梯间和电梯间实现。在±0.00 m 层有直接通往厂房外的人员应急逃生门。

12.2.3 安全厂房

安全厂房由原“华龙一号”安全厂房和电气厂房合并而成，因此安全厂房既有原安全厂房的物项，又有电气厂房的物项，主要包括安全相关的设备及管道、电气设施、仪控设施及通风设施等，具体设施如下：

(1) 安全相关的工艺系统，包括安全壳喷淋系统、安全注入系统、堆腔注水冷却系统、应急硼注入系统、设备冷却水系统、安全厂房冷冻水系统、辅助给水系统的设备及管线；

(2) 电气系统，包括中压配电系统、低压配电系统、直流及 UPS 配电系统、蓄电池组、通信系统、照明系统、控制棒电源系统的机柜及电缆等；

(3) 仪控系统，包括棒控和棒位系统、保护和安全监测系统、核电厂过程控制系统、仪表和监测系统、多样性保护系统、主控室及远程停堆站的设备及电缆等；

(4) 主蒸汽和主给水管廊；

(5) 安全厂房通风系统，包括各电仪系统对应的通风系统和排烟系统。

图 12-4 为安全厂房示意图。

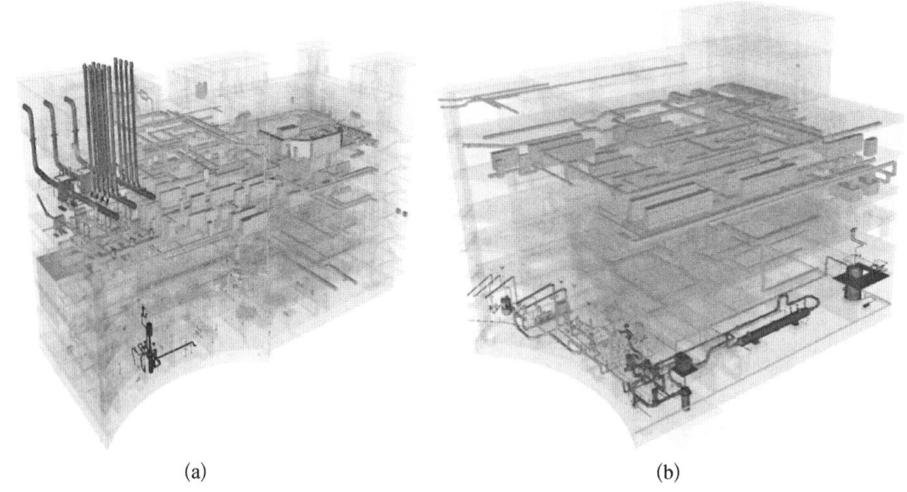

(a) (b)

图 12-4 安全厂房示意图

(a) 安全厂房上半部分；(b) 安全厂房下半部分

专设安全设施包括安喷系统、安注系统、堆腔注水冷却系统、应急硼水注入系统的换热器、泵、水箱等，其功能是当反应堆一、二回路发生失水或破口时，确保堆芯热量的导出和安全壳的完整性，从而限制事故的发展和减轻事故的后果。专设安全系统分为完全独立和隔离的 2 个系列，贴近反应堆厂房呈 90°布置，2 个系列之间通过方位和隔墙实现实体隔离。安全相关的工艺系统和通风系统包括设冷水、安全厂房冷冻水和主控室应急通风等，这些系统虽然与反应堆的安全停堆不直接相关，但起到重要的辅助作用，如设冷水可以为专设安全系统的泵提供冷却水，保证这些设备的正常运行。

电气仪控系统主要为核岛各厂房内负载和仪表提供交直流电源、监测和控制全厂设备及仪表数据，包括中压设备、低压设备、直流及 UPS 设备、蓄电池、DCS 机柜等。电气仪控系统也分为 2 个系列，其中安全厂房右半区为 A 列，左半区为 B 列，2 个系列之间互相隔离，通过一条通道连接。主控室是核岛操纵员的集中办公区域，在这里操纵员可以监视电厂重要数据，完成机组启停操作、运行工况监控和调整及事故处理等。主控室布置在整个安全厂房靠中心的位置，一方面可以防止商用飞机撞击，另一方面方便接收 A、B 2 个系列电气仪控传输的信号。

1）厂房布置

安全厂房紧邻反应堆厂房布置，一侧与核辅助厂房相接，另一侧与常规岛相邻。安全厂房与反应堆厂房共用一个底板，并且局部区域屋面和外侧混凝土墙足够厚，可抵御商用飞机撞击。安全厂房在结构上可分为 2 个部分：靠近常规岛的 SU 区和靠近核辅助厂房的 SD 区。

安全厂房分为 8 层(局部 9 层)，±0 m 及以下主要为机械设备区，±0 m 以上主要为电仪设备区。各层的主要功能及布置情况如下。

−9.20 m 层，布置了安全壳喷淋系统热交换器、安全壳喷淋系统化学添加箱、低压安注泵、中压安注泵、安全壳喷淋泵、堆腔注水冷却泵、应急硼注泵、硼酸注入箱、辅助给水泵等专设安全设施的设备和管道；设冷水换热器及相关管道；机械设备区通风系统空调机组；以及电气廊道、管道间及气罐间等。−4.50 m 层，布置了安全壳喷淋泵、低压安注泵、堆腔注水泵的电机及辅助给水箱、安全厂房冷冻水泵等。±0.00 m 层，为专设安全设施的吊装层，此外还布置了设备冷却水泵、安全厂房冷冻水机组、通风机房、控制棒电源及控制机柜等。+4.80 m 层，布置了蓄电池、电缆、通风设施等。+8.50 m 层，布置了中低压电气盘柜、直流及 UPS 配电盘柜、通风设施及管道间等。+13.50 m 层，布置了仪控系统盘柜、通信系统盘柜、远程停堆站及通风设施等；此外，在廊道区+11.00 m 布置了主给水管道。+18.50 m 层，SU 区为主控室区域及业主功能房间；SD 区为屋面，布置了新风小室、排烟机房和安全厂房风冷式冷冻水机组；此外，在廊道区 +16.30 m 布置了主蒸汽管道，主蒸汽安全阀排气和大气排放阀管道一直通往+31.95 m 廊道区屋面。+24.40 m 层，SU 区为安全厂房主屋面，布置了各类新风小室和加压送风机房；SD 区还布置了设冷水波动箱。+31.95 m 层，为主给水、主蒸汽廊道区屋面，设有大气释放阀消音器及安全阀排放管道。

2) 设备运输及人员通行

安全厂房的主要设备通道位于±0.00 m 层，除一次引入设备外，大部分设备通过±0.00 m 楼板的吊装孔吊到相应楼层，再经由各层通道运至各房间就位。+11.00 m 的主给水区域管道和+16.30 m 的主蒸汽管道通过厂外吊车吊运，经由侧墙洞口引入厂房内。

安全厂房的±0.00 m 层及以下区域靠近反应堆厂房一侧为控制区，远离反应堆厂房一侧为监督区，由一条通道隔开，该通道可通往核辅助厂房。+4.80 m 层及以上区域为监督区。正常运行期间人员不允许在控制区和监督区内自由穿行。

安全厂房控制区设置一部楼梯，并通过通道与核辅助厂房相通，可利用核辅助厂房的楼梯和电梯实现通行及逃生。安全厂房监督区设置 3 部楼梯和 2 部电梯，由此可到达监督区各层及厂房屋面。主蒸汽、主给水区域设置 2 部楼梯，可实现该区域各层通行。

12.2.4 核辅助厂房

核辅助厂房主要用于核辅助系统设备及管道布置，公共放射性废物贮存、处理及装卸等。厂房内主要布置的工艺系统和设备如下：化学和容积控制系统、上充泵房应急通风系统、废液处理系统、核岛疏水排气系统、反应堆硼和水补给系统、辅助蒸汽分配系统、硼回收系统、核取样系统、废气处理系统及核辅助厂房通风系统。

按照与一回路的关系紧密程度，可将核辅助厂房内部容纳的系统分为两类。与一回路运行密切相关的工艺系统，例如化学和容积控制系统、核取样系统等，宜紧邻反应堆厂房安全壳布置，既可以缩短管线长度，又有利于放射性管线集中布置和辐射防护。而反应堆硼和水补给系统、硼回收系统、三废系统等，是化学和容积控制系统的下游系统，并不直接参与一回路运行调节，因此只需保留相应管线接口，并不需要靠近反应堆厂房布置。

此外，核辅助厂房内布置了大量高放射性系统，须格外重视人员的辐射防护。将放射性较高物项集中布置在中心区域，并在区域外围设置相应过渡间，与厂房主通道间接相通，可实现辐射剂量的梯级降低。在适当的区域设置专门的放射性管廊，用多个放射性系统管线集中穿行，有利于降低辐射防护成本。

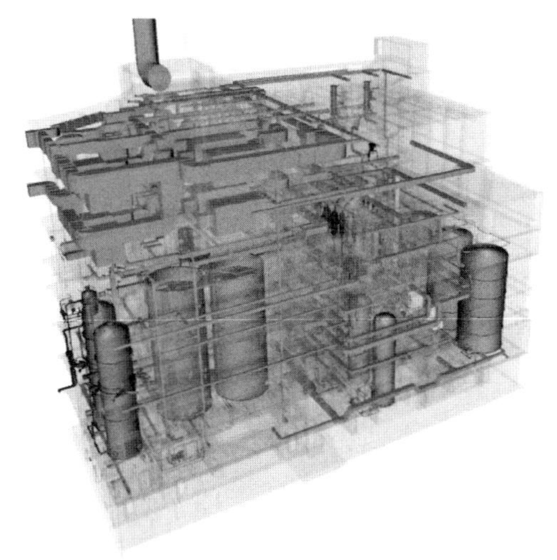

图 12-5　核辅助厂房示意图

图 12-5 为核辅助厂房示意图。

1）厂房布置

核辅助厂房与反应堆厂房、安全厂房和燃料厂房相接，与反应堆厂房共用一个底板。

核辅助厂房分为 9 层，各层的主要功能及布置情况如下。

−9.00 m 层，布置化学和容积控制系统的下泄/密封热交换器和上充泵房间，上充泵房应急通风系统的风机布置在靠近泵房的房间内。另外，该层还布置反应堆硼和水补给系统的泵、废液处理系统的工艺/化学暂存槽及输送泵、硼回收系统的前储槽、蒸馏液监测槽及输送泵、废液收集系统的储罐及输送泵，核岛疏水排气系统的排水地坑也位于该层。−4.50 m 层，布置化学和容积控制系统的管道阀门间、上充泵房间的消防水罐及压缩空气罐、反应堆硼和水补给系统的补给水箱和硼酸储存箱、辅助蒸汽分配系统的设备、硼回收系统的中间储槽及其输送和混合泵、蒸发器供料泵。±0.00 m 层，该层布置核取样间及实验室、硼回收系统的除气塔疏水泵、浓缩液槽及其输送泵、取样间，并设有专门的房间用于核废物转运车的装卸及停放。+4.00 m 层，布置含氢废气处理系统的衰变箱、硼回收系统的除气/蒸发单元的相关设备、化学和容积控制系统的容控箱及其管道间，主要的放射性贯穿件集中布置于该层靠近安全壳区域，在该层+6.50 m 处还局部设置有除盐器/过滤器下部的管道夹层，用于废树脂管道和阀门布置。+8.50 m 层，为核辅助厂房专设放射性管廊，废树脂储槽亦布置在该层。+11.50 m 层，布置含氢废气处理系统的压缩机及缓冲罐、反应堆硼和水补给系统的硼酸配料箱，除盐器/过滤器设备隔间也集中布置在此层，该区域由下至上分别为+6.50 m 的放射性管道夹层、

+9.50 m 的放射性管道和阀门集中布置层、+12.50 m 的除盐器/过滤器设备隔间及低放管道布置区域、+16.00 m 的除盐器/过滤器检修操作大厅。+16.00 m 层，布置核辅助厂房的通风设备间、含氧废气处理系统设备间、配电柜间、硼回收系统的冷凝液冷却器、除气塔/除盐器/过滤器检修操作大厅。+21.00 m 层，布置核辅助厂房通风设备间及安全壳环形空间通风系统设备间。+26.00 m 层，核辅助厂房屋面，主要布置有通风系统的进、排风小室。

2）设备运输及人员通行

核辅助厂房的设备通道主要进口在±0.00 m 层。±0.00 m 层设备主通道分别在东西方向与燃料厂房贯通，在南北方向与安全厂房贯通。大型设备维修、化学药品供给等都可经过此通道。

±0.00 m 层以上各系统设备的运输需经过附属厂房±0.00 m 层运输通道，利用安装在附属厂房屋顶板底的吊车经附属厂房的吊装洞提升至各层，再运到相应房间。±0.00 m 层以下各系统设备的运输要经过燃料厂房±0.00 m 层运输通道，利用安装在燃料厂房±0.00 m 板顶的吊车经燃料厂房的吊装洞运至各层，再运到相应房间。

在核电厂运行及检修期间，人员须通过附属厂房卫生出入口进出核辅助厂房。厂房设有 2 个楼梯间和 1 个电梯间，由此可到达核辅助厂房各层至厂房屋面。

12.2.5 核废物厂房

在通常情况下，"华龙一号优化改进型"机组的 2 台机组共同设置 1 个核废物厂房，主要用于核废物系统设备及管道布置，公共放射性废物贮存、处理及装卸等。核废物厂房工艺系统包括废液处理系统、固体废物处理系统，以及厂房专用的通风系统及冷冻水机组。图 12-6 为核废物厂房示意图。

1）厂房布置

"华龙一号优化改进型"机组的核废物厂房与核辅助厂房相邻，2 台机组共用 1 个核废物厂房。

核废物厂房分为 7 层，各层的主要功能及布置情况如下。

−9.00 m 层，布置废液处理系统的地面排水槽、工艺排水槽、化学排水槽、废液监测槽及相关输送泵，另外核废物厂房的排水地坑、废液处理系统的浓缩液槽及输送泵也布置在该层。−4.50 m 层，布置废液处理系统的冷凝水冷却器、取样间及酸碱泵房。±0.00 m 层，布置废液处理系统的蒸发单元，固

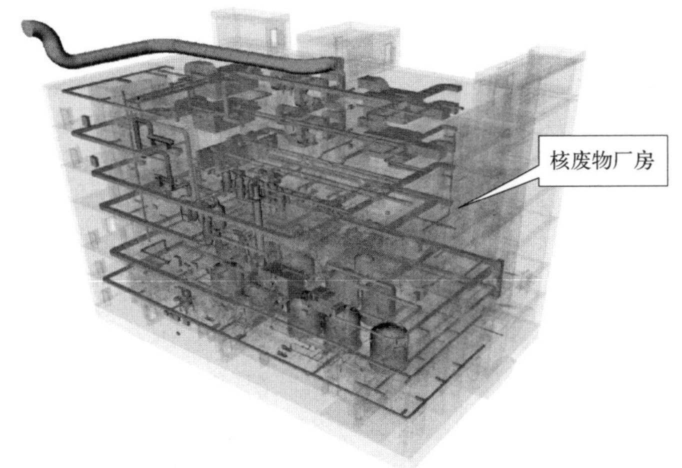

图 12－6　核废物厂房示意图

体废物处理系统的废树脂中间罐、浓缩液储槽、2 套浓缩液桶内干燥器(包括冷凝器和冷凝液罐)、钢桶封盖机及废物桶剂量检测设备,核废物厂房屏蔽车运输间也布置在该层。+6.50 m 层,布置废液处理系统的过滤器和除盐器、化学试剂添加间、絮凝注入设备间、固体废物处理系统的废树脂储槽,以及核废物厂房通风系统的循环冷却机组。此外,该层还布置核废物厂房控制室、电气设备间和仪控机柜间等。+11.50 m 层,为核废物厂房操作平台,布置核废物厂房通风系统的送、排风机房及碘排风机房,废液处理系统的蒸馏液冷却器及核废物厂房冷冻水系统的膨胀水箱、冷冻水泵。+16.50 m 层,布置核废物厂房通风系统的送、排风机房及碘排风机房。+21.50 m 层,为厂房屋面,布置核废物厂房通风系统的进、排风小室及核废物厂房冷冻水系统的冷水机组。

2) 设备运输及人员通行

核废物厂房的设备通道主要进口在±0.00 m 层。±0.00 m 层有运输通道,大设备维修、化学药品供给等都要经过此通道。±0.00 m 层以下设备利用安装在±0.00 m 层吊装间天花板底的小吊车经由吊装洞下放至各层,再运到相应房间;±0.00 m 层以上设备利用安装在厂房屋顶板底的吊车经由吊装孔提升至各层,再运到相应房间。

在核电厂运行及检修期间,人员须通过附属厂房卫生出入口进入核岛,经由核辅助厂房进出核废物厂房。厂房设有 2 个楼梯间和 1 个电梯间,由此可到达核废物厂房各层及厂房屋面。在±0.00 m 层有直接通往厂房外的人员应急逃生门。

12.2.6 附属厂房

附属厂房为核岛非抗震子项，主要用于布置与核岛功能密切相关但又不需要抗震的物项，以减少核岛抗震厂房体积，节省投资。布置在其中的主要功能区域和设备包括以下内容。

（1）卫生出入口，用于工作人员在正常运行和停堆检修期间进出放射性控制区，包括为人员进入控制区作业前的必要准备提供场所和物品、监测离开控制区人员和随身携带物件的放射性污染状况、对受污染的人员和物件进行去污处理等。出入口的设置充分考虑检修期间人员数量、男女比例等因素。

（2）核岛中央冷冻水系统、部分非安全级电气设备、仪控设备。

（3）为本厂房服务的通风系统。

1）厂房布置

附属厂房紧邻燃料厂房和核辅助厂房布置。

附属厂房分为 4 层，各层的主要功能及布置情况如下。

±0.00 m 层，主要布置正常运行期间和停堆检修期间卫生出口及冷热男、女更衣室。+5.00 m 层，主要布置非安全级的电气设备、核岛中央冷冻水机组和附属厂房冷、热区通风系统。+10.00 m 层，主要布置附属厂房通风系统设备、核岛冷冻水系统膨胀水箱及控制机柜等。+15.00 m 层为厂房屋面。

2）设备运输及人员通行

附属厂房的设备可以通过南侧吊装孔洞运输到厂房各层。附属厂房内有 2 部楼梯，由此可到达厂房各层。工作人员通道入口在±0.00 m 层，通过附属厂房的卫生出入口，工作人员更衣后可以进入核岛控制区。

12.2.7 核岛消防泵房

核岛消防泵房为核岛消防系统提供消防水，主要包括 2 台消防水泵、2 个消防水池及厂房通风系统。

核岛消防泵房内设 2 座钢筋混凝土消防水池，每座消防水池有效容积为 1 200 m^3，满足在火灾延续时间内室内外最大消防用水总量的要求，并具备 8 h 内将水池充满的淡水补给能力。另外，消防水池还用作辅助给水系统备用水源，并在设计扩展工况下，向堆腔注水系统提供水源。正常情况下消防水池由饮用水系统供水，饮用水系统水源丧失时由生水系统供水。

每个机组设 2 台消防水泵，一用一备。消防水泵由管网压力控制。火灾发生时，管网压力下降，消防水泵启动。2 台电动泵中的一台由 A 系列供电，另一台由 B 系列供电，这两个系列均由应急柴油发电机作为后备电源。每台消防水泵的进水管由装有隔离阀的连接管相互连通，保证一个消防水池检修时消防水泵可由另一个消防水池供水；出水管由装有隔离阀的连接管相互连通，保证一根消防供水干管检修时消防水泵可由另一根干管供水。

消防系统为稳压消防系统，非火灾状态下消防水泵不运行，管网压力由设在核岛消防泵房内的稳压泵维持，设 2 台稳压泵，一用一备。

为防止消防水池中的水因长期静止导致水质恶化，影响消防设备的正常使用，设置 2 台循环水泵，通过循环水泵过滤器进行过滤，然后通过回流管道流回消防水池。

1）厂房布置

核岛消防泵房紧邻燃料厂房和附属厂房布置。

核岛消防泵房分为 4 层，各层的主要功能及布置情况如下。

−7.00 m 层，布置 2 台消防水泵、2 台稳压泵和 2 台消防循环水泵和 2 个贯穿各层的消防水池。±0.00 m 层，主要为 A、B 列消防大厅和通风机房。+4.50 m 层，布置消防管道间和延伸至本层的两列消防水池。+9.00 m 层，屋面及通风小室。

2）设备运输及人员通行

设备要经过±0.00 m 层运输通道，通过位于±0.00 m 层的 2 个吊装洞和吊车运输至底层。核岛消防泵房有 2 个楼梯间，分别用于工作人员到达 A、B 2 个系列设备对应的工艺间，工作人员通道入口在±0.00 m 层。

12.2.8　应急柴油发电机厂房

应急柴油发电机厂房内主要布置有应急柴油发电机组及其辅助系统，以及电气、通风设备。在厂外电源失去的情况下，每台应急柴油发电机组都有能力满足应急厂用设备用电要求，确保核电厂应急供电，保证反应堆安全停堆，并防止由正常外部电源系统失电而导致核电厂重要安全设备丧失功能。

每台核电机组设有 2 台应急柴油发电机组，分别布置于 2 个完全独立的应急柴油发电机厂房内（厂房位置见图 12－1），每个厂房内的柴油发电机组和辅助系统设备的布置基本相似并完全分隔。厂房设置的主要系统如下：柴油机辅助系统（包括燃油系统、润滑油系统、压缩空气启动系统、高温水系统和低温水

图 12 - 7　应急柴油发电机示意图

系统、进气排气系统)及控制监测系统、消防系统和通风系统等。图 12 - 7 为应急柴油发电机示意图。

1) 厂房布置

厂房分为 8 层,各层的主要功能及布置情况如下。

−9.50 m、−9.20 m 层,主要为燃料贮存层和燃油输送泵间。−4.80 m、−2.30 m 层,为电缆层和柴油发电机辅助设备层。+0.50 m 层,为柴油发电机组和控制设备层。+3.95 m 层为辅助设备间。+9.20 m 层设有日用燃油箱。+14.60 m 层为风冷散热器进气间。+19.00 m 层为风冷散热器出气间。+24.00 m 层为屋面。

2) 设备运输及人员通行

每个应急柴油发电机厂房在+0.50 m 的柴油发电机组间设有一扇防龙卷风的大门,用于设备运输及大型部件维修。此外,在大门上设置了一扇小门,用于人员通行。

厂房内主储油罐是一次引入设备,顶层的通风设备通过屋面预留的洞口,由厂外吊车引入厂房,其他各层设备则须利用设置的吊点经由厂房内的吊装孔洞进行吊运。每个应急柴油发电机厂房有 2 个楼梯间,均可以通往厂房各层。

12.2.9　SBO 柴油发电机厂房

SBO(station black out)柴油发电机厂房布置有 400 V SBO 柴油发电机组及其辅助系统和相关电气系统设备。每个核电机组设有 2 台 1 000 kW 的 400 V SBO 柴油发电机组,互为备用。

在失去全部电源的情况下,SBO 柴油发电机组为硼注泵、辅助给水泵、主控室和重要机柜间通风系统、安全壳环形空间通风系统、主泵相关电动阀门、72 h 蓄电池系统(包括非能动专用电源系统和严重事故蓄电池)、堆腔注水冷却泵及安全壳隔离阀供电,并保证控制室部分指示仪表的工作,使得必需的控制器可用。

1) 厂房布置

SBO 柴油发电机厂房仅有地上一层,2 台柴油发电机组及其辅助系统布置在实体隔离的 2 个房间内，电气控制机柜和蓄电池布置在对应的柴油机组相邻的房间内。油罐间布置 1 个燃油罐，满足柴油发电机组满功率运行 3 天的储量。消防设备间布置消防罐及雨淋阀组。

2）设备运输及人员通行

SBO 柴油发电机厂房不设置楼梯和电梯。人员通行直接通过工艺间的外通门，主要设备均直接运至±0.00 m 层。

燃油罐为一次引入设备。油罐间设置防火门，人员可通过柴油发电机大厅到达室外。

12.2.10　应急空压机房

应急空压机房为主空压站的备用厂房，布置压缩空气生产系统，为电站仪用压缩空气提供后备气源。

应急空压机房位于燃料厂房一侧，仅有地上一层，主要布置 2 台空压机、2 台干燥过滤器、1 台卧式储气罐。

应急空压机房不设置楼梯和电梯，人员通行直接通过工艺间的外通门，主要设备均直接运至±0.00 m 层。

参考文献

[1] 邢继，吴琳，等. 中国自主先进压水堆技术“华龙一号”：上册[M]. 北京：科学出版社，2020.

[2] 邢继，徐国飞，王晓江. “华龙一号”首堆核岛布置设计[J]. 核科学与工程，2022，42(3)：539－548.

第 13 章 结构设计

“华龙一号优化改进型”核电站包括核岛、常规岛、配电装置区和辅助生产区等。核岛厂房及辅助生产区(BOP)厂房包括多个核安全相关建构筑物,这些核安全相关建构筑物执行安全功能,即在核电厂的设计、建造、运行和退役期间,能保护人员、社会和环境免受可能的放射性危害的结构,包括包容和支撑任何安全级系统、设备的结构,在发生事故或出现外部事件时,参与包容放射性产物的结构。

“华龙一号优化改进型”核安全相关混凝土结构设计应考虑安全性、适用性、耐久性及可建造性相关要求。采用以概率理论为基础的极限状态设计方法,以可靠度指标度量结构构件的可靠度,采用分项系数的设计表达式进行设计。在设计基准范畴下,混凝土结构应进行承载能力极限状态计算和正常使用极限状态验算。在超设计基准范畴下,可采用考虑模型或材料非线性的数值分析法、基于设计经验和规范折减系数的简化分析法及高置信度低失效概率评估法等估算方法进行评价。评价准则应根据结构构件的安全功能要求综合确定。在设计中应考虑厂址环境因素、厂区地基条件及附近区域边坡稳定性对核安全相关结构的影响。

核安全相关混凝土结构方案设计时应遵循如下主要原则:结构的平面、立面布置宜简单规则,刚度和质量分布宜均匀连续,刚度中心宜接近质量中心;结构传力途径应简洁、明确,垂直承重构件宜上下对齐;结构重心宜低;重要构件应设置冗余约束;对局部薄弱部位应采取加强措施;应考虑非核安全相关结构对核安全相关混凝土结构的不利影响。应根据结构体系的使用功能、厂房形状及受力特点等,结合伸缩变形、沉降变形、防震等功能要求,合理确定变形缝的设置和构造形式。

与民用建构筑物相比,核安全相关建构筑物采用了更高的设计标准。“华龙一号优化改进型”核岛厂房均为钢筋混凝土结构，采用了双层安全壳、高标准抗震及抗大型商用飞机撞击的设计方案。

13.1　双层安全壳

安全壳是核安全的第三道也是最后一道实体屏障，是实现核电站纵深防御体系的重要组成部分。“华龙一号优化改进型”采用了第三代核电站主流的双层安全壳设计方案。其中，内层安全壳是包容核蒸汽供应系统(NSSS)的主要物项，在所有可以想象的情况下提供对环境有效的辐射防护，这些情况包括导致安全壳内压力和温度急剧升高，以及气态裂变产物释放的一回路冷却剂管道完全断裂的事故(LOCA 事故)。外层安全壳能有效保护内部厂房免受外部事件(如飞机撞击、龙卷风飞射物、外部爆炸等)的影响。此外，外层安全壳与内层安全壳之间的环形空间设计成负压，这将进一步防止辐射物质向外泄漏。

13.1.1　结构概述

内层安全壳在结构上由 3 个部分组成，即基础底板、筒体和穹顶(见图 13－1 和图 13－2)。基础底板为钢筋混凝土结构，混凝土强度等级为 C45，板底标高为－8.900 m，标准区域的厚度为 4.2 m(中部区域为 2.6 m)，与周围厂房底板连为一体，形成核岛厂房整体筏基。基础底板上部中间位置设置深度为 1.6 m 的六边形凹槽，用于放置内部结构底板下部的抗剪键。为了给倒 U 形预应力钢束的编束、穿束和张拉提供操作空间，基础底板内设置有宽度为 3.6 m、高度为 3.5 m 的预应力张拉廊道。内层安全壳筒体与穹顶均为预应力钢筋混凝土结构，混凝土强度等级为 C60。筒体部分的内直径为 42.8 m，标准区域壁厚为 1.3 m，考虑到设备闸门洞口对结构的影响，增加了设备闸门附近区域的混凝土截面厚度。基础底板与筒体通过加腋区连接，加腋区采用筒体内侧加厚，高度为 3.95 m，厚度为 1.9 m。为了避免穹顶与筒体连接处形成非连续区，保证受力合理，采用了半球壳穹顶设计，穹顶与筒壁直接相连，穹顶的内直径为 42.8 m，厚度为 1.05 m。安全壳外部设有 2 个扶壁柱，间隔 180°，扶壁柱在穹顶顶部相连；扶壁柱宽度约为 4 m，厚度约为 0.65 m。安全壳与外层安全壳之间设有宽度为 1.8 m 的环形空间。安全壳内侧设置了 6 mm 厚的钢衬里，用于保证安全壳的密封性。钢衬里在与混凝土接触一侧设置了锚固钉和角钢。

钢衬里上设置了支撑环形吊车的牛腿，牛腿顶标高为＋41.500 m。在施工阶段，钢衬里还作为混凝土的内模板使用。

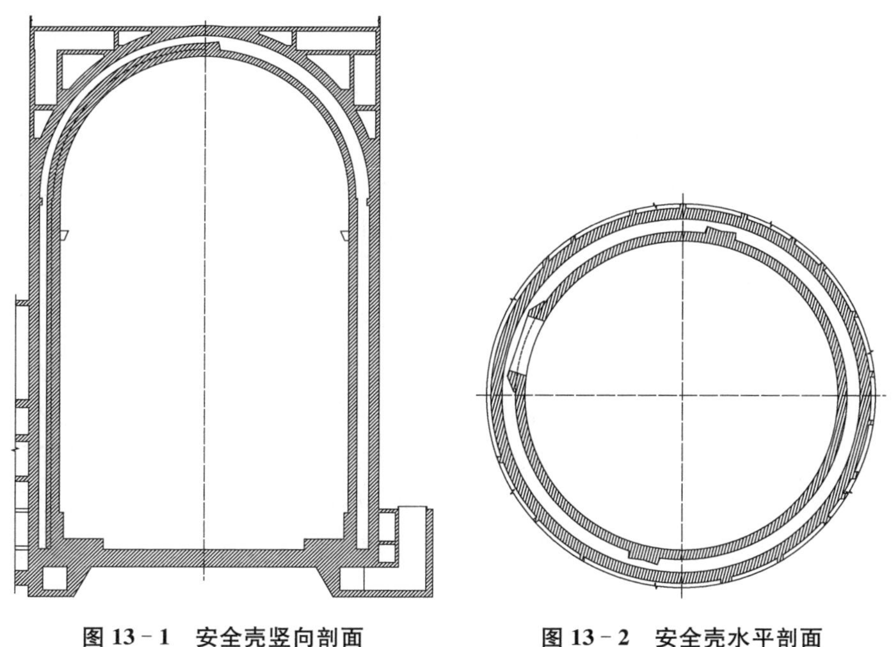

图 13－1　安全壳竖向剖面　　图 13－2　安全壳水平剖面

外层安全壳可抵抗商用飞机撞击，为内层安全壳及其内部结构提供保护。内、外层安全壳之间有 1.8 m 净距的环形空间，维持负压以进一步防止辐射物质往外泄漏。

外层安全壳与安全厂房、燃料厂房和核辅助厂房相连并共用筏形基础底板。外层安全壳的外形类似于内层安全壳，由以下几部分组成。筒体部分从标高－6.20 m 至 46.60 m，内部直径为 49.00 m，厚度为 1.50 m。半球形穹顶标高从 46.60 m 至 72.60 m，厚度为 1.50 m。穹顶以上构筑物标高从 55.60 m 至 72.40 m，穹顶以上构筑物用于布置二次侧非能动余热排出系统(RHRS)、非能动安全壳冷却系统(PCS)和堆腔注水冷却系统(CIS)的水箱及其附属构件。内层安全壳和外层安全壳筒体上布置了一定数量的贯穿件。其中有 3 个较大的贯穿件，分别为标高＋23.200 m 处的设备闸门贯穿件、标高＋1.20 m 和＋13.20 m 的人员闸门及应急闸门贯穿件。此外，标高＋17.50 m 处的 3 个主蒸汽贯穿件、标高＋11.88 m 处的 3 个主给水贯穿件也是较重要的贯穿件。

13.1.2 预应力系统

"华龙一号优化改进型"内层安全壳抵抗事故压力的功能是由其预应力系统实现的，采用了倒U形钢束加水平钢束的方案。内层安全壳采用有黏结后张拉预应力系统，设计时考虑了5种预应力的损失，包括预应力钢束与孔道壁之间的摩擦、锚具变形和钢束内缩、混凝土的弹性压缩、混凝土的收缩和徐变、预应力钢束的应力松弛。在整体性试验工况和正常使用工况下，安全壳预应力系统能使壳体标准区域混凝土薄膜应力不出现拉应力。

预应力系统采用了由7根钢丝捻制的低松弛钢绞线，其强度等级为1 860 MPa，公称直径为15.7 mm。在20 ℃和40 ℃时，70%钢绞线最大力作用下1 000 h对应的最大松弛值分别为2.5%和3%。每根钢束由55股钢绞线组成，钢束的张拉控制应力不大于80%极限抗拉力。锚具采用多台阶锚垫板、55孔锚板，锚具满足静载锚固性能试验、疲劳性能试验、周期荷载试验、锚固区传力性能试验等要求。在张拉控制应力下，锚具内缩值为≤8 mm。为了在施工中更好地保证锚具的安装公差，采用了水平钢束锚固块的设计方案。

预应力系统主要应用于筒壁和穹顶2个部位，共有103根筒体水平钢束、21根穹顶水平钢束和78根倒U形钢束(其中包括2根筒体水平监测钢束和2根倒U形监测钢束)，预应力钢束如图13-3所示。水平钢束锚固于扶壁柱上，倒U形钢束锚固于基础底板内置的张拉廊道顶部。

预应力孔道内直径约为160 mm，倒U形钢束、穹顶环向钢束、大曲率区域的筒体环向钢束、穿过施工缝的筒体钢束的孔道采用刚性导管，其余区域采用半刚性导管。所有钢束均采用两端张拉的预应力施加方式。水平钢束采用单根穿束或整体编束后穿束，等张拉千斤顶张拉；倒U形钢束采用整体编束后穿束。在穿束和张拉后，钢束孔道内采用灌浆防护。施工中采用有效的保护措施，保证灌浆前钢束腐蚀等级不低于B级。

"华龙一号优化改进型"内层安全壳还引入了智能钢绞线，它是将纤维复合传感智能筋嵌入普通预应力钢绞线内部，通过光栅波长的增减来监测钢绞线内应力变化。预应力系统共设置8根智能钢绞线对灌浆预应力钢束进行监测，其中包括3根筒体水平监测钢束、1根穹顶水平监测钢束和4根倒U形监测钢束。每根智能钢绞线沿长度方向设置5个栅点来监测预应力钢束应力状态。

13.1.3　设计要求

内层安全壳按照 NB/T 20303—2024《压水堆核电厂预应力混凝土安全壳设计规范》进行设计，外层安全壳按照 NB/T 20012—2019《压水堆核电厂核安全相关混凝土结构设计规范》进行设计。考虑荷载作用如下：核电厂在正常运行或停堆期间所遇到的荷载作用，施工建造期间的荷载作用，严重环境和极端环境下的荷载(地震)作用，安全壳压力试验荷载，设计基准事故工况下的压力、温度、管道荷载和局部荷载等。按照设计规范的相关要求，进行荷载效应的组合。在安全壳配筋设计过程中，采用了弹性设计方法，内层安全壳不考虑钢衬里的强度贡献。在严重事故作用下，考虑了结构材料的弹塑性，以最大限度地保证安全壳的完整性。

安全壳设计采用有限元方法，设计时首先建立安全壳的三维有限元模型，采用的计算软件为通用有限元软件 ANSYS。图 13-3～图 13-6 所示为内层安全壳的有限元模型，模型中包括了混凝土、钢衬里、预应力钢束 3 种材料，分别采用实体单元、壳单元和杆单元模拟。除了筒体和穹顶的标准区域外，有限

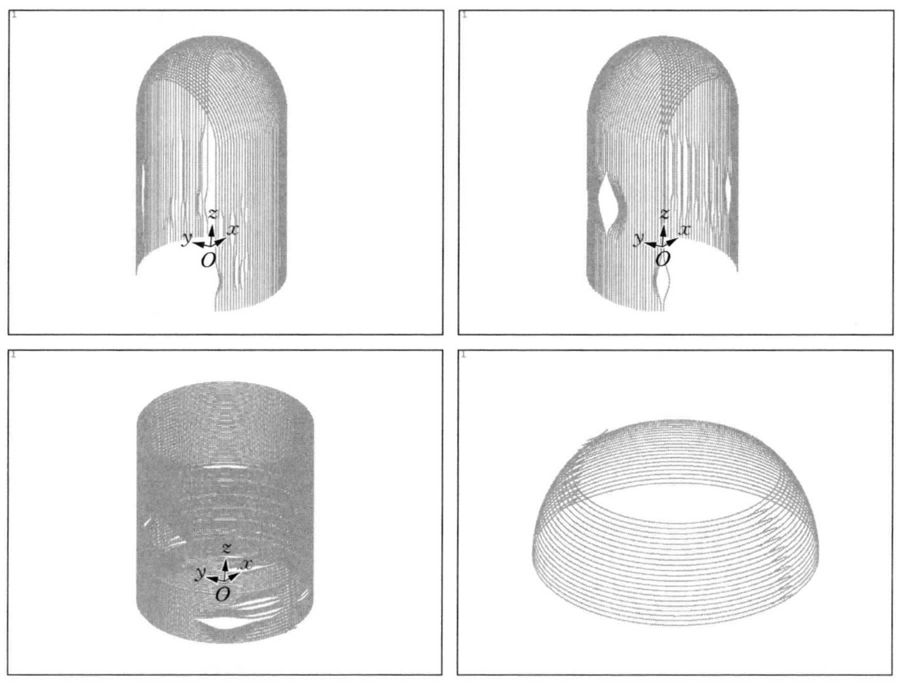

图 13-3　预应力钢束

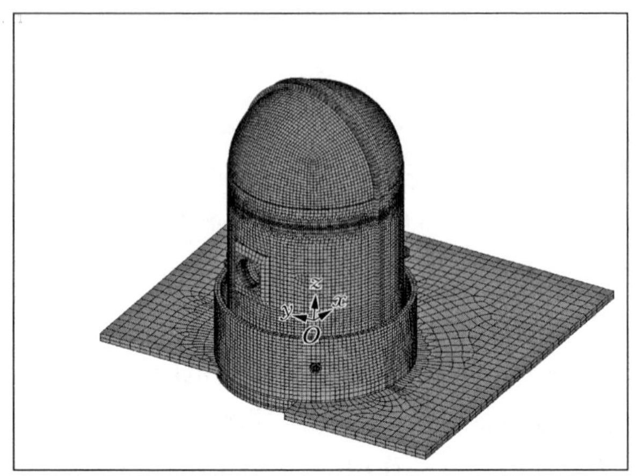

图 13-4　混凝土计算模型

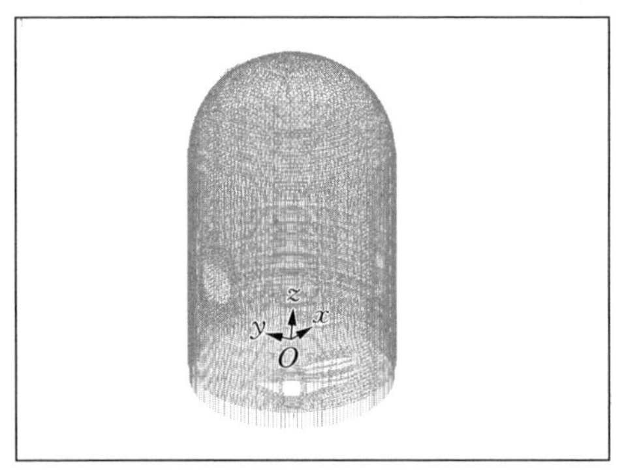

图 13-5　预应力钢束模型

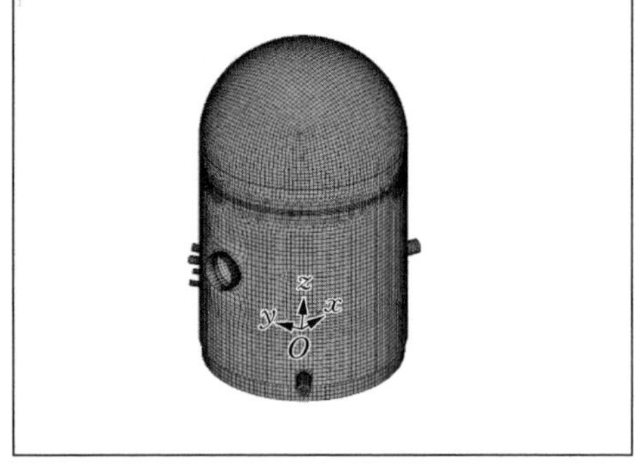

图 13-6　钢衬里模型

元模型也模拟了扶壁柱、设备闸门加厚区、设备闸门洞口、人员闸门洞口、应急闸门洞口、3 个主蒸汽洞口、3 个主给水洞口及相应的贯穿件和封头。为了较准确地模拟安全壳边界条件，模型包括了核岛厂房整体筏基，同时考虑了地基刚度的影响。外层安全壳的建模方法与内层安全壳基本相同。

安全壳荷载较多，不同荷载的分析方法有较大差别。几种典型荷载的分析方法如下：内层安全壳预应力荷载通过在每个钢束单元节点上施加相应的温度应力来模拟(见图 13-7)。设计基准事故的温度和压力时程曲线如图 13-8 和图 13-9 所示，设计时进行温度效应瞬态分析，得到各个时刻的温度场。在地震计算中，采用了振型分解反应谱法，地震输入采用美国改进型 NRC R. G. 1. 60 标准谱，SL-2 级地震的水平和垂直方向的地面峰值加速度均为 0. 3g。

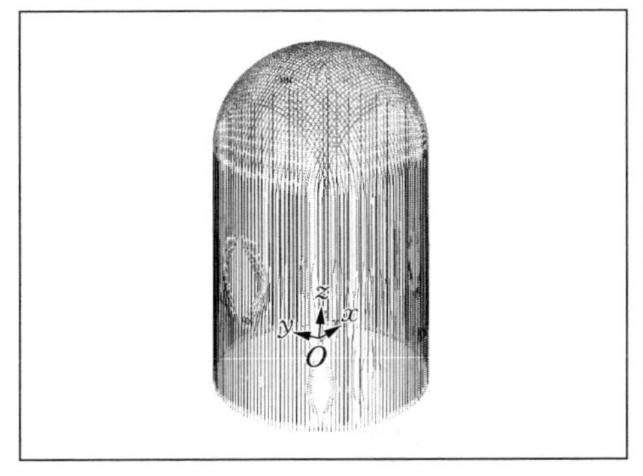

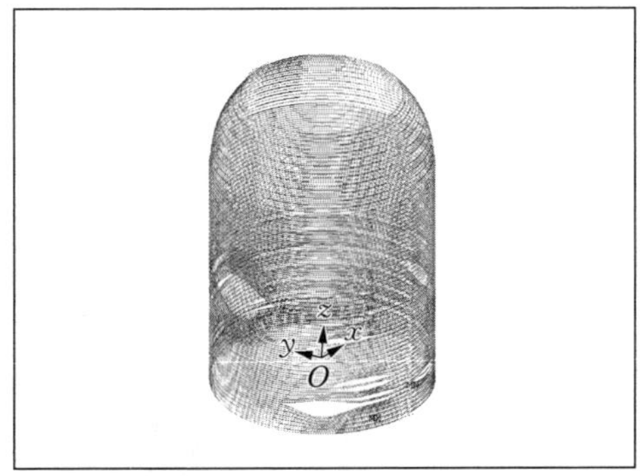

图 13－7　长期预应力荷载作用下钢束应力

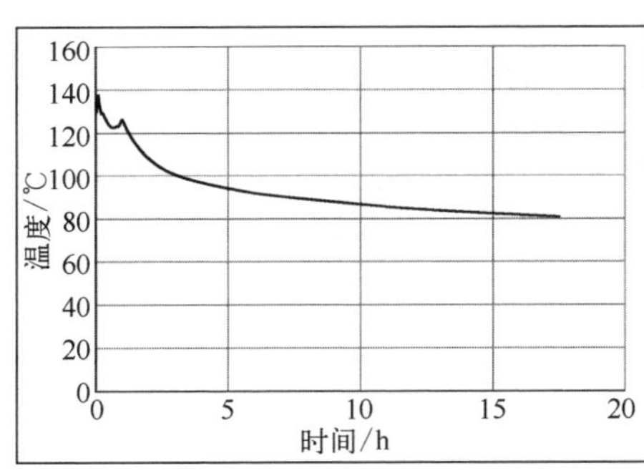

图 13－8　设计基准事故下安全壳内温度

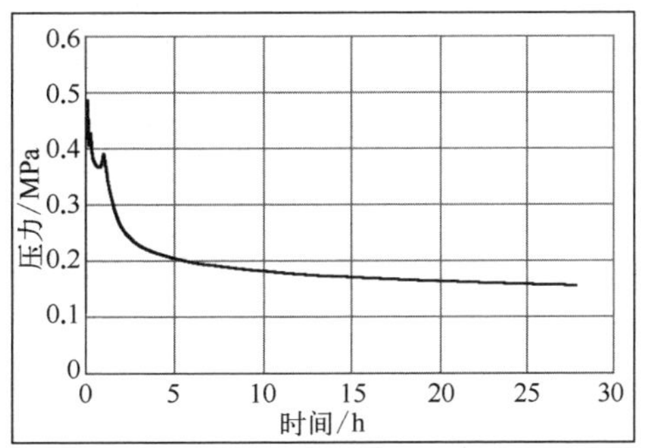

图 13－9　设计基准事故下安全壳内压力

13.1.4　设计验证

1）极限承载力

在完成内层安全壳结构设计后，为了对安全壳结构的极限承载能力进行评价、确定安全储备，进行了安全壳结构极限承载力计算，给出了定量的分析结果。

计算采用有限元软件 ABAQUS 建立完整的安全壳结构模型（见图 13－10）。模型模拟了所有的材料，即混凝土、钢衬里、预应力钢束、普通钢筋，并且考虑了材料的非线性。有限元模型模拟了扶壁柱、设备闸门加厚区、设备闸门洞口、人员闸门洞口、应急闸门洞口、主蒸汽管道洞口和主给水管道洞口，并模拟了这些洞口的贯穿件及设备闸门封头。

安全壳结构极限承载力分析考虑的荷载作用包括结构自重、预应力效应、内压荷载和温度作用，内压和温度荷载如图 13－11 所示。

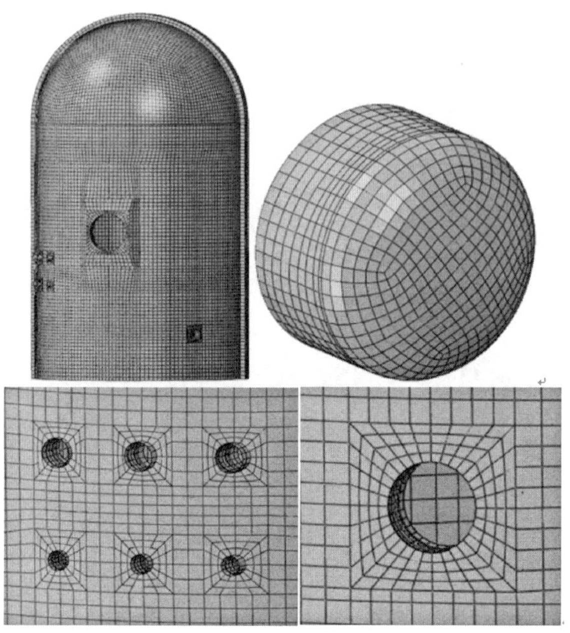

图 13 - 10　有限元模型

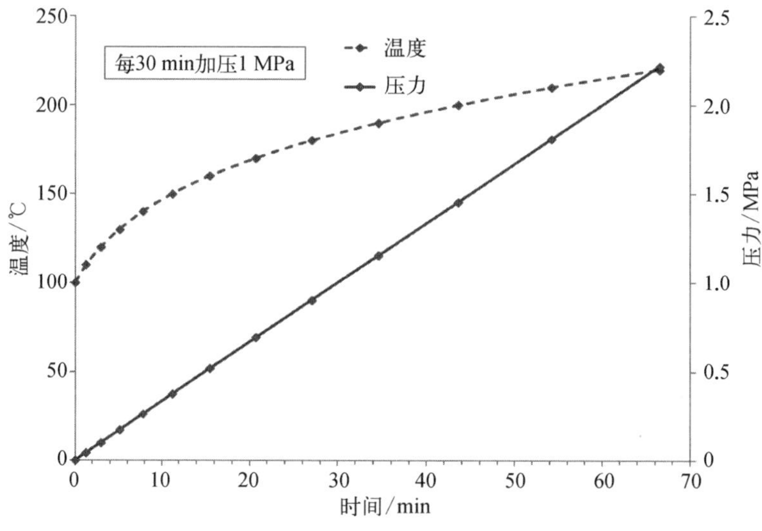

图 13 - 11　内压荷载和温度作用变化曲线

计算得到的筒体标准区域和设备闸门附近区域的应力变化曲线如图 13 - 12所示。

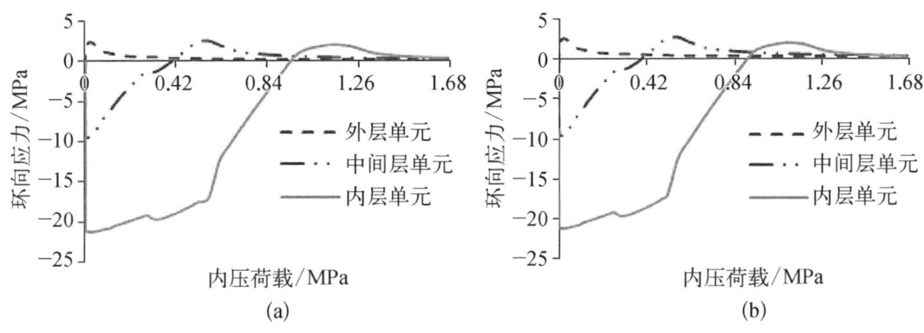

图 13－12　混凝土环向应力-内压荷载曲线

(a) 标准区域；(b) 设备闸门附近区域

"华龙一号优化改进型"安全壳结构极限承载力的判定准则为钢衬里等效塑性应变达到 0.15%。按照此判断准则，"华龙一号优化改进型"堆型安全壳的结构极限承载力为 1.12 MPa，即为相对设计压力的 2.7 倍。达到极限承载力时，设备闸门附近钢衬里等效塑性应变达到 0.15%，远离设备闸门的普通区域的钢衬里单元的等效塑性应变较小；预应力钢束未出现屈服；普通区域混凝土内壁已开裂；设备闸门附近外层钢筋出现小面积的屈服，但是其他区域的外层钢筋均未屈服，中间层和内层普通钢筋也没有屈服。

2) 压力试验

在"华龙一号优化改进型"设计中考虑了内层安全壳的压力试验，以证明其安全壳具有抵抗设计基准事故的能力。压力试验在安全壳施工结束后、装料之前进行。综合考虑温度对安全壳的作用效应，最大试验压力采用设计压力的 1.15 倍。压力试验包括内层安全壳强度试验和内层安全壳密封试验。内层安全壳强度试验用于检测安全壳在设计基准事故下的结构性能。为此，安全壳布置了永久性仪表系统，用于监测安全壳基础底板变形、整体变形、局部变形、局部区域应变、局部区域温度、表面裂缝情况、外观质量等内容。内层安全壳密封性试验用于验证安全壳结构及贯穿安全壳的系统和部件的泄漏率不超过规定限值(试验工况泄漏率限值为 0.16% W_t 每 24 小时，W_t 为内层安全壳内某时刻的干空气质量)。"华龙一号优化改进型"通过内层安全壳强度试验结果确认内层安全壳中非预应力钢筋未出现屈服，结构变形与混凝土应变随试验压力呈线弹性变化；混凝土结构和钢衬里无永久性损伤的可见痕迹；最大压力下安全壳直径方向和高度方向最大变形实测值未超过预计值的 130%与测量允许偏差之和；卸压结束后，安全壳直径方向和高度方向最大实测变形处的剩余变形不超过其在最大试验压力下测量值或预计值的 20%与测量允许偏差之和。以上条件即安全壳强度试验的验收准则要求。

除上述试验外，还应开展外层安全壳整体泄漏率试验，用于最终确定设计负压下的外壳泄漏率值不超过限值（25% W_i 每 24 小时，W_i 为环形空间内某时刻的干空气质量）。

13.2 厂房抗震设计

“华龙一号优化改进型”的厂房抗震设计主要包括两个方面，即楼层反应谱计算和构筑物抗震设计。

13.2.1 楼层反应谱计算

1）计算模型

“华龙一号优化改进型”的楼层反应谱计算中采用的是全三维有限元模型，能够在楼层反应谱计算中同时考虑土壤-结构相互作用（SSI）和厂房之间的相互作用（SSSI）。“华龙一号优化改进型”核岛厂房楼层反应谱计算模型如图 13 - 13 所示。

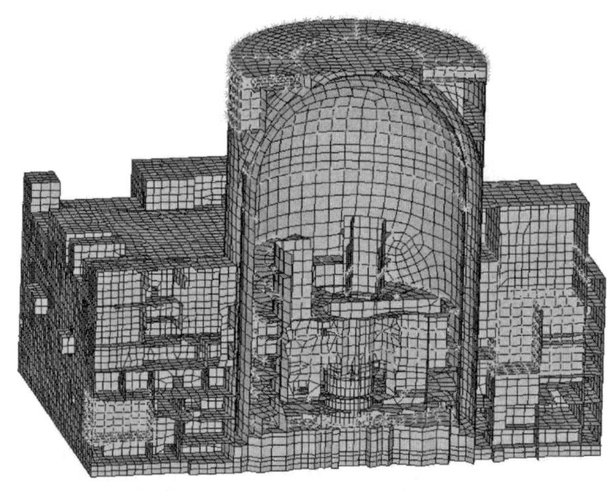

图 13 - 13 楼层反应谱计算模型

2）地震输入

楼层反应谱计算采用的地面峰值加速度的取值如下。

对于 SL－1 地震水平，地面峰值加速度：水平方向为 0.1g；竖直方向为 0.1g。

对于 SL－2 地震水平，地面峰值加速度：水平方向为 0.3g；竖直方向为 0.3g。

采用的地震输入目标谱是改进型美国 NRC R. G. 1.60 标准谱，改进型 NRC R. G. 1.60 标准反应谱控制点的谱放大系数相对值如表 13－1 所示，按 SL－2 地面峰值加速度标定的改进型美国 NRC R. G. 1.60 标准谱分别如图 13－14 和图 13－15 所示。

表 13－1　改进型 NRC R. G. 1.60 标准谱控制点的谱放大系数相对值

<table>
<tr><td rowspan="8">水平方向</td><td rowspan="2">临界阻尼/%</td><td colspan="4">加速度</td><td>位　移</td></tr>
<tr><td>A(33 Hz)</td><td>B′(25 Hz)</td><td>B(9 Hz)</td><td>C(2.5 Hz)</td><td>D(0.25 Hz)</td></tr>
<tr><td>2.0</td><td>1.0</td><td>1.70</td><td>3.54</td><td>4.25</td><td>2.50</td></tr>
<tr><td>3.0</td><td>1.0</td><td>1.66</td><td>3.13</td><td>3.76</td><td>2.34</td></tr>
<tr><td>4.0</td><td>1.0</td><td>1.63</td><td>2.84</td><td>3.41</td><td>2.19</td></tr>
<tr><td>5.0</td><td>1.0</td><td>1.60</td><td>2.61</td><td>3.13</td><td>2.05</td></tr>
<tr><td>7.0</td><td>1.0</td><td>1.55</td><td>2.27</td><td>2.72</td><td>1.88</td></tr>
<tr><td>10.0</td><td>1.0</td><td>1.49</td><td>1.9</td><td>2.28</td><td>1.70</td></tr>
<tr><td rowspan="8">竖直方向</td><td rowspan="2">临界阻尼/%</td><td colspan="4">加速度</td><td>位　移</td></tr>
<tr><td>A(33 Hz)</td><td>B′(25 Hz)</td><td>B(9 Hz)</td><td>C(3.5 Hz)</td><td>D(0.25 Hz)</td></tr>
<tr><td>2.0</td><td>1.0</td><td>1.70</td><td>3.54</td><td>4.05</td><td>1.67</td></tr>
<tr><td>3.0</td><td>1.0</td><td>1.66</td><td>3.13</td><td>3.58</td><td>1.56</td></tr>
<tr><td>4.0</td><td>1.0</td><td>1.63</td><td>2.84</td><td>3.25</td><td>1.46</td></tr>
<tr><td>5.0</td><td>1.0</td><td>1.60</td><td>2.61</td><td>2.98</td><td>1.37</td></tr>
<tr><td>7.0</td><td>1.0</td><td>1.55</td><td>2.27</td><td>2.59</td><td>1.25</td></tr>
<tr><td>10.0</td><td>1.0</td><td>1.49</td><td>1.9</td><td>2.17</td><td>1.13</td></tr>
</table>

注：最大地面位移与最大地面加速度成正比，1.0g 的地面加速度对应的最大地面位移为 36 in[英寸(in)，1 in=2.54 cm]。

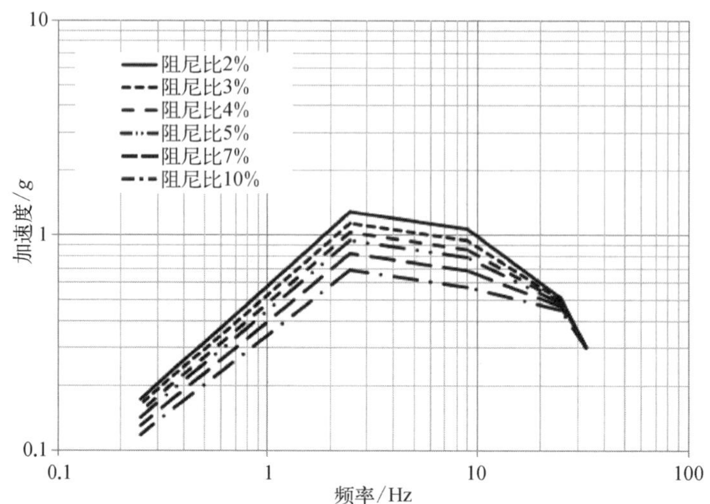

图 13-14 “华龙一号优化改进型”抗震设计目标谱(水平方向)

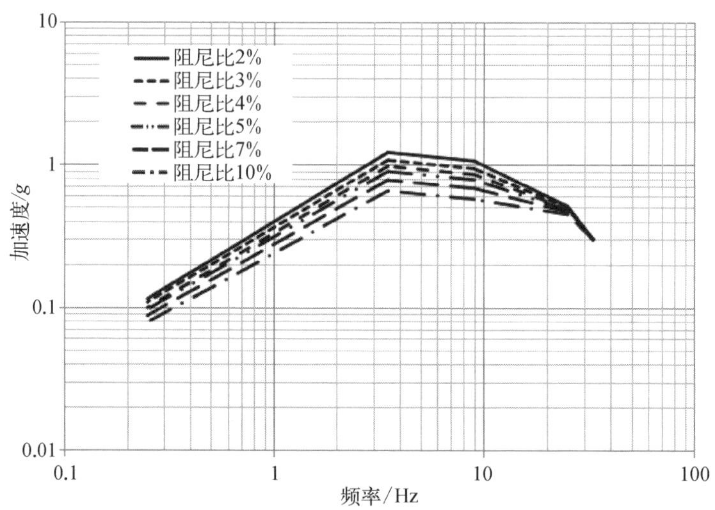

图 13-15 “华龙一号优化改进型”抗震设计目标谱(竖直方向)

“华龙一号优化改进型”楼层反应谱计算的设计时程采用了单组人工加速度时程(见图 13-16),包含 3 条相互正交方向的人工时程(水平分量一、水平分量二和竖直分量),种子时程为从强震观测数据库中挑选的天然地震动记录。人工时程的总持时为 25 s,时间步长为 0.01 s,地震动平稳段持时大于 6 s,同组 3 条人工时程之间的标准化相互关系系数均小于 0.16,满足统计独立的要求,人工时程计算得到的平均功率谱包络目标谱对应的功率谱的 80%。

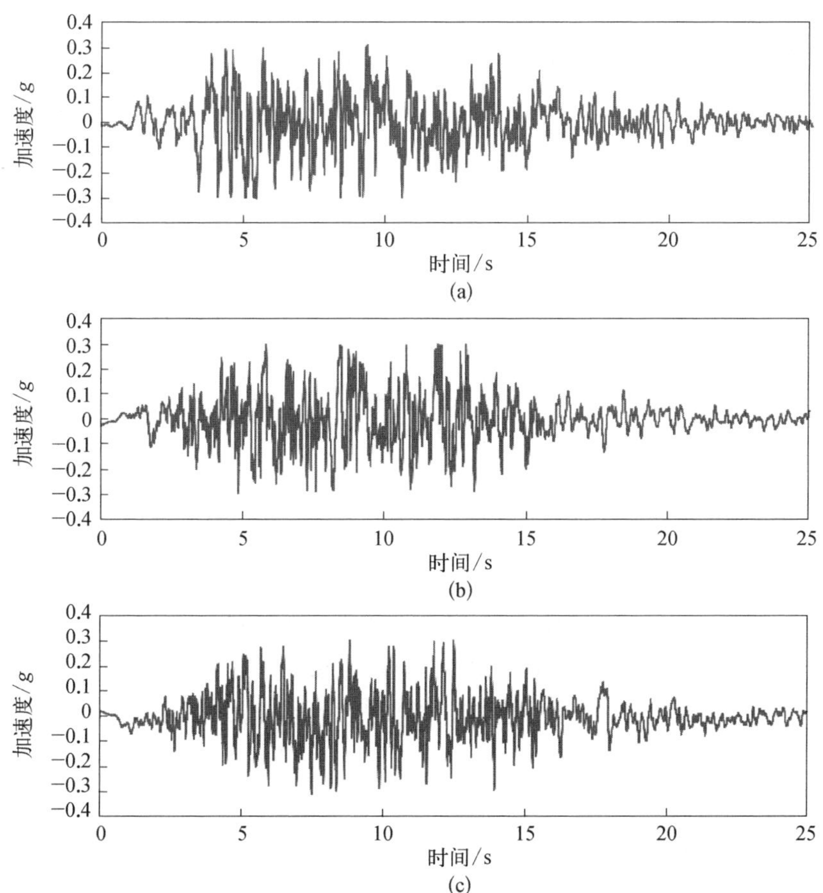

图 13-16　SL-2“华龙一号优化改进型”抗震设计采用的加速度时程

(a) 时程 1(水平分量一);(b) 时程 2(水平分量二);(c) 时程 3(水平分量三)

3) 地基参数

“华龙一号优化改进型”楼层反应谱计算采用标准化设计,适用于剪切波速大于 600 m/s 的各种场地情况。计算时采用的 8 种地基断面参数如表 13-2 所示。

表 13-2　“华龙一号优化改进型”楼层反应谱计算地基参数

剪切波速/(m/s)	压缩波速/(m/s)	密度/(g/cm^3)	动弹性模量/GPa	动剪切模量/GPa	动泊松比	阻尼比
600	1 400	2.15	2.15	0.77	0.39	0.05
700	1 600	2.20	2.98	1.08	0.38	0.04

(续表)

剪切波速/(m/s)	压缩波速/(m/s)	密度/(g/cm^3)	动弹性模量/GPa	动剪切模量/GPa	动泊松比	阻尼比
900	2 000	2.30	5.12	1.86	0.37	0.04
1 100	2 350	2.35	7.73	2.84	0.36	
1 500	3 100	2.45	14.85	5.51	0.35	0.03
2 000	3 800	2.60	27.22	10.40	0.31	
2 400	4 400	2.70	40.07	15.55	0.29	
3 000	5 516	2.70	62.69	24.30	0.29	

4) 计算方法

在楼层反应谱计算中考虑土-结构相互作用(SSI),采用的方法为空间子结构法,即将 SSI 系统中的结构和地基描述为独立的子结构,它们之间的联系通过子结构交界面上幅值相等但方向相反的相互作用力实现。

13.2.2 构筑物抗震设计

“华龙一号优化改进型”核岛厂房的抗震计算采用了振型分解反应谱法。地震输入与楼层反应谱计算的输入保持一致。抗震计算模型采用全三维有限元模型,模型同时考虑了地基支撑刚度的影响。

13.3 安全相关厂房抗商用飞机撞击设计

在早期的核电站设计中,核岛厂房只需要考虑 2 种型号的小飞机坠毁所引起的撞击效应,这 2 种型号的小飞机分别是 Lear Jet 23 和 Cessna 210[1]。这 2 种飞机质量较小,飞行速度较慢,并且只需对这 2 种飞机的撞击过程进行等效静力分析。在“9·11”事件以后,商用飞机对建筑物的恶意撞击成为可能,这些建筑物也包括核电站。为此,核电行业进行了大量的研究,来评估和提高核电站抗商用飞机恶意撞击的能力。

目前,美国 NRC 已通过联邦法规 10 CFR Part 50.150 明确要求新核电厂反应堆设计申请者需对商用飞机撞击核设施的影响进行评估。日本福岛核电站事故后，中国在对核电站的安全问题方面提出了更高的标准和要求，2016 年 10 月颁布的 HAF 102 明确了核电厂设计时应考虑商用飞机撞击的影响。第三代核电站设计的一个重要标志是安全性和经济性的进一步提升，核电厂抗商用飞机恶意撞击的影响无疑是提高安全性的一个要求。目前，国际上第三代核电站的核岛厂房设计过程均考虑了商用飞机的撞击影响。

我国自主研发的第三代核电“华龙一号”考虑了抗商用飞机的撞击，在安全相关厂房外侧设置了独立的防飞机撞击厚壳（APC 壳）。“华龙一号优化改进型”在保持撞击防护要求的前提下，通过精细化分析，优化了防飞机撞击的一些构造措施。

13.3.1　总体评估准则

根据《与核电厂设计有关的外部人为事件》（HAD 102/05）、《核动力厂设计安全规定》（HAF 102—2016）和相关安全技术政策的要求，并参考 NEI07－13 第 8 版 *Methodology for Performing Aircraft Impact Assessments for New Plant Designs*[2]，“华龙一号优化改进型”的设计将商用飞机的撞击作为超设计基准事件考虑，不要求应用单一故障准则。

美国对于飞机撞击的总体评估准则，NEI 07－13 第 8 版规定，在使用现实性分析的前提下，在设计中需要采取必要措施抵抗商用飞机撞击，在尽量有限的操纵员动作下保证以下功能：

（1）反应堆保持冷却，或安全壳保持完好；

（2）乏燃料保持冷却，或乏燃料水池保持完整性。

《核动力厂设计安全规定》（HAF102—2016）要求评价结果应表明，设计可以维持反应堆堆芯的冷却或安全壳的完整性，以及乏燃料的冷却或乏燃料水池的完整性。

商用飞机撞击的防护设计，可以通过采用防护壳或充分隔离冗余系统来实现。通过设计实现以下安全功能。

（1）安全壳完整性。即安全壳在撞击作用下未发生穿透，并且在给定的堆芯损伤事件下，确保有效的缓解措施投运之前，不会造成安全壳超压。

（2）乏燃料水池完整性。即商用飞机撞击乏燃料水池墙体或支撑结构不会导致乏燃料水池安全运行最低水位线以下的位置发生泄漏，并且撞击乏池以下位置时不会发生支撑结构倒塌。

（3）反应堆堆芯冷却和乏燃料冷却。即反应堆堆芯和乏燃料水池保持被冷却，即通过相关系统设备的评估表明，商用飞机撞击后依然能够保证足够的热量导出能力，符合概率风险评估的验收准则。

商用飞机撞击分析流程如图 13 - 17 所示。

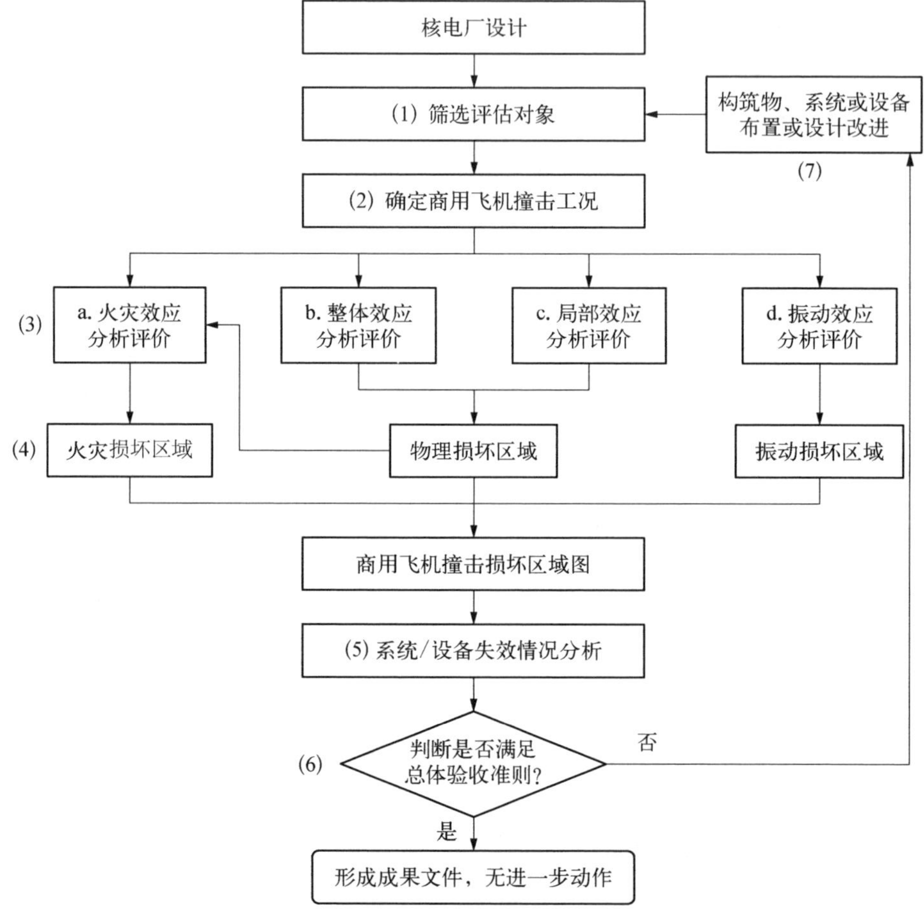

图 13 - 17　商用飞机撞击分析流程

13.3.2　抗商用飞机撞击分析与设计

“华龙一号”在设计过程中考虑了商用飞机撞击核电站的情况。“华龙一号”抵抗上述商用飞机的撞击是通过在外层安全壳、燃料厂房外层防护壳体和电气厂房设置专门的防飞机撞击厚壳（APC 壳）来实现的。“华龙一号优化改进型”仍保留反应堆厂房的外层安全壳，维持堆芯冷却和乏燃料冷却的安全相关厂房将“硬抗”的设计理念转变为“软防”的设计理念，优化了防飞机撞击的一些构造。

1）计算模型与分析准则

飞机撞击的分析可以使用一种简化的 Riera 方法进行，飞机三维有限元模型的建立，通过使用飞机的三维有限元模型撞击刚性墙，使撞击得到的撞击力曲线与给定的 Riera 曲线一致，以此来得到飞机的三维有限元模型。“华龙一号优化改进型”改进抗商用飞机撞击分析，采用建立飞机三维有限元模型进行直接动力分析的方法。通过商用飞机撞击刚性墙体的分析，并与“华龙一号”所采用的 Riera 时程曲线进行对比，对飞机的三维有限元模型进行标定。图 13 - 18 给出了商用飞机撞击刚性板的全过程。

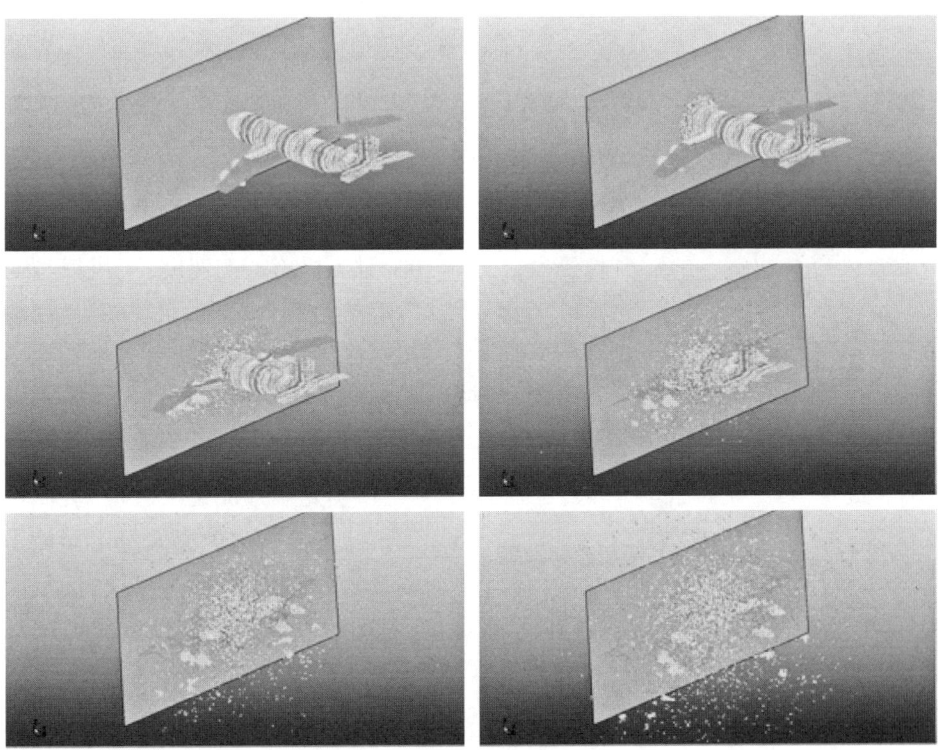

图 13 - 18　商用飞机撞击刚性板的全过程示意图

首先，需要建立撞击范围内核岛结构的三维有限元非线性分析模型。考虑飞机撞击的范围：反应堆厂房外层安全壳、包含冷却相关设备和乏池的厂房区域。

在模型中混凝土用实体单元模拟。钢筋用梁单元模拟，并与混凝土单元耦合在一起，来模拟钢筋混凝土的真实行为，飞机采用光谱粒子(SPH)模拟。图 13-19、图 13-20 分别给出了混凝土安全壳及墙体建模细节。

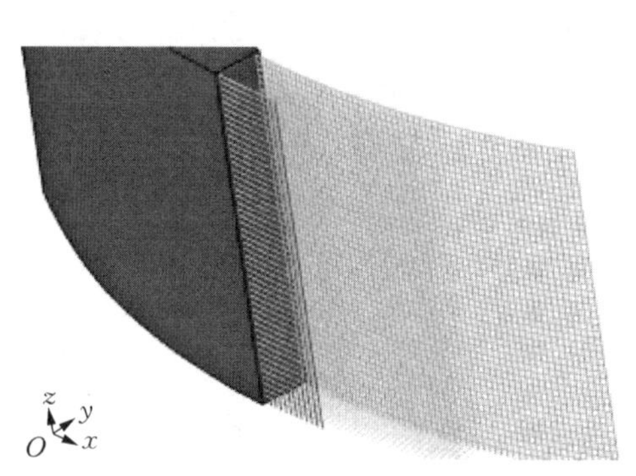

图 13-19 安全壳混凝土与钢筋局部模型

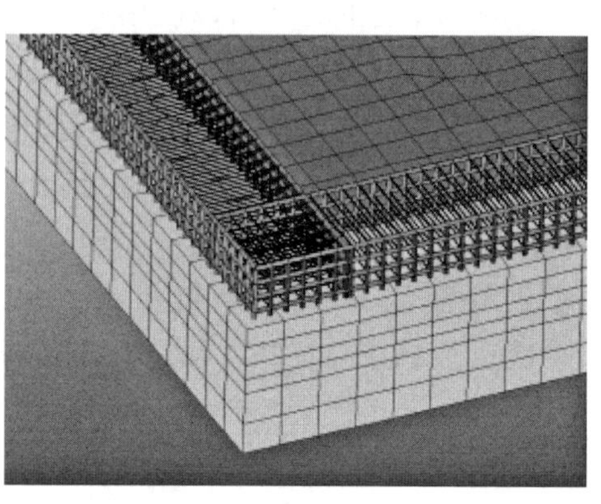

图 13-20 墙体的混凝土与钢筋局部模型

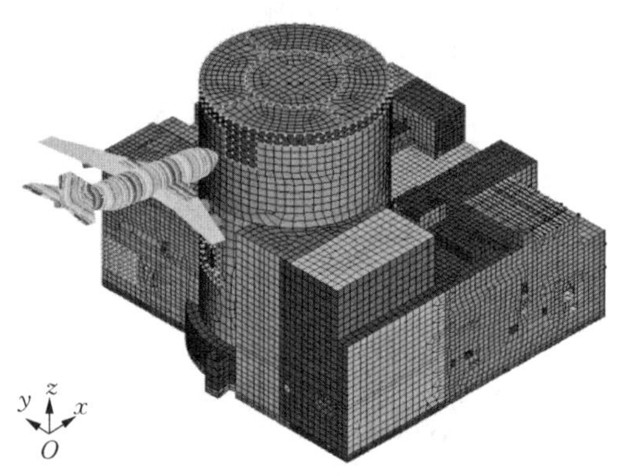

图 13-21 抗飞机撞击分析整体模型

商用飞机撞击荷载是通过建立飞机与厂房之间的接触关系来实现的，对飞机施加初速度，飞机模型与厂房接触后产生界面力，两者动态相互作用。抗飞机撞击分析整体模型如图 13-21 所示。

2) 撞击整体效应评估

“华龙一号优化改进型”抗商用飞机撞击分析包含了大量不同撞击位置的分析计算，通过多次、反复的计算与调整，确保“华龙一号优化改进型”在结构上具有抵御商用飞机撞击的能力。

建立了安全相关厂房的实体单元混凝土损伤模型，采用显式动力学软件进行了撞击分析，在撞击前对结构施加重力荷载、土压力和静水压力，结构在上述荷载作用达到平衡后开始撞击分析，分析完成后根据各工况下计算结果，提取撞击区域的变形值、外墙中钢筋的轴力。结果表明，核岛厂房位移、混凝土损伤、钢筋应变均在容许范围，核岛厂房结构可以抵抗商用飞机撞击。

3) 撞击局部效应评估

发动机在撞击过程中被压缩，吸收更多的能量，被视为最有可能造成局部损伤的部件。因此，将飞机发动机视为可能引起局部结构损伤的关键飞射物。

根据穿透计算经验公式和有限元分析方法，计算得出各种发动机发射物对应的临界墙厚，防撞击范围的厂房外墙与屋面的典型厚度均大于该计算值。

图 13－22 为有限元分析法进行局部效应分析的示意图。

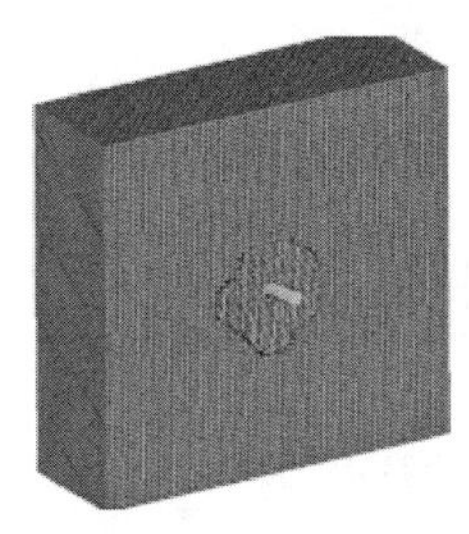

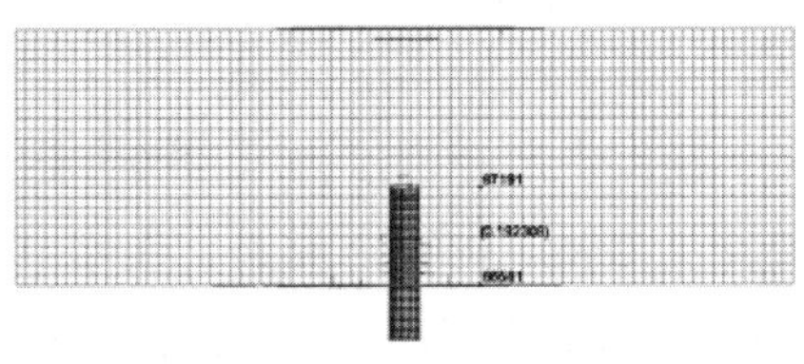

图 13－22　局部效应分析中的有限元分析法示意图

当撞击位置背面设有核安全相关结构、系统或设备时，应评估局部效应碎甲或穿透的飞射物对核安全相关的结构、系统和设备的影响。

4) 撞击振动效应评估

“华龙一号优化改进型”采用了厂房的紧凑布置，部分取消了“华龙一号”单独设置的 APC 壳。因此，振动效应的评估工作成为重点。振动分析的主要目的是分析在飞机撞击情况下，是否仍然能否保证反应堆的余热排出功能。对安全重要物项的振动效应评估，需根据振动损毁距离和设备的中值易损度限值来判断。振动效应传递距离越远，设备的中值易损度限值越高，即设备越不容易受振动效应的影响而损坏。

振动分析工作可按如下步骤开展。

第 1 步：筛选分析区域，选取关键撞击位置(安全厂房)。

第 2 步：筛选设备(重点分析安全级设备和备用设备，以及用于严重事故缓解的非安全级设备)。

第 3 步：失效设备安全分析(结合振动安全距离和设备功能判断撞击后果)。

第 4 步：识别风险，确定改进措施。

根据完整性分析准则，识别在不同撞击工况下可能发生的最恶劣情景，以及不可接受的物项失效情况，并确定具体改进措施。如经初步分析后，得出商用飞机撞击振动效应导致关键冷却与控制设备的失去，应对相关设备布置位置进行调整，确保紧急停堆和堆芯的长期冷却功能的可用性。

5）撞击火灾效应评估

商用飞机携带大量燃油，撞击核电厂时将引发爆炸或燃烧效应，需评估飞机携带的大量燃油对维持冷却功能所需设备的影响，这些燃油可以通过敞开的门洞进入厂房并造成火灾蔓延，火灾效应分析见 11.7.3 节。

13.4 辅助生产厂房建构筑物结构设计

辅助生产建构筑物（BOP）和附属建构筑物包含核安全相关建构筑物和非核安全相关建构筑物两类。通常，联合泵房、废液排放管沟、重要厂用水进水廊道、液态流出物排放厂房的滞留池等为核安全相关建构筑物，其余的为非核安全相关建构筑物。BOP 核安全相关建构筑物结构设计与核岛的核安全相关建构筑物一样，按照核安全相关的结构设计规范标准开展设计，需考虑运行安全地震作用、极限安全地震作用等。非核安全相关建构筑物则依据目前国内现行建筑结构设计规范进行结构设计。结构设计时考虑的荷载主要包括永久荷载、楼面和屋面活荷载、风荷载、雪荷载、地震作用等，有吊车时需同时考虑吊车荷载，以及工艺设备荷载和规范要求的其他荷载。部分非核安全相关建构筑物还需按极限安全地震作用进行弹塑性变形验算，确保不影响核安全物项。

BOP 地上建构筑物一般采用现浇钢筋混凝土框架结构、剪力墙结构、框架剪力墙结构、排架结构、钢结构及混凝土墙板结构等，楼面采用现浇钢筋混凝土梁板结构、钢屋架、钢桁架、钢网架及压型钢板免拆模现浇混凝土板结构等，隔墙采用砌体、压型钢板等。对于地下建构筑物如联合泵房、消防水池、管廊等采用现浇钢筋混凝土结构，个别管廊、沟道视情况采用预制模块化结构。基础根据上部结构的特点，结合具体地质情况，一般采用独立基础、条形基础、筏板基础、桩基础等，基础埋置深度根据地质情况而定。当地基承载力和变形性能不满足上部结构要求时，根据具体情况和地质勘测报告的建议采用适当的地基处理方案。

13.5 常规岛厂房构筑物结构设计

常规岛各厂房构筑物为非核抗震类物项，按国家现行的《建筑工程抗震设防分类标准》《建筑抗震设计规范》等的要求进行抗震设计；其中，汽轮发电机厂房按 SL－2 级水平向地震作用进行弹塑性变形验算，确保不影响核安全物项。汽轮发电机厂房、500 kV 开关站、220 kV 开关站和网控楼的抗震设防类别为乙类，其他，建(构)筑物的抗震设防类别为丙类。

汽轮发电机厂房采用钢筋混凝土框排架结构。横向结构体系：由汽轮机房、除氧间组成的框排架结构。纵向结构体系：汽轮机房 A 排外侧柱为框架，除氧间纵向 B、C 排为框架结构。汽轮机房、除氧间部分楼层采用钢次梁＋镀锌压型钢板底模＋现浇钢筋混凝土楼板或钢次梁＋现浇钢筋混凝土楼板，部分楼层为花纹钢板或钢格栅。汽轮机房屋面采用以压型钢板为底模的现浇混凝土板，承重结构采用钢屋架＋钢次梁。公用 10 kV 配电间、500 kV 开关站、220 kV 开关站、网控楼等为钢筋混凝土框架结构。主变压器平台、降压变压器平台、主变备用相平台、辅助变压器等采用钢筋混凝土结构。

参考文献

[1] 庄纪良. 90 万千瓦核电站土建设计和建造规则[M]. 北京：核工业部科技情报研究所，1983.

[2] The Nuclear Energy Institute. Methodology for performing aircraft impact assessments for new plant designs [R]. Walnut Creek: ERIN Engineering & Research, Inc. ,2011.

第 14 章
安全分析

在“华龙一号优化改进型”设计中，根据《核动力厂设计安全规定》(HAF 102—2016)的要求“必须在核动力厂的整个设计过程中进行全面的确定论安全评价和概率论安全评价”，遵循核安全导则《核动力厂确定论安全分析》(HAD 102/19—2021)、《核动力厂一级概率安全分析》(HAD 102/20—2021)及《核动力厂二级概率安全分析》(HAD 102/23—2022)，开展了全面的确定论安全分析和概率论安全分析，分析论证“华龙一号优化改进型”设计满足法规要求。同时，“华龙一号优化改进型”开展了严重事故管理和核应急的分析与开发工作，贯彻核电厂纵深防御设计，保障“华龙一号优化改进型”纵深防御层次的完整性与有效性。

14.1 确定论安全分析

在“华龙一号优化改进型”中，按照 HAF 102、HAD 102/19 等相关法规的要求，针对其设计特点，对设计基准事故和设计扩展工况进行了全面的确定论安全分析。对不同类的事故采用不同的分析方法，包括不同的验收准则和不同保守程度的分析假设。

14.1.1 设计基准事故

在确定论安全分析中，首先确定一组设计基准事故。对某一特定事故，选择特定的安全系统的最不利后果的单一故障，确认分析所用的模型和电厂参量都是保守的，通过研究系统物理过程和电厂的行为，来确认电厂关键参量是否超过许可值，并最终确定安全系统的设计是充分的。

14.1.1.1 假设始发事件与验收准则

在“华龙一号优化改进型”电站的设计中，系统地考虑了一整套的初因事件。以工程判断、确定论与概率论评价相结合作为基础，对于可以预见的会带来严重后果的事件或者发生频率很高的事件，在电站的设计中都有所考虑。

不同的初因事件归属于不同的运行工况。参考 NB/T 20035—2011(2014RK)的核电厂运行工况分类，即按照预计事件发生频率和潜在的放射性后果对公众的影响，将运行工况分成下述 4 类。

1) Ⅰ类工况-正常运行

Ⅰ类工况包括的事件是指在核电厂正常运行、换料和维修过程中，估计会经常发生或定期发生的事件。因为Ⅰ类工况的各种事件经常或定期发生，所以必须考虑它们对其他故障或事故工况(即Ⅱ类、Ⅲ类和Ⅳ类工况)后果的影响。因此，故障或事故工况的分析通常基于一组保守的初始工况进行，这些保守的初始工况对应于Ⅰ类工况运行期间可能发生的不利工况。Ⅰ类工况可能引起某些物理参数变化，但不会达到触发保护系统动作的整定值。

2) Ⅱ类工况-中等频率事件

对核电站而言，Ⅱ类工况的任一事件每年都可能发生。Ⅱ类工况包括下列事件：① 给水系统故障引起的给水温度下降；② 给水系统故障引起的给水流量增加；③ 二回路蒸汽流量过度增加；④ 主蒸汽系统事故卸压；⑤ 二次侧非能动余热排出系统意外投入；⑥ 大气释放阀快速冷却功能误投入；⑦ 外负荷丧失；⑧ 汽轮机事故停机；⑨ 冷凝器真空丧失和其他事故引起的汽轮机停机；⑩ 电厂辅助设施非应急交流电源丧失；⑪ 正常给水丧失；⑫ 反应堆冷却剂强迫流量部分丧失；⑬ 次临界或低功率启动状态下控制棒组失控抽出；⑭ 功率运行时一组控制棒组件(RCCA)失控抽出；⑮ 控制棒组件错列、单个控制棒组件或控制棒组下落；⑯ 一条停运的反应堆冷却剂环路启动；⑰ 化容控制系统故障引起反应堆冷却剂的硼浓度下降；⑱ 功率运行期间安全注射系统误动作；⑲ 化学与容积控制系统故障导致反应堆冷却剂装量的增加；⑳ 功率运行期间应急硼注入系统误动作。

在Ⅱ类工况事件下，当达到规定的整定值时，保护系统可以触发反应堆紧急停堆。但在采取了必要的纠正措施并满足下列要求后，电站可以恢复运行：① 一个孤立的Ⅱ类工况事件不得引起一个后果更为严重的Ⅲ类、Ⅳ类工况事故，不得引起任何一道屏障的破坏；② 必须确保燃料包壳完整性；③ 一次侧和二次侧压力不得超过限值；④ 放射性产物释放应符合 GB 6249—2011 的限值要求(正常运行释放)。

3）Ⅲ类工况-稀有事故

Ⅲ类工况事故包括在核电厂整个寿期可能发生的事故。Ⅲ类工况典型事件如下：① 蒸汽管道小破裂；② 主蒸汽隔离阀意外关闭；③ 反应堆冷却剂强迫流量完全丧失(频率快速衰减瞬态)；④ 单个控制棒组件在满功率运行状态下抽出；⑤ 燃料组件错装位；⑥ 1 台稳压器安全阀误开启；⑦ 蒸汽发生器传热管破裂(事故并发碘尖峰)；⑧ 安全壳外含有一回路冷却剂的小管道破裂；⑨ 小破口失水事故；⑩ 废气处理系统破损；⑪ 放射性废液系统泄漏或破损；⑫ 由液罐破损引起的假想放射性物质释放。

Ⅲ类工况事故可能导致少数燃料元件的有限损坏，但堆芯的几何形状不得破坏，以确保堆芯冷却。此外，应满足以下设计要求。① 一个Ⅲ类工况事故不应引发一个Ⅳ类工况事故，并且不得损坏反应堆冷却剂系统和安全壳屏障。② 放射性物质释放：厂址边界上事故 2 小时后记录到的剂量当量不超过 GB 6249—2011 中 7.2 节规定的限值；放射性物质释放不应导致公众终止使用或限制使用厂区边界以外地域。

4）Ⅳ类工况-极限事故

Ⅳ类工况被认为是极不可能出现的。由于存在着放射性物质大量释放的潜在后果，必须研究这一类事故对反应堆安全的影响。这些事故代表了限制性的设计工况。Ⅳ类工况典型事件如下：① 大的蒸汽管道破裂；② 主给水系统管道破裂；③ 反应堆冷却剂泵转子卡死；④ 反应堆冷却剂泵轴断裂；⑤ 控制棒组件弹出事故；⑥ 蒸汽发生器传热管破裂(事故前碘尖峰)；⑦ 中破口和大破口失水事故；⑧ 设计基准燃料操作事故；⑨ 乏燃料罐坠落事故。

核电厂设计应能防止给公众健康和安全带来过度风险的裂变产物释放。堆芯几何形状不受影响，并可以保证堆芯冷却。任何一个Ⅳ类工况事故不得导致缓解事故后果所必需的系统丧失相应的功能，包括安全注射系统的功能。反应堆冷却剂系统和安全壳不得受到其他损坏。放射性物质的释放：根据停留 2 小时和其他一些真实假设，在厂址边界上测得的剂量当量不应超过 GB 6249—2011 中 7.2 节规定的限值。虽然发生失水事故(LOCA)的可能性相当小，然而，由于其后果极为严重，失水事故分析遵照特定的设计准则和规定进行。同时，需要满足 NB/T 20103—2012 中 4.6.4.4 节提出的下述几个方面的准则：① 燃料包壳峰值温度；② 燃料包壳最大氧化量；③ 最大氢气产量；④ 堆芯几何结构；⑤ 长期冷却；⑥ 放射性后果。

14.1.1.2 主要分析原则与假设

1) 保守假设与包络分析

在"华龙一号优化改进型"的设计中,采用以下一些方法确保计算结果是保守的:① 计算程序是保守的;② 选取的始发事件与边界条件是保守的;③ 保守选取反应堆初始条件;④ 保守考虑反应堆紧急停堆的整定值和动作时间,并考虑保守的负反应性引入速率和不利的功率分布;⑤ 不考虑非安全级设备的缓解功能,除非这些设备起作用对结果是保守的;⑥ 被调用的安全系统失去部分设计能力,即考虑最严重的单一故障假设;⑦ 中子学参数总是保守取值;⑧ 反应性价值最大的一组棒卡在全抽出位置;⑨ 保守考虑燃料棒和冷却剂之间的传热;⑩ 保守考虑一回路和二回路之间的传热;⑪ 操纵员响应时间采用保守值。

2) 参数的不确定性

对于事故分析,初始工况的一些参数是在名义值的基础上考虑最大的正的或负的不确定性。主要参数的最大稳态不确定性如下:堆芯功率考虑±2%满功率的测量误差;反应堆冷却剂平均温度考虑±2.2 ℃的误差,包括控制死区和测量不确定性误差;稳压器压力考虑±0.21 MPa 的误差,包括稳态波动和测量不确定性误差。

3) 专设安全设施

在事故分析中涉及的专设安全系统主要包括以下几种。

(1) 辅助给水系统。辅助给水系统的主要功能是在下列情况下向蒸汽发生器供应足够的给水,以排出堆芯衰变热:① 正常给水流量丧失,Ⅱ类工况事件;② 失水事故,蒸汽管道或给水管道破裂,Ⅳ类工况事故。分析必须表明,对辅助给水泵性能采取保守假设,这些事故仍然满足安全准则。

(2) 安全注入系统。安全注入系统设备(安注箱、中压安注泵和低压安注泵)的设计必须确保:假定在瞬态期间发生最不利的单一故障,即使同时发生厂外电源丧失,作为设计基准的失水事故仍然满足规定的安全准则要求。注入水的硼浓度必须提供附加的负反应性,保证反应堆在二回路过度冷却后或大的蒸汽管道破裂后仍处于可控状态。

(3) 安全壳喷淋系统。安全壳喷淋系统的主要功能是在管道破裂事故之后导出安全壳内热量,降低安全壳内压力、温度,确保第三道屏障的完整性。安全壳喷淋系统的设计工况包括主蒸汽管道破裂和失水事故。在针对堆芯性能的分析中,假设安全壳喷淋系统起作用时,其性能的假设应使得堆芯后果最严重。

(4) 稳压器安全阀和蒸汽发生器安全阀。稳压器安全阀容量要求通过蒸汽或水的排放并结合其他反应堆保护措施，确保Ⅱ类工况、Ⅲ类工况和Ⅳ类工况下反应堆冷却剂系统压力不超过设计压力的 110%。蒸汽发生器安全阀容量要求通过蒸汽排放并结合其他反应堆保护措施，确保Ⅱ类工况、Ⅲ类工况和Ⅳ类工况下主蒸汽系统压力不超过设计压力的 110%。

4) 需考虑的电厂系统与设备

分析中考虑的缓解事故的系统与设备如下：① 辅助给水系统；② 安全注入系统；③ 安全壳喷淋系统；④ 应急电源系统；⑤ 稳压器安全阀；⑥ 蒸汽发生器安全阀；⑦ 给水隔离阀；⑧ 蒸汽管线隔离阀等。

在事故分析中，有些瞬态的进展会触发控制系统自动动作，但只有该动作导致更严重的后果时才予以考虑。如果控制系统运行能缓解事故后果，则在分析中不考虑该控制系统的运行。对于某些事故，对控制系统运行与否都要进行分析，以确定最严重的情况。

5) 功率分布与堆芯余热

反应堆系统的瞬态响应取决于初始功率分布。功率分布由总的焓升因子 $F_{\Delta H}$ 和总的峰值因子 F_Q 表征。对于 DNB 限制性瞬态，总的焓升因子有重要影响。功率水平降低时，总的焓升因子 $F_{\Delta H}$ 由于控制棒插入而增大。假定所有受到 DNB 限制的瞬态，初始子 $F_{\Delta H}$ 均为技术规格书中规定的与初始功率水平一致的值。对于受超功率限制的瞬态，总的峰值因子 F_Q 有重要影响。假设这些瞬态的初始状态(包括功率分布)均与技术规格书规定的反应堆运行一致。

堆芯余热根据下列 3 个部分贡献计算。

A 项：缓发中子引起的剩余裂变。B 项：^{238}U 中子俘获产物的衰变(主要是 ^{239}U 和 ^{239}Np 的 β 和 γ 放射性)。C 项：裂变产物(β 和 γ 放射性)和超铀元素(β、α 和中子放射性)的衰变能。

在失水事故期间，由于空泡的形成、控制棒下插或两者同时作用使反应堆迅速停堆，而释热的大部分是由于裂变产物 γ 衰变产生的，其分布与稳态裂变功率的分布不同。局部峰值效应对于中子相关的释热重要，但不适用于 γ 射线的贡献。对于热棒，稳态因子(即燃料芯块和包壳中的释热份额)在失水事故情况下由 97.4%降低到 95%。

6) 操纵员的动作

在事故分析中，假定在第一个重要信号出现以后 30 min，操纵员的操作才有效。事故发生后的 30 min 内，在没有操纵员干预的情况下，电厂仍是安全的。

判明事故之后，操纵员必须按照相应规程的要求进行操作。

14.1.1.3 典型事故分析

在“华龙一号优化改进型”中，对前述设计基准事故进行了分析评价。分析表明，事故中电厂关键参量没有超过许可值，安全系统的设计是充分的。

下面对典型的设计基准事故——蒸汽系统管道破裂、大破口失水事故的分析进行介绍。

1）蒸汽系统管道破裂

（1）事故描述。蒸汽系统管道损坏最保守的假设是导致最快降温冷却的双端剪切断裂。

蒸汽系统管道破裂引起的蒸汽排放，最初将使蒸汽流量增加，而后在事故期间由于蒸汽压力下降，蒸汽流量减小。从一回路导出能量导致冷却剂的温度和压力下降。在存在负的慢化剂温度系数的情况下，降温导致正反应性引入。

如果假定在紧急停堆之后具有最大负反应性的 RCCA 卡在完全抽出的位置，则增加了堆芯临界并返回功率运行的可能性。通过安全注射系统注射硼酸使堆芯最终停堆。

（2）频率与限制准则。大的蒸汽系统管道破裂属于Ⅳ类工况，蒸汽系统管道小破裂属于Ⅲ类工况。

限制准则：燃料包壳 DNBR 必须始终高于限值 1.19（FC 关系式、Ⅱ类工况准则、确定论法）。

（3）主要假设。① 主蒸汽系统管道破裂在时间 $t=0$ 时发生；② 蒸汽系统管道双端剪切破裂，当量破口面积对应于蒸汽发生器流量限制器总的流通截面积，因为所有蒸汽发生器都装有喉部面积为 0.13 m^2 的一体化限流器，所以任何破口面积大于 0.13 m^2 的管道破裂对核蒸汽供应系统（NSSS）的影响都与所分析的工况相同；③ 在蒸汽发生器一次侧和二次侧之间采用最大的传热系数；④ 不考虑由 2 台未受影响的蒸汽发生器传给反应堆冷却剂的热量使反应堆冷却剂降温最快；⑤ 假定厂外电源可用；⑥ 假定在蒸汽发生器中汽水完全分离；⑦ 假定了最小的安全注入容量；⑧ 对于蒸汽发生器的给水，假定从该事故发生开始到主给水隔离，额定的主给水流量和辅助给水流量到所有 3 台蒸汽发生器，这段时间包括发出主给水隔离信号的保守时间和阀门完全关闭的时间；⑨ 主给水隔离后，保守地假定辅助给水只供给受影响的 1 台蒸汽发生器；⑩ 辅助给水流量是全部辅助给水泵都运行时的流量；⑪ 没有考虑堆芯余热，只是考虑了在燃料元件中和蒸汽发生器传热管中储存的热量；⑫ 控制和保护系统采用的整定值考虑了最大仪表测量误差。

(4) 结果与结论。主蒸汽系统管道破裂事故的事件序列如表 14－1 所示。

表 14－1　主蒸汽系统管道破裂事故的事件序列

事　　件	时间/s
主蒸汽系统管道破裂	0.0
假定产生安全注射、蒸汽管道隔离及主给水隔离等信号	5.0
主给水隔离与蒸汽管道隔离	10.0
稳压器排空	9.8
1 台安注泵启动	15.0
重返临界	33.8
硼酸溶液到达堆芯	59.6
达到热流密度峰值(名义值的份额)	134.4 (15.802%)

图 14－1 和图 14－2 给出了参数核功率与堆芯热流密度、反应堆冷却剂温度的变化曲线。事故过程中的最小 DNBR 大于准则限值，因此不会发生燃料损坏。

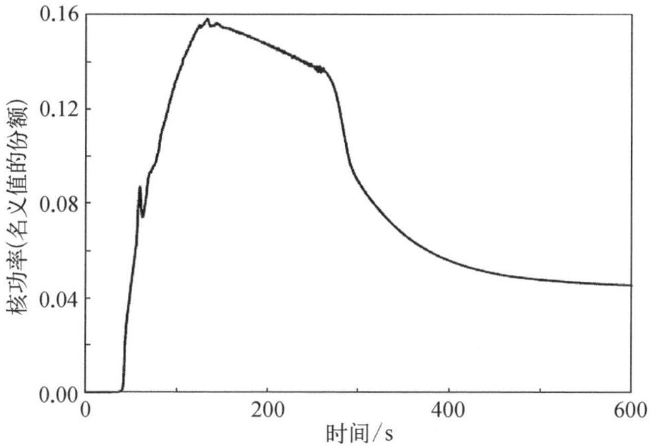

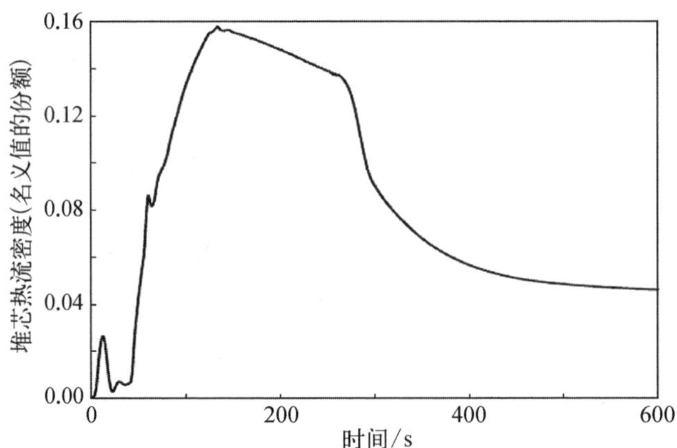

图 14-1　主蒸汽系统管道破裂下核功率与堆芯热流密度

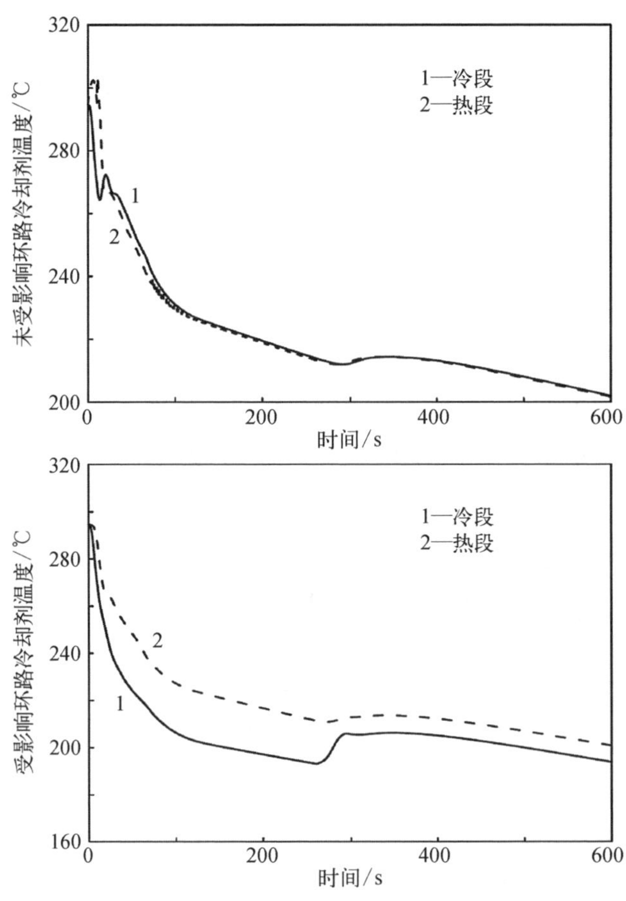

图 14-2　主蒸汽系统管道破裂下反应堆冷却剂温度

2）大破口失水事故

（1）事故描述。一回路系统中等效直径超过 34.5 cm 的破裂事故定义为大破口失水事故。大破口失水事故通常可分为 4 个阶段：① 喷放阶段，破裂开始到安注箱注射开始的阶段；② 喷放结束/再灌水阶段，安注箱开始注射并持续直到堆芯底部开始淹没的过程；③ 早期再淹没阶段，直到安注箱注射结束；④ 晚后期再淹没阶段，直到堆芯完全骤冷和长期冷却建立。

（2）频率与限制准则。该事件为Ⅳ类工况，是一种极限事故，预计在电站寿期内不会发生。

在 NB/T 20103—2012 的 4.6.4.4 节中叙述的失水事故验收准则如下：① 包壳峰值温度不能超过限值（1 204 ℃），以防止包壳脆化；② 燃料元件包壳局部氧化量不超过氧化前燃料元件包壳总厚度的 17%；③ 如果除了腔室周围衬里以外，所有包围燃料的包壳中的金属都与水或汽发生化学反应，由此得到一个假想的产氢量，算出的包壳与水或汽发生化学反应后的产氢量不能超过该假想产氢量的 1%；④ 计算所得的堆芯几何形状变化仍能保持其可冷却性；⑤ 在安注系统开始成功运行后，计算的堆芯温度保持在可接受的低值下，并在将长寿命放射性物质停留在堆芯期间都能排出衰变热；⑥ 计算最严重的放射性后果不超过 GB 6249—2011 中 7.2 节的极限事故限制值。

（3）主要假设。① 采用确定现实方法来分析大破口事故；② 假设破口位于泵和反应堆压力容器进口之间的冷段；③ 稳压器压力低 4 信号触发安注信号，此后主给水系统隔离，辅助给水系统投入运行，安注系统在保守的时间延迟后注入反应堆冷却剂系统，并假设失去破裂环路的安注流量；④ 安全壳高高压力触发安全壳喷淋启动，安全壳喷淋流量为其最大值；⑤ 不考虑保护信号触发反应堆冷却剂泵停运，保守假设在 0 s 时所有主泵失电；⑥ 根据单一故障准则假设 1 台低压安注（LHSI）泵丧失；⑦ 根据最小安全注入系统（RSI）泵性能、RSI 管线的最大阻力和 1 条 RSI 管线直接泄漏入安全壳计算得到的注入一回路系统的安注流量随注入点压力的变化曲线。

（4）结果与结论。大破口失水事故的事件序列如表 14－2 所示。

包壳峰值温度随时间的变化如图 14－3 所示。最极限包壳温度为 1 145.3 ℃，该值满足安全准则的要求（1 204 ℃）；最极限包壳氧化率为 8.01%，该值满足安全准则的要求（17%），确保了堆芯几何形状的完整性；热组件的产氢量等于热组件活性段对应包壳氧化后总产氢量的 0.35%，因此整个堆芯也能满足最大产氢量不超过 1%的准则。

表 14-2　大破口失水事故的事件序列

事　　件	时间/s
安注信号	6.0
主给水泵停运	11.0
安注箱开始投入	16.6
安全注入系统开始投入	36.0
堆芯再淹没开始	50.0
辅助给水泵启动	66.0

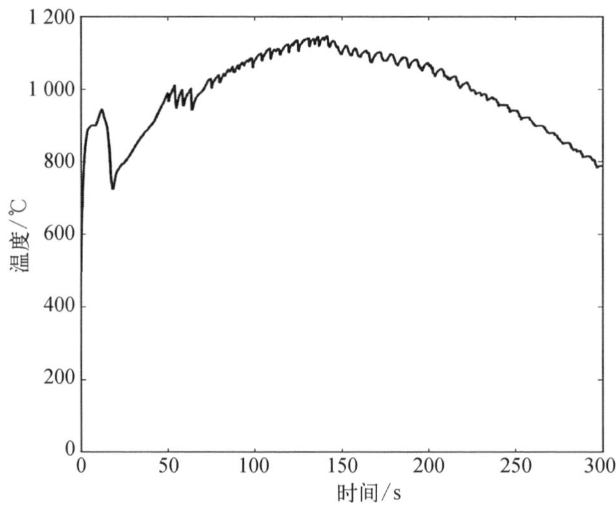

图 14-3　包壳峰值温度，大破口失水事故

14.1.2　没有造成堆芯明显损伤的设计扩展工况

14.1.2.1　DEC-A 清单确定

在"华龙一号优化改进型"的设计扩展工况评价中，使用概率安全分析(PSA)、确定论、工程判断等方法和模型来识别和确定极不可能事件和多重失效事件。没有造成堆芯明显损伤的设计扩展工况(DEC-A)分析流程可以概括为如图 14-4 所示的方式。

在应用 PSA 模型开展 DEC-A 工况识别过程中，由于可能作为 DEC-A

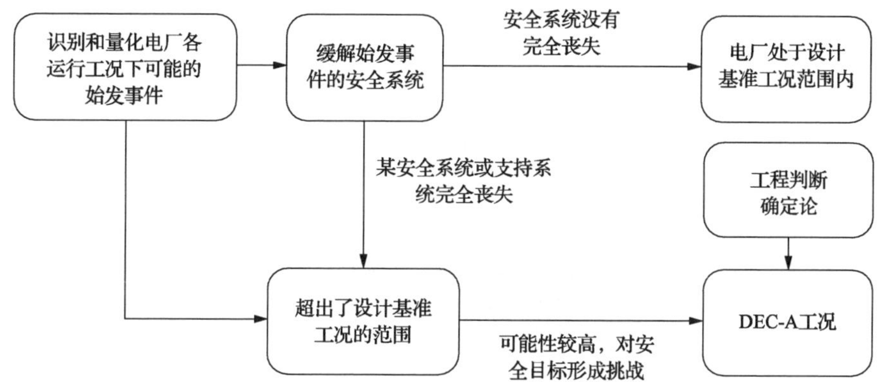

图 14 - 4　没有造成堆芯明显损伤的设计扩展工况的分析流程

的序列的数量众多，有些序列的可能性是较小的，因此在 DEC - A 分析及论证时，有必要对序列进行频率截断，只考虑对安全可能产生重要影响的序列，作为初始的 DEC - A 进行分析。

除了通过上述方法识别出的 DEC - A 工况清单外，"华龙一号优化改进型"对于已广泛纳入工程实践或已有确定论安全要求的工况也进行了考虑：① 未能紧急停堆的预期瞬态（ATWT）；② 完全丧失给水；③ 全厂断电；④ 完全丧失热阱；⑤ 多根 SGTR；⑥ 主蒸汽管道断裂（MSLB）诱发 SGTR；⑦ 硼稀释；⑧ 半管工况水位下降；⑨ LOCA 叠加一套安注丧失；⑩ LOCA 后长期冷却阶段叠加安注/安喷失效。

对上述过程识别出的 DEC - A 工况，按照事故序列类型及应对该类事故所需的缓解措施将这些事故序列进行归组，得到"华龙一号优化改进型"的 DEC - A 工况清单如表 14 - 3 所示。

表 14 - 3　"华龙一号优化改进型"DEC - A 工况清单

序号	DEC - A 工况	DEC - A 安全设施及其说明
1	未能紧急停堆的预期瞬态（ATWT）	ATWT 缓解系统触发汽轮机跳闸并启动辅助给水，辅助给水运行排出堆芯余热；ATWT 缓解信号后延迟 15 s 与中子注量率高于 ATWT 信号出现时的 10%信号触发主泵停运和应急硼注入系统启动，限制堆芯核功率
2	完全丧失给水	PRS 系统根据自动信号投入，带走堆芯余热；操纵员手动硼化控制反应性

（续表）

序号	DEC-A 工况	DEC-A 安全设施及其说明
3	全厂断电	PRS 系统根据自动信号投入，带走堆芯余热；SBO 电源提供必要的电力支持
4	完全丧失热阱（功率及停堆）	事故后操纵员依据相应规程采取干预动作；根据机组初始工况下余热排出系统（RHR）是否接入，可以采用① 蒸汽发生器带热（依靠辅助给水系统 TFA 与大气释放阀 TSA）；② 依靠非能动余热排出系统 PRS 带热（当辅助给水不可用时）；③ 一次侧充排冷却操作（当蒸汽发生器不可用时）
5	LOCA 叠加所有安喷系统失效	采用非能动安全壳热量导出系统（PCS）带走堆芯余热
6	主蒸汽管道破裂（MSLB）诱发蒸汽发生器传热管失效（SGTR）	安注系统投运补充堆芯水装量，操纵员隔离破损 SG、通过二次侧冷却进行降温降压、停运安注，终止破口流量
7	RCV 容控箱未隔离的均匀硼稀释	源量程中子注量率高发出报警后，操纵员识别并隔离稀释源
8	半管工况失控水位下降叠加补水信号失效	当热段水位降至低 1 信号后，自动补水启动；由于自动补水信号失效，操纵员应进行手动补水（即在事故后半小时开启安注泵），可保证堆芯不裸露
9	乏池完全丧失热阱	乏燃料组件衰变热依靠池水蒸发、沸腾来排出；自失去冷却开始，操纵员有较长的时间窗口（70 多个小时）采取补水行动（通过消防水、除盐水等为乏燃料水池补水）以阻止事故后果恶化；在补水期间，运行人员可对 RFT 冷却系列进行维修，以恢复长期冷却功能
10	乏池管道破口类事故	乏池管道发生破口后引起池水流失，会导致池水失去冷却后发生沸腾蒸发；自破口发生开始，操纵员有较长的时间窗口（10 多个小时）可以采用行动（通过消防水、除盐水等为乏燃料水池补水）以阻止事故后果恶化，在此期间，运行人员可对 RFT 冷却系列进行维修，以尽快恢复长期冷却
11	小 LOCA 叠加二次侧快速冷却丧失	安注系统补充堆芯水装量，操纵员手动打开稳压器安全阀通过充排带出余热
12	中 LOCA 叠加中压安注失效	事故后通过二次侧快速冷却进行降温降压，安注箱和低压安注补水，将堆芯热量导出

（续表）

序号	DEC - A 工况	DEC - A 安全设施及其说明
13	小 LOCA 叠加中压安注失效	事故后通过二次侧快速冷却进行降温降压，安注箱和低压安注补水，将堆芯热量导出
14	主蒸汽管道破裂(MSLB)叠加中压安注失效	主蒸汽和主给水根据信号自动隔离，辅助给水投运排出余热，安注箱自动投运控制反应性
15	主蒸汽管道破裂(MSLB)叠加主蒸汽隔离失效	辅助给水投运排出余热，中压安注和安注箱自动投运控制反应性；若上述手动失效，还可考虑充排的操作
16	停堆工况下丧失两列 RHR 叠加二次侧带热失效	操纵员打开稳压器安全阀、启动安注，执行充排冷却
17	LOCA 后长期冷却中安喷或安注丧失	利用 H4 管线使低压安注(LHSI)泵与安全壳喷淋泵互为备用；在安全壳喷淋泵失效的事件中，将 CSP 系统与正在运行的 LHSI 系列吸入端连接的 H4 管线打开，通过安全壳喷淋热交换器进行冷却；在低压安注泵失效的事件中，上述同一连接管线使安注流量得到冷却，并维持堆芯淹没
18	多根蒸汽发生器传热管破裂	安注系统投运补充堆芯水装量，操纵员隔离破损 SG、通过二次侧冷却进行降温降压、停运安注，终止破口流量

14.1.2.2　DEC - A 分析假设与验收准则

1）DEC - A 事故分析

通过对 DEC - A 序列开展事故分析，论证 DEC - A 序列设计的充分性，以证明用以缓解 DEC - A 事件的系统和功能设计是适用的。

需要进行程序计算时，应进行与序列相关的电厂瞬变热工水力计算；无须进行程序计算时，应进行适当的工程判断。

选择和验证用于设计扩展工况分析程序的原则与设计基准事故分析选择程序的原则相同。设计扩展工况的分析采用“最佳估算＋不确定性评价”方法，也可采用最佳估算程序和最佳估算方法。

2）初始工况

DEC - A 的事故分析初始工况与稳态运行工况一致，分析所采用的电厂初始状态参数选用保守偏差或名义值进行分析计算。设计基准事故分析对初始状态的保守假设也可以用于设计扩展工况分析。在进行不确定性计算或敏感性分析时，对特定参数进行选择和偏差确定。

3）最终状态

对 DEC－A 的最终状态定义如下：① 对于堆芯，要求堆芯次临界，衰变热持续排出，放射性物质释放满足验收准则要求；② 对于乏燃料水池，则要求燃料维持在淹没状态，乏燃料水池水位得到恢复或正在恢复并能证明其恢复到预定水位。

4）边界条件

DEC－A 序列评估的总原则是在设计扩展工况下可用的系统设备才可用于设计扩展工况分析。所开展的分析必须包括识别用于或能够预防和缓解设计扩展工况的设施。这些设施必须尽可能与发生频率更高的事故中使用的设施保持独立，必须能在 DEC－A 对应的环境条件中执行预期功能，必须有与其要求实现的功能相符的可靠性。

根据纵深防御的原则，在设计扩展工况分析中不考虑正常运行系统。但是，如果系统的运行会产生负面影响，则应考虑。

5）故障及人员假设

DEC－A 对系统设备故障和操纵员干预的假设与设计基准事故类似，要考虑系统设备的可用性和操纵员有效干预的时间。

DEC－A 序列的定义已经给出了事故分析中应考虑的叠加故障，因此在叠加故障之外无须再假定额外的故障，不需要考虑单一故障。此外，在 DEC－A 事故分析中也不考虑由维修导致的系统和设备不可用。

考虑操纵员有效干预的时间(事故后，或根据相应的事故规程达到操作指示信号后)为 30 min。

6）验收准则

确定事故分析验收准则的技术原则和放射性准则与设计基准事故类似，放射性物质释放应合理、可行、尽量低。针对设计基准事故工况，目标是保证厂内、外没有或仅有微小的放射性后果，并且无须采取任何场外防护行动。而对于设计扩展工况，“保护公众所采取的防护行动在持续时间和范围上必须是有限的，并必须有足够的时间来采取这些防护行动”。

在 DEC－A 事故分析中采用的验收准则可概述如下：① 堆芯不会出现明显损伤且反应堆余热应能有效导出；② 对于可能导致一回路超压失效的事故工况，以系统压力不超过 22 MPa 为限值；③ 对于乏池相关 DEC－A 序列，维持屏蔽水层厚度，池水标高大于 15 m；④ 对于没有造成堆芯明显损伤的设计扩展工况，非居住区边界上的任何个人在事故的整个持续期（可取 30 d）内通过烟云浸没外照射和吸入内照射途径所接受的有效剂量在 10 mSv 之下。

14.1.2.3　典型 DEC－A 工况分析

下面以主蒸汽管道断裂同时一根或多根蒸汽发生器传热管断裂事故为例进行 DEC－A 的具体分析。

1）事故描述

主蒸汽管道断裂可能引起同一台蒸汽发生器的传热管同时发生断裂。本节仅考虑了对放射性物质释放而言最具限制性的情况，即一根主蒸汽管道断裂，同时 100 根蒸汽发生器传热管断裂。

蒸汽管道断裂的同时 100 根蒸汽发生器传热管破裂事故可能由下列情况引起：安全壳外不可隔离的主蒸汽管道双端剪切断裂（即安全壳外、主蒸汽隔离阀上游的主蒸汽管道断裂或安全壳外主蒸汽管道断裂同时主蒸汽隔离阀关闭失效）；主蒸汽管道断裂引起同一台蒸汽发生器的 100 根传热管同时断裂。

该事故中一回路冷却剂通过破损蒸汽发生器流出，事故进程相当于发生在安全壳外的一回路管道破裂事故。

2）频率与限制准则

蒸汽管道断裂的同时 100 根蒸汽发生器传热管破裂事故属于 DEC－A 类事故。

热工水力分析的主要目的是评价该事故发生后在下列情况下堆芯裸露和燃料元件包壳损坏风险（3 道安全屏障只有燃料元件包壳 1 道完整）：

（1）短期，堆芯裸露和燃料元件包壳损坏风险取决于一回路破口尺寸；

（2）长期，若换料水箱中的水排空，堆芯存在裸露风险。

3）主要假设

主要假设如下：① 主要参数值为反应堆满功率、热工设计流量下名义值；② 安注达到满流量考虑一定的时间延迟；③ 余热曲线不考虑不确定性；④ 安注信号和主泵压差低的符合信号触发主泵停运；⑤ 蒸汽压力低和蒸汽流量高的符合信号后 7 s 蒸汽隔离；⑥ 经二回路排放的蒸汽流量由蒸汽发生器限流器限制；⑦ 安注信号触发辅助给水泵启动；⑧ 蒸汽发生器水位高 3 和稳压器水位低低的符合信号触发隔离水位高 3 所在的蒸汽发生器的辅助给水；⑨ 假设安注信号发生后 30 min 操纵员开始干预，首先识别和隔离破损蒸汽发生器，之后按照规程冷却反应堆冷却剂系统、停止安注和上充，最后进行反应堆冷却剂系统降压。

4）结果与结论

主蒸汽管道双端断裂叠加 100 根 SG 传热管断裂事件序列如表 14 - 4 所示。

表 14 - 4　主蒸汽管道双端断裂叠加 100 根 SG 传热管断裂事件序列

事　　件	时间/s
安全壳外一根主蒸汽管道双端断裂，同时 100 根 SG 传热管断裂	0.0
补偿蒸汽管道压力低与两台蒸汽发生器蒸汽管道流量高符合触发安注信号	2.0
安注信号触发反应堆紧急停堆(开始插棒)	3.0
SG 水位低与给水流量低符合	7.6
蒸汽和主给水隔离	9.0
安注投入	19.0
主泵停运	26.6
辅助给水泵向 SG 供水	62.0
破损环路安注箱开始注水	91.8
完好环路安注箱开始注水	91.8
SG 水位高 3 符合稳压器水位低触发隔离破损 SG 辅助给水	796.7
操纵员开始干预： 调整破损蒸汽发生器大气释放阀开启定值至 8.2 MPa 关闭上充流量调节阀 手动调节辅助给水流量，控制完好 SG 水位	1 802.0
利用完好 SG 对 RCS 以最大速率冷却	1 922.0
切换第 1 列安注注入模式	1 982.1
切换第 2 列安注注入模式	2 148.7

(续表)

事　　件	时间/s
余热排出系统开始投入	2 148.7
计算结束	5 000.0

图 14－5～图 14－7 分别给出了稳压器压力和 SG 二次侧压力、堆芯出口温度，以及上腔室水位参数的变化曲线。

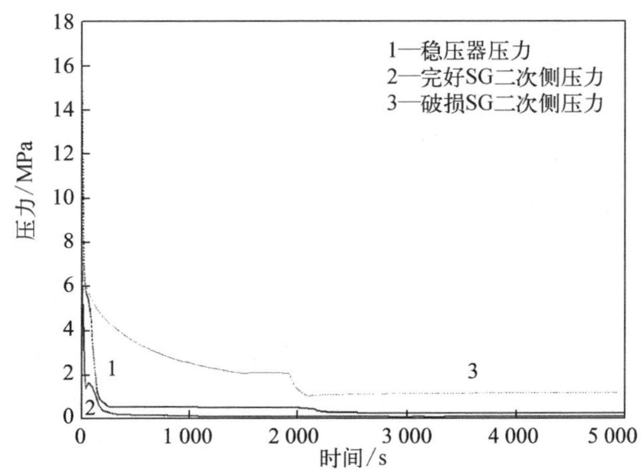

图 14－5 稳压器和蒸汽发生器二次侧压力

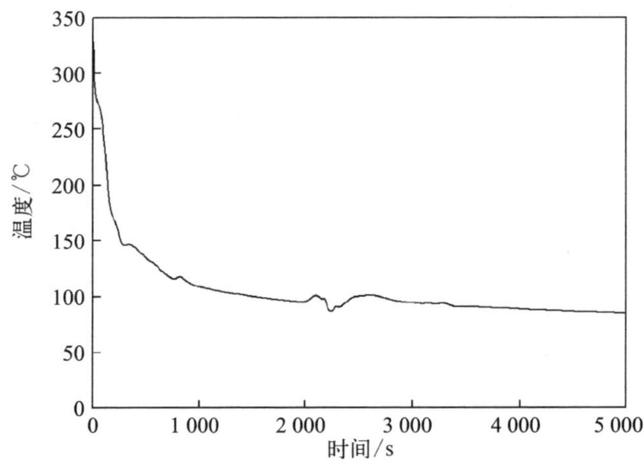

图 14－6 堆芯出口温度

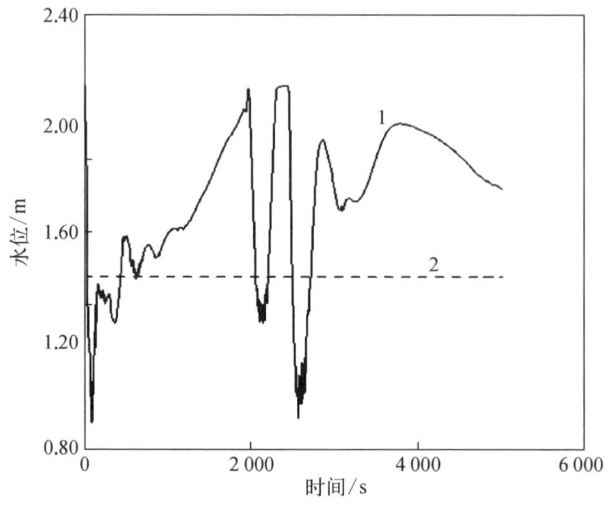

图 14-7 上腔室水位

分析结果表明，事故后 2 555.0 s，所有中压安注泵和低压安注泵停运后，蒸汽发生器传热管破口流量很快终止，通过破损蒸汽发生器向大气的释放也终止。在瞬态过程中，堆芯能够维持在次临界状态；短期阶段，没有堆芯裸露的风险，也就没有包壳温度上升的风险；长期阶段，安注流量及一次侧至二次侧的破口流量终止时，内置换料水箱(IRWST)没有排空。破损 SG 向大气排放的水和汽分别为 920.6 t 和 109.6 t，每台完好 SG 向大气排放汽为 11.4 t。

14.1.3 堆芯熔化的设计扩展工况

1) DEC-B 清单选取

严重事故是指始发事件发生后因安全系统多重故障而造成堆芯明显损伤并可能危及多层或所有用于防止放射性物质释放屏障完整性的事故工况。严重事故发生后，堆芯严重损伤，裂变产物进入压力容器和安全壳，并可能释放到环境，造成严重的经济和社会后果。

严重事故预防和缓解能力已成为核电厂提高安全水平的重点。为了分析核电厂严重事故缓解设施的能力，需要确定一系列堆芯明显损伤的设计扩展工况(DEC-B)。根据《核动力厂设计安全规定》(HAF 102—2016)的要求，可以通过工程判断、确定论和概率论评价相结合的方法确定“华龙一号优化改进型”的 DEC-B 事故序列。基于工程判断、确定论、概率论评价相结合的 DEC-

B事故序列选取原则，确定“华龙一号优化改进型”DEC－B事故选列选取的具体步骤如下：

（1）确定不同类别的严重事故现象或安全壳失效模式，将缓解手段相同的合并为一组；

（2）针对不同类别的严重事故现象和安全壳失效模式，结合严重事故进程与现象分析和工程判断，以及各严重事故缓解措施设计应对工况的要求，选取具有包络性的严重事故序列；

（3）确保所选取的严重事故序列能够包络PSA结果，即包络PSA所得到的典型的堆芯损坏/堆芯损伤（CD）序列。

根据国际上针对类似设计的压水堆核电厂严重事故现象和安全壳失效模式的研究，并结合“华龙一号优化改进型”严重事故相关设计、分析及工程判断，同时考虑PSA结果，确定“华龙一号优化改进型”的DEC－B清单如表14－5所示。

表 14－5　DEC－B清单

序号	严重事故现象	应对措施	DEC－B序列
1	高压熔堆	反应堆冷却剂系统卸压	完全丧失给水叠加PRS和能动安注系统失效导致CD
2	压力容器熔穿	堆内熔融物滞留	大LOCA叠加能动安注系统失效导致CD
3			中LOCA叠加能动安注系统失效导致CD
4			小LOCA叠加能动安注系统失效导致CD
5			SBO叠加二次侧冷却全部失效导致CD
6	氢气燃烧和爆炸	安全壳氢气控制	大LOCA叠加能动安注系统失效导致CD
7			中LOCA叠加能动安注系统失效导致CD
8			小LOCA叠加能动安注系统失效导致CD
9			SBO叠加二次侧冷却全部失效导致CD
10			完全丧失给水叠加PRS和能动安注系统失效导致CD

（续表）

序号	严重事故现象	应对措施	DEC－B序列
11	缓慢超压	非能动安全壳冷却	大LOCA叠加能动安注失效导致CD,同时安喷失效
12			安全壳内MSLB叠加辅助给水和能动安注失效导致CD,同时安喷失效

2）典型DEC－B工况分析

下面以反应堆冷却剂系统卸压事故为例进行DEC－B的具体分析。

（1）引言。为防止严重事故工况下高压熔堆的发生,"华龙一号优化改进型"设计了一回路快速卸压阀,该系统与稳压器顶部相连接。在堆芯出口温度达到650℃时,意味着堆芯熔化过程已经开始或即将开始,操纵员可根据相关导则手动开启一回路快速卸压阀,对反应堆冷却剂系统进行快速卸压,防止高压熔融物喷射和安全壳直接加热,缓解其对安全壳完整性的威胁。反应堆压力容器下封头失效时反应堆冷却剂系统与安全壳之间的压差可以作为衡量高压熔堆事故是否发生的标准,一般认为反应堆压力容器下封头失效时反应堆冷却剂系统内压力不超过2.0 MPa可以有效地避免高压熔堆。

（2）计算分析。为了评价一回路快速卸压阀缓解高压熔堆的有效性,需要选取典型的高压熔堆事故序列作为研究对象。在"华龙一号"高压熔堆事故序列中,"完全丧失给水叠加多重安全功能失效"事故序列代表了典型的高压熔堆事故序列,因此本节将针对"完全丧失给水叠加多重安全功能失效"的高压熔堆事故序列,进行一回路快速卸压的计算分析,计算分析时考虑以下工况。

工况1：完全丧失给水叠加多重安全功能失效事故,不考虑手动开启快速卸压阀。工况2：完全丧失给水叠加多重安全功能失效事故,当堆芯出口温度达到650℃后,延迟60 min操纵员手动开启一列快速卸压阀,对一回路进行卸压。工况3：完全丧失给水叠加多重安全功能失效事故,当堆芯出口温度达到650℃时延迟1 h,注水冷却系统(CIS)投入运行,操纵员手动开启一列快速卸压阀,对一回路进行卸压。

工况1,在完全丧失给水事故后蒸汽发生器二次侧很快干涸,二回路的排热能力全部丧失,堆芯产生的热量不能排出,导致一回路的温度和压力升高,稳压器安全阀动作将反应堆冷却剂系统压力稳定在 16.60 MPa 左右，如图 14－8 所示。蒸汽通过稳压器安全阀排放，无冷却剂向一回路补充，导致堆芯裸露、熔化和迁移。反应堆压力容器下封头破损时反应堆冷却剂系统压力为 16.18 MPa，是典型的高压熔堆严重事故。

工况 2，在完全丧失给水叠加多重安全功能失效的事故情况下，堆芯出口温度达到 650 ℃后延迟 60 min，操纵员手动打开一列快速卸压阀进行卸压，一回路冷却剂从快速卸压阀释放，有利于堆芯余热的排出，降低了堆芯温度。由于快速卸压阀的卸压作用使得稳压器压力下降，安注箱内含硼水得以注入反应堆压力容器内，缓解了堆芯熔化的进程。压力容器失效时反应堆系统压力已降低到 0.43 MPa(见图 14－8)，避免了发生高压熔堆。

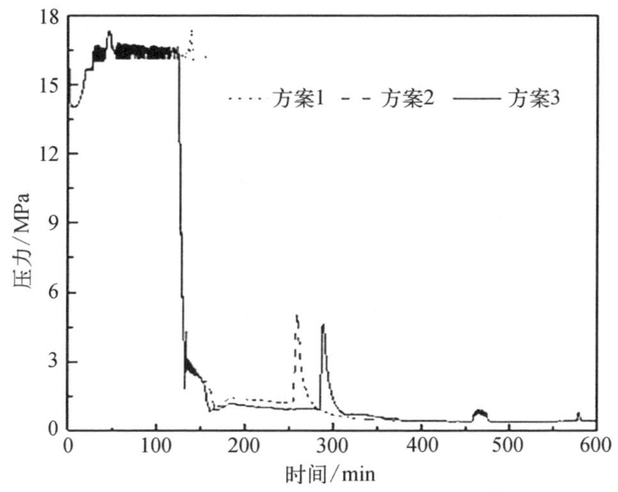

图 14－8　反应堆压力容器内的压力

工况 3，事故进程与工况 2 相似，区别是考虑了堆腔的 CIS 投入运行。CIS 开始通过反应堆压力容器壁面排出堆芯衰变热，在这个过程中一回路压力始终处于低位，序列计算到一回路中冷却剂蒸干后，反应堆压力容器内压力稳定在约 0.41 MPa。事故序列中 CIS 投入运行，经反应堆压力容器强度失效分析显示反应堆低压状态能够保证反应堆压力容器始终具有承载能力，反应堆压力容器在 CIS 的冷却作用下未发生失效。

(3) 结论。分析结果表明，在发生完全丧失给水事故的严重事故工况中，如不采取任何卸压措施，压力容器失效时压力容器内的压力为 16.18 MPa，是典型的高压熔堆严重事故。如在堆芯出口温度达到 650 ℃后开启一回路快速卸压阀为反应堆冷却剂系统卸压，即使在开阀信号后延迟 60 min 开启一列快速卸压阀也可以实现一回路的有效降压，压力容器失效时压力容器内压力已降低到 0.43 MPa，低于发生高压熔喷事故的压力限值，在发生完全丧失给水事故且 CIS 投入运行的严重事故工况中，即使在堆芯出口温度达到 650 ℃后延迟 1 h 开启一列快速卸压阀也可使得一回路充分卸压，在一回路中冷却剂全部蒸干后，反应堆压力容器内压力持续稳定在 0.41 MPa 的低水平。分析结果显示一回路快速卸压系统在严重事故中可以有效避免高压熔堆事故的发生，并且在事故进程中操纵员卸压有充分的响应时间。

14.2 概率安全分析

概率安全分析(PSA)是 20 世纪 70 年代发展起来的一种系统工程方法，采用系统可靠性和概率风险分析方法对复杂系统的各种可能事故的发生和发展过程进行全面分析，从它们的发生概率及造成的后果进行综合评价。经过多年的发展和完善，概率安全分析已经成为人们认识风险、评价风险，并且帮助管理风险、降低风险的重要工具。

通过开展核电厂概率安全分析工作，构建核电厂的整体风险模型，可以对可能发生的事故情景和后果及其频率进行统一的综合性定量评价；对核电厂风险水平及造成这些风险的因素进行深入了解。它注重分析事件(始发事件、系统故障、堆芯损坏、早期或大量放射性物质释放等)的来源、原因，从而揭示核电厂设计、运行中的薄弱环节，给出一系列有价值的风险见解并指明降低风险、提高安全性的有效途径。

《核动力厂设计安全规定》(HAF 102—2016)规定：“必须在核动力厂的整个设计过程中进行全面的确定论安全评价和概率论安全评价，以保证在核动力厂寿期内的各个阶段满足全部设计安全要求，并确认在竣工、运行和修改时交付的设计满足制造和建造的要求。”核安全导则《核动力厂一级概率安全分析》(HAD 102/20—2021)提出了具体安全目标：“我国对新建核动力厂制定的堆芯损伤频率(CDF)目标值为 10^{-5}/(堆·年)”，《核动力厂二级概率安全分析》(HAD 102/23—2022)要求我国新建核电厂的放射性物质大量释放频率(LRF)不超过 10^{-6}/(堆·年)。

“华龙一号”堆型作为我国自主研发的第三代先进核电机组，在设计之初就对安全性设定了更高的目标：每堆·年发生堆芯损坏事件的概率和每堆·年发生大量放射性物质释放事件的概率比“核安全导则”的目标再降低一个数量级，分别达到低于百万分之一和低于千万分之一的安全水平，即 CDF＜10^{-6}/(堆·年)、LRF＜10^{-7}/(堆·年)。在“华龙一号优化改进型”的设计过程中，针对如辅助给水系统、SBO 电源系统、水压试验系统的设计改进进行了相关安全分析。为了保证“华龙一号优化改进型”的安全性，确保“CDF＜10^{-6}/(堆·年)、LRF＜10^{-7}/(堆·年)”这 2 个安全指标的最终实现，在“华龙一号优化改进型”的设计中，开展了全范围的概率安全分析工作，并与设计进行互相迭代，贯穿了整个设计过程。

14.2.1　概述

核电厂风险主要来自内部设备故障和各类内外部危险(火灾、水淹、地震等)，因此 PSA 的分析范围也相应地包括以上各类风险源。为定量评价 CDF 目标而开展的工作通常称为一级 PSA，定量评价 LRF 而开展的则称为二级 PSA。“华龙一号优化改进型”概率安全分析的范围包括如下内容：① 内部事件一级 PSA；② 内部事件二级 PSA；③ 外部事件筛选；④ 地震 PSA；⑤ 内部火灾 PSA；⑥ 内部水淹 PSA；⑦ 乏燃料贮存设施 PSA。

14.2.2　内部事件一级 PSA

内部事件一级 PSA 主要用于分析由于内部事件可能造成堆芯损坏的事件序列，并对事件序列定量化，计算反应堆堆芯损坏频率。“华龙一号优化改进型”内部事件一级 PSA 分析的电厂放射性物质释放源主要为反应堆堆芯，涵盖功率运行工况、低功率运行工况和停堆工况。通过内部事件一级概率安全分析给出由于电厂内部事件导致的堆芯损坏的发生频率。“华龙一号优化改进型”内部事件一级 PSA 包括如下内容：① 电厂运行状态分析；② 始发事件分析；③ 事件序列分析；④ 成功准则分析；⑤ 系统分析；⑥ 人员可靠性分析；⑦ 数据分析；⑧ 模型定量化计算，以及不确定性分析、重要度分析和敏感性分析。

上面各工作内容及相互关系如图 14-9 所示。

核电厂在一个燃料循环内将经历不同的运行工况，在每种运行工况下，电厂具有不同的特征参量，要求不同的硬件系统配置、控制管理手段或技术规格。在每个电厂运行状态(POS)下，其运行参数相对恒定(在建模分析时也认为是恒定的)，但与其他 POS 相比，在影响风险的方式上却有所不同。后续在

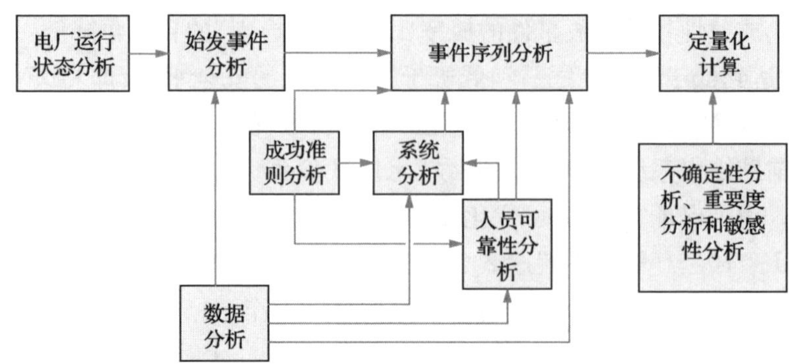

图 14-9　内部事件一级概率安全分析工作内容

已划分的 POS 基础上进行始发事件分析。

始发事件是指干扰电厂稳定运行从而引发异常事件(如瞬态或 LOCA)的电厂事件,通常分为内部事件和外部事件。内部事件是源于核电厂内部的事件,当它与安全系统的失效和(或)操纵员失误相结合时,会影响电厂系统的可运行性,而且可能导致堆芯损坏。外部事件是源于核电厂外部的事件,如地震、龙卷风、洪水,这些自然灾害直接或间接引发始发事件,并可能引起安全系统故障或操纵员失误,进而可能导致堆芯损坏或大量放射性释放。

事件序列分析作为整个一级 PSA 分析的核心,是确定可能导致堆芯损坏的始发事件、安全功能及系统失效和成功的组合的过程。“华龙一号优化改进型”针对始发事件分析确定的全部始发事件(组)建立事件树模型,开展了相应的事件序列分析,以确定这些始发事件是如何得到缓解或者影响核电厂安全的。

始发事件发生后,核电厂会自动或手动投运相应的系统来缓解事故后果,但是这些系统可能由于某些原因,导致所要求的安全功能丧失。在“华龙一号优化改进型”概率安全分析中,采用了故障树分析方法来开展系统分析工作,故障树分析不仅分析该系统本身的失效,还考虑了支持系统的失效。

数据分析的主要目的是提供系统故障树定量分析及事件序列定量分析所需要的基本事件数据。在“华龙一号优化改进型”概率安全分析的数据分析中,设备可靠性数据以中国核电厂设备可靠性数据报告为首选通用数据源,其他国内外数据库作为补充数据源。在“华龙一号优化改进型”PSA 模型中共因失效分析采用 α 因子模型,共因参数使用业界通用共因参数数据源。

在完成所有事件序列分析和故障树分析后，经过整合处理，将其汇总到同一个概率安全分析模型中，进行总的定量化分析计算工作，得到事件序列发生频率，以及各组始发事件导致的堆芯损坏频率及总的堆芯损坏频率。"华龙一号优化改进型"内部事件一级 PSA 按照通常的做法将功率运行工况、低功率和停堆工况两部分模型，分别进行了定量化。

14.2.3　内部事件二级 PSA

"华龙一号优化改进型"设计有一系列能动与非能动相结合的完善的严重事故预防与缓解措施。内部事件二级 PSA 研究的电厂放射性物质释放源为反应堆堆芯，研究的电厂工况包括功率运行工况、低功率运行工况和停堆工况。通过内部事件二级 PSA 可以给出由电厂内部事件导致的大量放射性物质释放的发生频率。"华龙一号优化改进型"内部事件二级 PSA 分析工作主要参考 HAD 102/23—2022《核动力厂二级概率安全分析》、IAEA No. SSG - 4《核电厂二级概率安全分析的开发与应用》的指导意见[1]和能源行业二级 PSA 系列标准[2-5]，分析流程如图 14 - 10 所示。

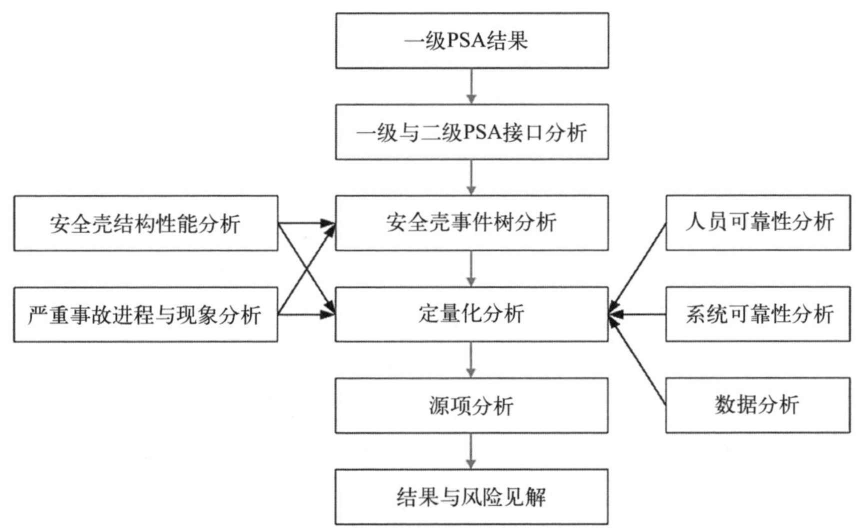

图 14 - 10　内部事件二级概率安全分析流程

主要技术要素如下。

(1) 一级和二级 PSA 接口分析：一级 PSA 得到大量的堆芯损坏事故序列，一般做法是按照后续严重事故进程的相似性将这些堆芯损坏事件序列归入数量较少的电厂损坏状态(plant damage states, PDS),针对这些电厂损坏状态分别构建安全壳事件树进行分析。

(2) 安全壳结构性能分析:安全壳结构性能分析主要包括两个方面工作,一是识别可能的安全壳失效模式,二是确定安全壳承压失效概率曲线。“华龙一号优化改进型”通过安全壳承压失效概率曲线计算安全壳在不同内压下的失效概率,确定二级 PSA 模型中各严重事故现象分支概率,主要分析步骤如下:① 确定影响安全壳极限承载能力的关键参数;② 对参数的试验样本进行收集,拟合得到参数的不确定性分布;③ 对参数进行抽样分析,得到多组抽样参数组;④ 对每组抽样参数组进行安全壳极限承载能力计算,得到多个安全壳极限承载能力的确定论分析结果;⑤ 对多个安全壳极限承载能力计算结果进行拟合,得到不同位置处的安全壳承压失效概率曲线;⑥ 对不同位置处的安全壳失效概率曲线进行综合,得到最终的安全壳失效概率曲线。

(3) 严重事故进程与现象分析:严重事故进程分析用来确定事故序列从始发事件开始到放射性物质从安全壳释放的整个事故进程。在“华龙一号优化改进型”二级 PSA 分析中,针对一级和二级 PSA 接口分析得到的各个电厂损伤状态均选取了一系列严重事故序列进行分析计算;对于“华龙一号优化改进型”,主要关注的严重事故现象如下:① 堆芯熔融物冷却;② 诱发一回路管道及蒸汽发生器传热管破裂;③ 直接安全壳加热(DCH);④ 氢气燃烧与爆炸;⑤ 蒸汽爆炸;⑥ 超压与底板熔穿。

综合二级 PSA 相关导则与实践,“华龙一号优化改进型”的严重事故现象概率评估采用了 3 种评估方法:① 工程判断方法,制订工程判断导则,根据严重事故现象满足的条件给出相应概率;② 风险导向的事故分析方法(ROAAM),对于问题的物理模型认识较深刻的严重事故现象,通过物理模型将所需分析的问题变为多个参数的函数,然后分析影响该函数的关键参数的不确定性,并通过抽样多次计算该函数,最终拟合得到该函数的不确定性;③ 参考同类电厂分析结果,并说明其适用性。

(4) 安全壳事件树分析:二级 PSA 通过建立安全壳事件树(containment event tree, CET)来模拟特定电厂堆芯损坏后严重事故的进程和现象。“华龙一号优化改进型”通过安全壳事件树终态定义了事件序列和安全壳的最终状态,需要将安全壳事件树终态归并成释放类,并对各类进行源项分析。

安全壳事件树的终态归并为不同的释放类(release category, RC),每个

RC 包含的事件树终态具有相似的放射性物质释放特征和场外后果。“华龙一号优化改进型”通过软件计算了每个释放类的发生频率。为定量化安全壳事件树中各个题头事件的分支概率，还开展了相应的严重事故现象概率分析、系统可靠性分析和人员可靠性分析。

(5) 源项分析：源项分析主要评估释放到环境中的放射性物质的组成、释放时间、释放量和其他释放特征。“华龙一号优化改进型”通过一体化的严重事故分析程序来开展源项分析，考虑的主要因素如下：安全壳的破口尺寸和失效位置、反应堆冷却剂系统的压力、安全壳喷淋系统的状态、安全壳失效的时间等。源项分析一方面用于定义大量释放，另一方面用于获得释放到环境的源项，为核电厂应急和三级 PSA 提供输入。

14.2.4　外部事件 PSA

外部事件是指源于核电厂外部的事件，如地震、龙卷风、洪水，这些事件直接或间接引发始发事件，并可能引起安全系统故障或操纵员失误，进而可能导致堆芯损坏或大量放射性物质释放。由于外部事件种类较多，并且与厂址密切相关，为保证分析的完整性，“华龙一号优化改进型”针对现阶段的目标厂址进行了外部事件的识别、筛选与包络分析工作。

根据外部事件识别和筛选结果，“华龙一号优化改进型”针对风险贡献较显著的地震，以及与外部事件分析方法类似的内部火灾和内部水淹开展了详细的概率安全分析工作。外部事件概率安全分析结果表明，“华龙一号优化改进型”具有足够应对地震、内部火灾和内部水淹的能力。

14.2.4.1　地震 PSA

地震 PSA 研究地震导致的核电厂的风险情况。地震 PSA 的一般分析流程如图 14-11 所示，包括地震危险性分析、地震易损度评估及地震电厂响应分析等工作内容。

在“华龙一号优化改进型”地震 PSA 中采用多方案的概率地震危险性分析方法开展现阶段目标厂址地区的地震危险性分析，在模型建立过程中采用了地震前端树结合地震事件树的方法来模化电厂在地震条件下的响应。通过建立地震前端树识别地震发生后电厂可能的电厂状态，然后针对各电厂状态基于内部事件一级 PSA 的模型建立事件树，并发展事故序列，分析各地震导致的电厂状态发生后电厂的缓解过程。在前沿系统和支持系统的故障树中，增加构筑物和设备的地震失效基本事件来模化其地震失效的影响。

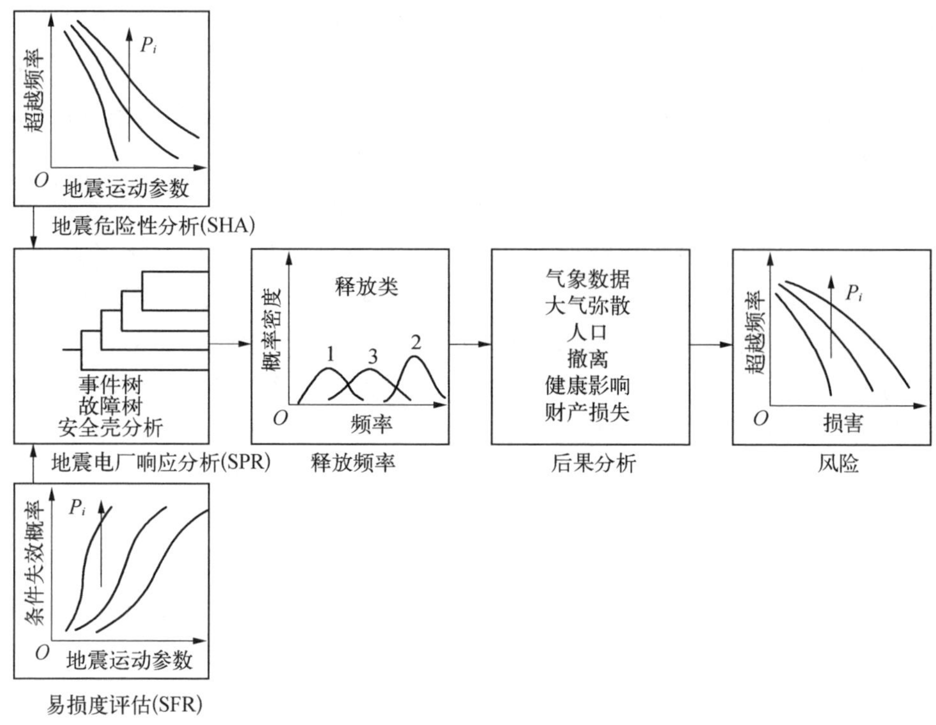

图 14-11　地震概率安全分析的一般分析流程

14.2.4.2　火灾风险 PSA

内部火灾 PSA 研究核电厂内部火灾导致的风险情况。内部火灾 PSA 的一般分析流程如图 14-12 所示。

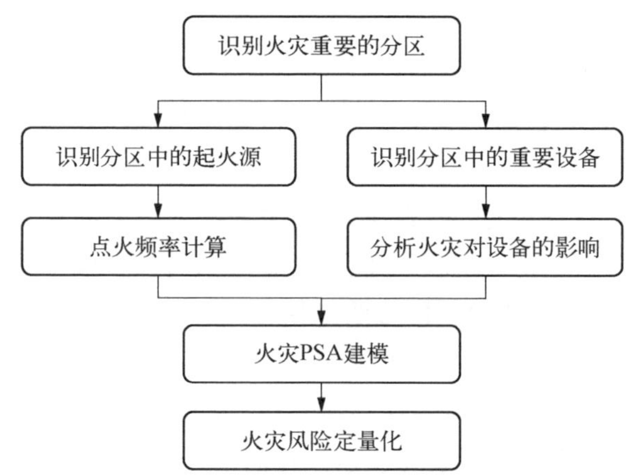

图 14-12　内部火灾概率安全分析的一般分析流程

在分析过程中通过电厂分区确定内部火灾 PSA 的分析边界，内部火灾 PSA 的电厂分区主要考虑空间分布。为了评估火灾的后果，需要查找各分区中会受到火灾影响并会威胁核电厂运行或安全停堆的设备。“华龙一号优化改进型”开展了火灾情景下的设备失效模式及效应分析(FMEA)，形成火灾 PSA 设备清单，并采用了通用火灾频率作为分析中的点火源点火频率数据，最终通过定量分析得到了风险结果。

14.2.4.3　内部水淹 PSA

内部水淹 PSA 研究核电厂内部水淹导致的风险情况。内部水淹的一般分析流程如图 14－13所示。

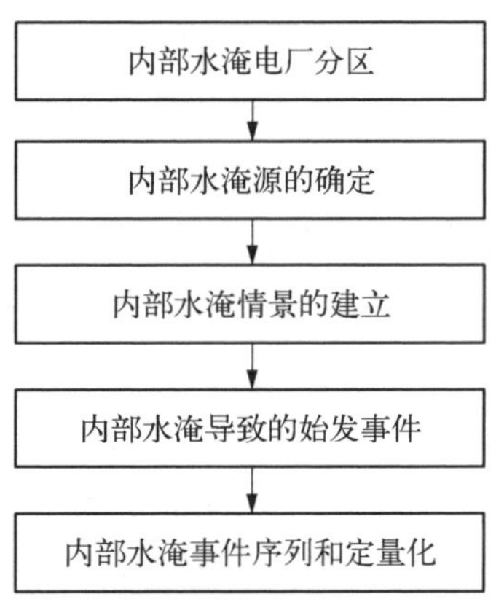

图 14－13　内部水淹概率安全分析的一般分析流程

内部水淹可大致分为定性分析和定量分析两个阶段：① 在定性分析阶段，主要收集内部水淹 PSA 需要的信息，并对电厂水淹分区进行的筛选，考虑分区内水淹源、水淹漫延路径、水淹对 SSC 的潜在影响等，确定需要进一步定量分析的水淹分区；② 内部水淹 PSA 定量分析阶段的内容主要包括定义水淹情景、水淹频率计算、水淹影响分析、人员可靠性分析、内部水淹 PSA 模化、事故序列定量化、不确定性及敏感性分析等步骤。

在“华龙一号优化改进型”水淹 PSA 中，根据各分区内可能发生的水淹源、漫延路径、影响到的设备及可能的报警和缓解措施，确定了水淹情景；使用通用管道失效数据，并根据核电厂各水淹分区内的管道数据计算得到了电厂各水淹分区内的水淹频率，最终完成了定量风险分析。

14.2.5　乏燃料水池 PSA

“华龙一号优化改进型”针对乏燃料水池开展了详细的 PSA，以评估乏燃料水池的风险。乏燃料水池的潜在风险主要有两个方面：① 丧失冷却能力，乏燃料水池水温持续升高，水池发生沸腾，水池水位由于蒸发而下降，导致燃料元件裸露；② 乏燃料水池泄漏，水池水位下降，导致燃料元件裸露。

事故后的缓解措施主要是恢复冷却或对乏燃料水池进行补水。通过分析得到“华龙一号优化改进型”乏燃料水池 PSA 最终的始发事件清单，共包括 3 类始发事件相应的乏燃料水池 PSA 始发事件，“华龙一号优化改进型”乏燃料水池 PSA 针对这 3 类始发事件采用小事件树-大故障树方法开展了事件序列分析，并对事件序列的成功准则及人因事件的时间窗口进行了热工水力分析。乏燃料水池 PSA 的事件序列分析共包括 8 棵事件树，其中有 14 个导致燃料元件损坏(FD)的事件序列。乏燃料水池 PSA 的系统分析、数据分析和人员可靠性分析与反应堆堆芯 PSA 一致。

本节通过概率安全分析方法得到了"华龙一号优化改进型"的堆芯损坏频率不超过 10^{-6}/(堆・年)，大量放射性物质释放频率不超过 10^{-7}/(堆・年)，表明"华龙一号优化改进型"的安全设计将内、外部事件导致核电厂发生堆芯损坏和放射性物质大量释放的风险降低到了非常低的水平，有效提高了核电厂的安全性。

根据"华龙一号优化改进型"总体安全设计目标、设计原则及有关的设计准则，在电厂设计过程中，采用了概率安全分析技术实现设计优化和设计平衡。"华龙一号优化改进型"概率安全分析工作贯穿了整个设计过程，发挥了识别核电厂薄弱环节、指引设计改进、支持设计决策，优化设计平衡的作用；同时，论证了机组的整体安全水平，确保电厂设计的平衡和满足总的安全目标。

概率安全分析在"华龙一号优化改进型"电厂设计中的使用主要体现在以下几个方面：① 开展设计方案的论证工作，从风险的角度对不同设计方案进行分析比较，支持"华龙一号优化改进型"电厂设计方案的决策；② 辅助给水系统增设应对 SBO 事故下的新补水手段，增加了二次侧带热的多样性，提高二次侧带热能力，有效降低了电厂风险；③ 主泵轴封完整性改进，增设了高压泄漏隔离阀门，取消了水压试验泵，在兼顾安全性的基础上提高了设计经济性；④ SBO 电源分拆两列，提高了 SBO 电源的可靠性，进一步降低了电站风险。

14.3 严重事故管理及核应急

为了增强核电厂的纵深防御体系，"华龙一号优化改进型"开展全范围严重事故管理，覆盖核电厂的各种运行工况，包括功率运行工况、低功率和停堆工况，管理反应堆堆芯和乏燃料水池内燃料元件等不同的放射性物质释放对象。另外，"华龙一号优化改进型"不断完善应急相关设计评价能力，制订完善的应急预案，及时有效应对核事故，最大限度控制、减轻或消除事故及其造成的人员伤亡和财产损失，保护环境。

在核工业界数字化、智能化的浪潮下，“华龙一号优化改进型”将数智技术应用于严重事故管理及核应急，构建了应急指挥管理平台，研发了多项严重事故管理与核电厂应急响应软件。严重事故智能管理系统实现了严重事故管理工作的信息化、数字化和决策的智能化。

14.3.1　严重事故管理

14.3.1.1　严重事故管理导则

1）导则开发

严重事故管理导则（SAMG）是在严重事故下用于主控室（MCR）和技术支持中心（TSC）的可执行文件，是一系列完整的、一体化的针对严重事故的指导性管理文件[6]。其基本目标是通过建立一套对策与导则，在发生严重事故的情况下使电厂重新回到稳定可控的状态，使场内和场外的放射性后果降到最低。“华龙一号优化改进型”的 SAMG 开发涉及核电厂众多方面的内容，具有相当的广度和深度。为了便于开展开发工作，分 3 个阶段有序开展不同的工作，如图 14－14 所示。

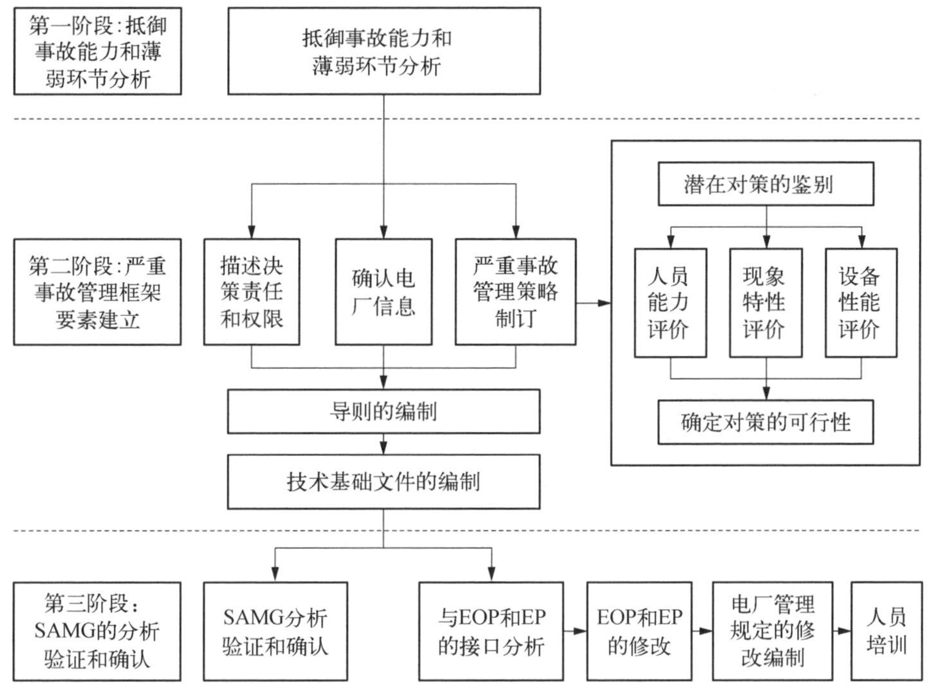

图 14－14　严重事故管理导则开发流程

第一阶段：核电厂现有的抵御事故能力和薄弱环节的分析。

利用概率论、确定论和工程经验相结合的方法，确定核电厂在发生严重事故时的薄弱环节，了解典型事故发展过程。根据已有 PSA 的分析结果或其他替代方法确定具有支配性的重要事故序列并分组，鉴别典型严重事故现象的特性和时序，鉴别关键设备和关键人员对重要序列的响应。

第二阶段：严重事故管理框架要素的建立和实施。

(1) 描述决策责任和权限：具体描述和规定响应核事故的事故管理组织及其决策责任和权限，为建立事故管理期间核电厂状态的决策组织机构提供指南。

(2) 确认电厂信息：鉴别操纵员干预事故所必需的电厂信息和现有仪表、测量装置性能，确定核电厂状态(压力、温度、辐射剂量、湿度)及事故工况下现有仪表的可用性等。

(3) 严重事故管理策略制订：确定所建议的已被鉴别为适用的通用对策的有效性；鉴别新对策和(或)核电厂的具体对策并评价其有效性。

(4) 导则及技术基础文件的编制。

第三阶段：SAMG 导则的分析验证和确认。

从现有可参考的事故处理规程的应用范围出发，确定由应急运行规程(EOP)或异常运行规程(AOP)转入 SAMG 的转入条件、方式。分析执行电厂缓解策略过程中的长期关注内容和退出严重事故管理导则的条件，确定严重事故管理导则和应急计划执行的范围和接口方式。SAMG 验证完成后，开展人员培训和演习。

2) 框架介绍

严重事故可能会在核电厂的各种运行工况下发生，包括功率运行工况、低功率和停堆工况。此外，乏燃料水池在某些特定情况下也会发生严重事故，对环境和公众造成威胁。因此，开发全范围严重事故管理导则可以更好地对核电厂各种工况下的严重事故实施有效管理。

"华龙一号优化改进型"的 SAMG 可以对核电厂全范围(堆芯、乏池)、全工况(功率运行工况、低功率工况和停堆工况)开展严重事故管理，主要包括以下模块。

(1) 主控室导则。严重事故管理导则主要由 TSC 使用，但考虑到 TSC 很多情况下不能在进入 SAMG 时立即到位，同时在执行 SAMG 时还需要主控室人员为 TSC 人员提供信息，因此，严重事故管理导则设置了主控室严重事故管理导则。

(2) 技术支持中心导则。TSC 正常运作后，需要根据机组状态诊断导则开展机组状态诊断，并指导进入相应的处理导则。当评估核电厂状态符合退出整定值要求时，经应急总指挥批准后，可以退出 SAMG。

机组状态诊断导则需要监测的关键参数包括一回路压力、堆腔水位、蒸汽发生器水位、堆芯温度、裂变产物释放水平、安全壳压力、安全壳内氢气浓度。针对每个关键参数都定义了详细的处理导则。当某个参数超出了定义的可控稳态范围时，则 TSC 技术人员评估是否需要执行相关导则使该参数返回到可控、稳定状态的范围内。每个导则包含一个或者多个策略用于相应的关键参数超过其整定值时的响应。

(3) 计算辅助。在 SAMG 编制过程中开发了一系列的计算辅助(CA)用于支持 TSC 人员的分析和决策。计算辅助开发时充分考虑了易用性，一般只要求两三个电厂参数作为输入，这样可以保证 TSC 人员快速高效地使用 CA。

3) 智能化辅助工具

为了更好地开展严重事故管理工作，“华龙一号优化改进型”机组还研发了严重事故智能管理(severe accident intelligent management，SAiM)系统，如图 14－15 所示。SAiM 系统是核电厂严重事故管理领域的一项新技术，是在

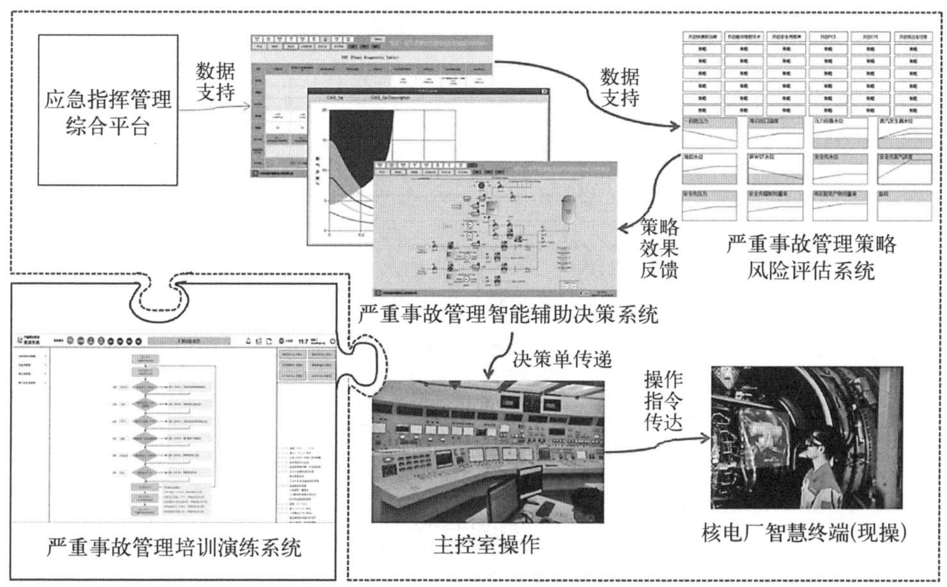

图 14－15　严重事故智能管理系统示意图

纸质版严重事故管理导则(SAMG)人工开展工作的基础上升级实现了严重事故管理工作的信息化、数字化和决策的智能化。

SAiM 系统主要用于核电厂严重事故管理人员(包含应急总指挥、技术支持中心人员、主控室操纵员、现操等)多角色协同开展严重事故管理工作,并可用于开展实操培训演练。SAiM 系统可以高效高质完成 70%以上的严重事故管理决策工作,减少技术支持中心严重事故管理人员的数量,大大降低对严重事故管理人员工作经验的依赖,快速提升严重事故管理人员的工作能力和工作效率,有效减少严重事故管理人员的人因失误,进而提升机组应对严重事故的能力。

14.3.1.2 大范围损伤管理导则

严重事故管理导则是基于主控室或远程停堆站可用的条件下开发的,对于极端事件引发的核电厂大范围损伤,主控室与远程停堆站的控制和监测能力严重受损,核电厂需要制订专门的大范围损伤管理导则(EDMG),在发生大范围损伤事故的情况下协助应急人员做出及时而正确的响应,使电厂回到稳定可控的状态,将场内外的放射性后果降到最低[7]。“华龙一号优化改进型”EDMG 的框架与流程如图 14-16 所示,主要包括以下 3 个子导则。

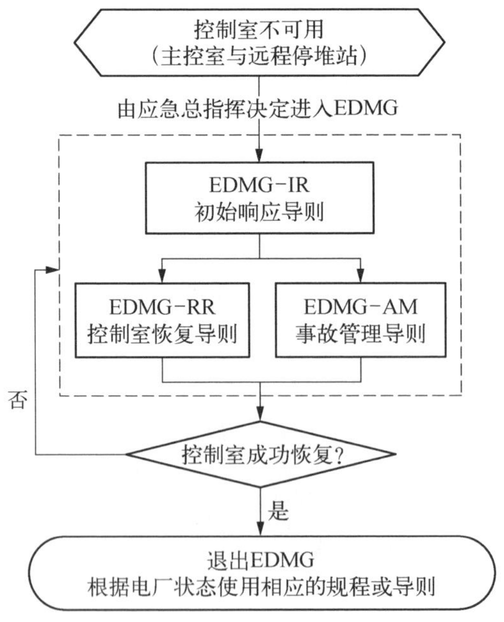

图 14-16　大范围损伤管理导则框架与流程图

(1) EDMG - IR 初始响应导则。初始响应导则的目的是在大范围损伤初期,建立有效的应急响应体系,确定并协助应急响应人员完成大范围损伤工况的初始响应任务。“华龙一号优化改进型”的 EDMG - IR 从事故缓解的需求出发,确定必须快速建立的应急响应要素,包括 3 个部分:① 应急人员的建立;② 应急通信的建立;③ 初始事故处理。

(2) EDMG - RR 控制室恢复导则。控制室恢复导则的目的是协助控制室的应急抢修。当控制室成功修复后,可根据机组状态转至合适的管理程序。根据控制室的设计与运行特征,将控制室的控制与监测能力受损的原因分为 4 类:人员、照明、仪控系统、可居留性。在实施控制室恢复时,首先辨别控制室的不可用原因,再评价受损功能的可修复性,据此对受损功能进行修复或评定为不可修复。

(3) EDMG - AM 事故管理导则。当核电厂由于控制室的监测与控制功能受损时,进入大范围损伤管理导则进行响应,一方面使用控制室恢复导则协助积极恢复控制室的监测与控制功能,另一方面需要对反应堆、乏池的状态进行缓解与控制。因此,制订 EDMG - AM 以指导控制室不可用情况下的反应堆、乏池状态缓解与控制。“华龙一号优化改进型”的 EDMG - AM 主要包括电源模块的管理、二次侧热阱的建立、向堆腔注水、向一回路注水、控制安全壳状态、控制乏池状态、参数监测、就地执行等缓解导则。

14.3.2 严重事故设备、仪表可用性

为了使开发的严重事故管理导则能够有效地在实际的严重事故工况发挥作用,需要对严重事故管理所需的设备、监测仪表在严重事故工况下的可用性进行分析评估。我国的相关法律法规对严重事故下设备仪表的可用性也有相关要求,在 HAF 102—2016《核动力厂设计安全规定》的第 5 章“安全重要物项的鉴定”中提出“应该以合理的可信度表明在严重事故中必须运行的设备(如某些仪表)能够达到设计要求”。对严重事故管理所需设备仪表在预期严重事故工况下的可用性进行分析评估,可为严重事故管理导则的实施提供参考和依据,提高严重事故管理导则在实际情况下实施的有效性。

“华龙一号优化改进型”严重事故工况下设备仪表的可用性分析是基于最佳估算方法,通过对比严重事故管理所需设备仪表的现有鉴定情况以及在严重事故下预期可能要经历的环境条件对它们的可用性进行评估分析。具体的分析步骤如下:① 首先根据严重事故管理导则筛选严重事故管理所需设备仪

表清单及其需要运行的时间窗口，并确定分析设备仪表的安装布置、试验鉴定等情况；② 根据概率安全分析结果及工程经验选取代表性的严重事故序列，计算分析严重事故下设备仪表预期会经历的环境条件；③ 对比分析设备仪表已有的鉴定条件和环境条件的包络关系，评估其在严重事故下的可用性；④ 对于评估认为严重事故下可用性不能保证且对严重事故管理非常关键的设备，分析核实是否有可替代的方案。

为便于分析，在评估过程中根据严重事故现象及严重事故管理的需要，定义设备仪表运行时间窗口以确定严重事故下预期要求具体设备仪表执行功能的时间段。"华龙一号优化改进型"考虑 3 个时间窗口。① 时间窗口 1：定义为堆内严重事故早期阶段，为堆芯裸露开始升温至温度达到堆芯出口 650 ℃ 的时间段。② 时间窗口 2：定义为堆芯出口温度达到 650 ℃至建立堆芯可控稳定状态或到压力容器失效之前的时间段。③ 时间窗口 3：定义为建立可控稳定状态的时间段。

基于严重事故管理所需设备仪表清单及其需要运行的时间窗口，结合设备仪表的工作原理、安装布置情况、供电情况、已有的试验鉴定情况及具体设备仪表在严重事故管理导则中的使用情况和预期运行时可能经历的环境条件评估出其在严重事故下的可用性。

14.3.3 核应急

应急工作作为纵深防御最后一个层次，是保护公众保护环境的最后一道防线，强化应急准备必须落实在核电厂的选址、设计和建造、首次装料、运行和退役的所有活动中。

为了依法科学统一、及时有效应对处置核事故，最大限度控制、减轻或消除事故及其造成的人员伤亡和财产损失，保护环境，维护社会正常秩序，需要按照国家核应急预案，制定完善的应急预案，应急预案包括场内应急预案及场外应急预案。场外应急预案由相应的省级核应急部门制定，场内应急预案由核电厂营运单位制定。

在"华龙一号优化改进型"应急相关设计及评价工作中，遵循国家核应急相关法规标准的要求，并注重结合国内已运行核电厂的经验反馈，以及拟建核电厂不同阶段的应急工作实践，不断完善应急相关设计评价能力，在应急设施可居留性评价、应急计划区测算、应急撤离模拟分析等专题工作中，形成了规范化的设计评价流程，更有利于支持营运单位场内应急预案的编制。

“华龙一号优化改进型”应急设施设计基本特征和应急设施可居留性分析评价见本书 8.2.3 节和 8.2.4 节。应急计划区划分见 8.3.3 节。

根据《核动力厂营运单位的应急准备和应急响应》(HAD 002/01—2019)的要求，在设计建造阶段，应对应急撤离路线做出安排，开展撤离时间及可行性分析。

在发生核事故需要执行撤离防护行动时，事先制订的行动计划能否顺利、有效地实施，通常采用应急撤离模拟进行评估。应急撤离模拟是从撤离时间的角度对事故后核电厂的应急响应能力的判断和评估，旨在发现制约撤离的关键问题并加以解决。撤离时间估计(evacuation time estimation，ETE)为核电厂和地方政府确定应急计划区、制订应急计划提供了一个参考，也为核事故应急决策提供了重要的技术支撑。缩短撤离时间对于降低核电厂严重事故的潜在后果有着积极作用。中国核电工程有限公司已自主研发应急撤离模拟程序，可结合具体的厂址条件(包括周边人口分布、交通道路条件、车辆信息等)，以及场内非应急工作人员情况，考虑不同的情景进行撤离模拟分析，给出不同情况下的撤离时间估计，为应急防护行动决策提供参考。

目前，应急撤离模拟程序已应用于国内包括华龙机型在内的多个核电工程应急撤离情景模拟分析中，亦可应用于“华龙一号优化改进型”机组的应急撤离模拟分析。

综上“华龙一号优化改进型”设计满足法规导则要求，在设计基准事故分析中，系统地考虑了一整套的初始事件。“华龙一号优化改进型”核电厂设计的安全注入系统、安全壳喷淋系统、辅助给水系统等专设安全设施设置有足够冗余和独立的设备来提供必要的安全动作，使得能动部件的单一故障不会妨碍必要的安全动作。专设安全设施和安全壳一起，在设计基准事故的情况下可有效限制从安全壳内的放射性物质释放。

根据 HAF 102—2016 的要求，“华龙一号优化改进型”在工程判断、确定论和概率论评价的基础上得到了该电厂的设计扩展工况(DEC-A 和 DEC-B)清单。为应对 DEC-A 事故工况，设置了应急硼注入系统、二次侧非能动余热排出系统、非能动安全壳热量导出系统等应对措施；为应对 DEC-B 严重事故工况，设置了一回路快速卸压系统、安全壳消氢系统、堆腔注水系统和非能动安全壳热量导出系统等严重事故缓解措施。在设计分析过程中，对这些 DEC 应对措施的有效性进行了评价，同时选取典型事故序列，开展了放射性后果分析。分析结果表明,"华龙一号优化改进型"应对设计扩展工况的安全设施可以有效缓解事故后果,使电厂在DEC事故工况发生后重新返回可控稳定状态,避免出现不可接受的放射性后果。

"华龙一号优化改进型"的概率安全分析结果显示,核电厂的堆芯损坏频率不超过 10^{-6}/(堆·年),大量放射性物质释放频率不超过 10^{-7}/(堆·年),表明"华龙一号优化改进型"的安全设计将内、外部事件导致核电厂发生堆芯损坏和放射性物质大量释放的风险降低到了非常低的水平,有效提高了核电厂的安全性。

"华龙一号优化改进型"还开发了全范围的严重事故管理导则用于在严重事故发生后使电厂重新返回可控稳定状态,使场内和场外的放射性后果降到最低。同时,针对极端工况,开发了大范围损伤事故管理导则,以便在发生大范围损伤事故的情况下协助应急人员做出及时而正确的响应,使电厂回到稳定可控的状态。此外,还通过开展严重事故下的设备(含仪表)可用性分析,以及事故下的主控室和应急指挥中心可居留性分析、应急撤离模拟分析等,确保了事故管理策略的有效实施及事故情况下电厂应急响应的可实施性和有效性。

参考文献

[1] International Atomic Energy Agency. No. SSG - 4 development and applicaiton of level 2 probabilistic safety assessment for nuclear power plants[R]. Vienna: IAEA, 2010.

[2] 国家能源局. 应用于核电厂的二级概率安全评价 第1部分: 总体要求: NB/T 20445.1—2017[S]. 北京: 核工业标准化研究所,2017.

[3] 国家能源局. 应用于核电厂的二级概率安全评价 第2部分: 功率运行内部事件: NB/T 20445.2—2017[S]. 北京: 核工业标准化研究所,2017.

[4] 国家能源局. 应用于核电厂的二级概率安全评价 第3部分: 低功率和停堆工况内部事件: NB/T 20445.3—2021[S]. 北京: 核工业标准化研究所,2021.

[5] 国家能源局. 核电厂二级概率安全评价开发方法: NB/T 20633—2023[S]. 北京: 核工业标准化研究所,2023.

[6] 国家能源局. 核电厂严重事故管理导则的编制和实施: NB/T 20369—2016[S]. 北京: 核工业标准化研究所,2016.

[7] 国家能源局. 核电厂大范围损伤缓解导则编制和实施: NB/T 20631—2021[S]. 北京: 核工业标准化研究所,2021.

第 15 章

数字化与智能化

“智能发电”与“智能电网”、德国“工业 4.0”及“中国制造 2025”的理念相似,其核心是第四次工业革命大背景下发电技术的转型革命。早在 21 世纪初,各国先后提出“智能工厂和智能制造”的概念,美国和德国分别提出了“工业互联网”和“工业 4.0”的概念,人类进入以信息物理融合系统(cyber-physical systems, CPS)为基础,以高度数字化、网络化为标志的第四次工业革命时代[1]。此后,欧盟和中国相继开展“智能电网”的研发和推广,促进了电网技术的快速进步和相关产业的快速发展。2014 年,我国相继提出了“中国制造 2025”,其内涵指在信息化与工业化深度融合的背景下,应对互联网、大数据、云计算等领域新技术发展,推进重点行业智能转型升级,提高资源利用效率,加快构建高效、清洁、低碳、循环的绿色工业体系,行动纲领明确了十大重点领域,其中新一代信息技术产业、电力装备、节能与新能源汽车等领域与能源行业密切相关[2]。

现阶段,中国在“智能发电”领域已具备一定的基础。首先,现有电厂在数字化、信息化和自动化方面已达到较高水平。其次,网络技术和计算能力的显著提升为智能发电提供了技术支持。此外,我国的发电装备制造水平也迅速发展。目前,国内各类发电企业普遍配备了自动控制系统、监控信息系统和管理信息系统等,但与真正的智能化生产仍存在较大差距。

“智能发电”是一个融合多学科的高新技术领域,它不仅限于数字化和信息化,更在此基础上推动了更高层次的人工智能应用。我国在这一领域已进行了探索。《智能电厂技术发展纲要》则提出[3],智能电厂通过现代数字信息处理和通信技术的广泛应用,整合智能传感、执行、控制和管理决策技术,实现安全、高效、环保运行,并与智能电网紧密协作。

在智慧发电方面,对于常规火电厂,西门子、GE 等部分国外制造厂商,将关注重点集中在区域数据共享与可视化辅助运维技术的应用方面。而国内，目前智深公司建成了我国首个应用的燃煤火电智能系统（intelligence control system，ICS），实现了能效分析、运行优化、控制优化和设备状态监测相结合的智能发电技术应用，应用范围已覆盖单元机组、公用系统和辅助系统等全厂所有生产环节，做到智能发电平台在火电厂的全面覆盖，开创了燃煤火电底层控制操作系统全面国产化和首次智能化的新时代[4]。目前，国内部分发电集团正在积极推进智慧电厂建设，打造样板工程。其中，大唐南京发电厂在2019年率先建成国内第一家燃煤智慧电厂，该智慧电厂包含了六大功能模块，分别为锅炉工业计算机层析成像（CT）、智能燃烧、三维镜像电厂、锅炉四管诊断、远程故障诊断和人员定位，利用人工智能、大数据分析和虚拟现实等最新技术，对电厂内部设备实现了精准高效管控。京能集团的高安屯热电率先将互联网技术应用于传统电力行业，建成全国首个数字化热电厂，旗下的十堰热电厂也按智慧电厂标准建设[5]。

参考智能化技术在如今先进燃煤电厂中的应用，智能化技术的迅猛发展不仅在传统领域内推动了前所未有的技术革新。在核电运维领域，智能化技术的潜力同样引人注目，智能化技术应用可能彻底地改变核电站的运行和管理方式，能大幅提高现有核电机组运行自动化水平和运维管理智能化水平，并加深对机组运维数据的挖掘利用，进而减少核电机组运维所需人员、降低运维人员工作负荷，并解决部分复杂状况决策困难及管理分散滞后等问题，这些问题的解决能大幅提高核电厂运行的安全性和经济性。

核电的数字化和智能化（简称数智化）转型是面向未来发展的战略布局，数智核电技术是新一代数字化、智能化技术与核电业务发展的融合产物，逐步重塑核电的研发、设计、制造、建造和运维。数字化技术通过对信息数据的整合与处理、数据孤岛的打通，赋予领域知识以新的生命力，并以之为牵引显著提升了效率和敏捷交互能力。在优化型号研发设计流程的同时，提高了建造和安装的管控水平，从而能够更加灵活地应对复杂的工程需求，为核电厂的成功交付提供了数据资源和技术支持的坚实保障。数字化与智能化相辅相成，两者的结合为型号可持续发展提供了广阔的前景。

无论是从业务变革的视角还是从新技术发展视角，数智核电技术的发展均具有较多的不确定性，这就要求数字化、智能化技术应用的总体技术方案统筹规划，不断根据实际情况来调整，技术需不断部署应用并迭代升级。核电行业必须坚持“需求牵引，目标导向，统筹规划，统一技术，迭代发展”的原则，坚持"强核心,大协作"创新模式下的跨单位、跨行业、跨技术领域的深度融合,持续提升核电安全性与经济性,构建数字化、智能化技术应用体系,不断应用与迭代,推动各项数字化与智能化技术随着批量化建设的华龙机组逐步提升技术成熟度。

15.1　数字化技术应用

数字化技术在核电设计领域的应用是推动核电设计领域高质量发展的关键因素。通过数字化技术与核电技术的融合,使核电设计变得更加高效、精确和安全。通过打造高度集成的设计平台,可以实现数据的统一管理和多专业团队的紧密协作,提升设计效率和准确性。通过引入三维设计软件,使得设计团队能够创建高精度的核电站三维模型,这些模型不仅能用于设计验证,还支持施工模拟和运维规划,乃至未来直接用于施工实现智能建造,能够极大地提高设计的可视化、可理解性和数智化水平。通过使用参数化和模块化设计方法,还可以提升设计的灵活性和规范性,而数字化仿真技术允许在虚拟环境中测试不同的设计方案,优化设计并减少施工风险。

数字化工程交付的实现,使得施工单位能够直接利用三维模型指导施工,减少对二维图纸的依赖,提高施工的准确性。智能设计工具能够高效地辅助设计工作,降低人为错误,加速设计流程。设计过程中产生的大量数据通过集中管理和分析,能够正向反馈设计团队基于数据做出决策与优化改进。高速网络通信技术的使用,为整个核电设计团队能够分布式协同工作,打破地理限制提供了硬件基础和工作平台。

随着核电技术的不断进步,数字化技术在核电设计领域的应用也变得越来越重要,它不仅提高了设计工作的效率和质量,而且为核电站的安全性、经济性和可持续性提供了坚实的技术支撑。数字化技术还能够为核电设计提供源源不断的持续升级和迭代动力,打造具备优越性能和竞争力的新一代数字核电厂。

15.1.1　数字化基础建设

"华龙一号优化改进型"数字化设计使用统一的设计平台"核聚众台",如图 15 - 1 所示,核聚众台的底座架构由数据中台、技术中台、业务中台构成。平台建设遵循统一的数据组织结构、数据交换标准、数据接口标准,数据中台主要负责数据相关服务,技术中台负责数据的中转跟迁移,业务中台可以提供数据迁移、工作流引擎及三维模型轻量化组件服务等功能。各环节的设计平台均与核聚众台的数据底座相连并保证数据与信息的互联互通。

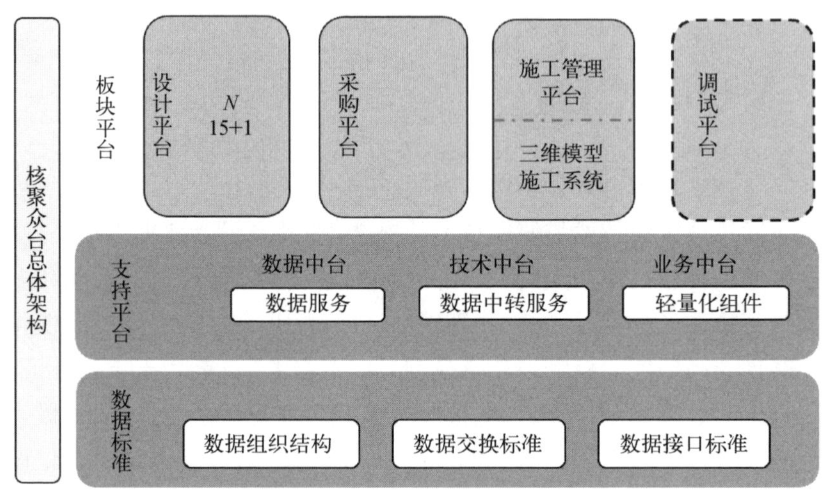

图 15-1　核聚众台整体架构

各专业设计平台均可向各设计分包单位开放设计权限,各设计分包单位可根据自身需求进行使用授权的申请,也可自行搭建设计平台,但所有交付成果均应符合设计平台数据标准要求,并统一交付至设计管理平台。

1）专业设计平台

数字化专业设计平台覆盖了核电厂设计的所有专业,这些专业设计平台包括工艺设计平台、电气设计平台、仪控设计平台、三维布置设计平台、建筑结构设计平台、严重事故设计平台、设备设计平台、辐射防护设计平台、消防设计与防火分析平台、室外设计平台、工程经济平台、事故分析平台、概率安全分析平台、力学计算平台、仿真验证平台等。

专业平台集成了专业设计软件和计算分析仿真软件,能够开展核电厂各类设计及仿真分析工作,专业平台产生的数字化设计成果将统一发布至数据中台存储。

(1) 工艺系统设计平台。工艺系统设计平台实现了核岛工艺、通风、消防、给排水、水工、暖通、放废等系统专业设计输入结构化、设计流程智能化、设计输出数字化。平台上开展的设计工作是在符合法规标准、设计准则的前提下,完成系统流程、配置、设备、控制和运行等,输出数字化的工艺系统设计成果及文件，并将各项设计条件传递给下游的布置、仪控、电气、设备等专业。

工艺系统设计平台允许设计工程师开展上述流程设计工作。工艺系统设计平台集成了智能工艺流程设计软件，软件和平台能够将核电厂工艺系统泵、风机、换热器、过滤器、阀、管道等基本单元数据结构化，并对这些基本单元的属性参数进行设计和管理，这些数据为核电厂的全生命周期活动管控奠定了基础。

(2) 电气设计平台。在平台架构方面，电气平台由管理子平台和设计子平台组成。设计子平台由强电设计模块和弱电设计模块组成。其中：强电设计模块包括中压配电系统、低压配电系统、直流及 UPS 配电系统、照明系统、防雷接地系统等模块；弱电设计模块包括语音通信系统、广播扩声系统、火灾自动报警系统、火灾自动报警系统、工业电视系统等模块。

在平台功能方面，管理子平台通过对内与设计子平台互通，对外与数据中台、设计信息管理系统（CIMS）等互通，初步实现了设计数据的交互。设计子平台通过各个设计模块的功能支撑，使得各个设计环节从传统的手工方式改进为基于数据的半自动化方式，初步实现了电气、通信专业的设计流程标准化、设计数据结构化。

(3) 仪控设计平台。核电厂的仪表和控制平台由设计平台、一体化管理平台组成，并与仿真验证平台、可靠性设计平台、人因分析工具等接口。设计平台采用面向对象的理念，对仪控系统进行数字化建模，构建了仪控系统设计的数字化模型。一体化管理平台在对设计平台数据进行项目管理的基础上，对设计数据进行全生命周期管理，完成对外的接口功能。

仪控设计平台对控制柜、温度仪表、压力仪表、流量仪表等基本实体单元及信号和逻辑等虚拟单元进行对象属性参数的设计和管理。仪控设计平台集成了专业分析软件，能够开展可靠性分析、人因分析等分析工作。仪控设计平台补充了工艺专业、电气专业相关测点和被控设备的参数数据，同时产生仪控平台功能、逻辑、控制柜参数等数据，这些数据为核电厂的全生命周期活动管控奠定了基础。

(4) 三维布置设计平台。

① 三维布置设计系统：核电厂工艺平台、电气平台、仪控平台在完成平台设计后，需要将逻辑表达的平台设计转化为实体表达的布置设计，将为数众多的工艺设备和管道、电气设备和电缆、仪控设备和电缆等物项布置在有限的建构筑物内，以便未来将这些物项安装在建构筑物内。

三维布置设计平台集成了专业化的工厂三维设计软件，该软件配置了近百万物项模型库，包括设备模型库、管道管件模型库、电缆模型库、支吊架/电缆桥架模型库等，使得设计工程师可以利用这些模型库快速建立核电厂三维模型。利用工厂三维设计软件，将核电厂分解为不同的机组、平台、子平台、设备和部件，并产生这些设备和部件的几何参数、位置参数及相对位置关系数据。三维布置设计平台集成了水淹分析软件，允许设计工程师在核电厂发生失水事故时，分析厂房内部水淹情况，为采取应对措施提供依据。三维布置设计平台产生了核电厂建构筑物内所有实体物项的三维模型，这些三维模型可用于设计、施工、建造和运维，为对核电厂的全生命周期活动管控奠定了基础。

② 三维可视化电缆敷设设计管理系统：三维可视化电缆敷设设计管理系统(CDMS3.0)，通过核电工程电缆敷设设计业务流程、设计数据管理，配合采购、施工安装、运维的体系，基于标准化的数据架构，利用数字化、三维可视化设计手段，完成三维可视化电缆敷设设计管理工作。CDMS3.0满足一体化设计需求，能够实现桥架布置设计及验证、三维可视化电缆敷设及模型展示、自动寻径、人机交互等功能，有效提高设计水平、质量及效率。满足一体化变更管理需求，具有成品版本、设计变更等管理功能，可实现电缆敷设设计管理的数字化，提高设计管理能力。满足一体化设计数据管理需求，形成电缆敷设数据库，通过对数据的集中管理，实现设计、管理过程的信息可追溯。系统的各类数据及数据接口满足标准化的设计数据架构要求，便于在设计院集成设计平台及施工管理的系统平台中，实现多专业的流程协作与数据共享，实现该系统的可持续发展。

(5) 建筑结构设计平台。核电厂分为核岛、常规岛和电厂辅助设施3个部分，每个部分又分为不同的建构筑物。根据堆型、厂址、项目性质(新建/扩建)、用户要求的差异，建构筑物的数量有所不同，但都接近100个。

建筑结构设计平台侧重于开展核岛、电厂辅助设施的建筑设计、结构设计和计算分析仿真工作，是一个涵盖核电站建构筑物的建筑、结构设计全范围全过程的一体化综合设计系统。建筑结构设计平台技术可控、数据安全可靠。建筑结构设计平台可实现建筑结构三维协同设计一体化，基于三维设计软件PKPM-BIM开发，提供完整的三维数字化厂房建筑结构布置功能，实现多专业三维协同设计及数据传递；实现建筑结构专业设计工作一体化，将建筑、结构专业的常用专业设计工具与平台集成，提供高效的设计功能，提升设计质量；实现建筑结构专业设计管理一体化，提高设计管理水平；实现建筑结构数据管理一体化，有效管理建构筑物的三维模型、钢筋、混凝土、结构计算等数据和成果输出数据，并可实现不同项目的成果复用。

(6) 严重事故一体化平台。严重事故一体化平台主要覆盖了严重事故分析研究、核与辐射应急 2 个专业的设计工作范围。其中，严重事故分析研究专业主要包括严重事故序列分析、源项计算分析、严重事故关键现象研究等。核与辐射应急专业主要包括选址假想事故源项计算、严重事故源项转换、事故下短期大气弥散因子计算、事故下主控室取风口大气弥散因子计算、事故下公众剂量后果分析、事故下应急设施内人员剂量后果分析、核电厂严重事故下放射性后果评价及应急辅助决策等。

严重事故一体化平台是开展上述业务工作的数字化平台。平台集成了一体化严重事故分析软件、严重事故关键现象分析软件、选址假想事故源项计算软件、事故下大气弥散因子计算程序、事故下剂量后果分析程序、核电厂严重事故下放射性后果评价及应急辅助决策地理信息系统(GIS)等业务工作中使用到的大量计算分析软件。设计人员可通过该平台获取相关业务工作上游专业的设计数据，根据不同分析需求与目的，选择相应的计算分析程序，进行建模并完成分析计算，同时向下游专业(或数据中台)发布计算结果数据或计算报告。

(7) 辐射防护设计平台。辐射防护设计平台覆盖了辐射安全专业的设计工作范围，包括辐射源项分析、辐射场分析、辐射分区设计、职业照射剂量评价等业务。

辐射防护设计平台设置了子平台数据库，集成了核电厂辐射防护设计的大量计算分析软件。设计人员可通过该平台获取相关业务工作上游专业的设计数据，根据不同分析需求与目的，选择相应的计算分析程序，进行建模并完成分析计算，同时向下游专业(或数据中台)发布计算结果数据或计算报告。

(8) 核电厂事故分析计算平台。热工水力与安全分析专业的主要业务范围包括热工水力设计与事故安全分析两个方面。其中，热工水力设计包括堆芯热工水力设计、安全壳热工计算、乏燃料水池与格架热工分析、运输容器热工分析等。事故安全分析包括设计基准事故 DBA 分析、设计扩展工况 DEC - A 分析、概率安全分析(PSA)热工水力计算、事故规程符合性计算等。

核电厂事故分析计算平台是热工专业开展上述业务工作的数字化平台。

平台集成了堆芯热工水力设计、安全壳计算、事故分析等业务工作中使用到的大量计算分析软件。设计人员可通过该平台获取相关业务工作上游专业的设计数据，根据不同分析需求与目的，选择相应的计算分析程序，进行建模并完成分析计算，同时向下游专业（或数据中台）发布计算结果数据或计算报告。

(9) 设备设计平台。核电厂设备分为标准化设备和非标类设备，其中标准化设备可以根据设备采购技术规格书直接进行采购。而对于非标类设备，尤其是非标机械类设备，由于技术进步、堆型技术差异、结构功能复杂等原因，需要进行定制化的研发设计，包括反应堆堆本体设备、工艺过程设备、放射性废物处理设备、核燃料操作和贮存设备、放射性物质贮运设备等，同时还涉及核工程材料、核工程焊接与无损检测技术等专业技术领域。

一体化设备设计平台是以数字化设计为导向的，面向核工程非标机械设备及其相关专业的先进设计平台。其主要手段的是利用计算机辅助设计(CAD)和产品数据管理(PDM)的先进技术，同时充分考虑与工程分析(CAE)等环节进行数据对接。通过一体化设备设计平台的实施和应用，使设备专业在设计业务、设计管理及设计数据方面具备数字化设计转型的基础条件，在此基础上结合设备专业的设计特点，在专业内部建立高效的专业设计和管理模式，最终形成一个完整的以设计流程为驱动，先进设计工具集成为手段，数据管理为基础，三维协同设计为核心的全过程设计平台。

一体化设备设计平台的功能规划覆盖设备专业所包含的 3 类业务：业务管理、设计管理和设备设计。设计管理与设备设计业务两条主线需要交替牵引、互相支撑，实现业务之间的纵向管理与横向贯通。通过业务管理的人员、任务、资源分配和工程项目牵引，以设计管理和设备设计这两类业务的双轮驱动，通过对设计系统的集成化和设计数据的整合互通，助力设备设计数字化的效率和质量提升及设计方案的高速形成和更新迭代，最终实现设备设计能力向智能化设计的升级。

(10) 室外设计平台。室外设计平台集成专业设计工具，形成总平面设计和室外工程相关专业协同工作的环境，是开展核电厂总平面设计和室外工程设计、设计数据管理的平台，提供总平面和室外工程主要专业全过程的数字化设计、一体化管理、一体化数据查询利用等功能。室外设计平台形成全厂总平面模型，产生平面布置数据、道路设计数据、围栏布置数据、地下管网设计数据等内容。这些数据为核电建造、运行期间提供电厂全局的、包含地面以上和地面以下的立体空间模型，也可为其他应用平台提供基础数据。这些数据可为电厂运维期间的厂区管理提供支持。

室外设计平台包括专业设计工具模块（总图、给排水、暖通）、协同设计模块、数据集成模块，允许设计人员在平台上开展电厂总平面布置、室外工程设计、管线综合等设计工作。

（11）工程经济平台。核电厂技术经济专业的主要设计范围业务包括工程设计阶段的初步可行性研究和可行性研究估算、初步设计概算、施工图预算和各阶段的经济分析等工作。

工程经济平台是开展上述业务工作的数字化平台。该平台包含了设计输入管理、施工图阶段工程计量与计价，价格信息管理、指标管理、设计各阶段项目总投资测算、财务分析等功能模块，支撑了设计阶段主要技术经济业务的高效开展，同时实现了工程项目造价数据的数字化管理。此外，工程经济平台也是开展建安发承包阶段工程量清单和招标控制价编制的业务平台，可支撑建造阶段主要造价咨询业务。

工程经济平台包含了项目设计与招投标阶段主要的工程量数据、造价数据、指标数据和财务评价数据，可以高效地为投资方投资决策、建设单位投资申报和项目管理费用控制提供支撑。

工程经济平台可向建设单位提交符合能标范围和深度要求的工程经济数据。

（12）消防设计与防火分析平台。消防设计与防火分析平台集成了防火分区设计、消防联动控制设计、爆炸性气体环境分区设计、火灾危害性分析等模块。通过数据中心的基础数据、平台预设的逻辑和参数维护的管理，可以实现防火分区设计、消防联动控制信号设计、爆炸性气体环境分区设计的数字化，并自动分析、判断防火分区火灾荷载相关数据、防火分区的火灾持续时间、边界屏障、火灾报警平台设置、固定灭火平台设置、通风防火与防排烟、消防疏散、安全系列冗余列分隔状况等是否满足要求；能够实现消防总体设计和防火分析的闭环管理，同时具有一定的灵活性、可扩展性和兼容性，输出防火分区、消防相关设备联动控制信息、火荷载、爆炸性气体环境分析、火灾危害性分析等基础业务数据。这些数据可为电厂消防管理及运维管理提供支持。

（13）概率安全分析平台。概率安全分析平台基于概率安全分析要素，包含了核电厂的内部事件一级 PSA、二级 PSA、三级 PSA、灾害 PSA 应用及可靠性数据分析等工作，同时，与其他设计专业的数字化设计平台及数据中台建立联系，可以有效地支持概率安全分析专业一体化设计管理、数据管理和应用、提供分析效率和分析质量。概率安全分析平台可以形成核电厂的内部事件导致的堆芯损伤频率、危险导致的堆芯损伤频率、早期大量放射性物质释放频率、安全壳的失效概率曲线、公众剂量后果、余补累积频率分布等数据，这些数据为核电厂风险指引型应用和核电厂安全管理提供了基础数据。

(14) 力学计算平台。在核电工程的设计与建造过程中，需要对设备与管道的抗震性能与强度进行力学计算和分析。在力学分析过程中，一般包含对设备或管道结构建立几何模型、划分网格生成有限元计算模型、加载载荷与边界、开展计算、评定应力并生成分析报告，最终提交校审流程。

力学计算平台立足实际力学设计过程，针对典型设备和管道的结构形式和载荷特点，采用标准化、模块化、一体化的设计原则建立。平台集成了多种力学专业分析软件，整合并实现了设备或管道的全过程自动化分析。其具备与上、下游专业之间交互数据，同时可以实现对工程计算题目管理及生产成品编、校、审等质保管理流程。

力学计算平台搭建的全过程力学信息数据库，对产生的计算模型几何、边界载荷、规范准则与计算结果等数据进行了结构化存储，实现数据统计查询与关联分析功能，为核电厂设备与管道的力学评定和综合分析奠定基础，以更好地利用数字资产。

(15) 仿真验证平台。仿真验证平台依托数字化仿真技术建立核电厂全范围仿真模型，通过与设计数据的对接，对设计内容迭代更新建模，模型的精度和准确性不断提高，支持各专业设计内容的实时验证和实时展示，为设计人员提供一个全电厂场景下的设计仿真环境，支持各专业设计内容的仿真验证。同时，该仿真平台在实体电厂建立之前为电厂运行提供大量的仿真运行数据，为后续新建电厂的人因分析、运行相关验证乃至智能化运行研究提供必要的基础数据。

仿真验证平台基于仿真验证需求，密切结合核电厂多专业的数字化设计进展，建立全新的仿真支撑平台并兼容全范围核电厂模型的仿真功能，包含自动建模模块设计，建立通用的标准化接口，建立基于 Web 的设计验证运行环境、统一的多领域多学科协同仿真技术、仿真验证平台的数据管控等，将仿真数据进行必要的业务流程自动化管理等。

2）设计管理系统

核电厂的设计管理是一项非常复杂的工作，其目标是利用有限的资源产出合格的设计产品，在实际工程项目设计过程中还包含了一系列的设计管理要素，具有管理专业多、接口复杂、流程长、时限要求强等特点。数字化的设计管理平台，可以结合核电工程设计管理的质量保证要求及积累的核电设计管理经验，多专业协同设计提供业务协同环境。

3）采购管理系统

核电设备采购工作包括用于电厂建设的设备、材料、备件、工具、消耗品几类物项及服务的采购，管理过程涵盖采购计划、采购执行、合同履约、设备交付、设备质量管控及仓储等阶段。

采购管理系统实现了数字化的物项全过程信息管控，建立了网状的数字化供应链管理模式，为设备采购项目管理中的进度管控、范围管控、费用管控、质量管控提供了全面、可靠的决策依据。采购管理系统具备根据采购需求模型和供货模型自动建立设备采购一体化计划的能力，并可依据实时数据采集进行动态进度跟踪及风险预警，提供实时、准确的进度信息；在供应商管理方面，采购管理系统建立了完善的供应商数据库，可在寻源、准入、合同执行、履约评价等不同阶段按需提供供应商数据，并在采购过程中进行供应商的动态风险评价；通过数字化合同，以及与数字化设计平台、数字化工厂的集成，采购管理系统支持设计制造上、下游协同协作，同时可提供合同及设备的全过程数字化信息，包括设备物料清单（BOM）、轻量化三维模型、设备设计参数、制造参数、接口数据、文件清单、交付数据等全过程信息；在质量管控方面，采购管理系统通过将监造检验标准数字化及自动化数据采集，可实现智能化符合性检查及数字化质量追溯等功能。在设备交付阶段，采购管理系统具有可视化的物流跟踪、入库检验及库存管理功能，可提供全面的物流仓储的数字化信息。

4）施工管理系统

施工管理系统聚焦项目现场的工程建设管理，用数字化手段对项目建设期间的进度、质量、安全、设计、采购、文件等各个层面的全面集成，涵盖了工程项目建设过程中的项目控制、合同管理、建安管理、设计管理、质量管理、安全管理、物资管理、调试管理、文件管理、综合管理、人力资源管理，全面覆盖了项目部的施工管理业务。此外，打破与各板块、各单位之间的系统壁垒，与业主、监理、承包商等上下游单位协同运转，同时，借助 5G、物联网、人工智能、移动应用、人脸识别等技术，提高施工现场的精细化、智能化管理，形成高效管理和科学决策的工程信息化集成系统与完整、准确的工程数据库系统，产生并存储建造过程中的过程数据和成果数据。

5）调试管理系统

调试是在整个核电站的建造完成后，使安装好的系统和部件运转，并验证其性能能否满足设计要求和有关安全、运行准则的过程。调试管理系统主要用于实现核电项目调试业务的数字化管理，为项目调试准备和实施工作提供数据支持和决策依据。它的主要业务包含调试准备、移交、工作过程、试运行、设备、培训授权、质量、安全、物资、文档和经验反馈管理等功能，覆盖调试业务全过程。

调试管理系统集成了不同核电工程项目、多机组、多调试项目的信息管理软件，以实现项目调试费用、进度、安全和质量控制目标，并从项目全寿期管理角度促进调试业务与设计、采购、施工和生产各系统的数据交流与信息共享。调试管理系统存储了调试全业务过程的数据，为建立与核电生产信息的共享平台、满足生产准备对调试业务数据的需要奠定基础。

6）三维轻量化系统

三维模型轻量化系统可以对大型复杂的三维模型进行压缩和精简处理，减少模型的文件大小和数据量。通过去除模型中不必要的细节、边界、纹理和材质等，实现模型数据的精简，从而减少资源的占用和传输的成本。

该系统可以对三维模型进行轻量化处理，以提高模型的性能和质量，减少不必要的细节和重复数据，从而提高模型的渲染和显示效果，并减少计算和加载的时间和资源消耗。同时，支持多种三维模型数据格式和文件类型之间的转换和兼容性。能够实现不同格式的模型之间的互相转换，以满足不同软件和系统的需求。该系统具备以服务形式提供轻量化引擎与上下游系统集成的功能，以确保各环节用户浏览三维轻量化模型的一致性，必要时还可以将模型数据导出为最通用的格式，以便于在上、下游系统之间使用和共享。

该系统可以提供三维模型的可视化和交互功能，使用户能够在虚拟环境中浏览、查看和操作模型。该系统还具备对三维模型数据组织结构进行管理和共享的功能，能够帮助用户有效组织和管理模型数据。

7）数字化交付系统

设计及设计管理系统、采购管理系统、施工管理系统、调试管理系统产生并存储了核电厂设计、建造、调试过程中的过程数据和成果数据。其中，部分成果数据是业主档案管理和核电厂运维所需要的，这部分数据可以筛选出来，以产品的形式整体交付给业主。

数字化交付系统的功能是从设计及设计管理系统、采购管理系统、施工管理系统、调试管理系统中筛选出必要的数据，并有组织地进行存储，以便将这些数据交付给业主，供业主方高效地运维核电厂，实现在交付实体电厂的同时交付一个完整的数字核电厂，实现核电厂全生命周期的数字化管理和运行。

15.1.2　数字化先进技术的施工应用

1）安装三维设计

目前，三维设计有多款软件可以选择，如 AVEVA 公司的 E3D 三维设计软件，可满足管道、通风、电气、通信、仪控、设备、公用等专业的三维设计需求。在设计过程中，可根据各专业诉求进行建模辅助插件和工具的定制开发。

三维模型替代二维图纸施工。在核岛安装过程中，直接将三维模型交付施工单位用于指导施工。

各专业按照专业特点确定三维模型的最小交付单元，基于电厂分解结构(PBS)重新组织三维模型结构，并通过插件对三维模型属性进行完善与补充，最终形成符合设计深度的三维模型交付品。通过设计管理平台完成对下游环节的数字化交付。

2）功能模块与设计插件开发

为满足数字化设计需求并提升设计效率，部分三维设计软件，如 E3D 软件，还开发了诸多功能模块与设计插件以进行辅助设计。

(1) 结构提资模块。管道、电器、仪控、暖通等工艺专业设计人员可根据工艺模型穿过墙壁和楼板的位置、支吊架的位置，或根据需要确定门、窗的规格和位置，在墙板上自动生产虚拟孔洞或埋板。工艺专业设计人员根据需求进行调整和碰撞检查，确定孔洞埋板位置后，补充封堵、埋板规格和锚筋、翻边和启口等信息，向结构专业提交开孔等需求资料。经过设计质保流程，结构专业接收提资后，根据结构设计情况对虚拟孔洞、埋板、门窗进行转实，最终在墙板模型上开孔或生成实体的模型。

(2) 力学提资模块。传统的力学提资过程(见图 15－2)，需要在模型设计完成后，抽出管道等轴 ISO 图并进行二次修改才可以提交给力学专业。力学需要根据 ISO 图来手动创建力学模型并计算，设计效率和准确率均受到人为因素制约。

在应用于工程项目时，可制定 PCF 数据标准，在布置和力学软件间直接传递数据来简化提资流程（见图 15－2），设计人员直接从模型中抽取需要力学计算的 PCF 文件，无须修改图纸，同时力学平台将接收到的 PCF 文件自动转化生成力学计算模型，在提高了设计效率的同时，保证了设计的准确性。

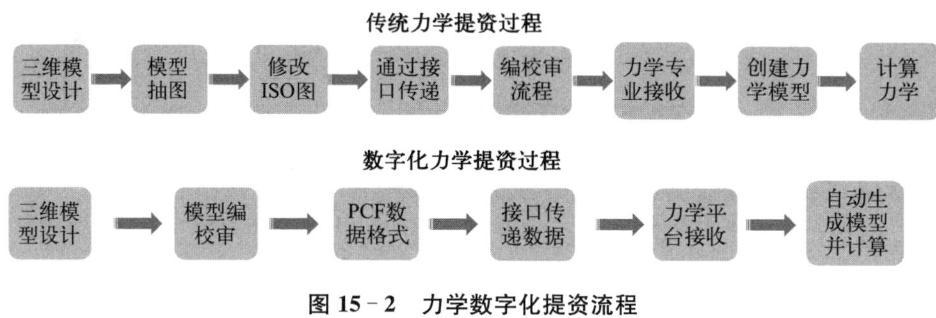

图 15－2　力学数字化提资流程

(3) 设计插件。在三维软件中还配备多种设计插件（见图 15－3），可完成设计人员不同的建模需求，达到提高工作效率，提升设计质量的目的。

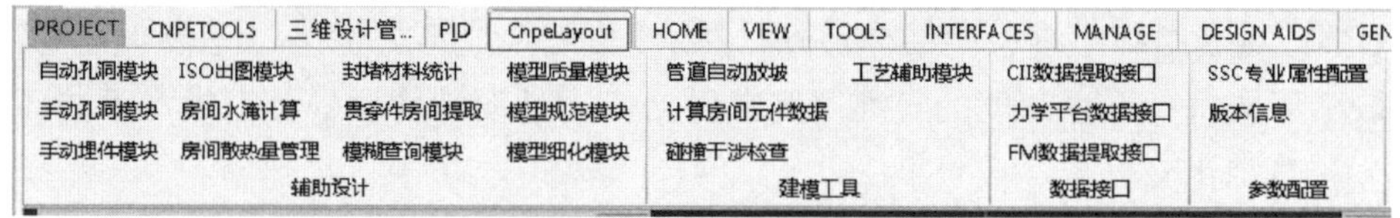

图 15－3　E3D 软件插件栏

3) 土建结构三维设计

(1) 结构模板图、建筑作业图自动出图。在应用于工程项目中的三维软件，如 E3D 软件开发的建筑、结构专业自动出图插件，实现结构模板图、建筑作业图等类型图纸自动切图与标注，提高设计效率和设计质量。

(2) 三维配筋设计。在工程项目中采用已开发完成的如 E3D 软件至 TEKLA 软件的接口，可以实现厂房 E3D 模型到 TEKLA 模型的转换。基于转换后的 TEKLA 格式三维实体模型，结构专业配筋设计人员可接力开展钢筋的三维设计、钢筋统计与清单生成、钢筋的二维详图导出、钢筋之间及与埋件的碰撞检查等工作，实现从钢筋三维模型到配筋图的高质量出图工作。

针对钢筋三维建模效率较低的问题，结合公司的相关自主科研课题进度，利用相关插件与组件库实现参数驱动的构件级钢筋快速建模与导出。

(3) 钢筋自动化下料与施工组织。开展设计施工一体化工作，设计与施工单位开展 TEKLA 钢筋三维模型直接到施工单位下料图在技术、流程及管理上的可行性研究，并通过匹配钢筋笼模块化的施工技术，实现三维配筋的一体化设计，形成结构化、信息完备的钢筋数据模型，最大限度地实现钢筋三维模型的可用价值，应用在尺寸放样、生产加工、施工模拟、清单统计、进度管理等各个施工环节，从而提升施工单位的工作效率，精准控制加工质量，减少原材料浪费。

(4) 大宗材料抽取。在总承包施工管理平台与三维软件，与下游单位约定数据传输格式，确定传输内容，利用 E3D 软件的大宗材料提取功能，完成对于下游单位的同源设计数据传输，实现大宗材料在三维模型全量提取和统计。大宗材料提取功能由三维布置平台负责开发。

4) 建筑信息模型(BIM)技术

依托于"华龙一号优化改进型机组"，中国核电工程有限公司与下游安装单位进行了 BIM 技术联合研究，并将其应用于工程项目中，利用 BIM 技术实现对于现场安装与施工的效率提升。

(1) 主线施工逻辑技术。通过数字化建造技术梳理土建、安装、调试之间的逻辑关系，优化项目施工逻辑，提高施工效率，节约成本。

(2) 关键设备运输安装技术。通过三维模型虚拟施工系统，找出对于施工进度影响大、安装难度大的设备，结合设备自身特点，明确选取原则，利用模拟安装、智能算法等手段，在现场施工前即可消除施工风险，提高效率，节约成本。

(3) 重点房间安装技术。从系统设计、现场施工等多个方面分析，明确工程中重点房间的选取原则，通过数字化建造技术进行安装模拟，优化重点房间施工逻辑，消除施工延误风险，提高效率，节约成本。

基于三维模型，中核工程施工领域还将在现场施工环节开发更多的延伸应用，如焊缝单数字化管理、便捷式管道集成单元制造与施工等。

5) VR 技术

在设计过程中采用虚拟现实(VR)技术辅助设计，通过 VR 检查三维设计中存在的问题，例如操作的便利性、通行空间的合理性。

6) 数字化三维电缆布置与敷设

(1) 三维电缆敷设。基于如 E3D 三维模型设计软件，开发了三维可视化软件,可用于桥架设计验证、路径自动敷设、三维展示等功能,满足项目数字化电缆敷设需求。

(2) 智能电缆桥架及支吊架设计。基于如 E3D 三维模型设计软件,引入数字化三维交互系统,设置电缆主通道智能算法并利用电缆敷设智能算法辅助,可自动完成电缆主通道、支吊架及接地线布置。

15.2 智能化技术应用

安全是核电发展的生命线,以智能化技术提升核电运行安全水平,避免核事故的发生是智慧核电的发展方向。为高效推进智慧核电建设,必须坚持"需求牵引,目标导向,统筹规划,统一技术,迭代发展"的原则,不断探索满足核电安全运行要求的智能化技术,逐渐建立技术验证方法与标准体系,并在应用实践中不断迭代发展,逐渐成熟起来,实现智能技术的高可靠性。

15.2.1 智能核电厂总体设计与规划

目前,典型的智能化应用场景主要包括智能运行、智能消防、智慧 BOP、智能辐射防护、智慧冷源、智慧生产经营等,智能核电厂的总体设计目标旨在设计阶段,统筹规划系统平台的建设,构建智能核电功能框架体系和应用生态,打通不同平台间的信息化壁垒,减少共性资源的重复部署,并通过增加测量范围和引入新技术手段,推动数据融合和交互利用,推动智能化技术按照统一规划进行开发、应用与迭代。

1) 智能核电厂设计原则

智能化技术的开发采用目标导向。紧密跟踪国内外技术发展趋势,充分了解、学习、借鉴国内外行业的先进理念和经验教训,以代替或减少核电厂人员工作量为目标,以现场各工种为使用对象,将先进、成熟、经济、实用、可靠的技术引入核电,构建科学合理的智能化总体方案。

智能化技术的开发采用系统规划。智能化总体技术方案利用系统工程的方法,对系统平台和各应用进行科学规划,系统平台支持智能化应用、存储空间、数据库容量及服务接入能力提前规划并能够按需扩展,应用的采集数据的标识符(ID)、类型、来源、界面显示参数等可配置,便于增减和修改。智能算法服务、基础服务等便于部署、迁移和升级。同时,各个智能化系统之间不会造成相互干扰,在后续维护、升级时也互不影响,并且系统有良好的开放性和二次开发特性，便于后续项目扩展升级。

智能化系统的开发采用统一要求。统一智能化应用平台要求，使整个平台所需集成的各个智能化系统具有统一的数据组织方式、用户体验等，并形成标准的设计规范，以此提高系统平台的设计质量。

智能化技术的开发采用分步实施。智能化总体方案落地采用统一规划分布实施的原则，采用“成熟一项，落地一项”的原则，从整个型号研发的成熟度进行考虑，分步在各工程项目上实施，并通过在工程项目上的使用反馈和运行数据不断提升智能化应用的准确性和成熟度，逐步在各个工程项目上扩大应用范围和准确性，以最终达到增强安全性和经济性的同时，可以简化系统设计，提升用户使用体验的目的。

智能化技术的开发采用迭代发展。随着智能化技术的不断发展及各应用的不断升级，智能化系统平台逐步扩展，后续智能化算法的更新迭代，智能化系统平台总体架构、数据接口、前后端开发方法等方面具有很好的可扩展性，为后续的迭代发展奠定基础。

2）智能核电厂总体功能

智能核电厂的总体功能如下：提升机组智能化水平，对机组实际运行状态实时精准模拟、推演，实现对机组运行状态趋势的估计、预测，为操纵员提供辅助决策信息，降低操纵员工作负荷，有效避免人因失误；基于对核电厂系统设备状态的精准掌握，判断机组实时运行风险；通过智能巡检等技术手段，降低现场运行维保人员工作负担，提高效能；更充分地掌握构筑物/系统/设备运行状态，利用预测性维护技术加强对设备状态的掌握，优化定期试验周期和维修策略，集约利用资源；利用预测性维护技术识别构筑物/系统/设备的早期降级和微小故障，在故障发生前开展预测性的维保工作，防止有微小异常的系统/设备持续劣化，进而引发功能性故障；消防管理信息化、智能化，实现消防相关设备的管理和状态监测与动态模拟可视化、火警响应与灭火指挥救援和基于物联网的火灾探测及消防联动等；厂区辐射监测、人员辐射剂量一体化、信息化等。

3）智能核电厂总体架构

智能核电厂总体架构涵盖运行控制和保护区、运行辅助区、运维支持和管理区的系统平台设置和实施，并搭载各类智能化业务，其构架如图 15－4 所示。

运行控制和保护功能区。该分区的系统是电力生产的重要环节，直接实现对电力一次系统的实时监控。系统功能与电厂的安全性和可用性直接相关，提供正常运行监控、紧急停堆、专设安全驱动、安全生产的必要保障，以及

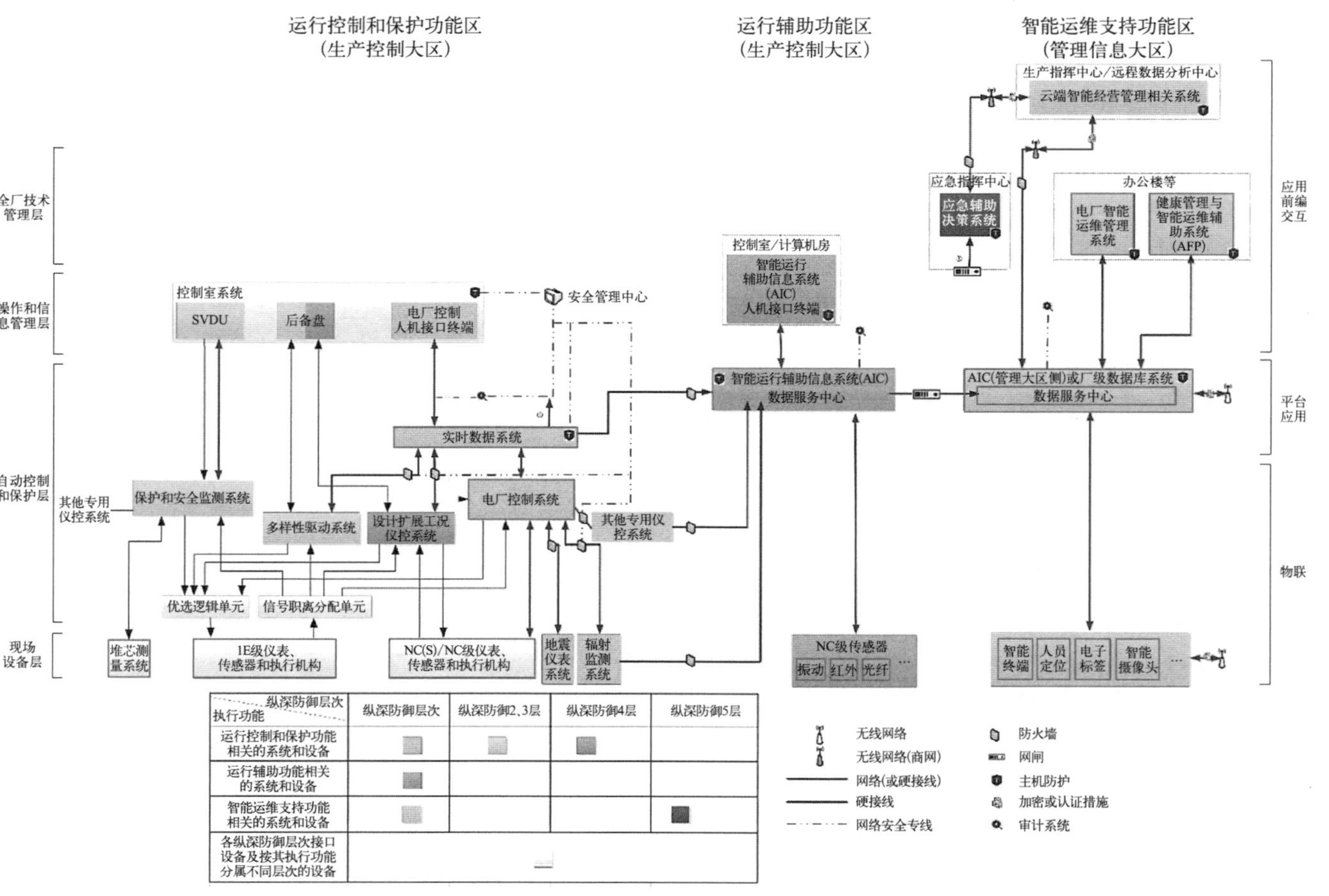

图 15-4 智能核电厂总体架构

应对设计扩展工况的监控等 4 个纵深防御层次的功能。该分区任一子系统执行的功能重要，并且对实时性、可靠性和可用性的要求高。其功能丧失将可能导致停堆、停机或降功率等影响电厂正常运行和保护的事件发生或间接导致电厂生产的保障功能失去。为保证功能可靠，这些仪控子系统应进行高可靠性设计，如采用适当的冗余和表决逻辑、合理的功能分配、设置必要的多样性手段、提供必要的系统在线监测和诊断等，在充分考虑实时性、可靠性、独立性、数据安全性和网络安全防护的要求前提下，系统应尽量简化，不应附加与电厂实时运行和保护无关的功能。当与实时运行辅助功能区和智能运维支持功能区的系统有数据交换时，应加强边界网络安全防护，只允许单向向智能运维支持功能区的系统发送数据。

运行辅助功能区。该分区的仪控子系统是电力生产的必要环节，在线运行但不具备控制功能。系统功能与电厂的安全性不直接相关，但对运行有直接的辅助作用，进而提升电厂整体的可用性。该分区任一子系统功能或全部功能的丧失不能导致停堆、停机或降功率等影响电厂正常运行和保护的事件发生，也不能影响电厂生产的保障功能长期丧失。该分区子系统将信息提供给操纵员进行辅助事件分析和运行决策支持，在设计时充分考虑系统功能的实时性和可信性，运行辅助区的辅助性数据可以发送到运行控制和保护功能区，并进行逻辑隔离的网络安全防护，但不允许直接发送指令给运行控制和保护区的子系统自动联锁电厂的运行控制与保护。

智能运维支持功能区。该分区的子系统功能与电厂的安全性不直接相关，但提供纵深防御第五层应急响应相关功能，该分区主要提供电厂生产管理业务相关数据管理和分析服务功能。该分区任一子系统功能或全部功能的丧失不能导致停堆、停机或降功率等影响电厂正常运行和保护的事件发生，不应参与实时运行控制与保护的各项功能实现。该分区子系统将信息提供给电厂管理人员和运维人员，在设计初期时应充分考虑预留数据采集设备和接口，尽可能利用电厂提供的无线网络和运行控制和保护功能区与实时运行辅助功能区已采集的运行数据，系统应具备良好的可扩展性和兼容性，不允许发送指令给运行控制和保护区的子系统自动联锁电厂的运行控制与保护。

15.2.2　典型智能化系统与应用

1）智能运行辅助信息系统

智能运行辅助信息（AIC）系统，利用先进的监测手段对核电厂生产控制区内目标使用对象为运行人员的重要设备和系统的运行状态进行连续在线监测，利用先进的数据分析方法进行分析评估，并对运行人员提供数据支撑和辅助决策。AIC 系统属于数据和仪控系统中重要基础设施建设，通过提供统一的采集、计算、存储、内存、网络、管理、人机等资源，承载核电运行控制、运行辅助优化、运维支持和管理方面智能化相关业务功能。AIC 系统主要由布置在各个厂房的智能化业务专用仪表、边缘采集和处理机柜、中心服务器机柜、网络安全设备、管理应用服务器、智能 VDU、智能化监测中心、运维支持与管理区人机交互设备构成。采用支持智能化业务生态开发和运行平台，实现各类业务应用的开发、集成、部署，数据的双向交互，为智能化业务的复杂逻辑运算及业务管理提供服务。

2）健康管理与智能运维辅助系统

健康管理与智能运维辅助（AFP）系统，包含硬件设施、软件平台及智慧设备、其他智能化功能等智能化应用子系统。利用先进的监测手段对核电厂重要的设备、构筑物和系统的运行状态进行连续在线监测，利用数据分析等方法进行健康评估、智能预警、故障诊断及运行状态趋势的估计和预测，并向核电厂设备管理人员、维修人员等提供数据支撑和辅助决策。

3）AIC 和 AFP 的典型智能化应用

（1）主控室全时监盘和预警系统。核能作为绿色稳定的清洁能源，安全性和经济性是其两大特征，也是其赖以生存和发展的基石。健康的机组状态是筑牢核电安全稳定和经济高效的前提，通常可通过机组关键参数来表征。对机组关键参数实施监测，不仅是核安全纵深防御第一层次的规定，也是运行人员日常的重点任务。主控室全时监盘和预警系统可基于人工智能算法和核电大数据，实现关键参数的在线实时监测、早期异常预警、趋势预测、辅助决策、定期试验替代和自主决策及控制等功能，替代运行人员重复性的工作，降低人因失误的风险，将传统工作思路由“人找问题”变革为“问题找人”，为进一步提升核电机组的安全性、可靠性和经济性做出贡献。

首先，确定参数范围：参数范围的确定主要来源于两个方面。一是从设计角度自上而下的正向需求分析，基于智慧核工业的目标，核电厂安全运行规定和要求、结合智能巡盘技术的科研成果、国内外良好实践。二是从用户角度自下而上的反向需求分析，基于营运单位的相关管理规定和要求，结合与在职操纵员的咨询和交流的成果，分析总结当前巡检和巡盘方式的“痛点”和“痒点”，进而为满足管理规定和解决“痛点”“痒点”。

其次，建立算法模型：算法是开展智能监测和辅助决策的基础和前提，采用合理适合的算法对于参数异常的识别至关重要。算法的选择主要对各行业所广泛使用的算法原理、技术依据、优劣势、应用情况进行对比分析，选择适用于核电运行特性和工艺系统运行要求、优势突出和应用范围广的算法来设计建模方法和流程。基于所选算法（或多算法的结合），结合工艺系统配置及其运行方式来搭建算法模型。同时，通过历史数据训练算法，充分挖掘数据信息，学习正常的电厂行为及各参量之间的关系，得到最优状态估计算法模型。机组运行时，通过算法预估当前状态下观测向量的最优期望值，通过对比残差是否超过阈值判定测点的状态，实现异常的早期预警。

然后，智能在线监测：以测点在正常运行状态时的期望值与实时监测值比较形成残差，由残差的大小来反映参数实时值偏离正常运行状态的程度。在线监测和状态评估模块通过智能监测技术实时监测参数状态并对其健康情况进行判断，对于超过预警值且符合预警策略的参数产生预警来提醒运行人员关注。

最后，实现异常预警：异常模态识别是状态监测的核心。对算法值和实测值进行比对，若发生超限且符合预警策略，则进行预警提醒。系统投入早期可能需要进行人工复核等工作来提高准确率。实现异常预测：异常预测通过智能算法和变量的固有属性，预测变量在一定时间内的恶化趋势，包括变量恶化后触发设计报警的剩余时间和变量恶化后导致设备故障的剩余时间等。实现异常处理：主要考虑在预警产生后，根据预警内容和故障类型，结合核电厂管理规定、运行人员操作经验，制订异常响应流程和处理措施，以辅助运行人员确定干预和补偿措施（例如进入规程、维修等），以高效地保障电厂安全运行，预防机组进入故障运行工况。

(2) 运行技术规格书辅助决策。运行技术规格书辅助决策系统用于智能识别系统或设备的不可运行性，提醒操纵员机组发生不可运行情况和机组整体状态，并向运行人员智能推荐运行技术规格书（technical specifications，TS）条款所规定的状态和措施，即当识别发生不可运行性时，辅助核电厂运行人员快速、准确地按照运行技术规格书要求恢复不可运行性，或执行降功率、停堆操作等，从而降低不可运行性给核电机组带来的安全风险。此外，运行技术规格书辅助决策系统还可通过甄别系统和设备的可运行性变化实现对核电机组配置变化的实时监测，以指导运行人员开展定期试验、预防性维修等相关运行或维修活动。

在运行技术规格书辅助决策系统的业主流程中，首先基于数字化仪控系统(DCS)实时读取机组及设备的运行状态数据，并结合定期试验试验数据等对运行技术规格书中涵盖的系统和设备的可运行性进行实时评估；同时，根据机组运行数据计算机组当前所处的运行模式，从而判定在当前机组运行模式下，相关系统和设备是否满足运行技术规格书中规定的可运行性要求，即是否满足运行技术规格书中规定的运行限制条件(limiting condition for operation, LCO)要求。当运行技术规格书辅助决策系统识别出一项或多项不可运行性时，将根据相应的不可运行性情况，识别并定位运行技术规格书中规定的不可运行状态，并向操纵员提供运行技术规格书中规定的相应需采取的措施和完成时间，在操纵员执行不可运行性缓解措施的同时，运行技术规格书辅助决策系统通过同步实时监测相应系统和设备的可运行性判定是否在运行技术规格书规定的完成时间内恢复相关系统和设备的可运行性。当未能在规定的完成时间内恢复相关系统和设备的可运行性时，运行技术规格书辅助决策系统将进一步根据运行技术规格书中要求提供需采取的措施和完成时间不满足时的措施，从而对系统和设备的不可运行性进行兜底处理。

(3) 智能风险评价与管理系统。智能风险评价与管理系统的主要功能是根据风险监测模型和电厂机组及设备的运行状态信息对电厂的实时风险变化进行监测计算，监测工况及监测系统设备对象范围由监测模型确定，在智能风险评价与管理系统的业务流程中，应注意以下事项：① 根据电厂输入读取电厂机组及设备运行状态信息；② 分析、判断是否有机组运行状态变化或设备运行状态变化信息；③ 在有相应变化的情况下对风险模型进行实时自动更新；④ 根据更新后的模型自动计算风险结果，并判断是否超出对应设置阈值；⑤ 当风险结果超出预警时，软件会输出结果见解、原因分析及辅助决策信息；⑥ 后续需由监控人员查看对应预警及相关辅助决策信息；⑦ 基于实际情况由电厂人员制订对应维护计划以清除预警。

根据系统不同子部分功能的不同，智能风险评价与管理系统可分为机组及设备状态判断、模型自动更新与计算、风险监测及辅助决策 3 个功能模块。

① 机组及设备状态判断：自动读取电厂机组运行模式、系统配置及设备运行状态信息，实现 PSA 设备状态监测及获取，同时辅助电站人员进行可靠性数据采集及核电站缓解系统性能评价(MSPI)。

② 模型自动更新与计算：根据机组和设备状态监测情况及电站计划运行信息，自动实时更新风险模型(PSA 模型)；根据系统和设备状态监测情况及运

行事件信息，自动更新发电风险模型(GRA 模型)。

③ 风险监测及辅助决策：对实时风险超出阈值的电厂配置给出结果见解、原因分析及辅助决策信息，支持电站人员开展配置风险管理；对影响发电风险的单点故障进行显示预警，对超过发电风险阈值的配置给出见解、原因分析及辅助决策。风险监测及辅助决策又分以下三个模块。

a. 机组及设备状态判断模块　数据获取：从 AIC 系统中获取 DCS 数据或 PI 数据、电厂工单及隔离单信息、计划信息等；输出可用于后续处理的合格数据，即需清除掉其中异常的部分(如无数据点或时间异常数据)。机组运行数据判别：分析从已获取的电站温度、压力、流量等参数数据；输出机组状态变化信息，如模式变化信息、变化时间等。设备运行数据判别：分析已获取的设备 DCS 数据或 PI 数据、隔离数据等；输出设备状态变化信息，如设备状态、变化时间等。数据结果处理：分析机组及设备切换状态信息，并将其转化为监测模型参数的变化信息，即通过逻辑判断及映射将逐条的机组及设备状态变化信息转化为修改模型设备需要的模型参数变化信息表。

b. 模型自动更新与计算模块　模型数据获取：将输入的风险模型转化为易于修改的参数文件，即将为电厂建立的概率安全分析风险模型中可能被后续模块修改的部分参数输出形成对应文件。模型设置自动修改：根据实际得到的电厂信息更改风险模型的相关设置，即通过数据结果处理模块中输出的模型参数修改信息对模型参数文件进行修改，并通过模型参数文件对实际模型进行修改。模型自动计算：根据输入模型计算对应的模型堆芯损坏/伤频率(CDF)，大量放射性物质释放概率/频率(LRF)等指标。

c. 风险监测及辅助决策模块　运行风险模型监测：对风险定量结果进行比较分析，给出风险是否过高的预警及原因分析，即判断风险结果处于的风险区间，对于需要预警的情况根据定量化结果及割集排序给出导致预警的原因(如设备状态变化等)。发电风险监测：对发电风险定量结果进行比较分析，给出对应经济性分析结果及原因分析，即判断发电风险对经济性的影响，对于需要预警的情况根据定量化结果及割集排序给出导致预警的原因(如设备状态变化等)。辅助决策：通过对运行风险和发电风险的对比，输出当下能解决风险问题的最高效处理意见。

(4) 智能消防。核电厂智能消防系统的主要功能是根据核电厂内消防相关系统运行数据及设计信息对核电厂火灾风险进行实时评估，实现核电厂消防安全分级管控、提高灭火系统可靠性、提高火灾感知与预警准确度及应急响应的科学性。在核电厂智能消防系统业务流程中：① 根据数据输入获取核电厂内消防相关设备运行状态；② 分析判断得出当前时刻每个防火空间的火灾风险等级；③ 根据得出的风险等级并结合是否为主控室人员职责范围和是否启动灭火响应，判断任务执行人员并提供处理措施建议；④ 处理措施建议分级推送给业务执行人员；⑤ 核电厂内消防业务相关人员根据接收到的信息执行任务。

根据业务流程中的功能要求，核电厂智能消防系统包括火灾风险评估、消防设备管理、智能探测与预警、智能灭火响应 4 个功能模块。

火灾风险评估：基于核电厂消防设计信息建立防火分区模型，结合火灾危害性分析、火灾薄弱环节分析及自动读出消防相关系统设备设施状态信息，依据逻辑公式分析得出所有防火空间的实时火灾风险等级，根据每个区域的火灾风险等级和消防业务职责分级推送决策建议，实现火灾风险分级管理。

消防设备管理：在消防智能管网模型建立的基础上，实现对消防设备或系统运行状态的监测及展示，能够掌握设备的运行状态，主要包括灭火系统状态监测、灭火器信息化管理、管网智能模型建设和防火门状态监测等。灭火系统状态检测是对灭火系统压力、液位、水泵运行状态、重要阀门启闭状态等进行采集、监测，可快速发现系统异常及故障。灭火器信息化管理是针对核电厂灭火器数量多，设置区域分散，监管难度大等问题，通过智能消防管理平台，建立灭火器设备信息化管理，高效规划设备检修计划和设备更换策划。管网智能模型建设是利用信息化管网、采集的数据等，进行系统级影响分析，为决策提供依据和基础。防火门状态监测将实现核岛区域防火边界完整性智能化监测，核岛防火门状态实时状态监测等功能。防火门作为防火空间边界的重要设备之一，是核电厂重要的防火屏障，其完整性对于核电厂的防火安全是至关重要的。

智能探测与预警：对于高风险区域引入火灾自动视频复核机制，利用高火灾风险区域工业电视或安防摄像机点位，开展火灾自动报警系统与工业电视系统及安防系统联动逻辑设计，实现火灾发生时，智能化大屏幕自动弹出发生火灾区域的实时监控画面。值班人员利用视频画面对火灾进行实时复核；针对管型吸气式感烟探测器引入主机联网，实现火灾自动报警系统操纵员工作站远程监控各个空气采样主机功能，空气采样主机远程控制单元的图形界面显示相应的管型吸气式感烟探测器的故障、预警、报警、隔离等信息，可以显示烟雾浓度和气流的实时探测曲线图，也可根据配置显示预警和报警阈值，除此以外，还可以查询烟雾浓度和气流的历史值。

智能灭火响应：智能灭火响应模块用于火灾情况下的应急响应及日常情况下开展的消防演练培训。确认发生火灾时，系统自动获取着火点位火灾信息，自动生成火情信息、调取消防行动卡、调取应急预案，同步将上述信息推送至灭火救援人员手持终端和三维模型页面，同时追踪灭火救援回复情况；日常情况下，通过模拟火灾发生辅助开展消防演练及培训。

(5) 设备智能运行监测与预警。智慧设备的主要功能是利用先进的监测手段对核电厂重要的设备、构筑物和系统的运行状态进行连续在线监测，利用数据分析等方法进行健康评估、智能预警、故障诊断及运行状态趋势的估计和预测，并向核电厂设备管理人员、维修人员、运行人员等提供数据支撑和辅助决策。智慧设备在线监测主要包含以下功能。

状态监测：实现对设备或系统运行状态的动态监测，能够实时掌握设备的运行状态，包括自动记录设备启停机、停机原因等运行记录、数据清洗、状态参数展示、设备运行状态分析等；故障预警：基于振动监测诊断分析和工艺监测诊断分析，对异常工况及时探测，在其发生异常时及时预警，包括预警内容、提供预警策略、预警统计、预警优化等；健康状态评估：根据状态指标，结合设备结构特性、运行信息及历史维修记录等信息，评价设备和系统所处的健康状态，包括常规健康指标评估、推荐健康指标评估、健康等级评估、健康趋势预测等；故障诊断：在系统设备发生异常或失效时，根据故障表现给出故障模式、故障位置、可能的故障原因等，包括经典诊断、智能诊断、精细诊断、故障案例库等；剩余使用寿命预测：此功能作为核电厂实现预测性维护的技术手段之一，通过物理机理模型、运行数据、经验分析等方法，对未来一段时间内的设备状态演变轨迹或某一特定状态的出现时间给出可信的预测，包括可靠性预测、数据驱动预测等；运维决策：在健康评估和故障预测的基础上，结合各种可利用的资源，提供一系列维修保障辅助决策以实现预测性维护，包括大数据分析、响应策略、预测性维护决策等；其他功能：提供运维管理及其他有关数据信息记录管理等功能，包括概要信息、待办事项、绩效指标、设备台账、系统管理、数据管理、保养管理、维修管理、经验反馈等。

(6) 全厂辐射监测信息管理。全厂辐射监测信息系统(IRI)整合原有分散独立各辐射监测子系统的信息，采用有线和无线结合的信号传输方式，在一体化基础上对数据进行多维度展示和开展智能应用，提供纵向的、从内而外的系统性管理厂房、场所、通风、流出物直至环境的辐射监测系统仪表运行状态、监测数据。移动终端个人剂量的实时管理装置对进出核岛厂房控制区的工作人员个人当前的剂量率、累积剂量、所在位置、工作时间、报警情况等进行集中管理，可根据运行管理需求对核岛厂房控制区进行分子区的管理。IRI 系统数据来自各辐射监测子系统，本系统作为软件部分，AIC 系统提供硬件采集部分。除 8.4.4 节描述的常规功能外，还具备以下功能。

三维展示功能：在一体化基础上，在多系统多元数据基础上对这些数据进行多维展示，具体包括 IRM 测点三维展示、IAM 人员实时个人剂量数据和人员定位的三维展示。IRM 系统测点报警时，本系统三维展示模块可自动定位到报警设备所在位置，便于用户及时发现和查看报警并采取相关处置措施。工作人员进入核岛辐射控制区后的个人剂量信息实时显示和人员定位，提高了电厂人员防护和物理保健能力，同时定位历史数据可以为人员径迹回溯提供支持。

辐射场三维可视化功能：利用轻量三维模型实现核岛厂房辐射分区三维可视化。利用三维可视化渲染技术，把肉眼不可见的辐射场以代表辐射水平色彩的方式展现，便于工作人员理解、记忆和判断。通过算法和特征位置剂量率数值的定期测量，该三维辐射场能够动态更新。辐射场具体包括 2 种形式，一种是利用设计时已计算好的固化辐射分区信息对辐射场进行渲染即固化辐射分区，另一种是利用有辐射测量仪表区域的测量数据进行渲染即动态辐射场。

个人剂量管理功能：进入控制区人员佩戴的电子个人剂量计具备无线传输功能，核岛控制区内无线网络全覆盖，基于电子个人剂量计的人员定位方法明确，数据传输方式和传输架构搭建等工作明确的前提下，开发控制区移动人员剂量实时管理平台可实现如下功能。在 PC 端实现对进出核岛厂房控制区的工作人员个人当前剂量率、累积剂量、所在位置、工作时间（进入和离开时间及工作时长）、报警情况等的集中管理（远程显示和权限管理等），又可根据运行管理需求对核岛厂房控制区进行分子区管理（具体分区原则，可按照用户需求进行自定义，如按照辐射分区、按照功能分区等）。在移动端实现控制区移动人员剂量管理多端口显示、操作，即可以在移动端（如手机 App、定制 pad 等）上进行远程显示设置、权限管理等。

（7）取水堵塞物海域防控。对致灾堵塞物和环境要素等进行监测，对致灾堵塞物爆发概率及规模长期预测，对取水口门附近海域潜在致灾优势物种识别、致灾数量和运动轨迹进行中期预测和回溯，并对潜在危险进行短期预警报警。其中，多功能浮标监测系统融合光学图像、声学图像、文本、离线数据等多源异构数据，可以实现取水海域的海、陆、空全方位实时监测。取水堵塞物海域防控系统的功能是对致灾堵塞物和环境要素等进行监测，对致灾堵塞物爆发概率及规模进行长期预测，对取水口门附近海域潜在致灾优势物种识别、致灾数量和运动轨迹进行中期预测和回溯，并对潜在危险进行短期预警报警。

取水堵塞物海域防控系统由数据采集、数据传输、数据融合管理、模型库和应用服务模块组成。

数据采集模块：开发多功能浮标监测系统，涵盖 10 余类监测设备(北斗高精度定位设备、水面摄像头、水下相机、高频声呐、鱼探仪、CTD、气象仪、激光雷达、流速仪、水面红外夜视仪、无人机、遥感、雷达、拉力计、鼓网液位计等)，融合光学图像、声学图像、文本、离线数据等多源异构数据，可以实现取水海域的海、陆、空全方位实时监测。

数据传输模块：通过有线、无线、离线等多种传输等方式将数据传输到数据库。

数据融合模块：可实现实时数据、关系型数据、离线数据等多源异构数据一体化分布式存储及关联计算、转换，实现数据清洗、数据计算、数据转换、数据服务、可视化大数据建模。

模型库：包括水下光学图像识别、声学特征识别、集群定位、致灾物数量评估、生物生长、质点迁移等模型。水下光学图像识别模型利用深度网络模型技术实现对致灾物的识别和计数；声学特征识别模型通过单体目标识别算法、图像增强算法、帧间差分法等实现对外部危险的声学特征识别；群体量化模型利用回波积分法、计数法对声学的回波特征进行分析，实现致灾物群体量化；集群定位模型利用脉冲测距法和调频信号测距法实现目标群体定位；生物爆发模型通过生物特征提取对致灾物的生物量、体长进行预测；质点迁移模型利用潮流场及水质点跟踪，能够对致灾物的轨迹进行跟踪或回溯。

应用服务模块：开发取水堵塞物海域防控系统软件平台，对监测、预测、预警、报警、优化等功能进行集成。

(8) 安全壳全寿期健康监测预警评估。根据安全壳仪表系统(CIM)监测数据及智能钢绞线监测数据实现安全监测数据管理、异常情况预警、结构健康状态评估、安全壳打压试验数据集成分析、文件资料管理等功能。根据 CIM 系统及智能钢绞线系统输入读取安全壳状态指标信息进行监测数据分析判断与清洗，并进行安全壳监测数据的三维可视化。后续由监控人员查看报警信息，基于实际情况结合安全壳三维可视化界面及安全壳健康评估情况制订对应维护计划以清除预警。

在安全壳全寿期健康监测预警评估的业务流程中：① 根据 CIM 系统以及智能钢绞线系统输入读取安全壳状态指标信息；② 分析判断监测数据是否真实，异常情况需对数据进行数据清洗；③ 在数据真实的基础上进行安全壳监测数据的三维可视化；④ 判定监测数据是否超过相应的设置阈值，同时对安全壳状态进行评估；⑤ 当监测数据超过阈值时，系统会弹出报警信号，并在报警记录中详细记录报警信息；⑥ 后续由监控人员查看报警信息；⑦ 基于实际情况由电厂人员结合安全壳三维可视化界面及安全壳健康评估情况制订对应维护计划以清除预警。

同时，该系统也可应用于打压试验中，在试验过程中系统通过判定监测数据是否超过试验指标阈值，当监测指标超出试验阈值时，试验人员应暂停打压试验并进行试验排查；未超出报警阈值时可进行安全壳强度、密封性评估，最后给出打压试验数据报告。安全壳全寿期健康监测预警评估各功能模块如下。

状态监测数据管理：能够实现对安全壳结构整体变形、混凝土应变及预应力钢束力等运行技术指标动态监测，可实时查看监测指标数据；监测指标实时数据应以曲线形式进行展示，监测数据实时推送更新，监测数据推送支持 1 Hz以上采集频率；能进行监测指标历史数据查看，并以曲线方式进行展示，满足当天、当周、当月及选定某个时间段内的历史数据进行查看；可选择任意时间段监测数据进行导出，支持 CSV、TXT 格式；对同类型不同位置测点进行相关性分析，获得数据测点关联规律。

报警模块：报警模块包括报警记录和预警设置 2 项功能；支持各测点传感器的阈值设置，阈值级别设置三级，当传感器超出相应阈值后在报警记录中通过列表形式进行显示；报警记录按数据采集周期的频率进行刷新显示；出现报警情况后应在首页明显位置进行显示，操纵员可快速通过报警位置进入报警记录页面；报警模块包含报警处理机制，操纵员对报警信息处理后仍能够通过查询方式获取该报警信息。

健康状态评估：能够通过监测指标数据分析实时获得安全壳结构健康状态；建立安全壳结构状态实时评估算法，并对相关参数进行设置；在监测指标采集后 1 min 内完成安全壳结构健康状态评估分析；软件支持以天为单位自动记录安全壳结构健康状态，形成日志保存，便于后期查看。

安全壳打压试验数据监测：集成安全壳打压试验期间的强度和密封试验传感器监测数据，实现强度试验和密封性试验数据的实时查看和曲线展示，实时通过监测数据进行分析评估和泄漏率计算。

(9) 智慧水务。智慧水务是一种利用数采仪、信息传输网络、数据处理及可视化平台将水务信息实时分析处理，以更加精细和动态的方式管理水务系统的先进水务管理技术。其带来的完整的仪表监测体系和准确的数据采集系统可以基本取代人工工作，实现实时的水平衡测试，缩短泄漏发生—泄漏识别—泄漏定位—泄漏封堵这一过程的时间，减少漏损。另外，所有水系统的信息集成在统一的管理平台上，对于不同水系统之间的信息传递，全厂层面的用水情况监管都能够提供有效的技术支撑。

因此，需要开展全厂智慧水务建设，全面提升核电厂水务管理水平，摸清核电厂准确用水情况，后续有针对性地开发节水减排技术，提升核电水资源环境适应能力。

全厂智慧水务系统的功能包括综合显示、水平衡测试、漏损监测、水资源管理、特殊工况管理、智能信息输出、仪表管理、用户管理 8 项功能模块，覆盖核电厂的产水系统、水分配系统、用水系统等水务相关系统。

15.2.3　未来发展展望

智慧核电技术是提升压水堆核电安全性与经济性的重要技术发展方向，其发展是不断提升的过程，目前尚处于起步阶段，也进入了高速发展的关键时间，存在诸多问题与挑战。核电的数智化转型是面向未来发展的战略发展方向，智慧核电技术是新一代数字化、智能化技术与核电业务发展的融合产物，无论是业务变革的视角还是新技术发展视角，其发展均具有较多的不确定性。这就要求数字化智能化技术应用的总体技术方案统筹规划需不断根据实际情况调整，技术需不断部署应用、不断升级。从体系架构、运维策略、智能系统、数据网络、基础技术研究方面推动贯穿全生命周期、全产业链智能技术融合和系统应用，形成一体化智能核电技术应用体系。在以机组的安全、可靠、高水平运行为核心，利用整个产业链协同，降低智能化建造和运营成本，实现机组轻量化的同时，全面提升机组的感知能力、自动能力、运行数据管理分析能力、自学习和自适应能力、决策能力、安全保障能力及仿真验证评价能力，以支持具有高度自主运行特征的智能核电厂目标的实现。

参考文献

[1]　华志刚，范佳卿，郭荣，等. 人工智能技术在火电行业的应用探讨[J]. 中国电力，

2021,54(7)：198－207.

［2］ 国务院. 中国制造 2025. 国发［2015］30 号. 北京：人民出版社,2016.

［3］ 中国自动化学会发电自动化专业委员会,电力行业热工自动化委员会. 智能电厂技术发展纲要［M］. 北京：中国电力出版社,2016.

［4］ 杜鸿飞. 智慧电厂发展现状及在某厂的具体应用分析［J］. 电气时代,2020,12：29－31.

［5］ 刘进,韩磊. “双碳”目标下燃煤智慧电厂建设探讨［J］. 电工技术,2022,19：198－200.

第 16 章
先进建造技术

在《“十四五”现代能源体系规划》的推动指导下，近年来以“华龙一号”为代表的自主化三代核电进入批量建设时期[1]。我国核电装备制造企业、建安施工承包商全面掌握了反应堆压力容器、蒸汽发生器、燃料组件等关键设备和材料制造及核岛土建和安装、检验和试验技术等，核电建造综合实力得到了跨越式提升。陆续建成了一批以国内大型装备企业主导的核岛、常规岛关键设备制造基地，组建了一批具有专业化施工队伍的大型核岛土建和安装承包商，形成了每年 8～10 台百万千瓦级第三代核电机组的稳定供应链体系和完善的建造质量保障体系。

但是，核电工程属于技术和劳动密集型产业，核电设备投资、建造安装费用投资占核电工程投资的 80%以上，核电建造对于核电项目的建设质量和成本控制及核电厂的安全稳定经济运行将产生显著和长远的影响。它不仅具有一般建筑工程行业的特征——施工建造方式仍依靠资源堆砌，数字化及自动化程度较低、技能工人依赖度高、生产效率低，而且具有核工业的特点——系统及建筑结构极其复杂，对建造的安全、质量要求极高。

随着我国人口老龄化，建筑及安装工人尤其是技能工人越来越少、用工成本不断攀升。此外，为了提升建造质量和经济效益，对核电工程的建设效率也提出了更高的要求。“华龙一号优化改进型”机组在研发设计阶段，进行了充分的设计施工融合，形成了以模块化、数字化、先进焊接及无损检测技术为代表的先进建造技术，对于保障建设工期、提高核电建设质量、安全性和经济性、保障国家能源安全具有重要的意义。

16.1 模块化技术

模块化技术包括土建模块化和安装模块化 2 个部分。在工业及民用建筑、石化工程、船舶制造等行业，模块化设计及建造技术运用日趋广泛，对于提升建造效率和缩短工期发挥了巨大作用，取得了良好的经济效应及社会效益。在核电行业，随着国内外三代核电技术的发展，各种机型不同程度地开展模块化技术的应用。在"华龙一号"批量化建造项目中，开展了模块化技术的试点应用，采用了部分土建模块和机械安装模块，积累了模块化技术的相关经验。在充分吸收其他行业及核电工程模块化经验的基础上，通过设计施工融合——设计方、施工方和项目管理方紧密联动、深度配合，根据机组结构及工艺布置设计特点，共同开发"华龙一号优化改进型"机组模块化技术。

16.1.1 土建模块化

土建模块化施工是指利用标准化、模块化的设计和构造方式来完成建筑工程施工的一种方法，它将建筑工程分解成许多独立的模块，通过模块间的连接和组合实现局部甚至整个工程的建造。模块化施工能提高建筑质量及施工效率、改善施工环境等。目前，土建模块化施工广泛应用于建筑、桥梁、隧道、城市轨道交通、石油化工等行业。在核电领域，土建模块化施工也有所应用，比如 M310 堆型的穹顶钢衬里的模块化施工，"华龙一号"部分水池钢覆面的先贴法模块化施工、局部墙体钢筋网片的模块化施工试点应用等。此外，AP1000 则大量采用模块化的施工。"华龙一号优化改进型"机组土建模块化采用的技术类型及应用范围都有明显的扩大和提升，具体采用了以下土建模块化技术。

1）核电专用大型模块

"华龙一号优化改进型"机组采用的土建专用模块化设计方案包括蒸发器隔间模块、钢衬里模块、外壳穹顶及顶部水箱构筑物的模块、沟道模块等。

（1）内部结构蒸发器隔间模块及风道模块。根据以往核电项目的建造经验，反应堆厂房内部结构土建施工在主线工期中占据较长时间，是影响整体工期的关键路径之一。在蒸发器隔间墙体采用钢板混凝土模块化及钢筋笼模块化设计方案中，选取局部施工困难的异型风道结构进行模块化设计。

（2）内穹顶钢衬里及热交换器一体化建安模块。除在"华龙一号"中已经实施的钢衬里预拼装整体模块外，"华龙一号优化改进型"机组穹顶模块还组合了 12 个 PCS 热交换器及其支架，组成一个大型的建安一体化模块。

（3）外壳穹顶及顶部水箱构筑物模块。结合外壳穹顶结构和顶部水箱构筑物的特点，采用穹顶钢模板整体吊装、PRS 换热器间水箱钢覆面先贴整体模块等模块化技术，实现穹顶的快速和安全建造，优化建造工期关键路径。

(4) 核岛水池钢覆面模块。反应堆厂房内部结构的内置换料水箱、非能动堆腔注水箱和换料水池，外壳的 PRS 换热器间水箱、电气厂房辅助给水密闭水池等核岛厂房内的水池墙体和顶板不锈钢覆面采用先贴法模块化施工设计。

(5) 沟道模块。选取布置和断面相对规则的部分沟道(如综合技术廊道、电缆廊道的非核安全相关部分)进行模块化工作，可有效减少施工场地的占用时间，提高现场施工工效。

2) 通用模块

第二部分为通用的土建模块化施工技术。为了进一步减少土建现场施工作业量，缩短土建施工周期，还从钢梁＋压型钢板底模施工模块化、钢筋笼/钢筋网片施工模块化、结合钢筋笼技术的叠合板施工模块化方面进行策划，扩大“华龙一号优化改进型”机组的模块化程度，便于关键房间提前具备工艺安装条件。

“华龙一号优化改进型”机组选用多种土建模块化方案的目的是在经济代价可承受范围内尽可能缩短工期。需基于施工关键路径和前后逻辑、吊运能力及各模块化方案的技术特点等进行系统性的工效分析，以确定合理的模块化施工方案。

(1) 钢筋网片、钢筋笼模块。钢筋网片是将单个构件纵横双向钢筋绑扎形成的钢筋网。钢筋笼是将相邻墙、板构件的钢筋网片绑扎在一起，形成空间的钢筋骨架，如图 16-1 所示。

从土建结构设计和施工的角度来说，钢筋笼、钢筋网片施工是将钢筋工程从核岛施工现场转移至车间、预制场地，并未改变结构形式、受力情况等。钢筋笼、钢筋网片施工可适用于除内层安全壳外的核岛区域，当墙体较长、较高时，采用钢筋笼效果会更加明显。

(2) 适用钢筋网模块化施工新型预埋件。为满足预制钢筋笼模块化施工的需求，避免埋件由锚筋间距多样产生与钢筋网的冲突；同时，解决上游专业对于带状埋件布置灵活的使用需求及同尺寸埋件承载能力、适用条件高低搭配的需求，研发设计了一套模数化标准埋件及带状埋件。

新型预埋件对锚筋直径、锚板厚度均进行了优化，锚筋直径均不大于 25 mm，钢板厚度均不大于 32 mm，同时埋件尺寸也均小于对应的老版型号，埋件的经济性和施工便利性均有大幅提高。

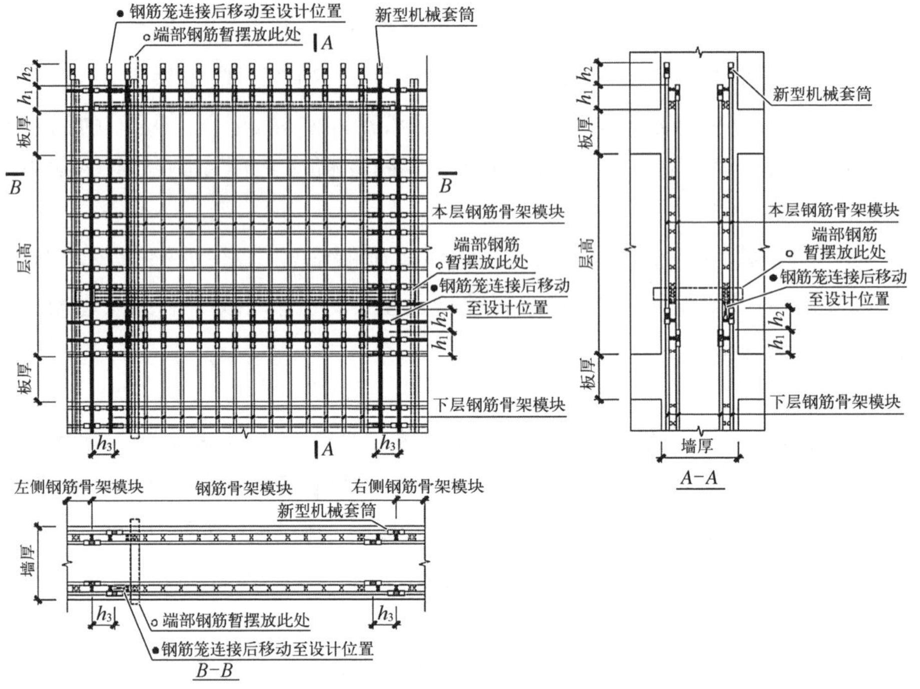

图 16-1 钢筋笼模块

(3) 叠合板模块。与现场浇筑混凝土相比，叠合板施工方案将部分工作(钢筋绑扎、预制板制作)前置至预制车间，而未改变其结构布置及形式；对受力状态的改变，可通过结构分析及设计来解决。实际应用时，适合于楼板预埋件布置较少或有规律的布置，洞口相对较少的情况。

(4) 压型钢板底模模块。压型钢板底模方案由牛腿、钢梁和压型钢板底模组成，钢梁直接在墙上的混凝土牛腿或者钢牛腿上生根。其施工顺序如下：先施工墙上牛腿，梁及压型钢板、角钢、底部预埋件就位，楼板钢筋及顶部预埋件就位，再浇筑楼板混凝土。

结合核电项目压型钢板施工经验反馈及“华龙一号优化改进型”厂房布置和结构设计特点，压型钢板免拆模板重点应用于有设备提前引入需求且评估后认为适合于采用压型钢板底模方案施工的并对缩短工期及经济性有明显作用、能降低施工技术难度或降低施工安全风险的房间顶板。

16.1.2 安装模块化

安装工作在核电机组建造中占比较大，而安装工作又主要为管道焊接。每台“华龙一号”核电机组大约有 200 km 管道、170 000 条管道焊缝。“华龙一号优化改进型”机组通过集约化布置设计，管道总长度约减少了 10%，焊缝数量也小幅度下降。管道焊接工作关乎机组建造的整体进度，焊接质量则关乎核电厂的安全，因此管道焊接需要大量高技能焊工。为此，在安装方面，“华龙一号优化改进型”机组抓住了建造中这一主要“痛点”，重点开发了管道模块化技术。管道模块化既可以提升预制比例，将现场安装工作前移至预制阶段，减少现场安装工作，还具有平行建造、有利于实施管道自动焊、保障焊接质量等优点。

1）便捷式管道集成单元模块

根据“华龙一号优化改进型”机组厂房和系统特点，机组采用了更灵活的管道模块化技术，即便捷式管道集成单元模块（convenient pipe integrated unit module，CPIU 模块）技术（见图 16－2）。CPIU 模块将具有连接关系或邻近的几根管道集成化布置为一个集成单元，模块的尺寸和重量根据厂房已有的条件和运输路径而确定，无须采用开顶法或二次浇注的方式进行引入，也不需要额外的大型起重或吊装设备。CPIU 模块不包括箱、罐、泵等机械设备，组合方式灵活，占用资源较少、易于实施。通过在全核岛设置大量 CPIU 模块而产生规模效应，大幅提升工艺管道的预制比例，使预制焊口比例达到 70%。

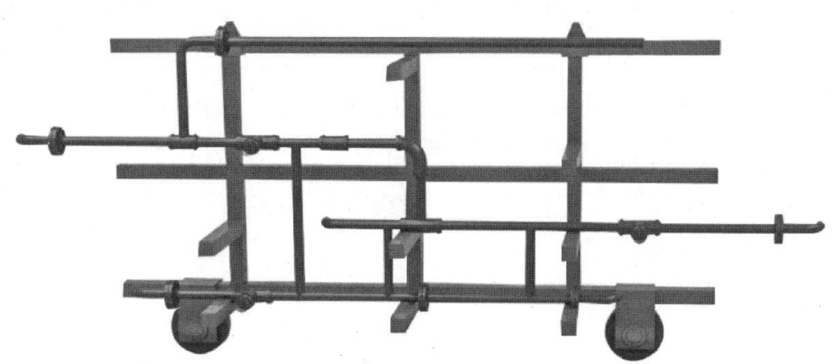

图 16－2　搭载工装的 CPIU 模块

为了提升 CPIU 模块在核岛内的空间利用率，并解决模块在核岛厂房内运输、吊装、就位及临时支撑等需求，开发了便捷式工装。这些工装用于 CPIU 模块在核岛内的引入就位和临时支撑，在 CPIU 模块完成安装后拆卸并复用，解决了传统机械模块配套设置大型钢结构框架的问题。临时工装的设计具备一定的通用性，单个工装的设计可以满足多台集成单元的引入和支撑需求。

该项技术的核心内容是将相连或邻近的工艺管道尽量组合成一个大小、

重量合适的单元模块，通过厂房原有运输路径引入，既不改变土建施工逻辑，也不增加额外资源投入。

CPIU 模块化有如下特点：① 预制率高，将部分阀门、管道和配套支吊架的安装前移至车间，减小了现场的安装工作量。能够实现安装和土建平行作业，改善作业人员工作环境并提升施工效率。② 易引入，无须土建结构配合采用开顶法，也无须对土建结构有任何额外的修改。③ 便于施工，CPIU 模块尺寸适中，便于运输和吊装就位，并且不易发生变形，确保与其他物项对接的精度。④ 便于运输，CPIU 模块可在核电现场内设置的车间进行组装，并通过场内运输至所在房间。因此，消除了长途运输中的各类不确定性，以及相应的运输、保护成本。⑤ 便于项目管理，由于 CPIU 模块包含的物项种类限制为阀门和配套管道，模块的交付受物项到货的影响大幅度减小。同时，由于模块仅需使用已有运输通道，其交付不会制约土建工程进度。

“华龙一号优化改进型”应用 CPIU 模块技术，其意义如下：① 联合自动焊实施，降低对高技能焊工的需求，缓解核电高速发展中焊工资源稀缺的压力，助力核电高质量发展。② 降低现场人力需求，通过设置大规模的 CPIU 模块，将大量的现场焊接和无损检测工作前移至车间，大幅度减少了现场的人力需求，平滑了施工现场的人力需求曲线。③ 缩短施工周期，在工厂高效率、高质量的制造 CPIU 模块，结合现场安装工作量的显著降低，能够为缩短工期做出显著贡献。④ 改善作业环境，核电项目现场环境存在安装空间狭小、物项可达性差、安装设备周转不开等一系列问题。便捷式管道集成单元模块将相当比例的阀门和配套管道的焊接和无损检测前移至车间，可以显著改善现场作业人员的工作环境。

2）弯管管道模块

在“华龙一号”核电机组管道焊接中管件焊接占比最大，管件主要包括弯头、三通及管接头等，管件焊接又以弯头焊缝最多，据统计，弯头焊接数量约占 60%。为有效减少焊缝数量，“华龙一号优化改进型”机组采用了弯管管道模块，即用弯管替代弯头，并且弯管两端带有直管段，若有连续弯管，采用直管过渡，组合成弯管管道模块，如图 16－3 所示。

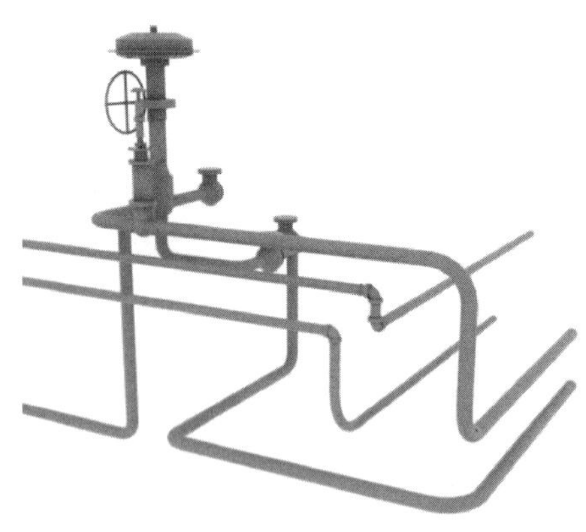

图 16－3　弯管管道模块应用示例

采用弯管管道模块，具有以下优势：① 减少焊接及检测，弯管管道模块可以直接与设备相接，使弯头两端的焊缝取消或减少，有效减少管道焊缝总数量，从而减少管道安装工程量。同时，焊缝数量的减少也可以减少焊后检测的工作量和成本。若取消的焊缝为在役检查的焊缝，将在整个核电站寿期内减少在役检查工作，从而进一步减少核电厂的运维成本。② 易于焊接及检测，弯头焊缝位置为起弧端，不利于先进焊接及无损检测技术的实施。而弯管的焊缝可以在弯管弧段以外灵活选取，避免焊缝出现在不易焊接及无损检测的区域。③ 避免二次加工，目前，核电工程供货弯头为标准角度弯头，非标角度弯头需要在现场对标准弯头进行二次加工，增加了现场的施工工作量。采用弯管管道模块可以直接将管道弯制到任意需要的角度，避免了现场的二次加工。④ 弯管相比于弯头具有更平缓的过渡，减少了流体阻力，从而节约了运行过程中的能源消耗。

“华龙一号优化改进型”机组，结合“华龙一号”系统设计方案及我国核级弯管工艺技术水平，总结了压水堆核电厂及能源行业的弯管使用经验，克服了弯管占用布置空间比弯头大、弯管工艺不够完善的问题，分析弯管管道模块使用的布置可行性、技术可行性、经济可行性和必要性，可以大幅提高弯管管道模块的使用率，充分发挥弯管的优势，从而实现降本增效的目的。

“华龙一号优化改进型”机组，配管设计时，在布置空间满足要求的情况下优先选用弯管管道模块替代弯头，具体应用方案如下：① 对于标准角度(45°和 90°)拐弯，反应堆厂房内所有规格工艺管道均优先使用弯管管道模块，其他核岛厂房内公称直径≤8 in 的管道，优先使用弯管管道模块；② 对于非标角度(除 45°和 90°外)拐弯，所有核岛厂房内全部规格管道非标角度拐弯，均优先使用弯管管道模块；③ 为减少焊缝数量，应该合理设置弯管末端直管段长度，使弯管末端直管段与下一个设备或者下一个管件直接相连。

16.2　数字化建造技术

在数字经济时代，如何通过增加数据复用率或访问量增加数据的价值成为“华龙一号优化改进型”机组主要研究目标之一。为了打通从设计到建造的数据链条，实现数据共建共享，提升设计质量和工作效率，“华龙一号优化改进型”机组采用了基于三维模型的设计建造技术。以三维模型为基础，在研发设计阶段开发了数字化建造模拟，以减少研发设计风险。

16.2.1 基于三维模型设计与建造

核电厂设计成果通常采用传统的二维图纸输出，在建造阶段需根据二维图纸进行"扒图算量"及逆向建模。此过程不仅浪费大量的人力，也容易引起数据断点和信息错误，造成不必要的损失。随着核工业数字化转型工作的推进，"华龙一号优化改进型"机组采用了基于三维模型的设计与建造技术(model based design and construct, MBDC)。设计成果基于三维模型进行交付，模型不仅包含几何信息，还包含物项的标注、属性等信息，信息完整度不低于二维图纸。在建造阶段，充分利用设计交付的三维模型进行施工，避免了"扒图算量"和逆向建模，具有三维设计成果可视化、易于设计交底和施工交底等优点。

基于三维模型设计与建造的主要原则如下：① 紧扣核电特点，细化各阶段任务分工；② 推进核电数字化转型，保证模型数据源单一；③ 优化核电设计产业链，打通设计施工上下游屏障壁垒；④ 便于模型版本管理，保证设计与施工版本统一。

通过设计施工融合，为三维模型设计制定了相应的技术标准，详细规定了三维模型的设计深度和颗粒度。其中，设计交付物包括但不限于专业三维模型(设计模型或轻量化模型)、各类视图、分析报告、数据清单、说明文档、辅助多媒体等。

三维模型可应用于核工程设计、建造、运维各个阶段。在建造阶段，三维模型可以替代图纸，作为施工依据。在运维阶段，三维模型物项与核电厂实际物项相关联，建立一一对应关系，模型可以指向实体物项，实体物项也可以指向模型，模型与实体具有同一唯一编码，并通过二维码技术，给实体设备物项标签，扫描二维码即可得到相关信息。

核岛三维模型需满足设计和施工使用需求，在设计阶段，三维模型侧重于系统功能性表达，每个物项的设计都是实现系统功能的组成部分，故设计阶段的模型架构基于系统从上至下的分解；在建造阶段，则侧重于空间完整性，物项的安装满足从下至上、按层位房间开展，安装原则是空间范围内无物项干涉，故设计阶段的模型架构需求基于空间从大至小的分解。设计阶段分解基于系统基本结构，从上至下依次为核岛→系统→区域→管道→分支。建造阶段分解基于电厂分解结构，从大至小依次为核岛→厂房→层位→房间。

为同时满足设计与施工的需求，"华龙一号优化改进型"机组利用最小交付单元进行模型批次交付的模式，最小交付单元划分原则如下：① 满足三维设计软件结构树的管理要求，最小交付单元在结构树上独立存在且处于低层次；② 满足电厂分解结构管理要求，所有最小交付单元均可归属于某个房间层次，不存在同时归属于 2 个房间的最小交付单元；③ 满足具体物项的功能需要，例如支架最小交付单元为一个独立的支架，设备最小交付单元为一个独立的设备。

在设计、建造、运维过程中各个阶段对三维模型均具有可视化的需求（见图 16－4），为确保模型及标注信息的一致性，在设计阶段，基于三维模型设计软件进行二次开发，实现三维模型自动标注。

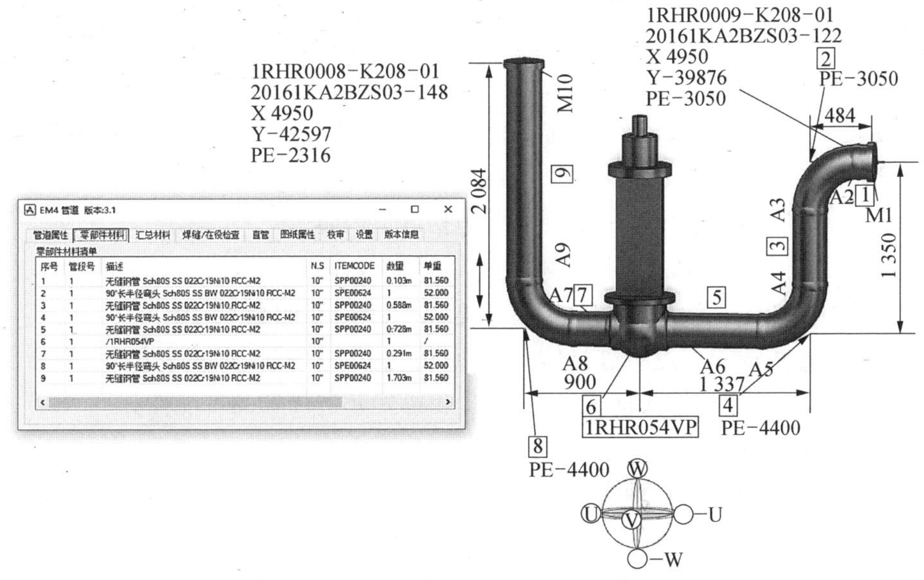

图 16－4　管道设计三维可视化效果图

采用基于网页浏览器的三维模型浏览解决方案，为施工过程提供可视化支持，可无缝对接设计阶段模型及标注成果，并集成工程项目相关的各类模型、文件及数据资料。

三维模型需要具备管理数据和工程数据，管理数据包括模型编号、版次、状态、校审等；工程数据包括房间号、设计温度、设计压力、坡度、保温等。

三维模型在三维设计平台中完成设计后，将所含信息以文件的方式通过设计管理系统向下一设计阶段或工程管理系统、施工管理系统传递，然后用于工程管理、预制和安装，并最终交付给电厂业主使用。

16.2.2 数字化模拟建造技术

“华龙一号优化改进型”机组采用的数字化模拟建造技术依托于建筑信息模型(BIM)技术,在研发设计阶段实现了设计团队和建造团队基于统一数字化环境的协同工作。针对核电设计的特点,通过数字化模拟建造,实现了施工方案和资源的提前规划,以及潜在施工风险的预判,使考虑施工过程进行设计方案优化成为可能。

数字化模拟建造技术具备以下功能:① 动态模拟功能,可模拟施工工具的操作及被安装物项的运动状态;② 动态时间轴功能,可实现核电站各专业物项的安装、建造过程,按照时间轴顺序在数字化软件中进行展示,并且可用于实现施工逻辑和施工周期的规划;③ 物项信息的统计与筛选功能,可对实现核电站各专业物项的尺寸、重量、数量、安装方式、供货周期、成本等各种信息的录入、统计及筛选,并且可根据设计人员制订的逻辑进行设备、房间、区域的自动筛选。

数字化模拟建造技术的主要应用包括以下内容。

1) 主线施工逻辑的验证和建造周期的优化

核岛主线施工计划直接决定了核电站建造周期的长短,通过数字化模拟建造技术对主线施工逻辑进行仿真模拟,可验证主线施工逻辑合理性,预判设计潜在风险,并进行迭代优化,进一步提供缩短建造周期的可能性。

2) 关键设备运输、安装过程模拟

核电站设备数量和种类繁多,利用数字化模拟建造技术的数据分析及筛选功能,根据设备的外形尺寸、质量,安装区域的空间、位置,设备在主线逻辑中重要性选出施工难度大、对施工周期影响大的设备作为“关键设备”。

根据选取的关键设备信息确定并在数字化模型中建立关键设备运输路径;根据运输和安装需求,建立相关工具的模型;通过动态模拟功能还原关键设备运输和安装过程。利用数字化模拟建造技术可实现运输、安装方案的优化,在设计阶段解决主线关键设备的安装问题,最大程度消除施工过程中的风险。

3) 主线重点房间施工逻辑的模拟

根据房间内部系统的复杂程度以及重要程度、空间利用率、物项种类、施工难度、施工过程对主线逻辑和整体建造周期的影响等因素选取重点房间。

利用数字化模拟建造技术建立准确三维模型,依据设计模型和实际施工工序对房间物项进行拆分,同时补充施工工具和临时物项模型。动态模拟房间安装施工过程，通过安装模拟验证施工逻辑和方案合理性，提出优化调整方案，确保实际施工可按照该安装逻辑执行，减少实际施工过程中不必要的拆装、返工。

数字化模拟建造技术相比于传统三维设计和 BIM 技术，更加适用于核电站的设计和施工逻辑。利用数字化模拟建造技术有效提高核电站主线施工周期设计的科学性，实现厂房、机电设备设计与施工的结合和设计优化，同时实现在设计环节对施工方案的规划设计，预判施工潜在风险，从而有效降低建安成本，提高安全性。

16.3　焊接技术

焊接作为设备制造和建安过程中的基本手段，是最重要的建造工艺之一，也是 HAF 003—1991《核电厂质量保证安全规定》中定义的特种工艺。焊接人员的资格考核和管理需要符合 HAF 603—2019《民用核安全设备焊接人员资格管理规定》(生态环境部令 第 5 号)。

焊接质量的好坏，对核工程的建造质量和安全性影响极大，焊接也是质量控制的难点和重点，同时也是核安全监管的重点，焊接质量保证已纳入国家核安全监管范畴。

16.3.1　核电焊接标准体系建设

标准规范作为焊接作业的前提条件，在确保焊接质量方面发挥重要作用。近年，我国十分注重核电焊接标准体系建设工作。通过国家科技重大专项子课题“中国先进核电标准体系研究”的专题研究，以及中核集团科创计划“核岛机械设备领域标准框架优化和技术路线统一”的专题研究，中国核电工程有限公司会同我国四大核电集团及几十家成员单位，历时近 10 年，共同完成了我国自主化三代核电焊接标准体系建设，涵盖了规范级设备的焊接材料及焊接相关活动要求，形成了 NB/T 2002 以及 NB/T 2009 系列能源行业标准，共计 21 项。这些标准在“华龙一号优化改进型”机组中被全面采用。

16.3.2　核工程焊接

核电工程一直以来都是规模最大、技术难度最复杂、质量要求最严的建造工程项目之一。“华龙一号优化改进型”核电机组的建造周期大约为 5 年，数百家材料和设备生产制造企业构成了完备的供应链，核岛、常规岛和 BOP 则由一家或数家承包商承建，涉及建造工人数万人，焊接工作量非常大，需要大量的焊工，尤其是核级焊工。

1） 主设备焊接

"华龙一号优化改进型"反应堆系统主设备主要包括反应堆压力容器(RPV)、蒸汽发生器(SG)、稳压器(PZR)、主泵(RCP)、堆内构件(RVI)和控制棒驱动机构(CRDM)等(见图 16－5)。主设备在役期间长期承受高温、高压、循环或交变热载荷及中子辐照作用，因此其焊接结构的质量对整个核电站的安全有着重要的影响。尤其是承压焊缝，其安全性和质量稳定性对反应堆系统的固有安全性产生直接影响。

图 16－5 "华龙一号优化改进型"主设备示意图[2]

为提升"华龙一号优化改进型"机组主设备的固有安全性及经济性，对其主设备焊接质量、稳定性、焊缝性能等提出了更高的要求，对核电主设备焊接技术的发展提出了新的期望。主设备的主要焊缝、堆焊层、焊接方法、填充材料、相关设备等，如表 16－1 所示。

表 16－1 "华龙一号优化改进型"主设备主要焊缝、堆焊层、焊接方法及填充材料[3]

焊缝及堆焊层	常用焊接方法	填充材料	设　备
低合金钢锻件-低合金钢锻件对接焊	SAW、SMAW	低合金钢焊材	RPV、SG、PRZ
低合金钢锻件内壁不锈钢堆焊层	SAW、ESW、SMAW、TIG	不锈钢焊材	RPV、SG、PRZ、RCP
低合金钢锻件内壁镍基合金堆焊层	SAW、ESW、SMAW、TIG	镍基合金焊材	SG
低合金钢锻件上堆焊镍基隔离层	TIG、SMAW	镍基合金焊材	RPV、SG、PRZ、RCP

（续表）

焊缝及堆焊层	常用焊接方法	填充材料	设　　备
低合金钢锻件上镍基合金堆焊层-镍基合金管材	TIG	镍基合金焊材	SG
低合金钢锻件上镍基隔离层-不锈钢锻件	TIG、SMAW	镍基合金焊材	RPV、SG、PRZ、RCP
低合金钢锻件上镍基隔离层-镍基合金锻件	TIG、SMAW	镍基合金焊材	RPV、SG
镍基合金板材-镍基合金板材	TIG、SMAW	镍基合金焊材	SG
不锈钢板材-不锈钢板材	LBW	不锈钢焊材	RVI
不锈钢锻件-不锈钢锻件	TIG	不锈钢焊材	RVI
不锈钢锻件-钴基堆焊层	TIG	钴基焊材	RVI
镍基合金锻件-钴基堆焊层	氧乙炔焊	钴基焊材	CRDM

注：SAW—埋弧焊；ESW—电渣焊；SMAW—焊条电弧焊；TIG—钨极气体保护焊；LBW—激光焊。

如表 16－1 所示，核电主设备所涉及的焊缝及堆焊层种类较多，包括同种金属对接焊、异种金属对接焊、同种金属密封焊、异种金属密封焊、异种金属堆焊和隔离层堆焊等。采用的焊接方法也多为经验证的成熟技术，如 SAW、ESW、SMAW、TIG、LBW、氧乙炔焊等。

上述焊缝，从焊接结构可分为两大类。一类是全焊透对接接头、壳体或接管内壁大面积堆焊为主的常见结构形式。在这类结构中由于被焊材料不同，因此不同设备或部件的焊接材料选择和焊接工艺控制要求也不同。这类焊缝如下：RPV、SG 和 PZR 低合金钢壳体主焊缝及内壁堆焊焊缝，主管道全焊透对接焊缝。另一类是结构比较特殊的焊缝，在焊接工艺上一般有着特殊的要求。这类焊缝如下：接管安全端异种钢接头焊缝，RPV 的 J 形坡口焊缝，SG 的管子-管板焊缝，PZR 的电加热器与电加热器套管焊接焊缝，CRDM 的 Ω 形、CANOPY 焊缝。

我国核电主设备实现自主设计制造已经多年，其结构形式和采用的焊接方法均未发生太大改变。经过多年积累与沉淀，国内制造厂的焊接技术已相当成熟，很多规则的焊缝已经实现了机械化或自动化焊接，但在主设备的焊接制造过程中依旧存在一些技术难点与瓶颈，例如：核级焊接材料还是以进口为主，国内焊接材料行业在核级焊接材料（如低合金钢、不锈钢、镍基合金焊材）的研制上有过一些尝试和探索，也取得了一定的研究成果，但目前尚未实现大范围工程应用。主要原因在于其焊接工艺性能，如工艺稳定性、电弧稳定性、脱渣性、成型外观，与世界先进水平还存在着一定差距。

随着“华龙一号优化改进型”机组的批量化建造，高效的自动化焊接技术与新方法在核电设备建造中需要不断推进和应用。

2）核岛建安阶段的焊接

“华龙一号优化改进型”核岛安装的主要焊接工程量体现在结构、工艺设备、工艺管道、阀门、电气、通风等专业，主要集中在管道管件预制安装、支吊架、钢覆面、风管和埋件的焊接作业。为进一步提升自动焊应用水平，主要管道、大宗物项均开发了自动焊工艺方案，如表 16－2 所示。

表 16－2　核岛安装焊接工程量(2 台机组)

分　类	项 目 名 称	数　量	工　程
工艺设备	反应堆冷却剂管道	6 条环路	主管道焊接
	稳压器波动管道	2 套	波动管焊接
	控制棒驱动机构	2 套	密封环焊接
	乏燃料水池吊车及辅助吊车	2 台	轨道焊接
	机械贯穿件	232 套	贯穿件焊接
工艺管道	主蒸汽、主给水管道	898.6 m	焊口焊接
	主蒸汽、主给水管件	214 个	
	核级不锈钢管道	40 887.7 m	焊口焊接
	核级不锈钢管件	19 956 个	
	非核级不锈钢管道	59 905.4 m	焊口焊接
	非核级不锈钢管件	21 809 个	

（续表）

分　类	项 目 名 称	数　量	工　程
工艺管道	核级碳钢管道	30 371.4 m	焊口焊接
	核级碳钢管件	14 574 个	
	非核级碳钢管道	46 659.4 m	焊口焊接
	非核级碳钢管件	17 518 个	
	管道支吊架	2 190.9 t	支吊架制作及焊接
核岛阀门	阀门	14 693 个	阀门安装
电气	电缆桥架支架	840 t	支架安装
通风	气密性碳钢通风管道	12 926.7 m^2	风管、管件、法兰制作
	风管、部件、风阀支吊架	600 t	支吊架制作
钢覆面	非能动热量导出水池、堆腔水池、内置换料水箱、辅助给水箱	606 t、12 088.4 m^2	钢覆面制作及焊接
其他	次要钢结构	65 t	钢结构制作及安装

(1) 主管道自动焊。核电站的主管道是连接反应堆压力容器、蒸汽发生器和主泵的关键部件，壁厚为 65～95 mm，材质为控氮型奥氏体不锈钢。主管道焊接处于核岛安装关键路径，其工期直接影响到核电站冷试及商运等关键节点。

主管道焊接采用窄间隙全位置 TIG 自动焊接技术，在减少了填充金属使用量的同时提高了焊接接头的性能，福清 5、6 号机组是最早采用该技术的“华龙一号”机型。主管道焊接工艺为每层单道焊，可实现远程遥控焊接。主管道激光测量建模和坡口精密加工是核电站主管道安装过程中的关键步骤，与自动焊技术相互配合，共同确保了核电站主管道焊接的高精度和高质量(见图 16－6)。通过精确控制焊接参数，提高了焊接接头的质量和一致性，与传统手工焊接相比窄间隙自动焊接技术显著提高了焊接效率，缩短了工期，一次焊接合格率可达到 99%以上。“华龙一号优化改进型”也采用该技术进行了现场焊接。

(a)

(b)

图 16-6　主管道焊接

(a) 主管道全位置窄间隙 TIG 自动焊；(b) 主管道坡口组对及激光测量

(2) 控制棒驱动机构密封焊缝自动焊。控制棒驱动机构(control rod drive mechanism，CRDM)的 Ω 形密封焊缝需要在现场焊接，其焊接质量确保了控制棒驱动机构的耐压壳和压力容器顶盖接管座间的密封性，防止了可能发生的冷却剂泄漏，对于保持反应堆一回路的完整性至关重要。

“华龙一号”机型的 CRDM 的 Ω 形密封环焊接采用了自研的国产化全自动脉冲 TIG 自动焊专机，分别有一体式与分体式 2 套，均配备了具有弧长跟踪、径向调节功能的国产数字化电源和控制体系。一体式专机采用整体吊装，主要用于可能的在役维修；分体式专机采用侧面 U 形卡盘，质量仅有 30 kg，可侧面接近回转焊接，减少对环吊的占用，便于现场安装(见图 16-7)。

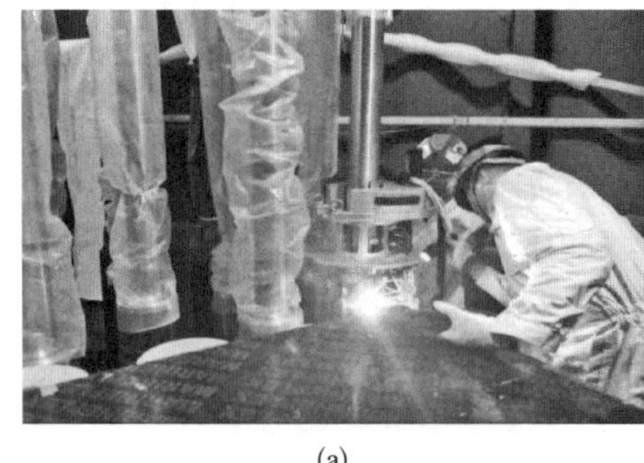

(a)

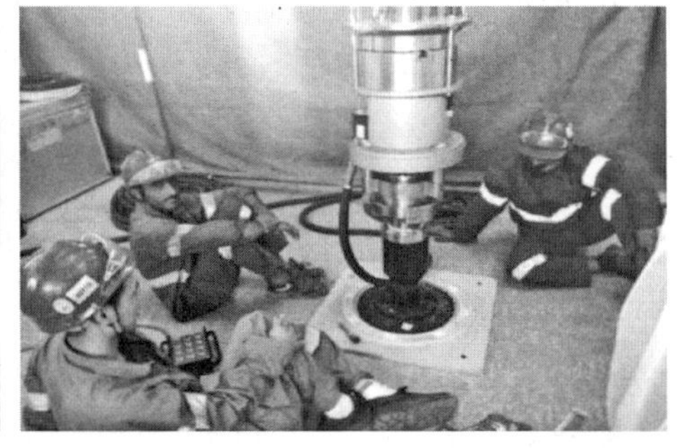

(b)

图 16-7　Ω 形焊缝焊接现场

(a) 现场焊接(一)；(b) 现场焊接(二)

(3) 主蒸汽、主给水管道自动焊。“华龙一号优化改进型”机组主蒸汽、主给水管道材质为 P280GH 材质，其中主蒸汽管道规格为 ϕ32 in×34 mm、主给水管道规格为 ϕ18 in×31.75 mm，由于管径及壁厚均较大，焊接工作量大，采用自动焊可提高施工效率。

根据全位置填丝 TIG 自动焊工艺特点，在坡口形式和组对条件满足自动焊要求的前提下可进行全位置 TIG 自动焊；在不满足打底条件时则采用手工焊打底自动焊填充的方式开展。

"华龙一号优化改进型"机组主蒸汽、主给水管道焊口，采用了自动焊技术（见图 16-8），提高了管道预制和安装速度，减少了施工高峰期对高技能焊工的需求，降低了人工成本，加快了焊接速度，缩短了预制周期。

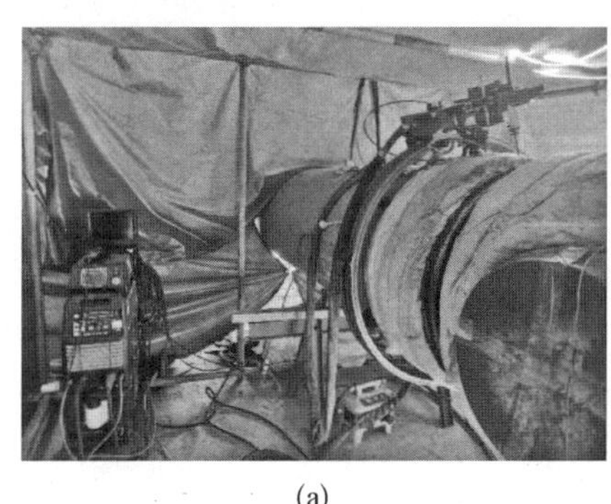

(a)

(b)

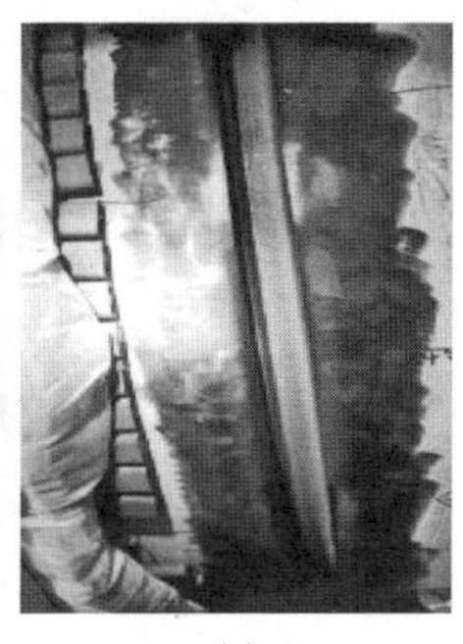

(c)

图 16-8　主蒸汽管道自动焊现场

(a) 组对安装；(b) 现场焊接；(c) 焊缝成型

（4）小管自动焊。"华龙一号"2 in 管道连接形式主要是插套焊，占总焊口数量的 60%以上，为了提升"华龙一号优化改进型"整体自动焊比例和设计质量，插套焊优化设计为对接接头，对接接头是等强设计，相比于原插套设计在强度、振动、腐蚀等应用场合具有更好的性能。小管自动焊设备施焊空间有限，需采用小型化设备，以满足在狭小空间的可操作性，焊接工艺采用不填丝自熔焊技术或熔化环自熔焊（见图 16-9）。

应用小管自动焊需评估和解决下述 2 个技术难点：一是对管道管件的自动焊适配性提出了新的要求，特别是管件外径、壁厚、椭圆度、可加持性的重新设计；二是由于自熔焊的工艺特点，一次焊接成型所获取的焊接接头在仰焊位置可能存在轻微内凹。

通过增加管件延长段和提升部分尺寸制造精度来解决自动焊适配性难点；对于内凹问题，开展综合设计分析论证，在保证壁厚满足最小设计壁厚的

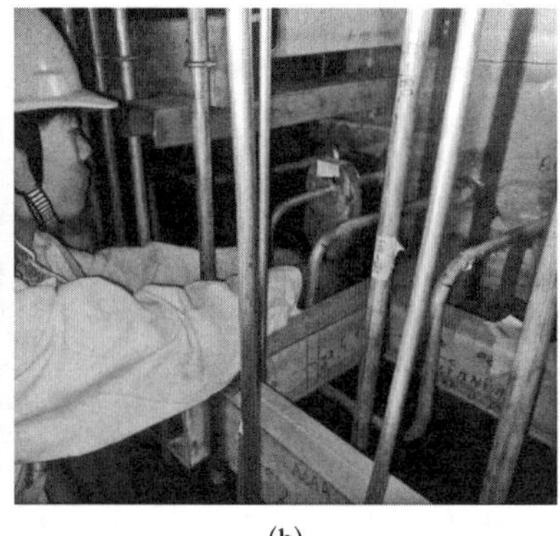
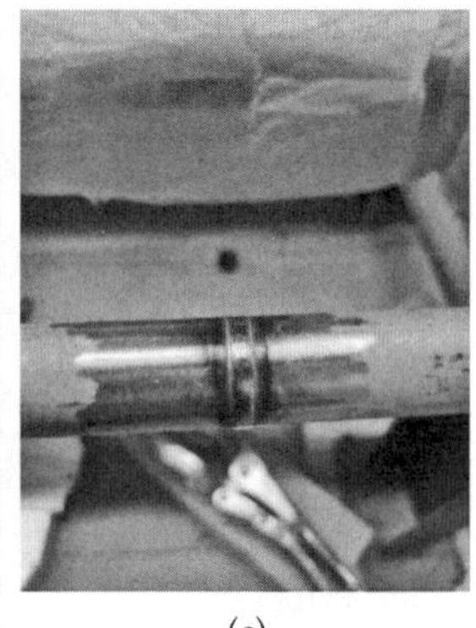

(a)　(b)　(c)

图 16－9　小管自动焊现场

(a) 组对安装；(b) 现场焊接；(c) 焊缝成型

基本前提下可采用该自熔焊技术。对于一些偏差较大的情况，可采用熔化环自熔焊。

(5) 工艺管道自动焊技术。针对“华龙一号”中直径大于 3 in、厚度大于 6 mm 的工艺管道，可采用 TIG 填丝(不锈钢)或富氩气体 MAG(碳钢)自动焊的方式开展，现阶段由于坡口形式及管道、管件成型和坡口加工精度等问题，采用手工焊打底自动焊填充盖面的形式开展(见图 16－10)。

采用自动焊技术，可降低对高水平焊工的依赖、提高焊接效率与质量，降低人因失误。

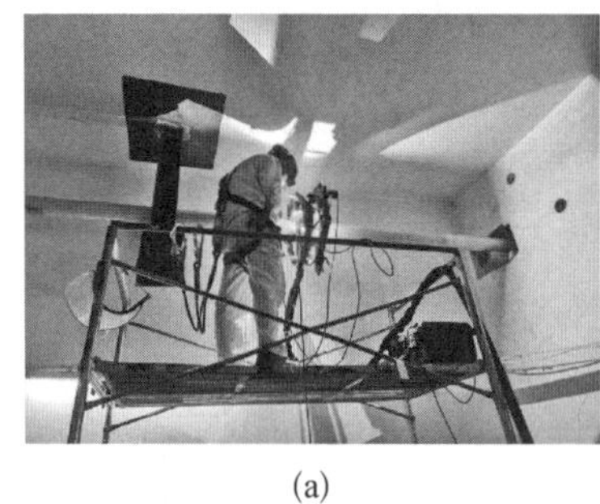
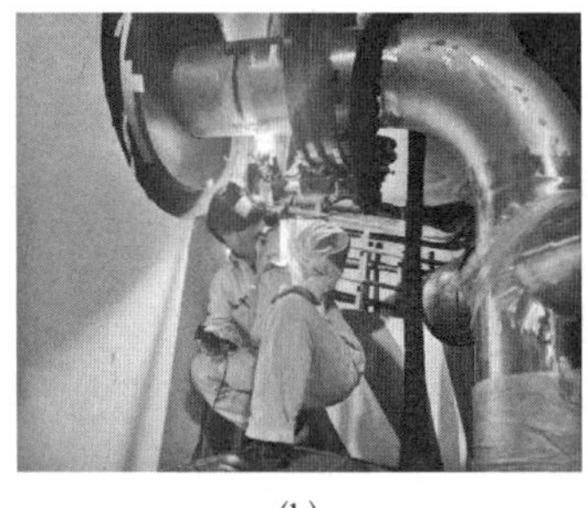
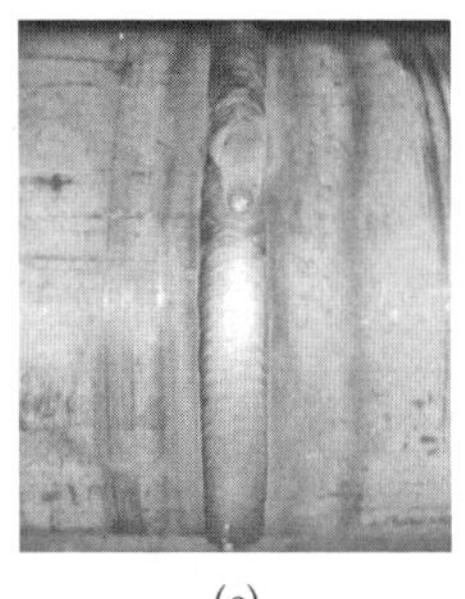

(a)　(b)　(c)

图 16－10　工艺管道自动焊现场

(a) 组对安装；(b) 现场焊接；(c) 焊缝成型

(6) 支架自动焊。碳钢支吊架及电缆桥架支架属于焊接工作量大，部分支架的形式和大小相同，可采用 MAG 机器人工作站进行预制焊接作业。该套设备和工艺工作效率相比于手工焊可提高 4 倍以上，自动焊设备的应用可显著降低焊接工人的劳动量。同时，自动焊设备和工艺的应用，可以避免之前因采用焊条电弧焊导致焊缝出现未熔合、夹渣等缺陷隐患。该科技成果在项目推广应用过程中能够起到提高工作效率、节约人工成本、提高焊接质量的作用，现场情况如图 16－11 所示。

目前，该技术已经在“华龙一号优化改进型”批量化项目中应用，可显著提高焊接效率和焊接质量。

(a)

(b)

(c)

图 16－11　支架自动焊现场

(a) 工作站机器人；(b) 现场焊接；(c) 焊缝成型

(7) 钢衬里熔化极自动焊技术。安全壳是防止放射性物质逸散到环境中的第三道屏障，钢衬里板由材质为 P265GH、厚度为 6 mm 的钢板焊接而成，长度超过 2 500 m。传统焊接工艺采用埋弧焊、焊条电弧焊。华兴公司、土建承包商分别开发了富氩气体 MAG 自动焊装备及工艺，由于其具有良好的焊接效率和质量，已逐步在安全壳钢衬里得到推广应用。

MAG 自动焊工艺具有焊接电流小、焊缝外观成型美观、焊接变形小、焊接效率较高、智能跟踪焊接无人化操作等特点，相关情况如图 16－12 所示。可配合激光智能跟踪传感器对焊缝进行扫描，识别焊缝间隙、位置，并通过对焊枪摆动控制、位置控制及电参数控制实现智能焊接，大幅度降低对人工的依赖，在 PA、PF 焊接位置可实现单面焊双面成型，冲击韧性水平不低于传统工艺，焊接综合效率提升 3 倍以上，射线合格率在 99%以上。

不同土建承包商单位的 MAG 自动焊技术路线在跟踪方式、轨道设置、焊接参数规划等方面有所差异。

(8) 预埋件钢筋摩擦焊技术。核电建造结构涉及大量的钢筋-钢板预埋件。目前，常用的焊接方法主要为焊条电弧焊和半自动气保焊，存在劳动强度

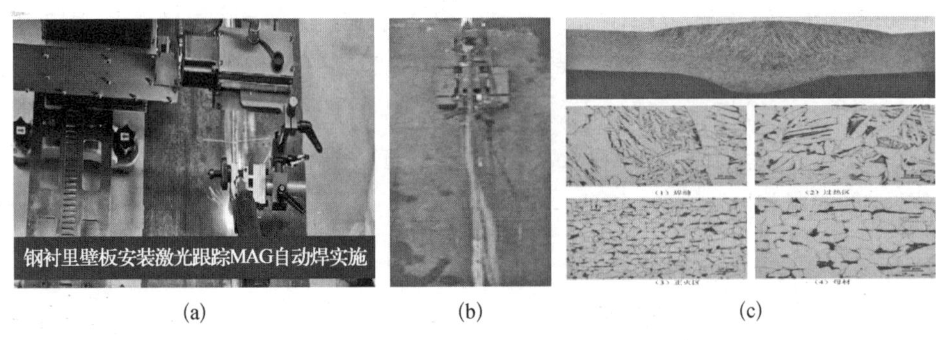

(a) (b) (c)

图 16-12　钢衬里 MAG 自动焊现场

(a) 焊接装备；(b) 现场焊接；(c) 焊缝成型

大、作业环境恶劣、焊接质量稳定性差等问题。尤其是针对穿孔塞焊接头，制作时需多层多道填充焊接，焊接质量完全依赖焊工技能水平，并且效率较低。

预埋件钢筋摩擦焊技术是一种固相焊方法(见图 16-13)，借助钢筋与钢板之间的相对旋转摩擦产生热量，通过顶锻使钢筋与钢板在压力作用下产生塑性变形，从而形成焊缝。自主验证研制的专用多工位预埋件摩擦焊设备及工艺，焊前无须对钢板钻孔，焊接质量稳定性高，接头力学性能和微观组织与穿孔塞焊/角焊接头相当，焊接效率相比于穿孔塞焊可提升 3 倍以上，人工与耗材成本下降 50%以上，焊接过程无烟无尘，绿色环保[4]。

预埋件钢筋摩擦焊在标准体系、接头成型、抗震性能验证等方面还需进一步完善和优化，可逐步试用推广、积累经验。

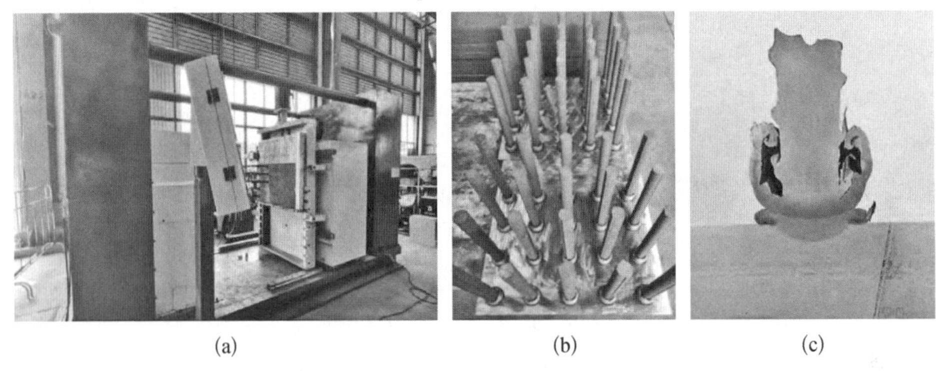

(a) (b) (c)

图 16-13　预埋件摩擦焊现场

(a) 工作站机器人；(b) 现场焊接；(c) 焊缝成型

(9) 不锈钢覆面热丝 TIG 焊。传统的核电站不锈钢覆面安装焊接普遍采用手工钨极氩弧焊，焊接劳动强度大，焊接后返修工作量大，焊接质量不稳定，焊接效率低。

“华龙一号”堆型不锈钢覆面焊缝总长达 13.7 km，焊缝总长约为 M310 堆型不锈钢覆面焊缝的 3～4 倍，为此通过自主科研，集成了焊接设备、开发了成套焊接工艺、制订了多位置的焊接工艺评定和工法。

目前，“华龙一号”机型中不锈钢覆面均已应用热丝 TIG 焊技术，相关情况如图 16 - 14 所示，焊接质量稳定，焊接效率提高 2～3 倍。批量化机型的部分不锈钢钢衬里还实行了先贴法模块化施工、整体吊装就位，缩短工期效果明显。

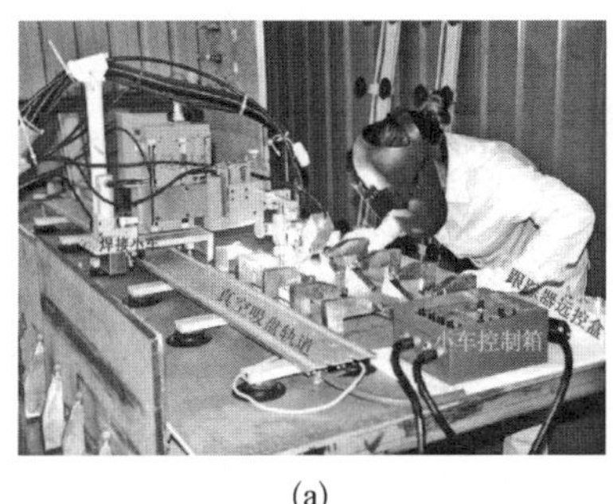

(a)

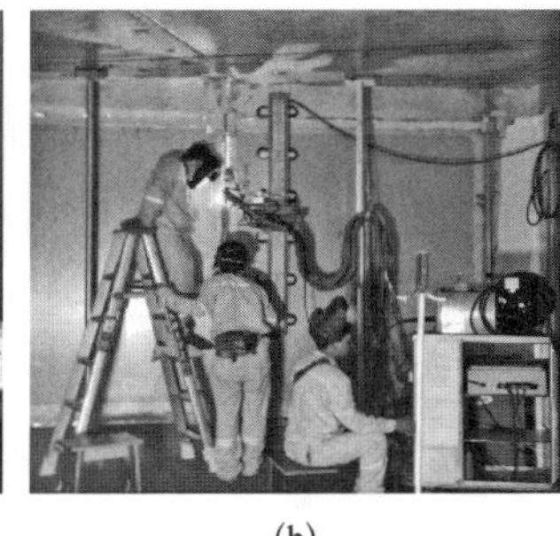

(b)

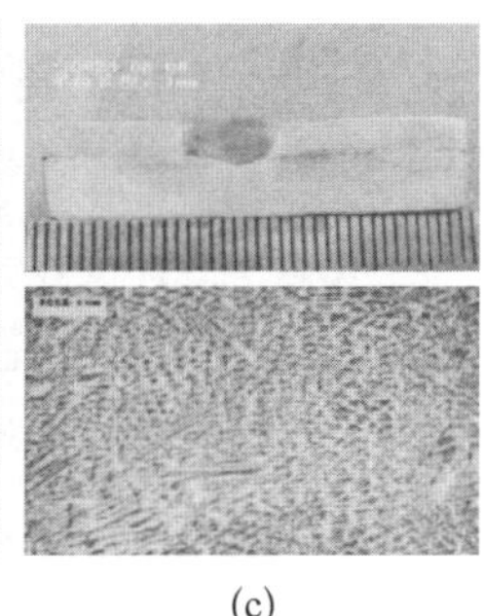

(c)

图 16 - 14　不锈钢覆面自动焊现场

(a) 机械自动焊装备；(b) 现场焊接；(c) 焊缝成型

(10) 焊接数字化。随着核电数字化、智能化的全面推进，物联网焊机、焊材智能分发系统、焊接工艺管理系统正在逐步应用中，具体如图 16 - 15 所示。

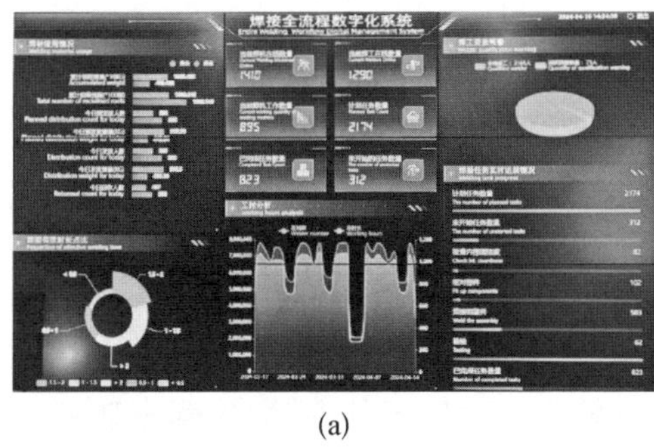

(a)

(b)

(c)

图 16 - 15　焊接数字化

(a) 数字化系统；(b) 智能焊材管理系统；(c) 物联网焊机

物联网焊机通过加装参数采集模块与通信模块，具备通过4G/5G等通信技术实时传送焊接参数和设备状态信息，可实现对工时的实时采集、终端故障自动报警和远程诊断功能。

智能焊材管理是基于视觉识别的焊材发放回收系统，可高效、精准地完成焊材的有效储存、发放回收，提高效率并实现无纸化管理，同时避免焊工代领、误领的情况。

焊接工艺数字化系统可实现焊接工艺评定、焊接工艺、焊接人员资质、焊接材料的全要素管理，与设计、物联网、焊材管理系统联通，逐步拓展为焊接要素的全流程管理。

16.4 无损检测技术

无损检测（non-destructive testing, NDT）是一种技术手段，用于在不破坏或损伤被测材料或工件的前提下，评估其内部或表面缺陷及材料性质的方法。无损检验的资格考核和管理需要符合HAF 602—2019《民用核安全无损检验焊接人员资格管理规定》（生态环境部令 第6号）。无损检测在核工程建造、质量控制和安全评估方面具有重要作用。

16.4.1 核工程的无损检测

目前，核电行业应用的无损检测技术仍然以传统的检验技术为主，NB/T 20003.1《核电厂核岛机械设备无损检测》系列标准规定了核电常用无损检测方法，具体包括超声检测（ultrasonic testing，UT）、射线检测（radiographic testing，RT）、渗透检测（penetrant testing，PT）、磁粉检测（magnetic testing）、涡流检测（eddy current testing）、目视检测（visual testing）和泄漏检测（leakage testing）。

(1) 超声检测：主要用于材料或工件内部缺陷的检测，能确定缺陷的位置和相对尺寸，超声检测适用于板材、锻件、管材、棒材和铸件等原材料和零件的检测，也适用于焊接接头以及堆焊层的检测。超声检测的适用性与被检工件的材质和结构相关。

(2) 射线检测：主要用于焊接接头和铸件内部缺陷的检测，能确定缺陷平面投影的位置、大小，可获得缺陷平面图像，并能据此判定缺陷的性质。

(3) 渗透检测：主要用于非多孔性材料的表面开口缺陷的检测，通常能确定缺陷的形状、位置和尺寸，渗透检测适用于板材、锻件、棒材、铸件、管材和焊接接头的检测。

(4) 磁粉检测：主要用于铁磁性材料的表面和近表面缺陷的检测，通常能确定缺陷的形状、位置和尺寸，磁粉检测适用于板材、铸件、锻件、棒材、管材和焊接接头的检测。

(5) 涡流检测：主要用于薄壁金属管材的表面和内部缺陷的检测，通常能确定金属材料的表面或内部缺陷的位置和相对尺寸，涡流检测适用于不锈钢管材、镍基合金管材、碳钢管材和钛合金管材的检测。

(6) 目视检测：主要用于发现工件、设备或系统的外观异常和表面缺陷，通常能确定缺陷的位置、形状和尺寸。

(7) 泄漏检测：主要用于工件、设备或系统密封性的检测，通常能确定工件、设备或系统的泄漏位置和漏率。

表 16-3 列出了上述无损检测方法通常能检测的一般缺陷[5]。

表 16-3　缺陷与无损检测方法对照[5]

缺陷类型		检测方法							
		表面开口缺陷		表面开口或近表面缺陷		全体积任何位置缺陷			超声波测厚
		目视	渗透	磁粉	涡流	射线	斜射超声波	直射超声波	
焊接引起的缺陷	烧穿	●				●	⊕		○
	裂纹	○	●	●	⊕	⊕	●	○	
	余高过高/不足	●				●	⊕	○	○
	夹杂(渣/钨)			⊕	⊕	●	⊕	○	
	未熔合	⊕		⊕	⊕	⊕	●	⊕	
	未焊透	⊕	●	●	⊕	●	●	⊕	
	错边	●				●	⊕		
	焊瘤	⊕	●	●	○		○		
	气孔	●	●	○		●	⊕	○	

(续表)

缺陷类型		检测方法							
		表面开口缺陷		表面开口或近表面缺陷		全体积任何位置缺陷			超声波测厚
		目视	渗透	磁粉	涡流	射线	斜射超声波	直射超声波	
焊接引起的缺陷	根部凹陷	●				●	⊕	○	○
	咬边	●	⊕	⊕	○	●	⊕	○	
产品成型引起的缺陷	迸裂(锻件)	○	●	●	⊕	⊕	⊕	⊕	
	冷隔(铸件)	○	●	●	○	●	⊕	⊕	
	裂纹(所有成型产品)	○	●	●	⊕	⊕	⊕	○	
	热撕裂(铸件)	○	●	●	⊕	⊕	⊕	○	
	夹杂(所有成型产品)			⊕	⊕	●	⊕	○	
	分层(板材,管材)	○	⊕	⊕			○	●	●
	重皮(锻件)	○	●	●	○	⊕		○	
	气孔(铸件)	●	●	○		●	○	○	
	裂缝(棒材,管材)	○	●	●	⊕	○	⊕	⊕	

注:●—在所有的或大多数的条件下,所用的或大多数的无损检测方法都能检测这种缺陷。
⊕—在某种条件下,一种或多种无损检测方法能检测这种缺陷。
○—检测这种缺陷要求专用技术、条件和/或人员资格。
表中列出了缺陷和能检出这些缺陷的无损检测方法,仅适用于一般情况,许多因素都会影响这些缺陷的可检测性。

16.4.2 数字化无损检测

为了适应“华龙一号优化改进型”的建造需求,响应了绿色、低碳的高质量发展要求,高效、低/无辐射、数字化的检测技术成为行业发展趋势,其中包括相控阵检测技术、数字射线技术、交流电磁技术、先进材料检测技术等。

1）相控阵超声检测

相控阵超声检测技术（PAUT）利用多个压电晶片按一定规律分布排列成不同形状的相控阵探头，由计算机按照预先确定的延迟时间激发各个晶片，控制发射超声束（波阵面）的形状和方向，实现超声波波束扫描、偏转和聚焦。采用机械扫描和电子扫描相结合的方法实现缺陷计算机成像，确定缺陷的形状、大小和方向，提供比常规 UT 更强大的检出能力。PAUT 可形成数据记录，更便于结果复核，在核电建造领域具有广阔的应用前景。与 RT 检测技术相比，具备无须辐射防护、灵敏度高等特点。

PAUT 技术已在承压设备、石油、化工、火电等行业有着成熟的应用经验。

在"华龙一号优化改进型"机组中适用对象主要为壁厚≥6 mm 的碳钢和合金钢。目前，采用 PAUT 技术在常规岛管道焊口已进行规模化检测，在安全壳钢衬里复检中开展了应用，并在主二回路等核级焊口中也进行了局部试用，具体如图 16－16 所示。

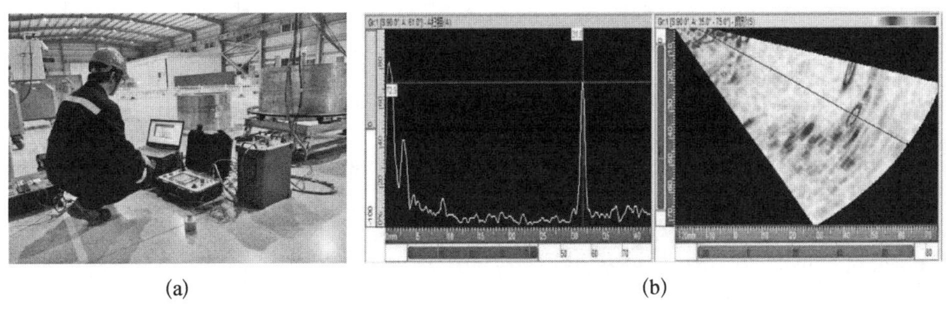

(a)　　　(b)

图 16－16　PAUT 技术应用

(a) 漳州 1 号现场焊接；(b) 扫描图片

美国核管会（NRC）经过评估，已批准多个电站在修理和更换中使用 PAUT 检测代替 RT 的申请；法国 RCC－M 2017 版标准已经明确可作为代替 RT 的体积检测技术。

对于国内核安全级物项，由于标准体系、人员取证和监管体系等的制约，PAUT 技术仍在分阶段逐步推广之中，应用前景广阔。

2）数字射线检测

数字射线检测（digital radiography，DR）是一种无损检测（NDT）方法，它通过使用 X 射线或 γ 射线穿透材料，然后利用数字成像技术将射线穿过材料后的影像转换为数字图像。这种技术在多个工业领域中用于检测材料和焊缝的内部缺陷。

DR技术在"华龙一号优化改进型"机组中适用对象很广泛，具体如图16－17所示。目前，已采用该技术在常规岛管道小径管焊口中小范围应用，使用的是不可弯折成像板。在核工程项目的核级小径管焊口中也已有3 000余道的应用实践。

(a)

(b)

图16－17　DR技术应用

(a) 漳州1号现场焊接；(b) 扫描图片

DR实现了数字图像存储，可远程传输和处理，相比于传统胶片射线检测(RT)，DR通常需要的辐射剂量更低，不需要使用化学药品冲洗胶片，更加环保，但其目前仍在分阶段逐步推广中，应用前景广阔。

3）交流电磁场检测

交流电磁场检测(alternating current field measurement, ACFM)是激励线圈在工件中感应出均匀的交变电流，感应电流在焊接缺陷和腐蚀等缺陷位置产生扰动，基于电场扰动引起空间磁场畸变原理，利用检测传感器测量空间磁场畸变信号，从而实现缺陷的检测与评估。

面向"华龙一号"机型薄壁(壁厚≤4 mm)奥氏体不锈钢构件(水池覆面、小径管)焊口数量多，RT作业仅能夜间实施，辐射安全风险大、效率极低，这已成为制约工期的"瓶颈"的问题。因此，开发了高灵敏度交流电磁场检测技术，形成了成套系统设备、试块及检测工艺。对于壁厚为3.5 mm的奥氏体不锈钢材料，该技术可检出全壁厚范围内0.3 mm当量体积型缺陷；对于壁厚为4 mm的，则可检出0.4 mm当量体积型缺陷[6]。

目前，已采用ACFM技术(见图16－18)，在核工程项目核级小径管和风管焊口已规模化应用 6 000 余道焊口；在“华龙一号”批量化建设机组的不锈钢风管和覆面焊口中也进行了适应性验证；法国法玛通公司在役水下检测了欧洲某电站乏池 75%的长度的焊缝。实践表明，其缺陷检出能力不低于 RT，效率是 RT 的 3 倍以上，无辐射安全风险，可实现同步施工，误报率≤10%。

由于标准体系、人员取证和监管体系等的制约，ACFM 技术仍在分阶段逐步推广之中，具有良好的工程应用前景。

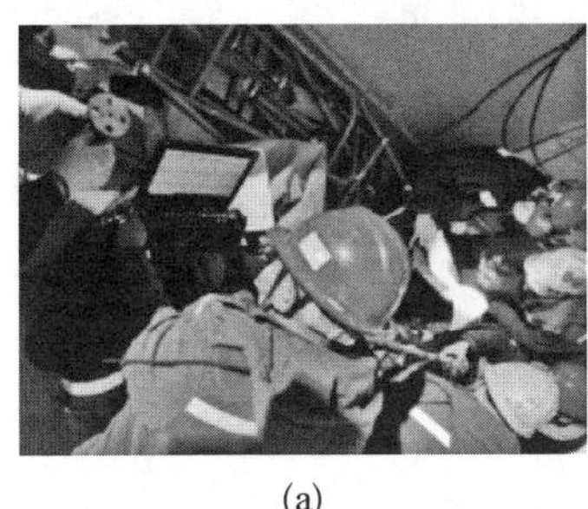
(a)

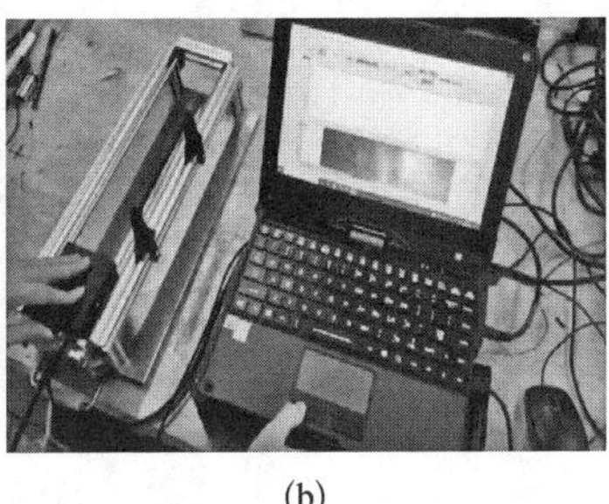
(b)

(c)

图 16－18　ACFM 技术应用

(a) 小径管多班组同步检测；(b) 不锈钢覆面检测成套设备和试块；(c) 编码器扫查

4）材料先进无损检测

面对“华龙一号优化改进型”机组的发展，带来了新的材料需求，如功能材料、复合材料、3D 打印增材等，伴随而来的先进无损检测手段也层出不穷，具体如图 16－19 所示。

工业计算机层析成像(CT)是一种射线检测方法，所得到的图像是物体的现行衰减系数的分布图，已广泛地应用于航天航空、军工、铁路交通、机械、船舶、石油化工等领域。与传统 RT 相比，CT 可通过连续切片得到物体内部的三维图像，无损伤地得到物体切片的密度分布图像。CT 能准确地测量被测物体的几何尺寸和密度。双能 CT 扫描还能帮助识别材料成分，可以提供精确的电子密度和原子序数图像。目前，3D 打印叶轮、复合材料采用该技术进行了检测。

超声检测残余应力的原理：依据声弹性在材料中与超声波传播方向一致的应力影响其传播速度，压缩应力加快超声波传播速度、拉伸应力减慢超声波传播速度，用一个已知应力且与被测构件材质与形状相同的构件作为应力基础，通过检测构件材料内部超声波传播速度的变化可以得知构件内部应力的拉压状态及其具体数值。在进行检测时，将参与应力纵波和横波检测方法结

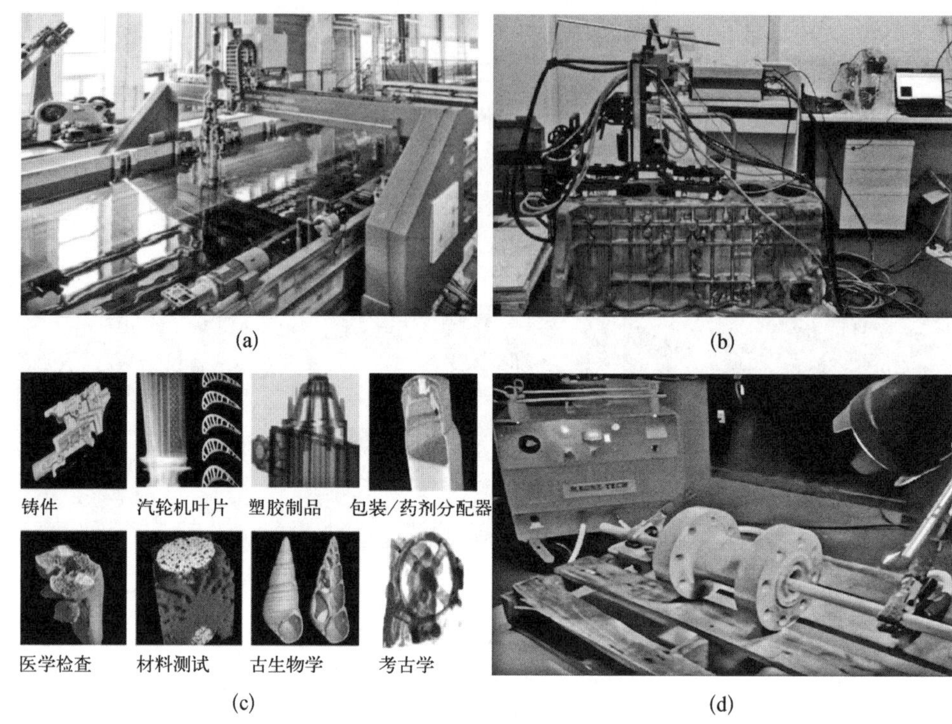

(a)　(b)　(c)　(d)

图 16-19　材料先进检测应用

(a) 水浸超声检测;(b) 超声测量残余应力;(c) 工业 CT 检测;(d) 荧光磁粉检测

合起来,可以在未获知构件尺寸的前提下,获得超声纵波和横波传播方向上的应力状态和数值。压力容器顶盖主螺栓等可采用该技术进行检测。

参考文献

[1] 核能行业协会. 中国核能行业协会核电工程建设年度报告(2023 年度)[R]. 核能行业协会. 2024.

[2] 邱振生,柳猛,匡艳军,等. 国产核岛主设备焊接技术现状及发展趋势分析[J]. 焊接,2016(12): 12-20.

[3] 罗英,郑浩,邱天,等. 核级主设备焊接技术探讨及展望[J]. 电焊机,2020,50(9): 194-201.

[4] 曾凡勇,肖志威,郭城湘,等. 核电钢筋预埋件摩擦焊接工艺研究[J]. 电焊机,2022,52(10): 114-120.

[5] 国家能源局. 核电厂核岛机械设备无损检测 第 1 部分: 通用要求: NB/T 20003.1[S]. 北京: 原子能出版社,2021.

[6] 王宇欣,高宇,马迎兵,等. 核工程薄壁不锈钢焊缝交流电磁场检测模拟验证[J]. 电焊机,2023,53(12): 34-39.

第 17 章
核能综合利用

当前，全球气候变化问题日趋严峻，在《巴黎协定》框架下，中国自主确定“双碳”目标，能源体系面临稳定供应与清洁低碳转型的双重挑战。电力、工业是我国碳排放最主要的部门，2023 年电力部门碳排放占比约为 40%，工业部门碳排放占比约为 35%。根据政府间气候变化委员会评估报告，核能是全生命周期碳排放最小的发电技术之一，核能自身可以通过供电的方式实现减碳。对于助力工业部门实现碳减排和化石能源替代的需求，核能可以通过综合利用的形式实现更高效率的碳减排。

未来 10 年是“碳达峰”的关键期、窗口期，国家从能源供应安全、经济和可持续发展角度统筹考虑，将核能作为一种“碳达峰”主力能源发展。未来，核能将成为打造区域级综合能源供应中心的重要能源类型，核能的综合利用将发挥更大的减碳作用，助力国家能源结构转型。

近些年，常规能源的供汽/供热技术、海水淡化技术、制氢技术等基础研究及应用在逐步开展，并取得了一定成果。同时，在核能综合利用领域，依托现有的核电机组，我国已经开展了大型核电厂的供暖、供汽等示范项目。未来，核能由单一发电向多用途利用发展将成为其应用领域的重要转变。

17.1 工业供汽

蒸汽是除电力以外的又一大耗能，2019—2021 年，我国工业蒸汽消费量稳定保持在 4.5×10^{8} GJ/a 以上，现有工业蒸汽需求量约为 6.5×10^{4} t/h，随着我国沿海化工园区发展，未来工业用蒸汽需求还将持续增长。

1）核能供汽政策

《“十四五”现代能源体系规划》强调，要促进能源加工储运环节提效降碳，推进炼化产业转型升级。2021 年 11 月，由国家发展改革委、工信部、生态环境部、市场监管总局、国家能源局共同印发了《关于严格能效约束推动重点领域节能降碳的若干意见》《关于发布〈高耗能行业重点领域能效标杆水平和基准水平(2021 年版)〉的通知》，并提出了《石化化工重点行业严格能效约束推动节能降碳行动方案(2021—2025 年)》，对炼油、乙烯、合成氨、电石、钢铁、电解铝、水泥、平板玻璃等高耗能、高排放行业提出了明确的节能降碳目标，明确鼓励石化基地或大型园区开展核电供热、供电示范应用。2022 年 2 月，国家发改委、工信部、生态环境部、国家能源局联合印发的《高耗能行业重点领域节能降碳改造升级实施指南(2022 年版)》，对炼油、乙烯、合成氨等重点行业提出了节能降碳改造升级实施指南。2022 年 4 月，工信部、国家发展改革委等六部门联合印发《关于“十四五”推动石化化工行业高质量发展的指导意见》，有序推动石化化工行业重点领域节能降碳，提高行业能效水平。

一直以来，工业供汽领域所需要的高温蒸汽基本都由化石燃料锅炉提供。随着核电的有序发展，可以积极推广利用核能为工业领域供汽，降低二氧化碳等温室气体的排放。工业生产所需的蒸汽温度和压力品类较多，根据不同行业加工用途不同，工业蒸汽温度通常为 100～1 000 ℃，压力从不到 1 MPa 至十几兆帕。国际上利用核能给工业用户供汽的实践有一些，但大多已经停堆或关闭，仍在运行的项目不多。近年来，一些核能国家又对核能供汽重新引起重视，积极探索核能用于工业供汽。

工业是我国碳排放主要部门之一，在“双碳”背景下，高耗能工业行业绿色低碳转型更加紧迫，国内各大集团都在积极探索核能供汽。我国国内首个工业用途核能供热项目——田湾核电蒸汽供能项目，即“和气一号”项目，于 2024 年 6 月正式建成投产。“和气一号”项目采用田湾核电 3、4 号机组二回路蒸汽作为热源加热除盐水，为石化产业基地提供工业蒸汽。该项目可以帮助工业园区每年减少燃烧标准煤 40 万吨，等效减少二氧化碳 107 万吨、二氧化硫 184 万吨、氮氧化物 263 万吨。此外，江苏徐圩核能供热发电厂正在开展设计，项目规划建设核能机组，利用蒸汽转换技术，为连云港石化产业基地企业提供规模为 8 000 t/h 的工业蒸汽。与燃煤供汽相比，连云港石化产业园区 2030 年约 13 200 t/h 的工业蒸汽需求如全部实现核能供汽，每年可以减少区域标煤耗量约 1 130 万吨，减少二氧化碳年排放量约 3 070 万吨、二氧化硫年排放量约 5 268 t、氮氧化物年排放量约 7 526 t。

国内各已建成核电项目正在与周边工业园区对接，三门核电于 2023 年 6

月启动核能供汽项目，计划于 2026 年底建成供汽规模为 1 800 t/h 的核能供汽项目。其他新建和拟建厂址也在开展前期的沟通调研工作。贵州玉屏前期筹划为周边大龙工业园区的锂电池和硫酸锰等企业生产加工提供中低温热源。

从供汽堆型上看，基于现有技术可行性较高的核能供汽堆型为高温堆和压水堆 2 种，利用高温堆单独供汽一般可以覆盖大部分用户的负荷需求，但单台高温堆机组可供汽量较小，经济效益欠佳；大型压水堆主要用于低参数供汽，供汽量大，经济效益较好。大型压水堆耦合高温堆供汽，结合了 2 种型号参数优点，可以提升项目整体经济性。如果没有条件耦合高温堆或其他热源，“华龙一号优化改进型”也可以独立为热源品质要求较低的工业蒸汽用户稳定供汽。

“华龙一号优化改进型”机组是在华龙一号机组上，采用了更加智能化的技术，经济性更优，在以市场为导向的核能供汽领域也更具有优势。对于石化、重工等行业中高参数蒸汽的要求，可以通过“华龙一号优化改进型”与其他热源耦合提高蒸汽参数，来发挥更大作用。

2）“华龙一号优化改进型”耦合高温堆供汽

为防止放射性的迁移，工业供汽系统需采用蒸汽转换系统。受主蒸汽参数限制，“华龙一号优化改进型”通过蒸汽转换技术生产的工业蒸汽参数低于二回路主蒸汽参数，而石化项目所需蒸汽的温度大多数要求在 300 ℃以上，单独采用“华龙一号优化改进型”供汽，不能满足用户的蒸汽参数要求。如果对工业蒸汽进一步加热提升蒸汽过热度，则可满足大多数工业蒸汽用户的参数需求。高温气冷堆可供应高温蒸汽，虽然能够满足用户蒸汽温度、压力参数需求，但由于目前高温气冷堆蒸汽产量低且单位千瓦投资较高，采用高温气冷堆单独供汽在经济方面无优势。采用“华龙＋高温气冷堆”组合供汽，考虑了“华龙一号优化改进型”经济性相对较好，反应堆热功率更大，尽量多利用“华龙一号优化改进型”机组热量，同时兼顾考虑高温气冷堆供汽参数高的特点，主要用于提升出厂蒸汽参数。2 种堆型组合的供热方案可充分利用 2 个堆型的优点。连云港核能供热示范项目为连云港徐圩新区石化产业基地供应工业蒸汽，解决企业用汽需求。该项目为典型的核能供汽工程，规划建设 4 台“华龙一号优化改进型”机组＋6×200 MW 高温堆，首期工程按 2 台“华龙一号优化改进型”机组＋3×200 MW 高温气冷堆建设。供汽技术路线采用蒸汽转换技术，热源蒸汽分别为“华龙一号”机组主蒸汽和高温气冷堆主蒸汽。利用“华龙一号”机组主蒸汽经蒸汽转换设备生产饱和工业蒸汽，利用高温气冷堆主蒸汽对饱和工业蒸汽进行过热。供热系统主要包括热源蒸汽供应系统和工业蒸汽生产系统 2 个部分。压水堆与高温堆耦合供汽方案流程如图 17－1 所示。

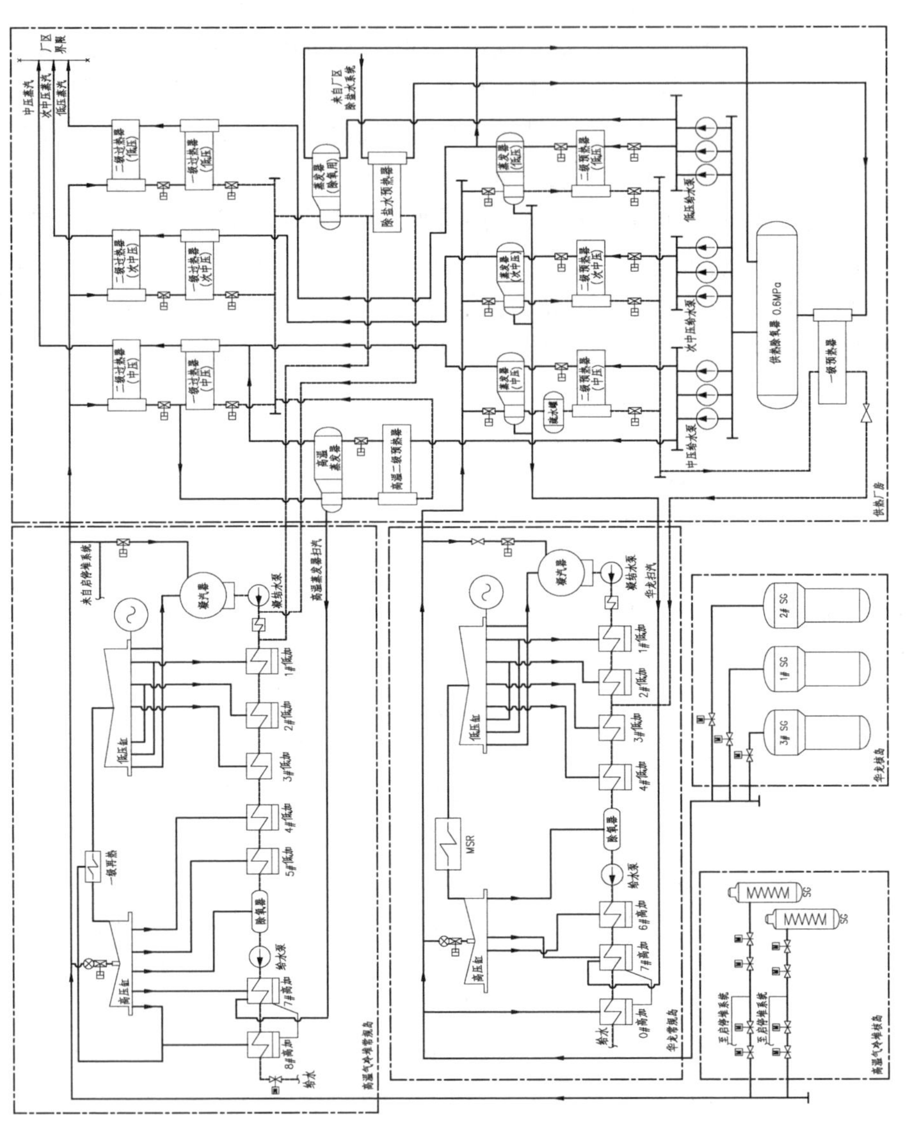

图 17－1　压水堆与高温堆耦合供汽方案流程示意图

中压蒸汽制备系统利用“华龙一号优化改进型”主蒸汽将公用系统预热后的除盐水制备成饱和蒸汽，再利用高温气冷堆主蒸汽将饱和蒸汽过热到外供蒸汽参数。“华龙一号优化改进型”主蒸汽在蒸发器内凝结为饱和水，先后经过二级预热器和一级预热器后回到常规岛凝结水系统。高温气冷堆主蒸汽经过二级过热器和一级过热器凝结为过冷水，最后经过除盐水预热器降温后，返回常规岛凝结水泵出口管道。中压蒸汽制备系统共设置 4 列二级过热器、一级过热器、蒸发器及二级预热器，每列与“华龙一号优化改进型”蒸发器并列设置 1 台高温蒸发器用以消纳中压二级过热器和一级过热器之间的不平衡流量。高温蒸发器凝结水进入高温二级预热器，加热中压供热给水泵输送来的给水至高温蒸发器需要的给水温度，然后进入除氧器用蒸发器，制备供热除氧器用加热蒸汽。高温气冷堆主汽凝结水经除氧器用蒸发器后进入除盐水预热器，降温后回到高温气冷堆常规岛凝结水泵出口管道。“华龙一号优化改进型”主蒸汽在蒸发器内凝结为饱和水进入疏水罐，饱和水分别进入对应二级预热器过冷后汇入一级预热器入口母管，经一级预热器继续降温后回到“华龙一号优化改进型”凝结水系统。

次中压和低压蒸汽制备流程相似，均采用“华龙一号优化改进型”主蒸汽将公用系统预热的除盐水制备为饱和蒸汽，再利用高温气冷堆主蒸汽将饱和蒸汽进行过热。“华龙一号优化改进型”主蒸汽在蒸发器内凝结为过冷水，先后经过二级预热器和一级预热器后回到常规岛凝结水系统。高温气冷堆主蒸汽依次经过二级过热器和一级过热器后凝结为过冷水，凝结水与除氧器用蒸发器出口凝结水汇合进入除盐水预热器，降温后回到常规岛凝结水泵出口母管。

4 台“华龙一号优化改进型”$+6\times200$ MW 高温堆组合供热方案，充分考虑了机组运行时的供汽与备用需求，有利于保障向徐圩石化基地提供大规模工业供汽的可靠性和稳定性。堆机匹配总原则为优先确保核安全要求，其次满足供热需求，最后满足供电要求。具体情况如下：

(1) 第一目标确保反应堆核安全，在各类运行工况下，尽量减少反应堆的瞬态响应动作，尽量保证反应堆只做线性功率调节或不调节；

(2) 第二目标保证供汽稳定并匹配热用户需求，在各类运行工况下，尽量满足热用户的供汽需求，保证供汽可靠性；

(3) 在满足以上 2 项内容的前提下，剩余反应堆热功率尽量发电，保证供热的稳定性、可调节性，并提高项目的经济性。

3）“华龙一号优化改进型”单独供汽

若没有条件耦合高温气冷堆或其他热源，“华龙一号优化改进型”也可以独立为热源品质要求较低的工业蒸汽用户稳定供汽。

供汽技术路线采用蒸汽转换技术，利用“华龙一号优化改进型”主蒸汽作为热源蒸汽，经蒸汽转换设备生产工业蒸汽供给用户。供热系统主要包括热源蒸汽供应系统和工业蒸汽生产系统 2 个部分。热源蒸汽供应系统主要流程如下：“华龙一号优化改进型”主蒸汽在汽轮机房主蒸汽联箱汇集后，一部分去汽轮机发电，另一部分进入供热厂房，依次经过过热器、蒸汽发生器冷却后凝结成水，再经过二级给水预热器、一级给水预热器冷却后，返回“华龙一号优化改进型”常规岛的汽轮机回热系统，经过汽轮机回热系统加热后，返回“华龙一号优化改进型”的蒸汽发生器。

工业蒸汽生产系统的主要流程如下：生产工业蒸汽用的除盐水由厂区除盐水系统供水，除盐水先进入除盐水给水箱，经过一级给水泵进入一级预热器，预热后进入供热除氧器除氧，供热除氧器按照不同压力参数，分别设置供热给水泵，利用供热给水泵出口母管，将除氧后的给水送入不同压力参数的二级给水预热器继续加热。工质通过不同压力参数的蒸发器加热汽化为蒸汽后，为不同压力参数的用户供应工业蒸汽。端差有富裕的可以设置相应压力参数的过热器，提高工业蒸汽过热度。“华龙一号优化改进型”单独供汽方案如图 17－2 所示。

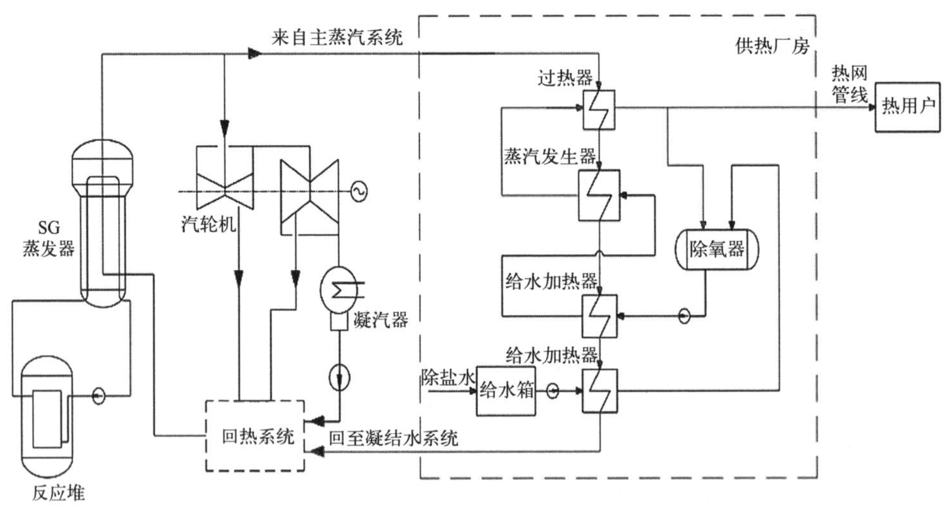

图 17－2 “华龙一号优化改进型”单独供汽方案示意图

4）蒸汽长输技术

将工业蒸汽从核电厂输送到蒸汽用户需要设置高效的蒸汽管网。为提高蒸汽管网输送运行的经济性和安全性，需要降低管网的压降、温降和管损，对设计施工保温材料等方面提出了更高的要求，尽量避免出现水击现象。

在一般情况下，规范推荐的蒸汽管网输送距离为 5～8 km，受环保、节能、减排等政策的影响，一些距离城市中心约 20 km 的大型火电厂也已纷纷进行了热电联产改造，出现了一批 10～20 km 甚至更长距离的输送蒸汽管网工程，已突破原规范的限制。核电站受选址的限制，核能供汽也需要克服远距离输送的困难。

蒸汽经长距离输送后，会产生明显的压降和温降，需要结合各用户用汽参数、用户到供汽项目厂址的距离，计算各用户点蒸汽的压降和温降。如果用户距离供汽项目较远，长输管网的压损和温降也会增加，需要采取措施相应提高出口蒸汽的压力和过热度克服管网的压降和温降。

长输技术近年来发展迅速，已有了长足的进步，管道输送距离长度已由常规的单线 5～8 km 延伸到 18～60 km，目前已投用的最长约 63 km。蒸汽管道温降可由 1 km 的 15～20 ℃降为 4～6 ℃/2～4 ℃（设计负荷 50%以上，DN350 以上），压降可由 1 km 的 0.06～0.1 MPa 降为 0.01～0.025 MPa。一种采用“长输热网方法”“低能耗输送蒸汽管系统”发明专利技术设计的蒸汽管网 1 km 输送能耗仅为常规设计的 1/5～1/4，总质量损耗率仅为 2%～3%，综合投资比常规设计节省 5%～10%，安全运行负荷限值由常规设计负荷的 30%以上降为 10%以上。

长输技术的发展，可以帮助扩大核能供汽的服务半径，为更多用户提供安全可靠、清洁高效的蒸汽。

17.2　区域供暖

伴随我国人民经济水平与生活水平的提升，我国北方地区冬季的供暖需求不断增加。然而，目前国内北方地区采暖的主要形式受到经济成本、取暖模式等因素的影响，依旧大量采用煤炭等化石燃料，这不仅会引起化石能源消耗问题，还会释放大量温室气体，造成环境污染并直接影响人们的日常生活与身体健康。供暖关乎我国的国计民生，在我国“双碳”的战略目标下，发展清洁、低碳的供暖技术将是必由之路。核能在成熟性、经济性、可持续性等方面具有很大的优势，相比于其他可再生能源具有无间歇性、受自然条件约束少等优点。核能供暖技术能够在保证北方采暖季节稳定供应热量的同时，缓解集中采暖所带来的能源消耗与环境污染等问题。作为核能综合利用的关键形式与技术之一，核能供暖技术将在我国推动能源转型的进程中发挥重要作用，发展前景十分广阔[1]。

1）核能供暖政策

核能供暖方面，国家发展改革委、国家能源局等 10 部委于 2017 年联合印发的《北方地区冬季清洁取暖规划（2017—2021）》指出，加强清洁供暖科技创新，研究探索核能供暖，推动现役核电机组向周边供暖，安全发展低温泳池堆供暖示范。2018 年，国家能源局在《2018 年能源工作指导意见》中指出，积极研究推动北方地区核能供暖试点工作。2019 年 10 月，国家发改委发布《产业结构调整指导目录（2019 年）》，明确将核能在供暖、供汽、海水淡化领域的综合利用列入产业结构调整目录中的"鼓励类"项目。同年，国家能源局明确提出"依托在建在运核电机组开展热电联产、工业供汽和集中供暖，推动一批核能供暖项目尽快落地"的工作要求。2020 年 11 月，国家能源局进一步提出"以秦山核电等一批核电机组作为核能综合集中供热试点单位，加快推进核能集中供热、居民核能供暖等项目建设"。2022 年 3 月 29 日，国家能源局发布《2022 年能源工作指导意见》，指出要充分发挥可再生能源供暖作用，持续推进北方地区清洁取暖，做好清洁取暖专项监管。组织实施《核能集中供热及综合利用试点方案》，推进核能综合利用。该文件的颁布及实施，将加快核能在清洁供暖中的应用步伐。

国家及部分沿海省份均已提出核能供热综合利用发展纲要，并陆续开展试点应用。目前，山东、浙江和辽宁已实现核能供暖，黑龙江、吉林等地小型模块化供热堆、大型热电联产核电项目也在陆续开展。

2）核能供暖应用

（1）国外应用现状。核能供暖在国际上已有不少先例，目前全球约有 57 座商用反应堆在发电的同时，产生热水或蒸汽用于区域供热，主要分布于东欧[2]，这些项目超过 1 000 堆 · 年的运行经验验证了核能供热的安全性与可靠性[3]。

俄罗斯的供热能源结构中的 72% 由热电厂和区域锅炉房等集中式热源生产，燃料主要是天然气，18% 由核能与局部热源生产，4.5% 由工业余热利用生产，其余由可再生能源提供。目前大部分核电站采用抽汽热电联产的方式，至 2019 年 6 月，36 座核反应堆抽汽总热量为 3 400 MW，从核电站到卫星城的距离一般为 3～16 km，供回水温度为 130(150)/70 ℃，如表 17 - 1 所示。

表 17-1　俄罗斯核能供热情况[4]

核电站	卫星城	卫星城冬季室外计算温度/℃	核电站电功率/MW	从卫星城到核电站距离/km	核电站是否给卫星城供热	一次网供/回水温度（二次网供/回水温度）/℃	核电站热功率/MW	核电站供热负荷（包括热损失）/MW
巴拉科夫	巴拉科夫	—	4 000	约 10	否	—	—	—
罗斯托夫	伏尔加顿斯克	—	4 000	约 16	否	—	—	—
加里宁	乌多姆利亚	—	4 000	约 3	—	—	—	—
科拉	波利亚尔内耶佐里	—	1 760	约 11	否	—	—	—
库尔斯克	库尔恰托夫	−24	4 000	约 3	是	130/70(130/70)	663	350
列宁格勒-1	索斯诺维博尔	−24	4 000	约 5	是	165/70(150/70)	628	547
新沃罗涅日	新沃罗涅日	−24	2 597	约 3.5	是	150/70(110/70)	64+186	52
别拉亚尔斯基	扎列奇内	−32	1 480	约 3	是	130/70(119/80)	342	231
斯摩棱斯克	杰斯诺戈尔斯克	−24	3 000	约 3	是	130/70(110/70)	805	341

(2) 国内应用现状。我国海阳核电抽汽供热一期项目于 2019 年 11 月建成投运，为 7 000 多户、约 7×10^5 m^2 的居民提供了源自核能源的热能，酝酿多年的核能供暖项目真正落地。第二期工程于 2021 年 11 月投入试运行，供暖面积为 4.5×10^6 m^2，覆盖海阳全城区，使海阳成为全国首个"零碳"供暖城市。

秦山核电厂采用模块化建设原则，建设 1 套模块化集成供热装置，供热能力为 37.5 MW。远期规划建设 4 套集成供热装置，实现 150 MW 的供热能力。供热首站利用常规岛的 1.2 MPa 饱和辅汽作为加热汽源，加热汽源来自核电信息中心水源汽源项目的辅助蒸汽管道。

辽宁红沿河核电站核能供暖示范项目以大连瓦房店红沿河镇为试点，规划供热面积为 2.424×10^5 m^2，利用红沿河核电站汽轮机抽汽作为热源，替代红沿河镇原有的 12 个燃煤锅炉房，从而实现红沿河镇清洁供暖。据测算，该项目投产后每年将减少标煤消耗 5 726 t，减排二氧化碳 1.41×10^4 t，环保效益显著，将有效改善供暖区域大气环境，助力东北地区天更蓝。

3) 核能供暖方式

核能供暖的主流方式包括改造现有核电站抽汽供暖及新建低温供热堆 2 种。抽汽供暖依托大型核电站，覆盖面积广，是当前核能供暖规模化推广的可行性方案，但核电站选址通常选择在远离城市居民区的地点，使抽汽供暖的发展受到限制，同时在项目改造时还需考虑对机组功率的影响、抽汽安全性等问题；低温核供热堆只产生低压蒸汽或热水而不发电，可建造在热用户附近，直接向市区供热，降低了热管网投资，并且目前我国低温供热堆设计成熟、安全性高、占地面积小、运行稳定，但其经济性还有待进一步提升。

"华龙一号优化改进型"核电机组可匹配抽汽供暖技术，实现核电站的热电联产。其主要以发电为主，仅有部分反应堆的能量用于供暖。抽汽供热方案利用"华龙一号优化改进型"核电站汽轮机抽汽加热热网循环水，加压加热后的热网循环水供至下游用户，流程如图 17-3 所示。可依据用户供暖热负荷，配套设计供热首站。供热系统流程包含放热的蒸汽侧系统和吸热的热网循环水侧系统，通过吸热侧压力高于放热侧压力及多道回路保证供暖安全。

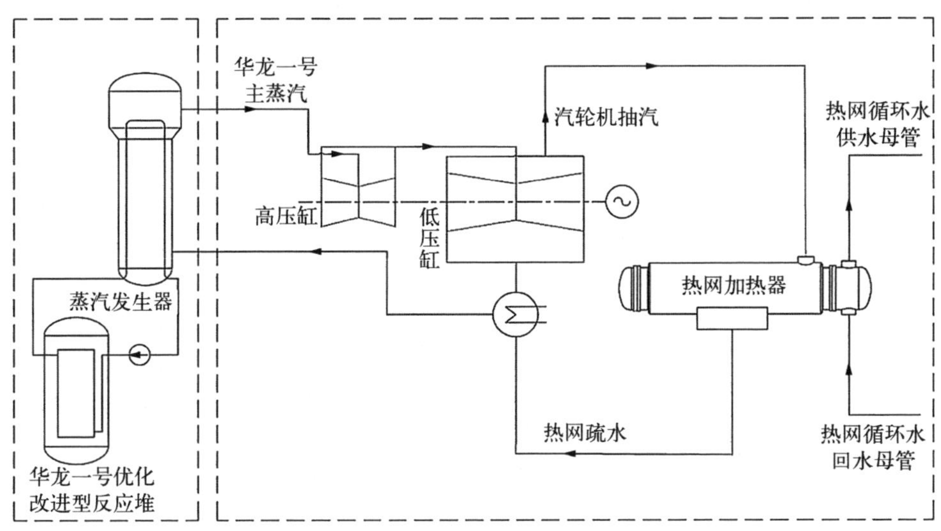

图 17-3 "华龙一号优化改进型"抽汽供暖方案示意图

17.3 海水淡化

我国是严重缺水的国家,干旱是制约我国经济社会发展的重要因素之一。海水取之不尽,通过进行海水淡化可作为常规水资源的重要补充,从而实现水资源增量。目前,大部分工程使用化石燃料进行海水淡化,产生了大量碳排放,最终导致环境污染和全球变暖。在我国"双碳"目标战略中,绿色无碳海水淡化是必由之路,如利用核能、太阳能、风能等进行海水淡化。相比于太阳能、风能,核能具有持续稳定、大规模的能量输出,可保证海水淡化装置稳定运行,并且核电能量密度大,可与大型海水淡化装置耦合;因此,在绿色海水淡化技术中,核能海水淡化最适合大规模建设发展。

1) 海水淡化政策

"十四五"期间,国家和沿海 9 个省份均出台了海水淡化行业发展政策及规划。国家发展改革委、自然资源部《海水淡化利用发展行动计划(2021—2025 年)》提出"十四五"时期要着力推进海水淡化规模化利用,逐年提高海水淡化水在水资源中的配置比例,建设海水淡化示范城市和示范工程;国家工业和信息化部《"十四五"工业绿色发展规划》提出推进余能低温多效海水淡化等技术推广应用;国家能源局《"十四五"能源科技创新规划》重点任务清单提出开展核能海水淡化低温闪蒸等核心设备研究。此外,辽宁"十四五"规划指出要积极探索制氢、海水淡化等核能综合利用;山东能源发展"十四五"规划明确了依托沿海核电项目,加快核能供热、海水淡化等综合利用,开工海阳 3×10^5 t/d、国和一号示范工程 1×10^5 t/d 核能海水淡化项目。

2) 海水淡化应用

《2023 年全国海水利用报告》[5]显示,截至 2023 年底,全国现有海水淡化工程 156 个,工程规模为 252.3 万吨/天。应用反渗透技术的工程 140 个,工程规模为 169.6 万吨/天,占总工程规模的 67.24%;应用低温多效技术的工程 17 个,工程规模为 82.05 万吨/天,占总工程规模的 32.52%;应用多级闪蒸技术的工程 1 个,工程规模为 6 000 t/d,占总工程规模的 0.24%。国家《海水淡化利用发展行动计划(2021—2025 年)》提出的目标为到 2025 年全国海水淡化总规模在 290 万吨/天以上。按照 2023 年底全国海水淡化现有工程规模和行动计划提出 2025 年目标规模,市场潜力巨大。

国外已有多个国家针对不同类型反应堆开展了核能海水淡化设计及工程研究[6],主要包括哈萨克斯坦、日本、印度、韩国、美国等,利用核电站抽凝式汽轮机的抽汽或背压式汽轮机的排汽驱动低温多效或多级闪蒸海水淡化装置,或利用核反应堆发出电能驱动反渗透海水淡化装置,实现了规模为 1 000~6 300 t/d 的工程应用,积累了 150 堆·年的核能海水淡化经验。

国内核能海水淡化的研究和设计工作,从 20 世纪 80 年代开始,国内多个研究设计单位都针对不同的厂址,完成了核能海水淡化项目可行性研究和方案设计,如表 17-2 所示。目前,国内已建、在建核电站采用海水淡化工艺多采用反渗透法,其海水淡化主要用于电厂除盐水原水或者厂用水。

表 17-2 我国核电站海水淡化情况

项 目 名 称	设计规模/(万吨/天)	采用工艺	产品水用途
福建宁德核电站	1.5	反渗透	电厂生产、生活水
辽宁红沿河核电站	1.02	反渗透	电厂生产、生活水
浙江三门核电站	1.7	反渗透	除盐水生产系统原水

（续表）

项 目 名 称	设计规模/(万吨/天)	采用工艺	产品水用途
山东海阳核电站	1.68	反渗透	电厂生产、生活水
福建霞浦核电站	0.68	反渗透	电厂生产、生活水
辽宁徐大堡核电站	2.3	反渗透	电厂生产、生活水
海南昌江小堆科技示范工程	2×0.3	多效蒸馏	电厂生产、生活水
田湾蒸汽供能项目	4.56	反渗透	工业蒸汽用水、生产、生活水

宁德、红沿河、海阳、霞浦等核电站均采用海水淡化技术为电站提供生产或生活用水，多采用反渗透法工艺。海南昌江小堆也在开展利用核能蒸汽或热水进行热法海水淡化的技术研究。热法海水淡化能够利用核电厂的余热，进一步提高核能的利用效率，已在非核领域（火电、钢铁、石化等）有广泛的应用。未来，随着海水淡化技术的进一步优化，以及热法海水淡化、热膜耦合海水淡化技术不断取得新的进展，“华龙一号优化改进型”核电机组还有望在海水淡化方面应用更多先进技术。

3）海水淡化方式

核能海水淡化国内外已经开展较多实践，淡化产品水多用于电站用水，出口到国外缺水国家也将是海水淡化未来的重要应用方向。国际原子能机构指出海水淡化的淡化装置已商业化，核反应堆技术成熟，可用于双重目的耦合。核能是最适于大规模海水淡化的应用，未来“只有核反应堆才能提供大规模海水淡化项目所需的大量能源”。

根据利用能源的不同，核电站与海水淡化的耦合可分为 2 类：一类是利用热能，即利用核电站抽凝式汽轮机的抽汽或背压式汽轮机的排汽驱动蒸馏淡化装置，如多级闪蒸和多效蒸馏等；另一类是利用核反应堆发出的电能驱动海水淡化装置，如反渗透、机械压缩蒸馏等。

“华龙一号优化改进型”核电机组耦合多效蒸馏海水淡化系统如图 17－4 所示。在每效中，进水由管中的蒸汽加热，部分水蒸发，蒸汽流入下一级管中，加热并蒸发更多的水。每个阶段实质上都是重复使用前一阶段的能量。每效的温度和压力都低于前一效，管壁的温度介于两者之间。对于海水淡化，即使是第一级也是最热的阶段，系统通常在低于 70℃的温度下运行，以避免结垢[7]。

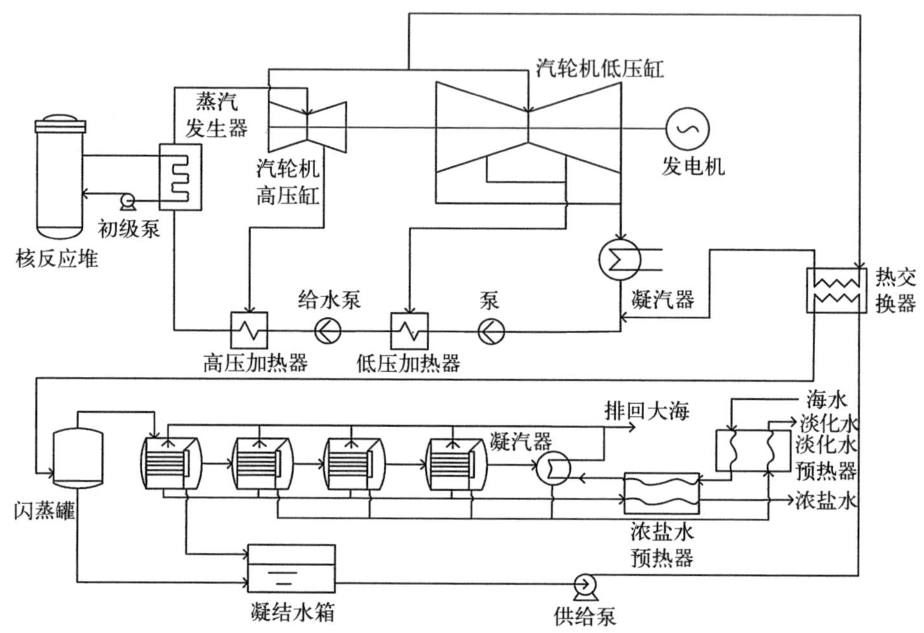

图 17-4 “华龙一号优化改进型”核电站耦合多效蒸馏海水淡化方案示意图

“华龙一号优化改进型”核电机组耦合反渗透海水淡化，通过利用电能驱动高压泵，经过预处理后的海水在高压泵的作用下，以压力差为推动力克服自然渗透的渗透压力，驱使海水中的水通过半透膜而迁移到淡水侧，海水中的盐分和其他成分则留在浓海水侧。

目前，广泛应用的 2 种海水淡化技术如表 17-3 所示，在核能海水淡化的方法选择上，应对用水的水质需求、海水淡化装置的驱动方式、能耗及成本等综合考虑。

表 17-3 不同海水淡化方法对比

主要技术参数	多效蒸馏法	反 渗 透 法
操作温度/℃	约 70	常温(10～45)
主要能源	蒸汽 (热能、电能)	机械能 (电能)

（续表）

主要技术参数	多效蒸馏法	反 渗 透 法
蒸汽消耗/(t/m^3)	0.1～0.15	0
电能消耗/($kW \cdot h/m^3$)	1.2～2.0	3～5
产品水质(TDS[①])	$<10\times10^{-6}$	$<500\times10^{-6}$
技术对海水水温敏感度	不敏感	敏感

① TDS—总溶解固体。

17.4　核能制氢

1）核能制氢政策

核能制氢是近年来核能综合利用的新应用方向之一，以拓展核能在减碳方面的作用。重视核能制氢，离不开我国在能源转型过程中对氢能的重视，国家先后发布了多项政策法规鼓励氢能发展。2019 年，氢能首次被写入政府工作报告。“十四五”规划提出实施氢能产业孵化与加速计划，谋划布局一批氢能产业。国家能源局 2022 年发布的《关于全国政协十三届五次会议第 03709 号提案答复摘要》指出，“将进一步加大工作力度，加强核能制氢统筹规划，组织开展核能制氢关键技术、设备、材料等研发攻关以及‘核能’系统与‘制氢’系统的耦合研究，条件成熟后适时启动示范工程建设”。发展改革委也在同年 3 月份发布了《氢能产业发展中长期规划（2021—2035 年）》，该文件指出，2030 年要形成较完备的氢能产业技术创新体系、清洁能源制氢及供应体系，有力支撑“碳达峰”目标实现。到 2035 年，形成氢能多元应用生态。核能可以通过利用余电和蒸汽的形式制氢，具体路线上包括以水为原料经电解、热化学循环、高温蒸汽电解制氢，以硫化氢为原料裂解制氢，以天然气、煤、生物质为原料的热解制氢等。以水为原料时，整个制氢工艺过程都不产生 CO_2，基本可以消除温室气体排放；以其他原料制氢时只能减少碳排放。因此，以水为原料全部或部分利用核热的热化学循环和高温蒸汽电解是代表未来发展方向的核能制氢技术。

2）核能制氢应用

目前，国内外都在积极探索核能制氢技术。美国 Exelon 公司在九英里峰核电厂建设的1 MW核能制氢示范项目已经于2023年3月投入运行，俄罗斯、法国、英国、日本等国也在积极探索多种技术路线[8]。美国能源部还发布了《国家清洁氢能战略和路线图(草案)》。按照规划，美国近期(2022—2025年)目标是大规模降低电解槽成本，发展膜技术，确定监管和政策差距，以及缩小这些差距的战略；中期(2026—2029年)目标是实现电解制氢成本2美元/kg，优化电解制氢与清洁能源供应集成；长期(2030—2035年)目标是实现大规模部署核能制氢，将核能制氢成本降低到1美元/kg。2020年以来，俄罗斯陆续发布了《2024年前氢能发展路线图》《俄罗斯联邦氢能发展构想》《2035年能源战略》等文件，将氢能作为国家战略优先发展技术，使用天然气、核能等制取低碳氢气而非通过可再生能源电力制取“绿氢”。法国作为全球核电比例最高的国家，非常重视核能制氢，其主要技术路线也是电解制氢。2021年发布的《法国2030年计划》中指出，法国将投资23亿欧元推动电解制氢技术发展，于2030年前至少建成2座百万千瓦级电解制氢项目，以充分发挥法国作为核能大国在核能制氢领域的优势。

清华大学核能与新能源技术研究院已建成了热化学碘硫循环制氢试验台架，并已经实现系统长期运行[9]。

除热化学制氢外，核能还可通过提供电能或电能加热能的形式制氢，包括利用大型压水堆进行常规电解水制氢、高温蒸汽电解制氢等方式，如图17-5所示。

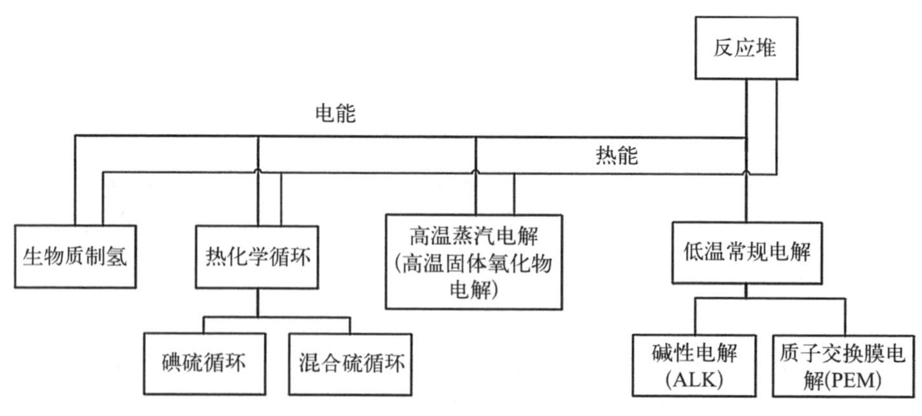

图17-5　核能制氢主要技术路线

3) 核能制氢方式

从工业技术成熟度和经济性来看，大型压水堆制氢在现阶段能够发挥更大作用。其中：质子交换膜电解制氢具有较好的波动响应能力，技术相对成熟，可以与“华龙一号优化改进型”核电机组耦合制氢，不存在技术困难；高温蒸汽电解制氢也可能成为与“华龙一号优化改进型”核电机组耦合制氢的又一条优选路线，其主要原因是电解制氢效率更高。

质子交换膜电解制氢近期发展较快，该技术工作环境通常在 55～70 ℃，电流密度大、效率（70%～85%）更高、气体纯度更高、能耗低、运行灵活，并且易与波动性电源结合，目前已实现小功率示范验证，但投资较高，具备初步产业化条件。同时，相比碱性电解制氢，其不存在石棉网污染问题。而固体氧化物高温蒸汽电解制氢工作温度在更高温度段。该方法理论制氢效率更高，气体纯度更高，并且不需要贵金属作为催化剂，有利于降低成本扩大规模，适配于稳定电源，但国内正处于实验室研究向中试转化阶段，德国、丹麦等国的技术已经进入产业化。未来，随着研究发展“华龙一号优化改进型”，核电厂有望通过与多种技术结合使用，助力核能制氢发展。

核电作为目前唯一可大规模替代煤电基荷、最稳定且经济性较好的清洁电源，对于构建新型能源体系具有重要意义。从能源效率来看，发电只是核能利用的一种形式，通过直接利用“华龙一号优化改进型”核电机组热能进行供汽、供暖、海水淡化、制氢可为用户提供多种能源种类，满足更多能源需求。

此外，“华龙一号优化改进型”核电机组还能与可再生能源耦合，结合核电站周边风光资源，辅以储能和智慧调节，可实现源网荷储一体化，充分发挥核能综合利用的作用，打造出以核能为基荷的“电、热、冷、气、水”多能源品种的综合智慧能源基地，实现多能互补协调发展。

参考文献

[1] 尚宪和.“双碳”目标助力核能供热发展应用[J]. 中国能源，2022(11)：49－55.

[2] 程忠志、李永红、杜志峰. 核电供热发展及威海市未来供热规划的设想[J]. 区域供热，2021(4)：137－142.

[3] Leurent M, Da Costa P, Rama M, et al. Cost-benefit analysis of district heating systems using heat from nuclear plants in seven European countries[J]. Energy, 2018,149：454－472.

[4] Aleksandr S,赵金玲. 俄罗斯核能供热技术发展与现状分析[J]. 区域供热，2019(5)：126－132.

[5] 何广顺. 2023 年全国海水利用报告[R]. 北京：自然资源部海洋战略规划与经济司，2024.

[6] 王建强，戴志敏，徐洪杰. 核能综合利用研究现状与展望[J]. 低碳多能融合发展.

2019,34(4)：460－468.
[7] 高从锴,阮国岭.海水淡化技术与工程[M].北京：化学工业出版社,2015.
[8] 李晨曦.主要核工业国家大力推进核能制氢[J].国外核新闻,2022,12：22－25.
[9] 王建强.核能综合利用研究现状与展望[J].中国科学院院刊,2019,34(4)：460－468.

总结与展望

核电作为全生命周期最低碳清洁、最安全高效、占地面积最小的能源形式之一，在应对全球气候变化、促进能源绿色转型和保障能源安全方面具有无可比拟的优势和不可或缺的作用。在大力推动清洁能源发展的环境下，将会发挥更广泛的作用，根据中国工程院和国际上多家专业研究机构预测，2035 年中国核能发展装机规模预计可达 1.5×10^{8} kW 左右，到 2060 年前后，核能装机规模有望提升至 4×10^{8} kW 以上。再考虑到核能综合利用，比如，核能与石化、冶金等耗能大户的耦合，核能制氢，海水淡化、供热等需求，未来核能发展的空间非常巨大。根据我国能源结构调整的时间表，第四代堆、聚变堆等技术发展成熟度，以及资源准备情况来看，现阶段乃至未来较长一段时期，先进压水堆仍将是我国及国际核能建设的主力机型。面对广阔的发展空间，应该认识到不断提升先进性、安全性、可靠性和经济性仍将是核电技术未来发展所面临的核心问题。随着技术的不断发展和进步，核电厂瞬态和事故分析的逐步深入、纵深防御等安全设计要求的进一步强化，核电厂的安全性、可靠性得到提升的同时，也导致了系统配置的复杂化对经济性的提升形成了制约。为了整体协调提升先进性、安全性、可靠性与经济性，创新性核安全理论、智能化技术、新材料等应用基础性研究将是未来积极探索的新技术方向。

在创新性核安全理论方面，研究逐步加强。理论与实践互相促进与发展，先进的理论通常来源于实践的积累和升华，良好的实践通常也离不开先进理论的指导。中国核电经历了 30 余年不间断的建设并发展积累了大量宝贵的实践经验、知识和数据，同时先进技术不断地发展和进步，比如数字化技术、智能化技术，先进的施工建造技术、先进的管理技术等不断地出现，需要发展适应新情况的核安全理论，在风险分析、概率安全分析模型、安全理论分析、可靠性分析、纵深防御理论、瞬态及事故分析模型等方面加强深入研究，在补短板、提升整体安全水平的同时实现经济性的平衡。

在数字化智能化方面，随着人工智能技术近年来的飞速发展，智能化技术在核电领域应用，有望成为系统性解决“同时提升核电厂安全性和经济性”“缩短核电设计部署周期、降低投资”的新质生产力，进一步提升核电技术的竞争力。未来智能核电厂的发展应以先进性、安全性、可靠性和经济性整体提升为总体目标，以“无人监控、少人值守、主动安全、健康运行”为目标特征，在智慧安全运行的理论上形成创新突破，构建更全面的智能化技术应用体系，在数字化转型的基础上对数据进行充分挖掘和利用，开发智能运维技术相关的大模型、模型集，进一步推动应用的迭代成熟与推广，扩展智能化技术在安全性提升和经济性提升方面的系统性应用。但现阶段，由于人工智能技术的局限性，比如安全性、不可解释性等问题，导致其可信度仍需大幅提高，限制了其在核电领域的更广泛和深入的应用。智能化技术在核电运维领域的应用虽然已经过一段时间的探索与研究，但以部分系统的应用研究为主，尚未形成体系化应用，距离达到足够的技术成熟度水平以及运维直接产生效益还有不小差距，而智能化设计技术刚刚起步，需要依托系统性的需求分析与牵引，对核电数据和算力资源的统筹利用，并通过不断部署应用，加速迭代发展，形成“需求引领，目标导向，系统规划，统一技术，分步实施，迭代发展”的格局。

此外，新材料的研发应用也有望进一步提升核电厂的安全性和经济性。在燃料领域，福岛核事故后，为了解决堆熔产生大量氢气等燃料本身存在的问题，事故容错燃料（accident tolerant fuel, ATF）的概念逐渐兴起。与目前成熟应用的采用锆合金包壳和二氧化铀燃料相比，ATF 燃料大多采用导热性更好、金属活性更低的材料，目的是在事故工况下燃料元件可以在长时间内保持完整性，进而可以大幅提升核电站的安全性。目前，ATF 燃料的研发集中在金属燃料、氮化物陶瓷燃料、碳化物陶瓷燃料及三层结构各向同性等弥散型燃料，美国、法国等国在此领域已有多年研发积累，但由于燃料需经过长时间的辐照考验及验证，目前国际上尚无成熟应用案例。在建筑材料领域，超高性能混凝土是目前重点关注的方向。核电站作为庞大的超级工程，建设期间消耗的混凝土量巨大且质保要求极高。超高性能混凝土具有超高的力学性能、优异的耐久性能和抗爆炸性，可以广泛应用于安全壳等建构筑物，在提高抗震性能和抗裂性能的同时大幅减少配筋量，提升安全性与经济性，同时可以实现建造范式的变革，大幅提高可建造性。在其他材料领域，石墨烯、碳纤维等新兴材料在核电领域的应用都拥有广阔的空间。石墨烯材料具有优秀的耐腐蚀性、抗疲劳性和热稳定性，在核电站室外钢结构表面涂层中加入石墨烯不仅可以增加结构强度，延长使用寿命，还可以提升材料屏蔽性，在减少维护成本的同时减小对维护工作人员健康的影响。

总之，核电工程是一个复杂的巨系统工程，不论是核电的研发设计还是项目工程建设，都需要采用系统的思维模式指导研发设计、工程建设、调试和运维乃至全生命周期的管理，才能实现核电行业积极、安全、高效的高质量发展。

索　引

D

E

F

G

H

J

K

L

M

N

P

Q

R

S

T

W

X

Y